21世纪全国高等院校艺术设计系列实用规划教材

# 人机工程学

刘刚田　编著
吉晓民　主审

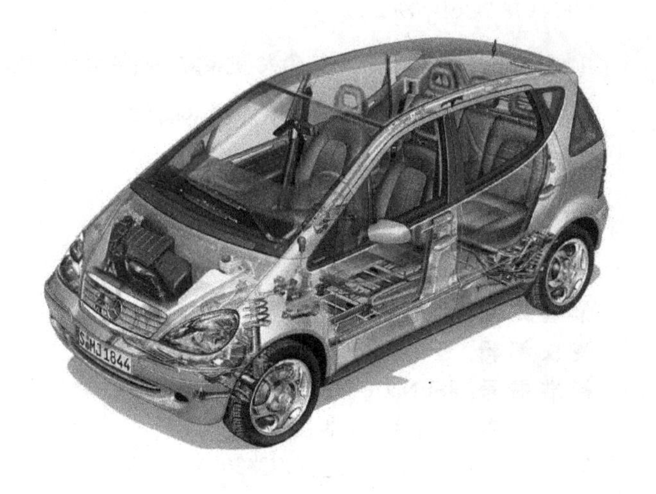

## 内容简介

本书系统地阐述了人机工程学的理论和方法等专业知识。全书共分十章，包括人机工程学概论(定义、概念、研究对象)，人机工程学研究方法，人体生理特性，人体尺寸测量，人体运动的生物力学特性，显示与操纵装置设计，人机声环境，人机界面设计，作业空间设计，人机系统设计与评价。本书结合教学实践，图文并茂，极具可读性与实用性。

本书适用于高等院校工业设计、机械工程、工业工程、安全工程、计算机应用等相关专业的学生，可作为相关专业的研究人员、教师、研究生、大学本科学生的教材和参考书，也可作为广大从事产品造型设计、机械工程的科技人员的培训教材或工具参考书。

**图书在版编目(CIP)数据**

人机工程学/刘刚田编著．—北京：北京大学出版社，2012.9

(21世纪全国高等院校艺术设计系列实用规划教材)

ISBN 978-7-301-20902-8

Ⅰ. ①人…　Ⅱ. ①刘…　Ⅲ. ①人-机系统—高等学校—教材　Ⅳ. ①TB18

中国版本图书馆CIP数据核字(2012)第139847号

**书　　名：人机工程学**

**著作责任者**：刘刚田　编著

**策划编辑**：孙　明

**责任编辑**：翟　源

**标准书号**：ISBN 978-7-301-20902-8/J·0448

**出　版　者**：北京大学出版社

**地　　址**：北京市海淀区成府路205号 100871

**网　　址**：http://www.pup.cn http://www.pup6.cn

**电　　话**：邮购部62752015 发行部62750672 编辑部62750667 出版部62754962

**电子邮箱**：pup_6@163.com

**印　刷　者**：北京虎彩文化传播有限公司

**发　行　者**：北京大学出版社

**经　销　者**：新华书店

787毫米×1092毫米　16开本　18.25印张　423千字

2012年9月第1版　2019年12月第3次印刷

**定　　价**：36.00元

---

# 前　言

人机工程学是一门综合性的边缘科学，它属于系统工程学的一个分支。系统论、控制论、信息论是它的基本指导思想，其基础理论涉及许多学科。除与有关的技术工程学科有着密切的关系外，它还与人体解剖学、人体测量学、劳动卫生学、生理学、心理学(特别是工程心理学)、安全工程学、行为科学、环境科学、技术美学等有着密切的联系。人机工程学带有横向学科的性质，其应用范围十分广泛，从日常用品到工程建筑，从大型机具到高技术制品，从家庭活动到巨大的工业系统，各个方面都在运用人机工程学的原理和方法，解决人机之间的关系问题。

人类的设计意识和设计活动与人类的生存和发展一样历史久远。“设计”作为人类有目的的一种实践活动，是人类改善生存条件的标志，是人类自身进步和发展的标志，同时也是人类表达情感和生存理想的标志。中国自古就有制器造物的悠久历史传统，产生了“制器尚象”和“人为物本、物因人用”的造物理念，也许“以人为中心”就是中国造物文化中最基本、最古老的造物思想。老子说：“人法地，地法天，天法道，道法自然。”表明人与自然的某种一致性与相通性，其实这就是人机工程学所追求的人—机—环境的和谐性和一致性。人机工程学研究的是“系统中的人”，建立“以人为中心”的设计理论和实践系统。

本书以人、机、环境三要素为对象，以人为中心，按照人体因素、人机界面、作业环境、人机系统设计分析为顺序展开论述，重点落实在如何应用人机工程学的原理和方法进行人机系统的设计与分析评价。在注重理论与应用相结合、引介最新的应用领域的基础上，侧重于结合实例探讨人机工程方法在现代制造领域的设计应用，力求使读者既能获得基本理论知识和方法，也能在设计实践中加以应用与研究。

本书共十章，河南科技大学刘刚田编写第一、二、七、八章，巫滨编写第三、四、九章，霍银磊编写第五、六、十章。全书由刘刚田统稿。

书稿承西安理工大学博士生导师吉晓民教授审阅，并提出了宝贵意见，在此表示衷心的感谢。

人机工程学正处于不断发展变化之中，由于作者的学识有限，加之时间仓促，书中不妥之处在所难免，热忱欢迎广大读者和专家、学者批评指正。

刘刚田

2012年6月

# 目　录

# 目　录

# 目 录

# 目 录

# 第一章　人机工程学概论

## 教学目标

理解人机工程学的定义

理解人机工程学的研究体系

理解人机工程学的任务和研究范围

理解人机工程学研究的内容

了解人机系统研究的内容

## 教学要求

| 知识要点 | 能力要求 | 相关知识 |
| --- | --- | --- |
| 人机工程学的定义 | (1)了解人机工程学的定义<br>(2)人机工程学与工业设计相关的应用领域<br>(3)工业设计中的人机工程设计 | 人与生态 |
| 人机工程学的研究体系 | (1)物理学原理的应用<br>(2)人体特性的应用<br>(3)工作与工作环境的分析及其结果的应用<br>(4)实际工作经验的分析及其结果的应用 | |
| 人机工程学的任务和研究范围 | (1)研究人和机器的合理分工及其相互适应的问题<br>(2)建立“人—机—环境”系统的原则<br>(3)研究被控对象的状态、信息如何输入以及人的操纵活动的信息如何输出的问题 | 人—机—环境的具体含义 |
| 人机工程学研究的内容 | (1)人机工程学的学科构成<br>(2)人的因素<br>(3)机器的因素<br>(4)环境的因素 | 人体尺寸 |
| 人机系统研究的内容 | (1)人机系统的目标<br>(2)人机系统的类型<br>(3)人机系统的功能<br>(4)人机关系 | 人性化产品 |

## 推荐阅读资料

[1] 刘刚田.产品造型设计方法[M].北京：电子工业出版社，2010.
[2] 赵江洪.人机工程学[M].北京：高等教育出版社，2006.

人机工程学虽然是一门综合性的边缘学科，但它有着自身的理论体系，同时又从许多基础学科中吸取了丰富的理论知识和研究手段，使它具有现代交叉学科的特点。人机工程学研究在设计人机系统时如何考虑人的特性和能力，以及人受机器、作业和环境条件的限制；同时还研究人的训练，人机系统设计和开发，以及同人机系统有关的生物学或医学问题。

该学科的根本目的是通过揭示人、机、环境三要素之间相互关系的规律，从而确保人—机—环境系统总体性能的最优化。该研究目的充分体现了本学科主要是“人体科学”、“技术科学”和“环境科学”之间的有机融合。更确切地说，本学科实际上是人体科学、环境科学不断向工程科学渗透和交叉的产物，它是以人体科学中的人类学、生物学、心理学、卫生学、解剖学、生物力学、人体测量学等为“一肢”；以环境科学中的环境保护学、环境医学、环境卫生学、环境心理学、环境监测技术等学科为“另一肢”，而以技术科学中的工业设计、工业经济、系统工程、交通工程、企业管理等学科为“躯干”，形象地构成了本学科的体系。从人机工程学的构成体系来看，人机工程学就是一门综合性的边缘学科，其研究的领域是多方面的，可以说与国民经济的各个部门都有密切的关系。

## 1.1 人机工程学的定义

人机工程学是研究人(Man)、机器(Machine)及其工作环境(Environment)之间相互关系和相互作用的学科。它是20世纪50年代开始迅速发展起来的一门新兴的边缘学科。在美国，该学科称为“Human Engineering”、“Human Factors”、“Human Factors Engineering”等，在欧洲，则多称为“Ergonomics”，日本称为“人间工学”，其他国家也大都沿用以上两种名称之一。在我国，这门学科起步较晚，名称尚不统一，学科的常用名称有“人机工程学”、“人类工效学”、“人体工程学”、“人类工程学”、“人因工程学”、“工效学”等。

“Ergonomics”一词是由两个希腊词根“ergon”和“nomos”复合组成的，“ergon”的意思是“出力”、“工作”，“nomos”的意思是“正常化、规律”。因此，“Ergonomics”的含义就是“人出力正常化或人的工作规律”。这就是说，人机工程学原本是研究人在操作过程中合理地、适度地劳动和用力的规律的一门学科。当然，该学科在自身发展过程中，有机地融入了其他相关学科的理论和方法，研究内容不断扩展，研究方法也不断完善。因此，人机工程学学科的名称和定义也是不断发展的。

美国人机工程学专家伍德(Charles C.Wood)对人机工程学所做的定义为：“设备的设计必须适合人的各方面的因素，以便在操作上付出最少能耗而求得最高效率。”伍德森(Wosley.E.Woodson)认为：“人机工程学研究的是人与机器相互关系的合理方案，即对人的知觉显示、操纵控制、人机系统设计和布置、作业系统的组合等进行有效的研究，其目的在于获得最高的效率及人在作业时感到安全和舒适。”著名的美国人机工程学家和应用心理学家查帕尼斯(A.Chapanis)则认为：“人机工程学是在机器设计中考虑如何使人操作简便而又准确的一门学科。”美国学者桑德斯(Mark S.Sanders)和麦考密克(Ernest J.Mccormick)在Human Factors in Engineering and Design一书中给出人机工程学的简要定义为：“为人的使用而设计”和“工作和生活条件的最优化”。美国学者科罗默(K.H.E.Kroemer)等则在Ergonomics—How to Design for Ease and Efficiency一书中给出人机工程学的简要定义为：“为适当地设计人的生活和工作环境而研究人的特性”和“工作的宜人化”。

人机工程学(Man—Machine Engineering)，又称为人类工效学(Ergonomics)、人类工程学(Human Engineering)等。人机工程学研究内容十分丰富，应用范围极其广泛，因为它是一门新兴学科，有多种定义，而且随着该学科的发展，其定义也在不断变化。目前，比较全面、明确的定义有下面两个。

国际人机工程学学会的定义是：人机工程学是研究人在某种工作环境中的解剖学、生理学和心理学等方面的因素，研究人和机器及环境之间的相互作用，研究在工作中、家庭生活中和休假时怎样统一考虑工作效率、人的健康、安全和舒适等问题的学科。

我国对人机工程学下的定义是：人机工程学是一门新兴的边缘学科。它以人体测量学、生理学、心理学和生物力学以及工程学等学科作为研究方法和手段，综合地进行人体结构、功能、心理以及力学等问题研究的学科。用以设计使操纵者能发挥最大效能的机器、仪器和控制装置，并研究控制台上各个仪表的最适合位置。

由此可见，因研究和应用领域有所不同，对人机工程学学科的定义各有侧重。这也从一个侧面说明该学科所涉及的学科和领域范围十分广泛，说明人机工程学的应用和研究涉及并利用多个学科的知识和方法。需要指出的是，尽管目前关于该学科的定义有多种，但在理论体系、研究对象和研究方法等方面并不存在根本上的区别，只是各有侧重。

### 1.1.1 人机工程学与工业设计相关的应用领域

目前，人机工程学的应用范围十分广泛。其研究和应用已深入到农业、林业、制造业、建筑业、交通、航天、航海、服务等广泛的领域；人机工程学在不同的产业部门有不同的应用。无论什么产业部门，作为生产手段的工具、机械及设备的设计和运用以及生产场所的环境改善；为减轻作业负担而对作业方式的研究和改善；为防止单调劳动而对作业进行合理安排；为防止人的差错而设计的安全保障系统；为提高系统中人机交互的高效性而研究和改进人机界面的设计；为提高产品的操作性能、舒适性及安全性而对整个系统的设计和改善，为实现集成设计与制造而进行计算机辅助人机工程设计的研究与开发等都是应该开展研究的课题。

人的因素是人机工程学研究的重要内容，是人机系统优化设计的核心。工业设计贯穿以人为中心的理念，产品设计以使用者为中心加以展开。在产品设计中应用人机工程学原理和方法，始终把“人的因素”放在中心位置，也正是工业设计和产品设计的题中之意。

工业设计学科参与研究和设计的对象，大至宇航系统、自动化工厂、机械设备、交通工具，小到家具、文具、日常用品等。总之，在人类为生产和生活需要而进行的造物活动中，无论是人机工程学还是工业设计学科，都是把“人的因素”作为一个首要因素来考虑的。

人机工程学体系如图1.1所示。

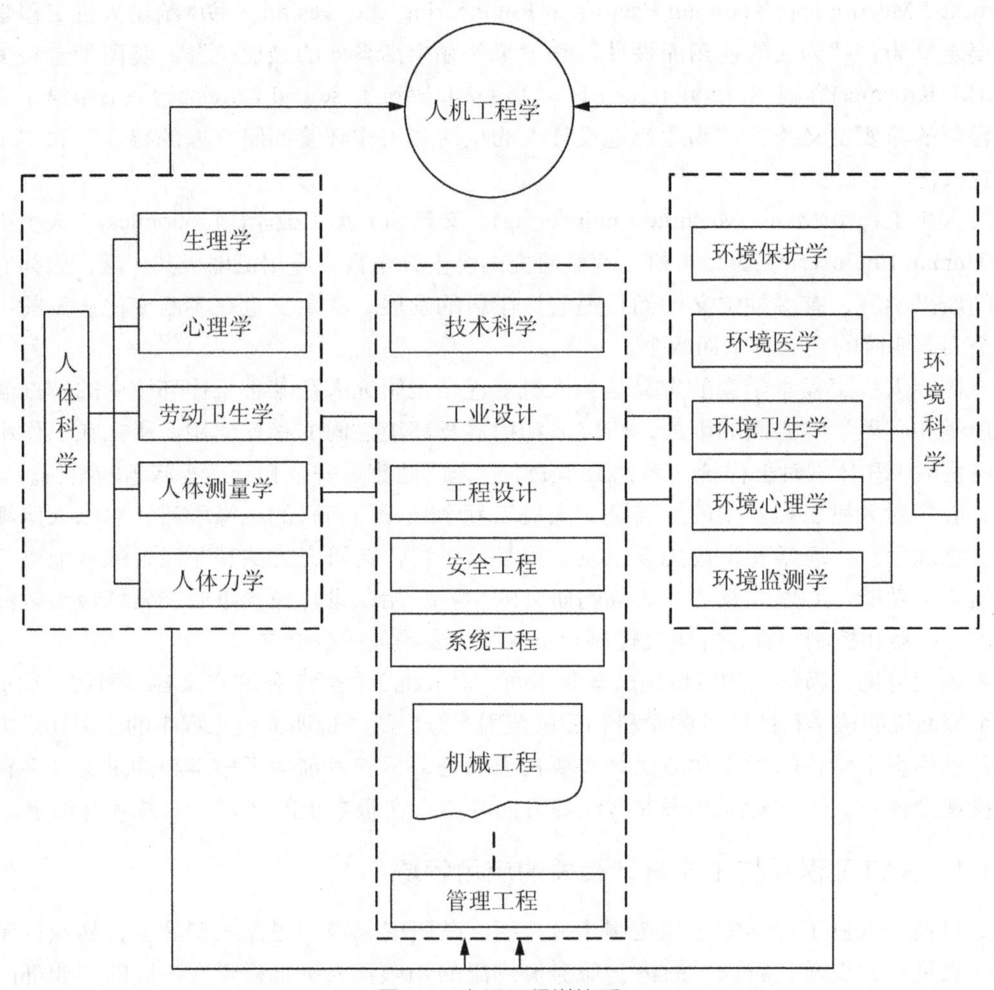


图1.1　人机工程学体系

### 1.1.2　工业设计中的人机工程设计

围绕设计中对“人的因素”，即人的生理和心理因素的考虑，人机工程学和工业设计(产品设计)具有共同的研究内容和设计事项。在产品设计中，应用人机工程学原理和方法展开人机工程设计是工业设计、产品设计中的重要工作内容。

人机工程学和工业设计在基本思想与工作内容上有很多一致性。人机工程学的基本理论(即产品设计要适合人的生理、心理因素)与工业设计的基本观念(创造的产品应同时满足人们的物质与精神需求)意义基本相同，只是侧重稍有不同；工业设计与人机工程学同样都是研究人与物之间的关系，研究人与物交接界面上的问题，不同于工程设计以研究与处理“物与物”之间的关系为主。工业设计是一种融合了理性与感性的创造性活动。它不仅要处理产品的形态问题，而且要处理产品与使用者的接口问题，同时还要处理产品与其使用环境的各个因素的关系问题。工业设计的出发点是人，设计的目的是为人而不是产品。工业设计必须谨遵自然与客观的法则来进行；工业设计的主导思想在于以人为中心，着重研究“物”与“人”之间的协调关系。这就离不开以研究“物”(即机器)、“人”及它们的“环境”这三者相互关系和相互作用为中心内容的人机工程学及其设计与应用研究。

(1) 人机工程学为产品设计提供关于人体尺度的设计参数。一般产品都是通过使用者的操作和控制来实现其特定功能的。因此产品设计需要紧紧围绕人对产品的使用方式来展开。人能否顺利、舒适地操作和使用产品，很大程度上取决于人的生理能力(如手的握力和控制范围、脚的踏力和用力方向、视觉和认读速度、听觉与言语沟通等)。人的操作和控制能力是由人的身体尺度基本限定的，人在操作和使用产品时，都要受到自身生理条件的限制。

人机工程学以人体测量学、生物力学和劳动生理学、劳动心理学等学科为基础，提供了关于人体结构和机能的统计特征和数据，包括人体各部位尺寸、活动范围、出力范围等，分析了人的听觉、视觉和触觉等器官的机能特征以及人在作业活动中的生理和心理变化因素。这些都为产品设计中考虑使用者的整体能力、确定产品的操作和显示部件、优化使用者与产品的交互界面等提供了参照和依据。

(2) 人机工程学为产品设计提供关于产品功用和使用方式的切入点。共同关注“人的因素”，使得人机工程学和工业设计在产品使用功用、人与物的交互方式等方面的探讨上具有相似的研究内容。工业设计首先要探讨人的生产方式和生活方式。这具体地落实到探讨物品使用功能如何适应人的行为(生产和生活)需要，并如何反过来影响和改变人的行为方式——这也正是人机工程学应用研究的基本内容之一。在这个意义上说，从人机工程学角度对产品的使用方式、人与物的交互方式进行研究，可以为工业设计和产品设计提供关于产品功用和使用方式的有效切入点。

(3) 人机工程学为产品设计中优化人机界面提供设计准则。使用者的需要是通过使用和控制日用产品和机器系统来满足的。因此，必须很好地设计“人”与“物”(日用产品、机器、生产系统等)的交互界面(接口)，这是保证人与机器之间进行正确、高效的信息和控制互动的基本前提。人机界面的设计与优化是人机工程学应用研究的重点之一。显示装置、操纵装置、作业空间、作业工具等是人机界面设计研究的基本对象。随着计算机技术与应用的深入发展，计算机系统已经与人们的生活和生产不可分离，人与计算机接口(Human—Computer Interface，HCI)问题也因此越来越成为人机界面设计所关注和研究的重要领域。计算机软件界面与电子产品软件界面、人类思维与信息处理等问题成为新的研究和设计热点问题。工业设计各阶段中人机工程设计工作程序见表1-1。

**表1-1　工业设计各阶段中人机工程设计工作程序**

| 设计阶段 | 人机工程设计工作程序 |
| --- | --- |
| 规划阶段(准备阶段) | 1.考虑产品与人及环境的全部联系，全面分析人在系统中的具体作用，<br>2.明确人与产品的关系，确定人与产品关系中各部分的特性及人机工程要求的设计内容，<br>3.根据人与产品的功能性，确定人与产品功能的分配 |

续表

| 设计阶段 | 人机工程设计工作程序 |
| --- | --- |
| 方案设计 | 1.从人与产品、人与环境方面进行分析，在提出的众多方案中按人机工程学原理进行分析，<br>2.比较人与产品的功能性、设计限度、人的能力限度、操作条件的可靠性以及效率预测，选出最佳方案，<br>3.按最佳方案制作建议模型，进行模拟试验，将试验结果与人机工程学要求进行比较，并提出改进意见，<br>4.对最佳方案写出详细说明，方案获得的结果、操作条件、操作内容、效率、维修的难易程度、经济效益、提出的改进意见 |
| 技术设计 | 1.从人的生理、心理特性考虑产品的造型，<br>2.从人体尺寸、人的能力限度考虑确定产品的零部件尺寸，<br>3.从人的信息传递能力考虑信息显示与信息处理，<br>4.根据技术设计确定的造型和零部件尺寸选定最佳方案，再次制作模型，进行试验，<br>5.从操作者的身高、人体活动范围、操作方便程度等方面进行评价，并预测还可能出现的问题，进一步确定人机关系可行程度，提出改进意见 |
| 总体设计 | 对总体设计用人机工程学原理进行全面分析，反复论证，确保产品操作使用与维修方便、安全与舒适，有利于创造良好的环境条件，满足人的心理需要，并使经济效益、工作效率均佳 |
| 加工设计 | 检查加工图是否满足人机工程学要求，尤其是与人有关的零部件尺寸、显示与控制装置，对试制的样机进行人机工程学总评价，提出需要改进的意见，最后正式投产 |

可见，人机工程学中对人机界面的设计与研究是产品设计活动中不可回避的一个重要方面；实际上，显示和操纵装置、软件的使用界面等是产品的组成部分，人机工程学为产品设计中考虑人机系统整体功能的优化提供指导原则。“人”与“机”及其“环境”等要素共同组成人机系统。人机工程学要求运用系统科学理论和系统工程方法，正确处理人机系统中人、机、环境三大要素间的关系，深入研究系统最优化组合。系统中的“人”是指作为工作主体的人，即系统的作业者(如操作人员、产品使用者、维护人员、决策人员等)；“机”是指人所操纵的对象(如汽车、生产系统、计算机设备等)的总称；“环境”则是指人机共处的外部条件(如作业空间、物理和生化环境、社会环境)或特定的工作条件(如温度、噪声、振动、有害气体、气压环境、超重与失重等)。

因此，人机工程学就是要研究如何使人机系统具有安全、高效、经济等综合效能。人机系统总体效能的高低首先取决于人机系统总体设计的优劣。这就要求设计中结合特定的系统环境，根据人和机各自的特点和能力，合理地分配人与机的功能，既各司其职，又相互协调，从而达到人机系统整体功能的最优化。

(4) 人机工程学为以“人”(即“使用者”)为中心的设计观提供有效的工作程序。“以使用者为中心”(“User—Centered”)的设计思想是工业设计和产品设计创造活动中的首要思想，具体体现在各项设计均应以“使用者”为主线。

## 1.2 人机工程学的研究体系

人机工程学是综合应用有关科学原理、方法和成果而形成的一门学科，包括以下一些方面的内容。

1. 物理学原理的应用

人机系统主要由人和机器两个部分组成。从人的方面看，人机系统是根据人的操作和活动能力来寻求机械运动所需要的基本空间、位置和运动方向的。从机械效能方面来看，人机系统必须遵守物理学原理，如惯性定律、杠杆原理等。研究物理学原理是十分重要的。

2. 人体特性的应用

在人机系统中人是主体，所以要了解人的有关生理和心理特性，并把它应用于任何形式的人机系统的设计中。

人有各种器官，并具有呼吸、血液循环、信息接收、肌肉运动等生理功能。研究人机工程学就要了解这些生理功能产生的机理、条件以及人机系统内外环境变化对生理功能的影响，从而掌握和运用这些规律并用于人机系统的设计。

人的心理活动是复杂的，它是大脑皮层兴奋和抑制生理过程的结果，是人体整个外部运动和行为的调节者，它控制着人的思想、意识和行动，受外界环境和社会的影响，并与人的生理功能密切联系。在生产过程中，处处充满着人的心理活动，越是复杂的人机系统，其心理因素的影响和作用就越大、越明显。所以，在研究和确立人机学体系时，要充分考虑人的心理特性。

3. 工作与工作环境的分析及其结果的应用

对人机系统来说，如果孤立地研究人和机器两个方面的问题，那是不能构成人机系统的，因为，任何生产过程的改变和完成，都是人与机械(包括各种机器和工具)协同工作的结果。因此，只有把人与机械作为一个统一体来进行分析研究，才是科学的。这就要研究人操纵机器和工作的实际情况。此外，在人机之间还有环境的因素，因此，还需要研究环境条件对人机系统的影响，这样才能全面地满足人机学的要求。

4. 实际工作经验的分析及其结果的应用

这是人机学中很重要的一个方面。在生产活动过程(如操作机器)中，经常会出现因机器故障、机能不良或人的精神紧张、疲劳和疾病等造成的操作失误，由此人们总结出许多宝贵的经验和教训。更可贵的是，有许多实际的经验教训，只通过短期的分析和实验是无法得到的。在实际工作经验中，不仅成功的经验对人机学研究体系有作用，失败的教训同样有重要作用。只有把这两个方面的经验综合起来，才能更全面深入地反映实际工作中的问题。

## 1.3 人机工程学的任务和研究范围

现代的机器不但起着动力的作用，还担负着一系列过去只有人才能完成的工作，如复杂的运算、自动控制、逻辑推理和识别图像等。它把人从简单的劳动中解放出来，去完成更多更复杂的任务。实践证明，尽管采用了一种新的、高效能的机械或设备，但如果它的结构不能适应人的生理和心理特性，则还是得不到应有效果的。可见，机械效能不但取决于它的有效系数、生产率和可靠性等，而且还取决于是否充分适应人的操作要求。适应人的操作要求，又主要取决于机械的结构、信息的传递方式和操纵装置的布局等。因此，操纵和控制装置把人和机器连接成一个系统，它是人机系统中的重要环节，是连通人与机器的桥梁。

人机的关系如图1.2所示。

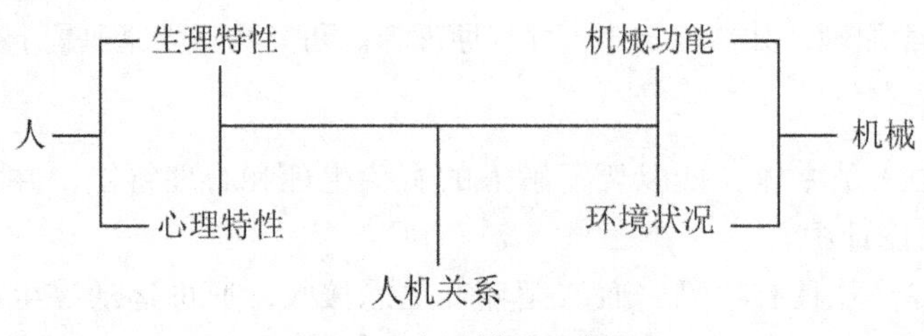


图1.2 人机关系示意图

在生产场所总是包含着人和机器以及围绕着人和机器的环境条件，这是一个综合体。人机学的主要任务就是对这一综合体(人—机—环境)建立合理而又可行的方案。以便有效地发挥人的作用，并为操作者提供舒适和安全的环境，从而达到提高工作效率的目的。根据这样的任务和目标，人机工程学的研究范围大致可以归纳如下。

(1) 研究人和机器的合理分工及其相互适应的问题。一方面，必须对人和机器的潜力进行分析比较，研究人的动作的准确性、速度和范围的大小，以便确定控制系统的最优结构方案。另一方面，人的能力还会因劳动工具(机器)的发展而扩大，即新技术和新机器的诞生会使人在生产过程中的地位和作用发生变化。因此，在设计机器时，必须根据人机学的原理解决如何适应于人的特点问题，以保证最优劳动条件的实现。

(2) 研究被控对象的状态、信息如何输入以及人的操纵活动的信息如何输出的问题。这里主要研究人的生理过程(如视觉现象、触觉现象等)和心理过程(心情愉快和抑郁)的规律性。显然，还要运用其他技术学科的资料，才能较完满地解决这些问题。

(3) 建立“人—机—环境”系统的原则。根据人的生理和心理特征，阐明对机器和环境应提出什么样的要求，如阐明如何进行作业空间设计。如何改善环境条件，以减少对人的不利影响等。

## 1.4 人机工程学研究的内容

### 1.4.1 人机工程学的学科构成

人机工程学是一门综合性的边缘科学，它属于系统工程学的一个分支。系统论、控制论、信息论是它的基本指导思想，其基础理论涉及许多学科。除与有关的技术工程学科有着密切的关系外，它还与人体解剖学、人体测量学、劳动卫生学、生理学、心理学(特别是工程心理学)、安全工程学、行为科学、环境科学、技术美学等有着密切的联系。人机工程学带有横向学科的性质，其应用范围十分广泛，从日常用品到工程建筑，从大型机具到高技术制品，从家庭活动到巨大的工业系统，各个方面都在运用人机工程学的原理和方法，解决人机之间的关系问题。

人机系统的构成，可以分为人、机、环境3个子系统。对这3个子系统的研究，各自独立为一门科学，即人的科学、技术工程科学及环境科学。这3个子系统中两两相互交叉，又构成3个系统，即人—机系统，人—环境系统，机—环境系统，这3个系统交叉则构成人—机—环境系统，如图1.3所示。

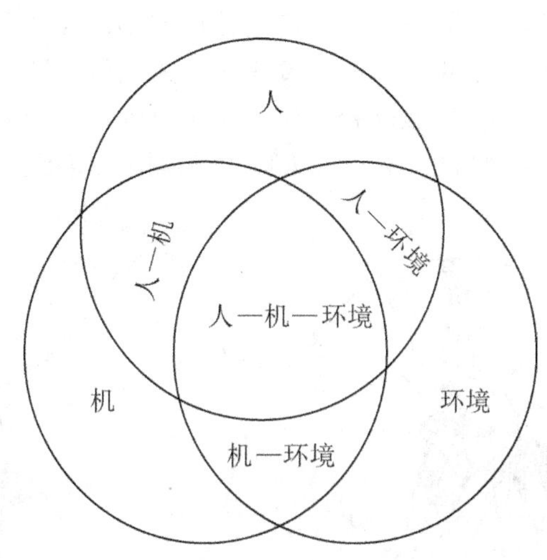


图1.3　人—机—环境中3个子系统示意图

在人—机—环境系统中，人、机、环境每个局部的功能由每个子系统的结构所决定，而整个人机系统的功能则由人—机—环境系统的结构所决定。根据系统学第一定律知道，系统的整体属性不等于部分属性之和。其具体状况取决于系统的组织结构及系统内部的协同作用程度，因此，对人机工程学而言，既需要对人、机、环境的每个部分的属性进行深入的研究，又需要对人机系统的整体结构及其属性进行研究，以达到总体优化的目的。

### 1.4.2　人的因素

人是人机系统中最活跃的环节，也是最重要的一个环节，同时也是最难控制的环节。对人的因素的研究是人机工程学的基础。

(1) 人体尺寸。研究人体尺寸的基础学科是人体测量学。人体尺寸是所有涉及与人有关设计中需面临的首要问题，也是基础性问题。人体测量的尺寸包括静态尺寸和动态尺寸。静态尺寸是人体处于静止的标准状态下测量的。可以测量很多不同的标准状态和部位，如手臂长度、腿长度、座高等。动态尺寸主要是指在工作状态或运动中的人体测量尺寸，它是人在进行某种功能活动时肢体所达到的空间范围，在动态的人体状态下测量而得的。它是由关节的活动、转动所产生的角度与肢体的长度协调的范围尺寸，主要解决许多产品空间范围、位置的问题。虽说静态尺寸对某些设计很有用，但是对大多数设计而言，动态尺寸应用更为广泛。因为人是运动的，人体结构是活动可变的。使用动态尺寸时强调的是在完成人体的活动时，人体各部分是不可分割的，不是独立工作，而是协调动作的。例如手所能达到的限度并不是手臂尺寸的唯一结果，它部分也受到肩的运动和躯体的旋转、背的弯曲等的影响，其功能是用手来完成的。在考虑人体尺寸时只参考人的静态尺寸是不行的，有必要也把动态尺寸考虑进去。

人体的机械力学功能和机制，包括人在各种静态及动态状况下，惯性、重心、肢体运动速度等的变化规律和人的体力及耐力等。研究人体机械力学的基础学科是人体生物力学。人的力学指标包括肢体的活动范围。肢体的活动范围受骨骼和韧带的限制，种族、性别、年龄、生活习惯对肢体的活动范围也有影响，儿童骨骼柔软、弹性好、活动范围较大；老年人骨骼和韧带趋于老化，活动范围变小；经常参加体育锻炼的人活动范围较不爱锻炼的人大。设计操纵器具时，要考虑到人肢体的活动范围，经常操作的或者是比较重要的操纵器应放在可以较轻松达到的范围之内，一般来说，比较轻松的活动范围仅为最大活动范围的一半左右。图1.4为人体上肢体活动范围。

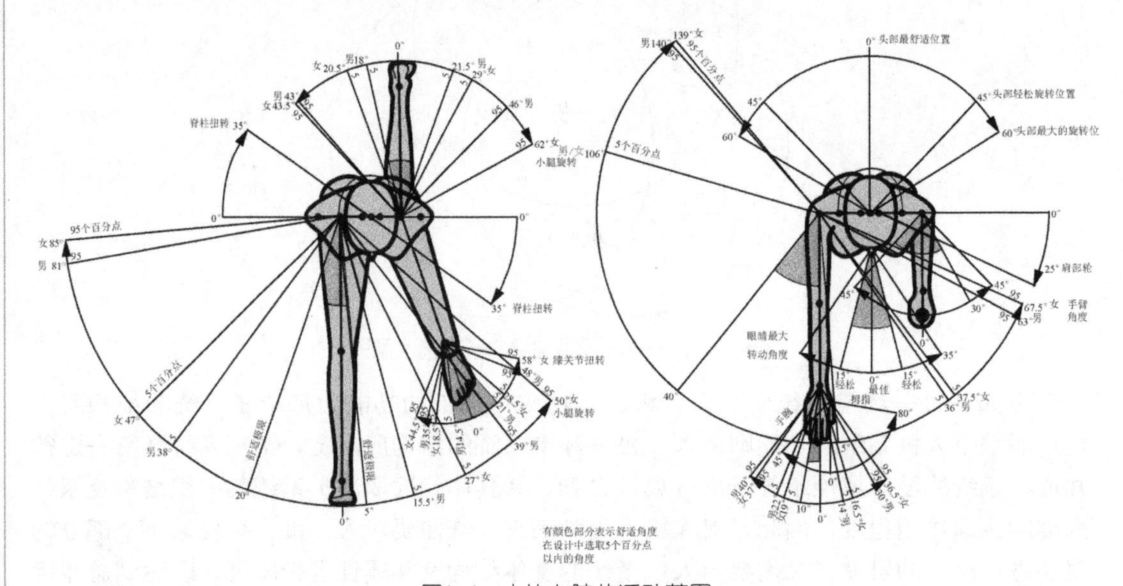


图1.4　人体上肢的活动范围

(2) 人的肌力。肌力的大小因人而异，一般来说，男性的力量比女性平均强30%～35%。年龄是影响肌力的显著因素，男性的力量在20岁之前是不断增长的，20岁左右达到顶峰，这种最佳状态大约可以保持10～15年，随后开始下降，40岁时下降5%～10%，50岁下降15%，60岁下降20%，65岁下降25%。腿部肌力下降比上肢更明显，60岁的人手的力量下降16%，而胳膊和腿的力量下降高达50%。

在直立姿势下弯臂时，从图1.5中可了解到在70°处力量可达到最大值，即产生相当于体重的力量，这也是许多操纵机构(例如方向盘)置于人体正前上方的原因。坐姿是人体最常用的休闲姿态，也是大多数脑力劳动者的工作姿态。随着技术的进步，有愈来愈多的人加入坐姿工作的行列，可以设想，坐姿是未来劳动者的主要的工作姿态。坐姿对人健康的影响是和时间成正比的。设计不合理的坐具，短时间坐一坐不会对人产生影响，但对于那些一天8个小时，一年300天坐着工作的劳动者，不正确的坐姿会给身体造成永久的伤害。

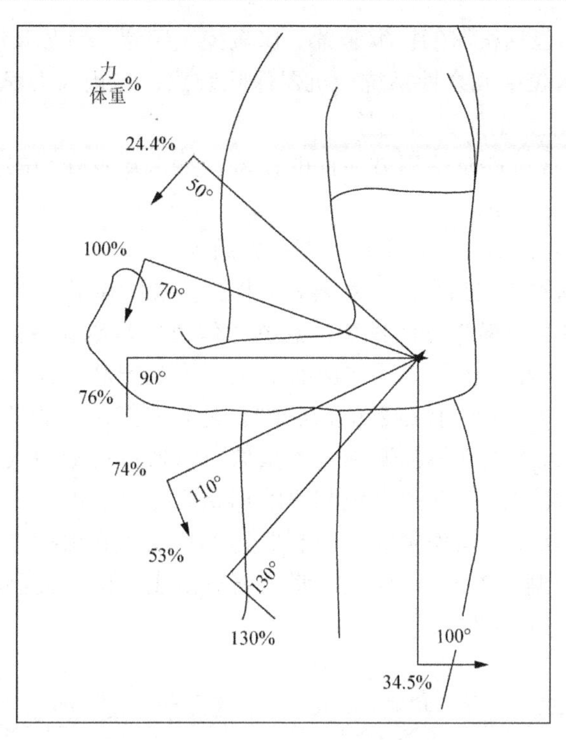


图1.5 人体上肢不同姿势的肌力大小

(3) 人的感知能力主要包括人的视觉、听觉、肤觉等。视觉是神经数量最多的感觉器，其优点是：可在短时间内获取大量信息；可利用颜色和形状传递性质不同的信息；对信息敏感，反应速度快；感觉范围广，分辨率高；不容易残留以前刺激的影响。耳朵是听觉器官，它是由外耳、中耳和内耳三个部分组成。人耳对高频声比较敏感，对低频声不敏感，这一特征对听觉避免低频声干扰是有益的。皮肤感觉系统的外周感受器存在于皮肤表层。这些感受器受刺激时引起的神经冲动，经过传入达到大脑皮层的相应区域而产生各种肤觉，包括触、压、振、温和痛等感觉。肤觉在认识外部事物和环境中具有重要作用，可以在一定程度上补充或代替视、听觉的功能。

人的信息传递能力及其机制主要是研究人对信息的接收、传递、存储和人的信息输出能力及其机制，为系统的信息编码、信息显示及控制装置的设计提供依据。这方面的基础学科是工程心理学。

(4) 人的可靠性。影响人可靠性的因素十分复杂，既有主观因素，又有客观因素，这里主要研究在正常情况下人失误的可能性。为系统可靠性设计提供依据，这是人机工程学特有的内容之一。

### 1.4.3 机器的因素

机器的因素很多，难以列全，这里主要对机械及电气系统进行归纳，在一定程度也有普遍的代表性。这方面的基础科学主要有机械、电气、仪表、材料、建筑等工程科学。

机器的因素方面的内容可概括如下。

(1) 信息传达显示方法，包括仪表显示、音响信息传达、触觉信息传达、符号系统、编码方法(文字编码、图形编码、色彩编码)等。

(2) 操纵控制技术包括机器的操纵装置、仪表控制装置、符号及键盘技术等。

(3) 安全保障技术包括冗余性系统、机器保险装置、防止人失误及失职的设施、事故控制方法、救援方法、安全保护措施等。

机器上有关人体舒适性及使用方便性的技术，如振动及噪声的控制、隔离和防护、座椅及用具的宜人化技术等。

具体包括控制部分、信息显示系统、人机界面等。

(1) 控制部分：物的控制系统部分主要分为操作力和控制装置形状两部分。

① 操作力。设计控制装置的时候要注意施力体位，避免静态施力，同时要提供操纵依托支点。操作力的大小和人的身体姿势有关系，也和产品的操作精度要求有关系。② 控制器的形状。如图1.6所示，控制器的形状特征是将不同用途的控制器设计成不同的形状，以此使各控制器彼此之间不易混淆。它虽然可以通过视觉辨认，但主要通过触觉辨认。在形状特征上应注意以下几点：控制器的形状应尽可能地反映控制器的功能，即有意义或形状上的联系从而使操作者能从控制器的形状联想到该控制器的用途。控制器的形状应使操作者在无视觉指导下，仅凭触觉也能分辨出不同的控制器，因此，控制器所选用的各种形状不宜过分复杂。

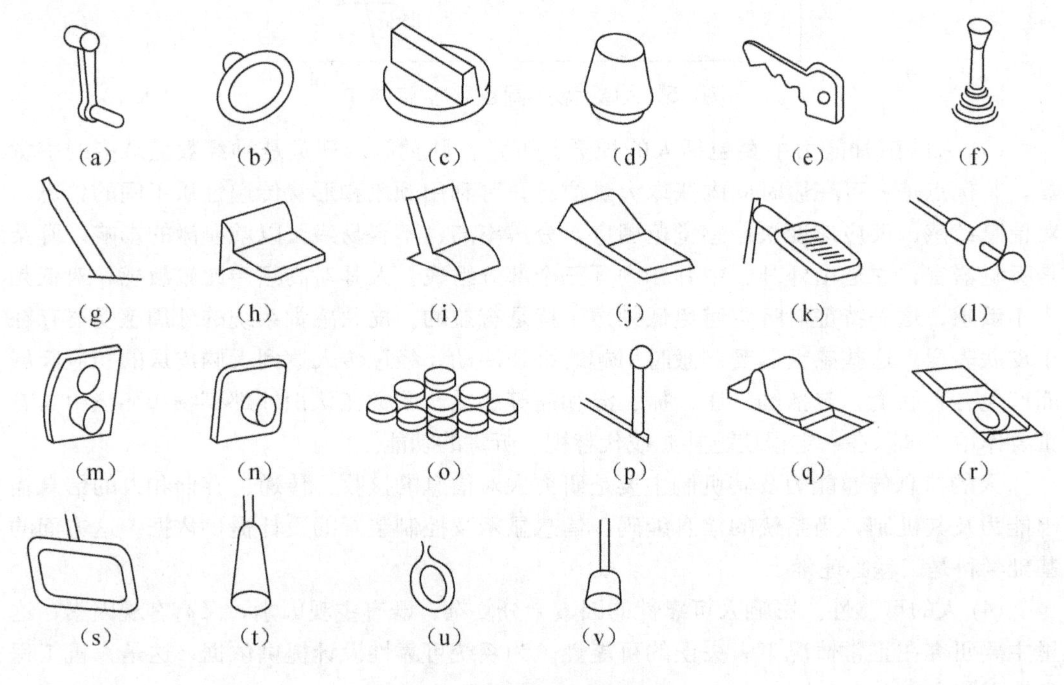


图1.6　各种控制器的形状

(2) 信息显示系统。信息显示装置是向人表达机器和设备的性能参数、运转状态、工作指令等其他信息的装置。按人接收信息的感受器官不同，可将显示装置分为视觉显示、听觉显示和触觉显示(触觉传递装置)。触觉显示很少用，听觉显示作为报警装置比视觉显示更具优越性，视觉显示是由于人的视觉能接收较长和复杂的信息，而且视觉信号比听觉信号容易记录和存储，所以应用最为广泛。

(3) 人机界面。从产品设计的角度来讲，界面被分为软件界面和硬件界面。那么基于软件的产品就包括这两个部分，既有硬件的也有软件的，只有在软硬件相互匹配的情况下产品本身才更加完美，因此，不能一味地追求软件界面的易用性，而忽视了传统的产品外观。因为产品的外观界面更容易被人看到和理解，对它的认识、评价和使用就相对简单。由于它具有良好的可视性，而越是复杂的高科技产品越是难于把握，软件的界面往往具有很强的隐喻性，它的可视性没有硬件界面那么容易被理解。产品界面设计是产品造型设计的重要组成部分。

### 1.4.4 环境的因素

环境因素也是人机系统中的重要因素。环境是个十分广泛的概念，包括生产环境、生活环境、室内环境、室外环境、自然环境、人工环境等。概括起来，可以将环境归纳为两种形式：一是空间形式，即占有一定的空间，它包围在人的周围，给人以影响；另一种是时间形式，它在人的活动过程中发生、发展和变化着，并给人以影响。这两种形式在某些情况下可因客观条件的变化而相互转化。如某个作业的操作空间受限，而全部作业又允许分布在较长的时间里完成，这时就可用延续作业时间的方法来弥补作业空间的不足；反之，也可用作业空间弥补作业时间的紧迫。

环境因素的内容可归纳为以下4个方面。

(1) 作业空间，如场地、厂房、机器布局、作业线布置、道路及交通、安全门、紧急脱险方法等。

(2) 物理环境，包括噪声、照明、空气、温度、湿度、气压、粉尘、激光、辐射、重力、磁场等各种物理因素。

(3) 化学环境，包括有毒物质、化学性有害气体及水质污染等。

(4) 生物环境，包括细菌污染及病原微生物污染等。

## 1.5 人机系统研究的内容

人机系统设计是人机工程学的重要组成部分，具有很强的综合性和实用性。图1.7是人机系统模型，它的意义是指出人机之间存在着信息环路，人机相互联系，具有信息传递的性质。这个系统能否正常工作取决于信息传递过程是否持续有效地进行。人机系统设计把模型中的人、人机界面和机器共同作为目标进行设计。如图1.7所示，在传统设计往往忽略左半部分——人的设计。

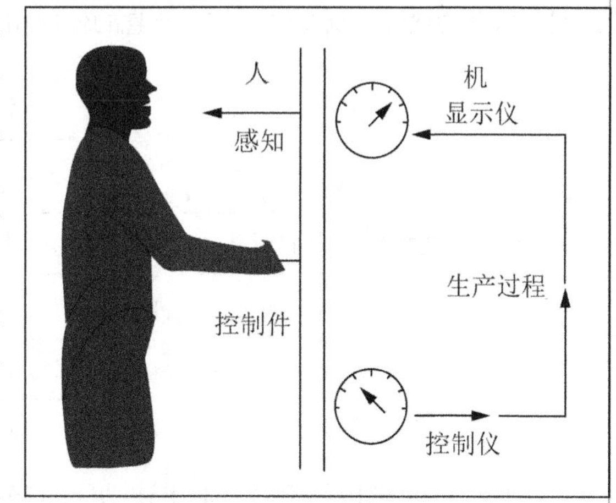

图1.7 人机系统模型

人机系统研究的目的是得到系统的最佳效果。所谓最佳效果，主要是指人机系统具有较高的工效、较高的安全性，对人有较高的舒适度及很好的生命保障功能。

人机系统的研究内容可大致归纳如下：研究控制系统中人的功能及与其他各部分功能之

间的联系制约条件，研究人机之间的功能分配方法。研究人对被控对象状态信息的处理过程，研究人机控制链的优化方法。研究人机系统可靠性及人机系统安全的设计方法。研究环境因素对劳动质量及生活质量的影响，研究作业舒适度及生命保障系统的设计方法。

动作及时间研究。研究改善作业的途径，进行人的工作设计。

### 1.5.1 人机关系

人机关系分为以下两方面。

(1) 机宜人：使机器系统尽量满足使用者的体格、生理、心理、审美以及社会价值观念等条件的要求，包括：信息显示既便于接收又易于做出判断；控制系统的尺寸、力度、位置、结构、形式均适合操作者的需要；工具、用品、器具的使用得心应手，能充分提高使用效率；人所处的作业条件、作业姿势、舒适安全，有利于身心健康，能充分发挥人的功能等。

(2) 人适机：机器的结构有其自身的规律，操作环境或生活环境也会因各种因素在空间和时间上受到某种限制，如经济上的可行性，技术上的可能性，机器本身性能要求的条件，以及使用机器时的外界环境条件(如高温作业)等。为了适应这种情况，就要求对人的因素予以限制和训练，尽量发挥人有一定可塑性的特点，让人去适应机器的要求，以保证人机系统具有最佳工效。

实际上，任何一个人机系统都必然要求做到机宜人和人适机，机宜人是有条件的，而人适机也是有限度的，在系统中人机之间存在着相互依存、相互影响、相互制约的关系，只有调整好人机的这种相互匹配关系，才能保证系统处于最佳功能状态。

### 1.5.2 人机系统功能

从最简单的人与手工工具结合，到各种不同复杂程度的人与机器的结合，任何一个基本人机系统在人机间信息、物质及能量的交换中，首先是人感受到机器及环境作用于人的感受器官上的信息，由体内传入神经并经丘脑传达到大脑皮层，在大脑分析器中经过综合、分析、判断，最后做出决策，再由传出神经经丘脑将决策的信息传送到骨骼肌，使人体的执行器官向机器发出人的指挥信息或伴随操作的能量。也就是说，人机共同作用实现了信息的接收、信息的储存、信息的处理和执行功能，其工作流程框图如图1.8所示。

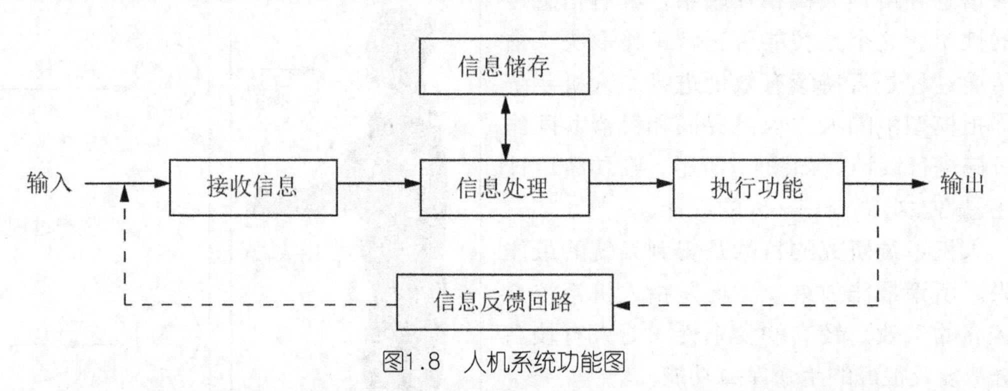


图1.8 人机系统功能图

由于人、机特征不同，对上述功能的4个组成部分处理和实现的方式也不同。

(1) 信息接收。人通过感觉器官(视、听、触觉等)接收信息，而机器则通过传感装置

(光、电子、机械、温度等)实现感觉功能。

(2) 信息储存。信息储存的方式和质量，人机差异较大。人脑是信息的存储库，而记忆是关键，通过记忆加辅助手段(如照相、录像、文字记录等)，便实现了信息的长期甚至永久保存。相比而言，机器没有人脑结构，它是通过特有的储存系统，如磁带、磁鼓、打孔卡、齿轮、模板等完成“记忆”功能的，因而无论是存储量还是保持能力都比人要高得多。

(3) 信息处理。信息处理是人机系统的重要功能。所谓信息处理是指接收的信息，通过某种过程(分析、演绎、推理、运算等)，形成决定的功能。人对信息的处理过程是连锁反应，是一个不可分割的过程，对信息的分析、推理、综合在大脑中一气呵成，而机器对信息的处理过程则是通过模块、程序、机械等完成的。

(4) 执行功能。执行信息处理所形成的决定的能力，称为执行功能。执行功能一般有两种形式：一种形式为直接控制作用，即执行器官对信息处理结果直接产生操作动作，如开、关等。另一种形式为转送决定(或指令)，即执行器官发出信息处理结果的指挥信息，如声、电、光等信号，执行操作则由其他机构完成。

此外，人机系统功能还必须包括信息的输入、输出及反馈。信息输入通过改变状态，使成果输出。信息反馈则既是继续控制的基础，起到自行调节作用，又是弥补偏差、不足的重要手段。只有具备了所有这些功能的人机系统才是一个完整的人机系统。

### 1.5.3 人机系统类型

如前所述，由于人和机器所处地位、作用及出发点不同，人机系统的特点不同，尽管作用相似，但表现出的工作能力却差异明显。因此，按照人在人机系统中的作用，可对人机系统进行分类如下。

1. 闭环和开环人机系统

(1) 闭环人机系统：闭环人机系统也称反馈控制系统，带有反馈闭合回路，如图1.9所示。该系统的特点是输出对控制作用有直接影响，即结果控制未来输入。

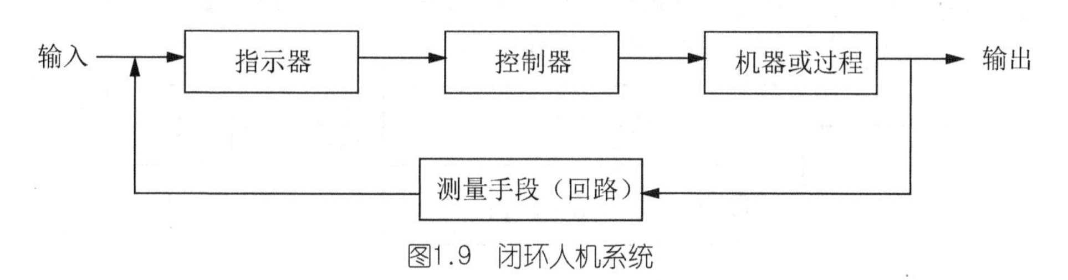


图1.9 闭环人机系统

(2) 开环人机系统：开环人机系统无反馈闭合回路，如图1.10所示。其输出对控制作用无影响。

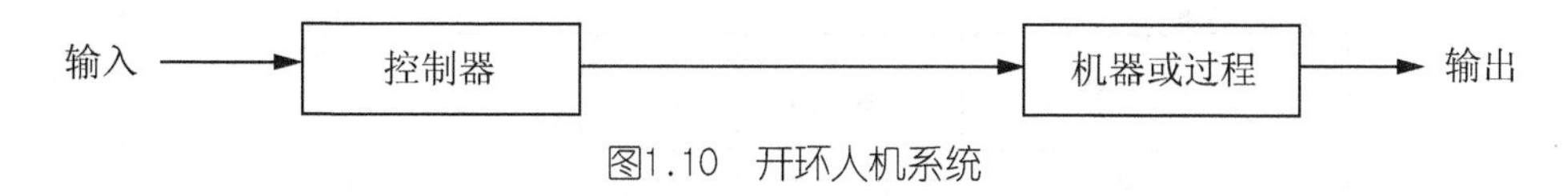


图1.10 开环人机系统

2. 人工与自动化人机系统

(1) 人工操作系统：人机操作系统由人和手工操作器具构成，如图1.11所示，系统中人自始至终在起主要作用，人既是动力源，也是控制者，系统的效率主要取决于人。

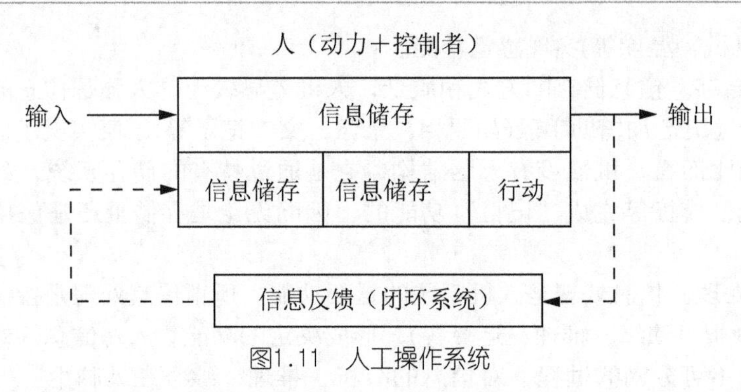


图1.11　人工操作系统

(2) 半自动化系统：半自动化系统由人和半自动化机械设备构成，如图1.12所示，是普遍使用的一类系统。系统中人主要充当控制者和操作者，动力来源于机械设备。人通过感知信息、实施操作，完成对机械的控制。

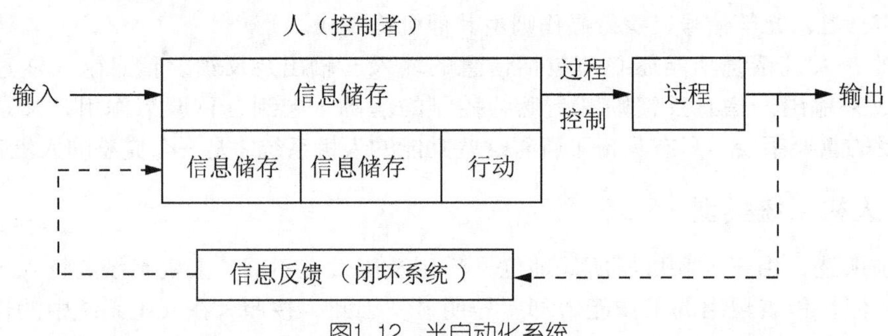


图1.12　半自动化系统

(3) 自动化系统：自动化系统由人和自动化机械设备构成，如图1.13所示，系统中机器完全取代人的工作，生产过程中的信息接收、信息的处理和执行等工作全部由机器来完成，人仅起监督作用，只对意外紧急情况进行处理。

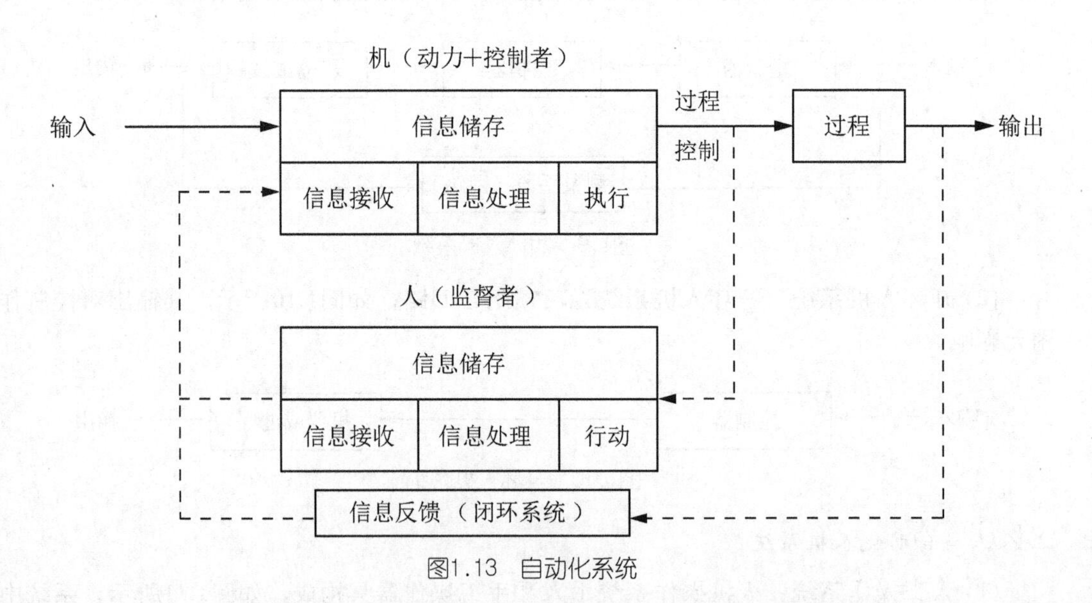


图1.13　自动化系统

3. 人机的不同结合方式

(1) 人机串联模式系统：人直接与机器发生联系，人是控制的主体，有利于人的特性发挥，但需合理分配人机功能，如图1.14所示。

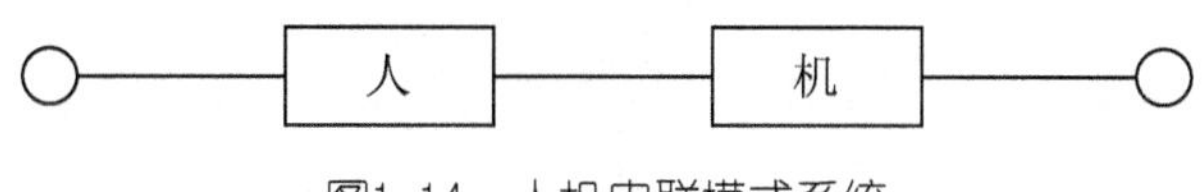


图1.14 人机串联模式系统

(2) 人机并联模式系统：人通过控制台或指示器与机器发生联系，人是系统的监督和控制者，一般情况下人无需进行操作，但在意外紧急情况下，人必须做出准确迅速的判断和操作，如图1.15所示。

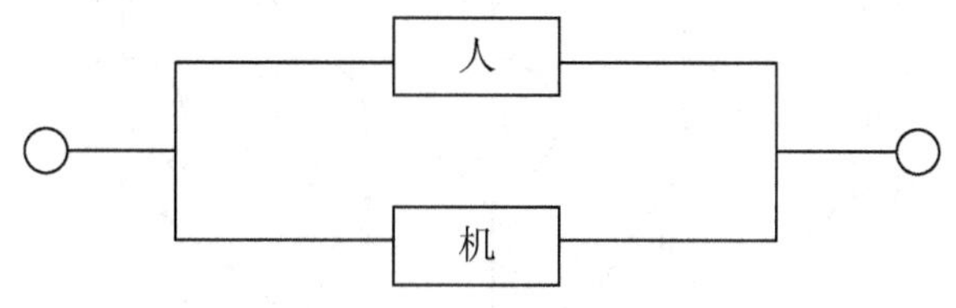


图1.15 人机并联模式系统

(3) 人机串并联模式系统：该系统通过控制台和指示器的双重作用，使人与机器发生联系，是当前最常用的一种混合式系统，兼有串联和并联模式的优点，如图1.16所示。

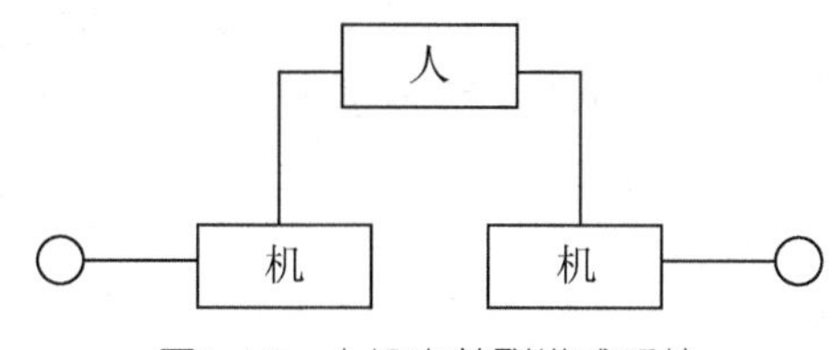


图1.16 人机串并联模式系统

4. 单元组合人机系统

该类人机系统是由多个组成单元构成的，其中每个单元独自构成人机系统，即整体满足人机系统条件，局部也符合人机系统的特点，如图1.17所示。

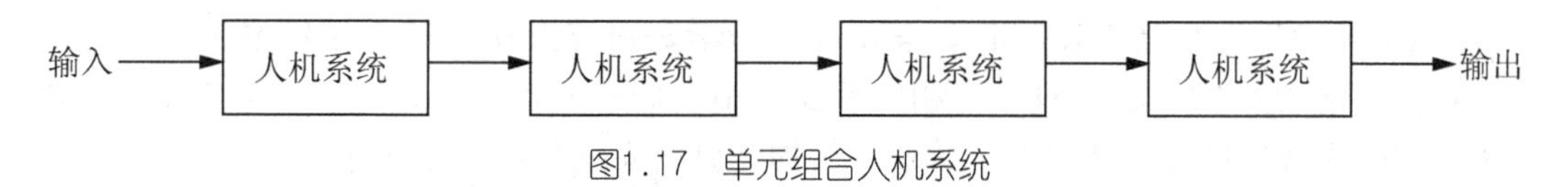


图1.17 单元组合人机系统

在人机系统中，无论是单人单机、单人多机、单机多人还是多机多人，人与机之间的联系都发生在人—机界面上。而人与人之间主要通过语言、文字、文件、电信、信号、标志、符号、手势和动作等联系。

### 1.5.4 人机系统的目标

由于人机系统构成复杂、形式繁多、功能各异，无法一一列举具体人机系统的设计方法。但是，结构、形式、功能均不相同的各种各样的人机系统设计，其总体目标都是一致的。因此，研究人机系统的总体设计就具有重要的意义。

在人机系统设计时，必须考虑系统的目标，也就是系统设计的目的。由图1.18可知，人机系统的总体目标也就是人机工程学所追求的优化目标，因此，在人机系统总体设计时，要求满足安全、高效、舒适、健康和经济5个指标的总体优化。

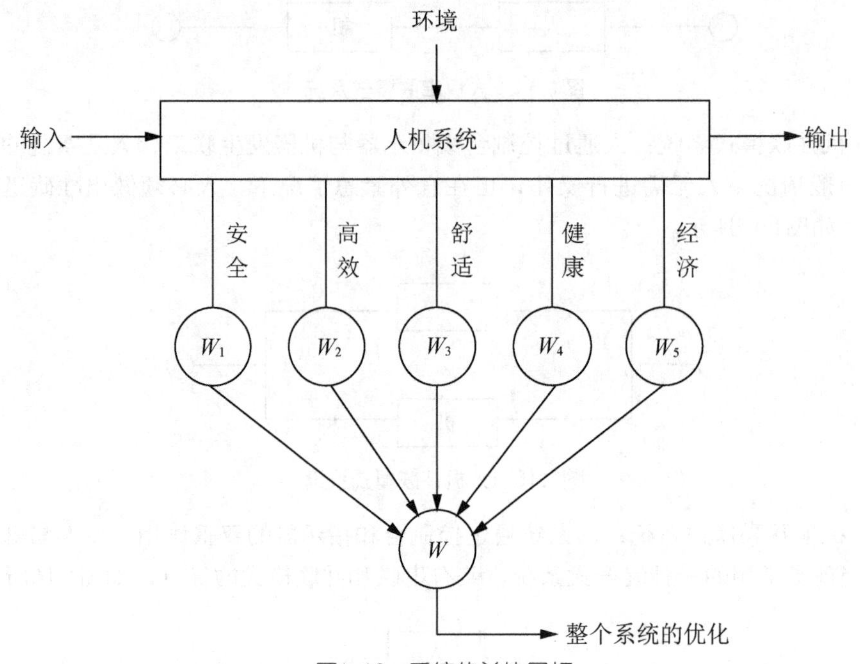


图1.18　系统的总体目标

## 习　　题

### 一、填空题

1. 人机工程学是研究____、____及____之间相互关系和相互作用的学科。

2. 国际人机工程学学会的定义是人机工程学是研究人在某种工作环境中的____、____和____等方面的因素，研究人和机器及环境之间的相互作用，研究在工作中、家庭生活中和休假时怎样统一考虑工作效率、人的健康、安全和舒适等问题的学科。

3. 人机工程学的基本理论(即____、____)与工业设计的基本观念(创造的产品应同时满足人们的物质与精神需求)意义基本相同，只是侧重稍有不同；工业设计与人机工程学同样都是研究人与物之间的关系，研究人与物交接界面上的问题，不同于工程设计以研究与处理"物与物"之间的关系为主。

4. 人机系统的构成，可以分为____、____及____之间3个子系统。对这3个子系统的研究，各自独立为一门科学，即人的科学、技术工程科学及环境科学。

5. 机器控制部分中的物的控制系统部分主要分为____和____两个部分。

## 二、思考题

1. 简述人机工程学的定义。
2. 结合实例论述人机工程学的研究体系。
3. 简述人机工程学的任务和研究范围。
4. 论述人机工程学研究的内容。
5. 如何提高人—机系统的可靠性?
6. 论述人机系统研究的内容。

# 第二章 人机工程学研究方法

## 教学目标

理解人机工程学研究方法的层次

理解机器控制类课题研究的一般程序

理解人机工程学的研究步骤

理解研究方法的基本原则

了解基于人体测量学、人机信息界面、使用方式和使用环境、生活形态的产品造型设计

## 教学要求

| 知识要点 | 能力要求 | 相关知识 |
| --- | --- | --- |
| 人机工程学研究方法的特点 | (1)跨学科的理论研究形式<br>(2)人机相互作用过程的研究<br>(3)人机配合等实践性问题 | 人机系统优化 |
| 人机工程学研究方法的层次 | (1)制定课题研究总体方案和程序<br>(2)制定具体的研究方法及实验方法<br>(3)运用相关学科研究方法作基础参数的补充研究 | |
| 机器控制类课题研究的一般程序 | (1)确定人机系统的目的和功能<br>(2)人与机的功能分配<br>(3)作业环境类及作业方法类课题研究的一般程序 | |
| 人机工程学方法 | (1)观测法　(2)分析法<br>(3)实测法　(4)调查研究法<br>(5)实验法　(6)感觉评价法<br>(7)模拟和模型试验法<br>(8)示图模型法　(9)数学模型法<br>(10)心理测验法　(11)计算机数值仿真法 | 机器控制<br>作业环境<br>作业方法 |
| 人机工程学的研究步骤 | (1)机具的研究步骤<br>(2)作业的研究步骤<br>(3)环境的研究步骤 | |
| 产品造型的人机设计 | (1)基于人体测量学的产品造型设计<br>(2)基于人机信息界面的产品造型设计<br>(3)基于使用方式和使用环境的产品造型设计<br>(4)基于生活形态的产品造型设计 | 产品人性化 |

## 推荐阅读资料

[1] 杨向东.工业设计程序与方法[M].北京：高等教育出版社，2008.
[2] 赖维铁.人机工程学[M].武汉：华中工学院出版社，1983.
[3] 阮宝湘，邵祥华.人机工程[M].南宁：广西科学技术出版社，1999.
[4] 郭青山，汪元辉.人机工程设计[M].天津：天津大学出版社，1994.

人机工程学的研究广泛采用了人体科学和生物科学等相关学科的研究方法及手段，也采取了系统工程、控制理论、统计学等其他学科的一些研究方法，而且本学科的研究也建立了一些独特的新方法，以探讨人、机、环境要素间复杂的关系问题。这些方法包括：测量人体各部分静态和动态数据；调查、询问或直接观察人在作业时的行为和反映特征；对时间和动作的分析研究；测量人在作业前后以及作业过程和工艺流程中存在的问题；分析差错和意外事故的原因；进行模型实验或用计算机进行模拟实验；运用数字和统计学的方法找出各变数之间的相互关系，以便从中得出正确的结论。

## 2.1 人机工程学研究方法的特点

人机工程学是一门由多学科交叉形成的综合性、边缘性学科，但是，其研究方法并不是各种相关学科的具体研究方法的简单组合，而是在人机系统总的研究目标要求下，使相关学科的研究方法协调为一个有机整体，从而建立起的一套适合人机工程研究的特殊方法。

人机工程的研究方法，有3个明显的特点。

(1) 它产生于相关学科的结合部，因此常借助、移植和渗透相关学科的研究方法，从而表现为跨学科的理论研究形式。如在视觉信息传达方法的研究中，就会用到视觉生理学、实验心理学、代码理论、信息论及图形知觉格式塔(Gestalt)理论等相关学科的研究方法。

(2) 它是对“人的因素”与“机的因素”相互作用过程的研究，因此带有“器官(人)十工具(机)”这种工程性质。如在视觉信息显示方法的研究中，必须将所研究的人机系统的机器显示系统作为研究和实验的条件。如果离开了机器而单纯从人的角度去研究视觉功能，那就不是人机工程的课题，而是实验心理学的课题。

(3) 人机工程学的研究工作中，既有信息传递、数学模型、生理及心理学等理论问题，也有大量的人机配合等实践性问题。由于人与机是两个完全不同的子系统，“接入”人机系统中的人与机的“接口”及信息通道难以完全用一种模式准确地描述。因此，人机系统优化的过程往往先从现有同类系统的调查研究着手，然后再按课题的条件研究优化的途径。

人机工程学课题的涉及面非常广泛，凡是人的用具，小到一支铅笔，大到一架宇航飞机，都包含人机工程的问题，但其研究问题的复杂程度有很大差别。

## 2.2 人机工程学研究方法的层次

人机工程学各个类型课题研究的内容及其具体方法，虽然各有特点，但总的来看大致可以划分为以下3个层次。

(1) 制定课题研究总体方案和程序。

(2) 运用相关学科的研究成果，制定具体的研究方法及实验方法，并进行工作。

(3) 因课题的需要，运用相关学科的研究方法作基础参数的补充研究。

后两个研究层次中都需要解决两个方面的问题，即研究方法和研究手段(工具)。第三个层次的工作实际上是相关学科的基础研究工作。上述3个层次的内容并不是孤立的，它们之间有着密切的联系和影响。前一个层次会对后一个层次提出要求，后一个层次的发展和发现又会给前一个层次提供新的思路。

这3个层次是从研究工作的思路上所作的一种概括性划分，这种划分不是绝对的。在实际工作中，不论在逻辑顺序或时间顺序上，这3个层次都常常表现为反复或交叉的形式。

人机工程研究的课题大致可分为机器控制、作业环境及作业方法三大类，其研究的内容不同，研究的程序也不相同。

## 2.3 机器控制类课题研究的一般程序

机器控制类课题研究工作的基本逻辑顺序如图2.1所示。这个程序对现有设备人机工程的改善或新设备人机工程的研制都具有普遍意义，但并不一定每个课题都一项不少地按这样一个固定程序进行，在制定具体的研究方案时，可以根据课题的特点和侧重点灵活安排，适当做些变动或增减。在课题研究过程中常常会出现反复，此时可按图2.1左侧发生反复时的程序进行。

### 2.3.1 确定人机系统的目的和功能

系统功能取决于系统结构。系统结构是指组成系统的元素间在数量上的关系及其联系方式。确定系统结构，包括以下4个内容。

(1) 确定组成系统的各元素之间数量的比例关系。如一个加工中心，设置多少显示器和多少控制器为好，不单是根据机器的需要而定，还须根据人的功能来确定。

(2) 确定组成系统的各元素在空间上的联系方法，如仪表的相关与分组、仪表排列的逻辑顺序关系等。

(3) 确定组成系统的各元素在时间上的联系方式，如仪表显示的延续时间、各种仪表显示的时间联系、显示与操作之间的时间联系等。应当指出，时间的联系方式往往是系统研制的主要要求之一。

(4) 确定系统与环境之间的关系，其中包括系统中与环境关系较大的元素受环境的影响以及系统对环境的危害(如噪声等)。系统与环境之间的动态平衡至少要保持在允许的波动范围之内。

对于简单的问题可以由课题内容及调查结果直接明确人机功能，而对于复杂的问题则

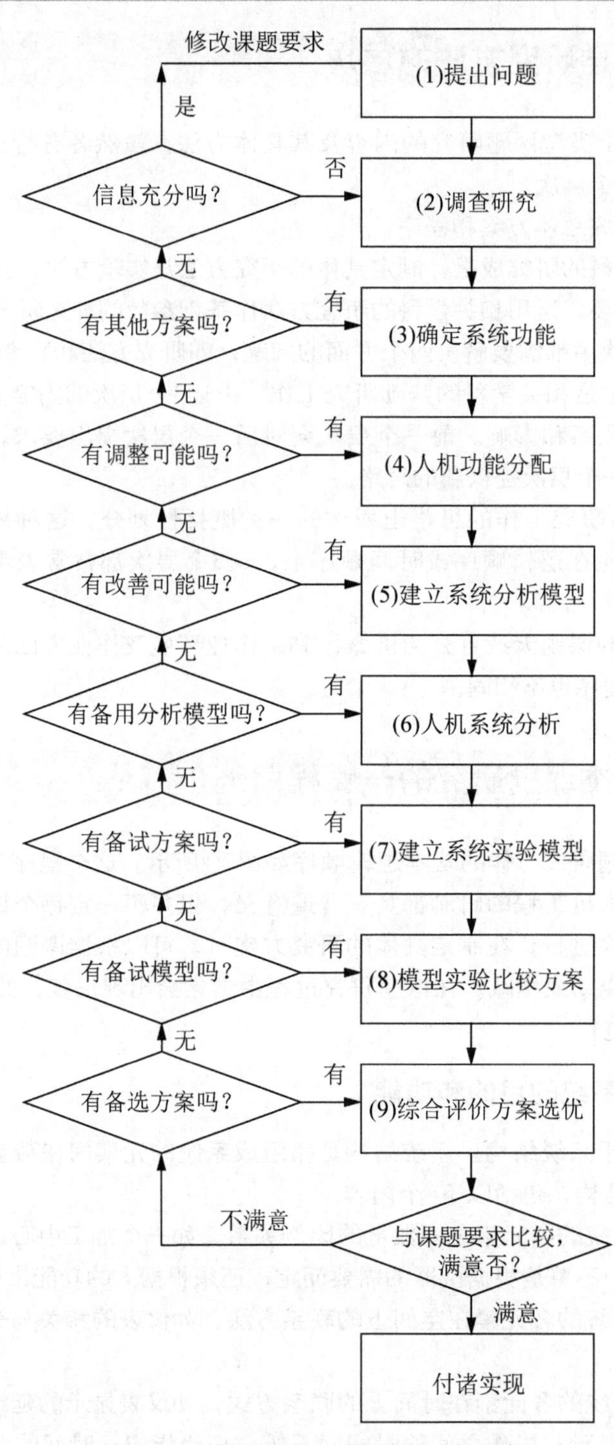


图2.1　机器控制类课题研究的一般程序

常常难以直接把系统的功能全部确定下来，这时可将功能分层次展开，做成如图2.2所示的功能树。功能树的最高层为系统总功能，它是系统的总目的；第二层(AB…N)是完成总目的的手段，即第二层的功能；第三层($a_1a_2 \cdots b_1b_2 \cdots$)是完成第二层目的的手段，即系统的第三层功能。一个课题需要分为几层功能，应具体分析。

建立功能树的方法如果是由上而下，从目的找功能，则提出的问题是“怎么办”；如果是由下而上，从功能找目的，则提出的问题是“为什么”。

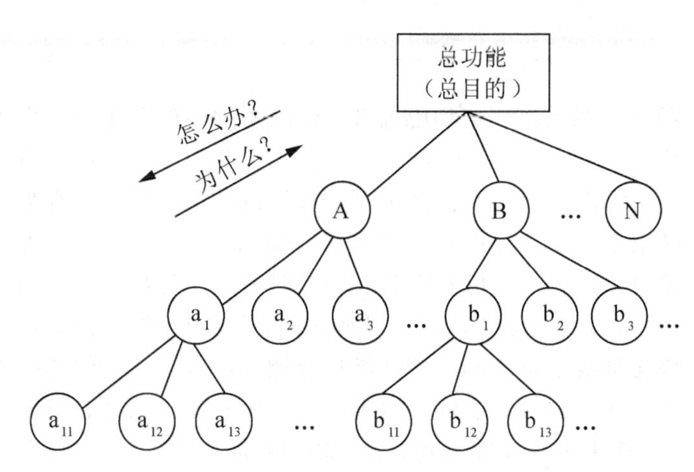


图2.2　功能分层展开图(功能树)

### 2.3.2　人与机的功能分配

人和机各有自己的能力和限度，归纳起来表现在四个方面：人功能的四个方面限界是准确性、体力、速度、知觉能力；机能功能的四个方面限界是性能维持力、正常动作、判断能力、选价及运营费用。人机功能分配就是适当地发挥人与机各自的功能优势，以保证系统的功能。

在进行人机功能分配时，一定要考虑机器发生故障的可能性，以及简单排除故障的方法和使用的工具。不论什么系统，完全无故障是不可能的，在机器正常运行期间内对小故障的处理是正常的作业。

功能分配时要考虑到小概率事件的处理，有些偶发事件如果对系统无明显影响，可以不必考虑，但有的事件一旦发生就会造成功能的破坏，对这种事件就要事先安排监督和控制方法。

### 2.3.3　作业环境类及作业方法类课题研究的一般程序

人与环境系统研究的主要目的是按人的因素建立最宜人的环境条件，以保证作业在安全、舒适、健康的条件下具有很高的效率。其研究程序如图2.3所示。

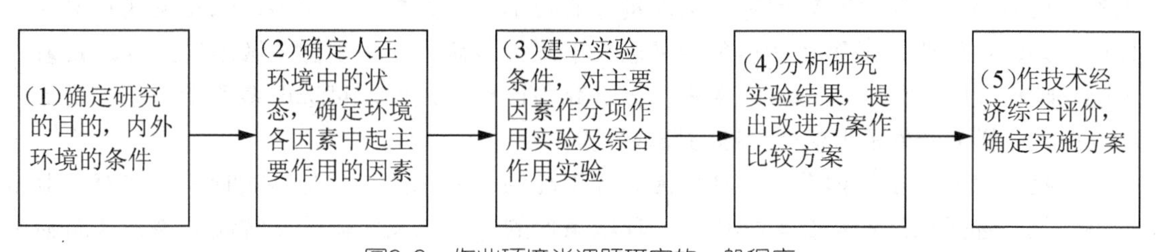


图2.3　作业环境类课题研究的一般程序

作业方法类课题研究的主要目的是确定合理的作业量、作业方法及作业时间，以期得到安全、高效的生产作业。

## 2.4 人机工程学方法

### 2.4.1 观测法

观测法是研究者通过观察、测定和记录自然情境下发生的现象来认识研究对象的一种方法。这种方法是在不影响事件的情况下进行的，观测者不介入研究对象的活动中，因此能避免对研究对象的影响，可以保证研究的自然性和真实性。如观测作业的时间消耗，流水线生产节奏是否合理，工作日的时间利用情况、动作分析等。现在单靠肉眼观测已不能满足研究需要，需要借助仪器设备，如计时器、录像机等。应用观测法时，研究者要事先确定观测目的并制订具体计划，避免发生误观测和漏观测的现象。误观测是指观测和记录的材料与事实不符。漏观测是指只观测和记录了事物的某些方面而忽视了与研究目的有关的另一些内容。为了保证客观事物的正确全面感知，研究者不但要坚持客观性、系统性原则，还需要认真细微地做好观测的准备工作。

### 2.4.2 实测法

这是一种借助器械设备进行实地测量的方法。如为了解决操作面设计而需要确定手臂活动范围的资料时，可以选择按一定年龄分类的一定数量的人们(男和女)，借助测量仪器分别对其手臂活动范围及人体体形特征进行实测。实测所得资料可以作为机器和装置设计以及操作空间布置的依据。

### 2.4.3 实验法

实验法是在人为控制条件下，系统地改变一定变量因素，以引起研究对象相应变化来做出因果推论和变化预测的一种研究方法。在人机工程学研究中这是一种很重要的方法。它的特点是可以系统控制变量，使所研究的现象重复发生，反复观察，不必如观测法那样等待事件自然发生的被动性，使研究结果容易验证，并且可对各种无关因素进行控制。实验中存在的变量有自变量、因变量和干扰变量3种。自变量是研究者能够控制的变量，它是引起因变量变化的原因。自变量因研究目的和内容而不同，如照度、声压级、标志大小、仪表刻度、控制器布置、作业负荷等。自变量的变化范围应在被试的正常感知范围之内，并能全面反映对被试的影响。因变量应能稳定、精确地反映自变量引起的效应，具有可操作性，并能充分代表研究的对象性质。如效绩指标的反应时间、失误率、反应频率、质量和效率等；生理指标的心率、呼吸数、血压等；以及被试的主观评价，如监控作业，操作者精神负荷远远大于体力负荷，其主观感受做出的评价比效绩更能反映作业时机体的状态。因变量根据研究的性质和条件，可选取多项指标进行测量和分析，这样可避免采用单一指标的局限性。

干扰变量是由于个体差异和环境因素等引起的，如被试在实验中随时间推移而产生身心变化；选择被试不符合取样标准；环境条件的干扰以及实验的系统误差等，从而影响研究结果的准确性。实验中应采取实验控制方法使干扰变量减小到最低限度。主要控制方法包括：使被试在已适应的环境条件下进行实验；在实验中使环境干扰因素保持恒定；采用随机或抵消等方法消除被试差异和测试顺序产生的干扰效应；设立实验组和控制组，两组除控制的自变量不同外其他条件完全相同。这样两组因变量的差异可反映自变量的效应。

实验法分实验室实验和现场实验两种。前者是在控制环境条件下实验，对研究事物因果关系是有效的，但在实际应用上受到一定限制；后者能够反映操作者在现实的工作系统中的活动规律。

### 2.4.4 模拟和模型试验法

由于机器系统一般比较复杂，因而在进行人机系统研究时常采用模拟的方法。模拟方法包括各种技术和装置的模拟，如操作训练模拟器、机械的模型以及各种人体模型等。通过这类模拟方法可以对某些操作系统进行逼真的试验，可以得到从实验室研究以外所需的更符合实际的数据。因为模拟器或模型通常比它所模拟的真实系统价格便宜得多，但又可以进行符合实际的研究，所以获得较多的应用。

### 2.4.5 分析法

一般是在上述两种方法的基础上进行。如对人在操作机械时的动作分析，首先用实测方法，采用轨迹摄影及变速录像技术，将人在操作过程中所完成的每个连续动作逐一记录下来，然后进行分析研究和实验，以便排除其中的无效动作，减少人的重心移动，纠正不良姿势，从而有效地降低人的劳动强度，提高工作效率。

在分析法中常常要研究自变量和因变量的关系。自变量是指实测的资料(因素)，如照度值、重力和环境状况等因素，因变量为随自变量变化的因素，常指规范和标准。研究这两种变量的关系，从中找出规律性的东西。

美国人机学专家霍尼威尔(Honeywell)提出了以下6种对人机系统测定和分析的方法。

1. 瞬间操作分析(Second—by—second operation analysis)

即对连续的生产过程，用统计方法中的随机抽样法，对操作者与机器之间在每一间隔时刻的信息进行测定，注意操作者接收信息(输入)与发出动作(输出)的区别。再用统计分析的原理，对测定资料加以整理，从而得到有益于改善人机系统的资料。

2. 知觉与运动信息分析(Perceptual and motion information analysis)

由外界传给人的信息，首先由感觉器官传到神经中枢经大脑处理后，产生反应信号，再传递给肢体去对机械进行操作，对于操作后的机械状况又把信息送回给人，成为一种反馈系统。知觉运动分析就是对此种反馈系统进行测定和分析，并用信息理论阐明信息传递的数量关系。

3. 连续操作的负荷分析(Continuous control work load analysis)

这种方法是采用强制抽样电子计算机技术来分析操作人员连续操作的情况，一般需要规定操作所必需的最小间隔时间，以推算操作人员的工作负荷强度。

4. 全工作负荷分析(Total work load analysis)

对操作者在单位时间内工作负荷的分析，一般用单位时间的作业负荷率来表示。

5. 使用频率分析(Use frequency analysis)

对人机系统中的装置、设备等机械系统的使用频率进行测定和分析，其结果可作为调整操作人员负荷的参考数据。

6. 设备关联性分析(Instrument link analysis)

这是对机械的使用方法以及人与机械状态的变化等进行观测和分析的方法。如观测多机床管理的操作者，从一台机床转到另一台机床时，眼睛的移动次数与操作频率的情况。再通过分析，从而获得机械和控制装置的适当比例关系。

### 2.4.6 调查研究法

人机工程学中许多感觉和心理指标很难用测量的方法获得，此时可采用各种调查研究方法来抽样分析操作者或使用者的意见和建议。这种方法包括简单的访问、专门调查，直至非常精细的评分、心理和生理学分析判断以及间接意见与建议分析等。

调查工作的原则是在较短的时间内，花费较少的人力、物力获取最有效的信息。设计师应认真选择调查对象、调查渠道和调查方法。常用的调查方法有以下几种。

(1) 访谈法。访谈法是研究者通过询问交谈来搜集有关资料的方法。访谈可以是有严密计划的，或是随意的。无论采取哪种方式，都要求做到与被调查者进行良好的沟通和配合，引导谈话围绕主题展开，并尽量客观真实。

(2) 观察法。获得的感受最直接，但不适于大规模进行。

(3) 询问法。可以得到被调查对象主诉的结果，适合中等规模进行。

(4) 考察法。是研究实际问题时常用的方法。通过实地考察，发现现实的人—机—环境系统中存在的问题，为进一步开展分析、实验和模拟提供背景资料。实地考察还能客观地反映研究成果的质量及实际应用价值。为了做好实地考察，要求研究者熟悉实际情况，并有实际经验，善于在人、机、环境各因素的复杂关系中发现问题和解决问题。

(5) 问卷法。是研究者根据研究目的编制一系列的问题和项目，以问卷或量表的形式收集被调查者的答案并进行分析的一种方法。如通过问卷调查某一种职业的工作疲劳特点和程度，让作业者根据自己的主观感受填写问卷调查表，研究者经过对问卷回答结果的整理分析，可以在一定程度上了解这种职业的工作疲劳主要表征和疲劳程度等。这种方法有效应用的关键在于问卷或量表的设计是否能满足信度、效度的要求。所谓信度即准确性，或多次测得结果的一致性；效度即有效性，确保测得结果符合研究需要。问卷提问用语要通俗易懂，回答标准应力求简洁明了，使被调查者容易掌握。

上面所述仅是设计师最常用的研究方法，在实际设计活动中，设计师经常要根据情况创造一些临时的方法，特别是要自己创造一些合适的研究方法。

### 2.4.7 感觉评价法

感觉评价法是运用人的主观感受对系统的质量、性质等进行评价和判定的一种方法，即人对事物客观量做出的主观感觉度量。在人机工程学的研究中，离不开对各种物理量、化学量的测量，如噪声、照度、颜色、干湿度、气味、长度、速度等，但还须对人的主观感觉量进行测量。客观量与主观量之间存在一定的差别。在实际的人—机—环境系统中，直接决定操作者行为反应的是他对客观刺激产生的主观感觉。因此，对与人有直接关系的人—机—环境系统进行设计和改进时，测量人的主观感觉量非常重要。这种方法在心理学经常应用，称之为心理测量法。过去感觉评价主要依靠经验和直觉，现在可应用心理学、生理学及统计学等方法进行测量和分析。感觉评价的对象见表2-1。

表2-1 感觉评价的对象

| 分类 | 评价对象举例 |
| --- | --- |
| 特定质量、性质评价<br>(A) | 噪声声压级与频率、颜色、亮度、干湿度、气味、长度、重量、表面状况、织物手感、味道(食品、酒、香烟)等 |
| 综合评价<br>(B) | 舒适性、使用性、居住性、工作性、满意度、爱好、兴趣、感觉、购物动机、消费者态度等 |

感觉评价对象可分为两类，一类(A)是对产品或系统的特定质量、性质进行评价；另一类(B)是对产品或系统的整体进行综合评价。现在前者可借助计测仪器或部分借助计测仪器进行评价；而后者只能由人来评价。感觉评价的主要目的有：按一定标准将各个对象分成不同的类别和等级；评定各对象的大小和优劣；按某种标准度量对象大小和优劣的顺序等。

## 2.4.8 图示模型法

图示模型法是采用图形对系统进行描述，直观地反映各要素之间的关系，从而揭示系统本质的一种方法。这种方法多用于机具、作业与环境的设计和改进，特别适合于分析人机之间的关系。在图示模型法中，应用较多的是三要素图示模型。这是一种静态图示模型，把人和机的功能都概括为三个基本要素。人的三要素是中枢神经系统、感觉器官和运动器官；机具的三要素是机器本体、显示器和控制器。

图2.4(a)为三要素图示模型的基本形式；图2.4(b)为驾驶员—汽车图示模型示例。通

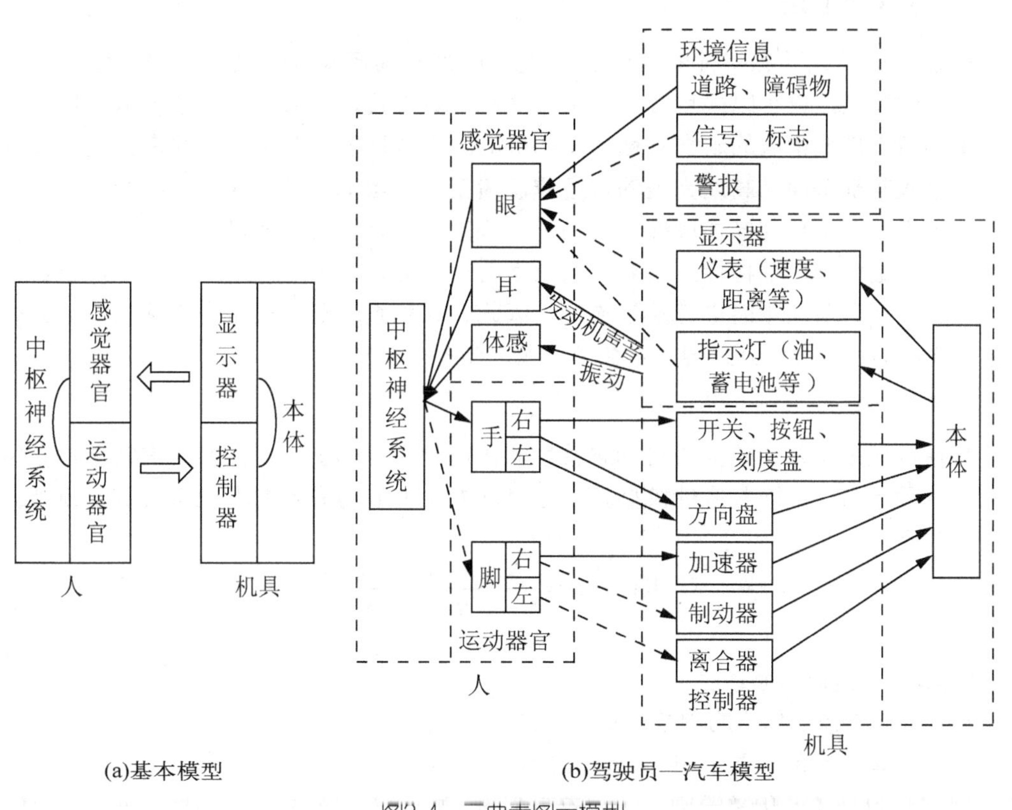


(a)基本模型　　(b)驾驶员—汽车模型

图2.4 三要素图示模型

过这种图示模型，可以清楚表明各个要素之间如何联接并构成系统的。同理可以绘出各种机具，如家电、计算机、售货机、工具、家具及作业的图示模型，从而清楚了解人体的哪一部位与机具的哪一部位的对应关系。表2-2是不同类型作业的主要相关要素。此外，动态图示模型有方框图和流程图等，这些模型主要是以时间顺序这一动态特性为中心，对系统进行描述，用于表现人机系统的结构和时间动态特征。这些模型都可以通过数学或计算机模拟来求得系统的动态特性，如汽车、飞机与驾驶员构成的系统动态特性。

**表2-2　不同类型作业的主要相关要素**

| 人的三要素 / 作业分类 | 中枢神经系统 | 感觉器官 | 运动器官 |
|---|---|---|---|
| 思　考 | ○ | | |
| 监　视 | ○ | ○ | |
| 复杂的机械运转 | ○ | ○ | ○ |
| 单调的控制作业 | | ○ | ○ |
| 极其单调的体力劳动 | | | ○ |

○：各作业的主要相关要素

## 2.4.9　数学模型法

描述人机系统动态特性的数学表达式，称为人机系统数学模型。一旦建立了人机系统的数学模型。就可以采用各种分析方法和计算工具，对人机系统进行数学模拟。人机系统的数学模型由人的动态特性模型和机的动态特性模型两个部分组成。由于人体本身是一个极其复杂而又高度完美的自适应反馈系统，当把人放入人机系统中后，该人机系统的关系不能简单地描述成纯线性的、非线性的、时变的、随机的或离散的模型，而实际上应该是所有这些特性的组合。从数学的观点看，其中的一些特性可以进行数学描述，而另一些目前还不能进行数学描述。因此，人机系统数学模型是实际系统的近似。当前较成熟的建模方法分为传递函数模型和模糊控制模型。

1. 传递函数模型

传递函数模型是在建立机器动态特性的传递函数基础上，对人的动态特性建立传递函数的一种相当简单的普遍性模型。它是目前方法上最为成熟的人机系统数学模型。其传递函数形式可表达为

$$Wm'e(s)=\frac{K(1+T_A S)e_{-}Dt}{(1+T_1 S)(1+T_N S)}$$

式中

$Wm'e$——传递两数；

$K$——人工控制环节的增益，$K=1\sim100$；

$T_A$——操作手的导前时间常数，$T_A=0\sim2.5$(s)；

$Dt$——操作手的传递滞后，$Dt=0.2$ 20%(s)；

$T_L$——操作手的误差平滑滞后时间常数，$T_L=0\sim20(s)$

$T_N$——操作手的收缩神经肌肉延迟，$T_N=0.1\pm20\%(s)$

$S$——拉普拉斯变换算子。

2. 模糊控制模型

人机系统中人的控制活动是以思维活动为主，而模糊数学正是吸取了人脑思维对周围复杂现象进行识别和判断的特点，提出了模糊集合的概念。因此，人机系统模糊控制模型成为近年来发展最快的数学建模方法。根据模糊集理论，对人在控制过程中的大脑思维活动，包括概念、判断、推理和决断等过程进行概括，得到以下模糊控制模型表达式

$$
\begin{aligned}
C &= C_1+\cdots+C_{49} \\
&= EO(E_{NB}XC_{PB})\cdot RO(R_{NB}XC_{PB})+\cdots+EO(E_{PB}XC_{NB})\cdot RO(R_{PB}XC_{NB})
\end{aligned}
$$

式中

符号+、·、$X$、$O$——模糊集理论中的并、交、卡尔积、曲合运算；

$C_i$——模糊集理论中的似然推理规则，$i=1\sim49$。

不论是传递函数模型，还是模糊控制模型，虽然形式上取近似的数学表达式，但是它们都正在或者将成为各种人机系统的研究、设计、性能预测及性能评价的有效方法。

### 2.4.10 心理测验法

心理测验法是以心理学中个体差异理论为基础，对被试个体在某种心理测验中的成绩与常模作比较，用以分析被试心理素质的一种方法。这种方法广泛应用于人员素质测试、人员选拔和培训等方面。

心理测验按测试方式分为团体测验和个体测验。前者可以同时由许多人参加测验，比较节省时间和费用；后者则个别地进行，能获得更全面和更具体的信息。心理测验按测试内容可分为能力测验、智力测验和个性测验。无论何种测验，都必须满足以下两个条件：第一，必须建立常模。常模是某个标准化的样本在测验上的平均得分。它是解释个体测验结果时参照的标准。只有把个人的测验结果与常模作比较，才能表现出被试的特点。第二，测验必须具备一定的信度和效度，即准确而可靠地反映所测验的心理特性。人的能力等心理素质并非是恒常的，所以不能把测验结果看成是绝对不变的。

### 2.4.11 计算机数值仿真法

由于人机系统中的操作者是具有主观意志的生命体，用传统的物理模拟和模型方法研究人机系统，往往不能完全反映系统中生命体的特征，其结果与实际相比必有一定误差。另外，随着现代人机系统越来越复杂，采用物理模拟和模型方法研究复杂人机系统，不仅成本高、周期长，而且模拟和模型装置一经定型，就很难作修改变动。为此，一些更为理想而有效的方法逐渐被研究创建并得以推广，其中的计算机数值仿真法已成为人机工程学研究的一种现代方法。

“仿真是一种基于模型的活动”，它涉及多学科、多领域的知识和经验。成功进行仿真的关键是有机、协调地组织实施仿真全生命周期的各类活动。这里的“各类活动”，就是“系统建模”、“仿真建模”、“仿真实验”，而联系这些活动的要素是“系统”、“模型”、“计算机”。其中系统是研究的对象，模型是系统的抽象，仿真

是通过对模型的实验来达到研究的目的的。要素与活动的关系如图2.5所示。

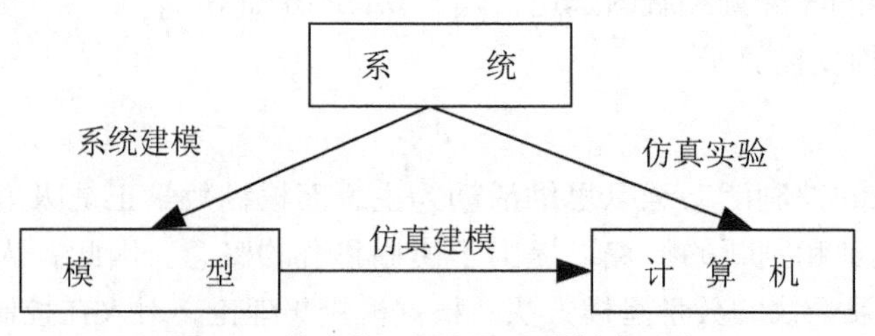


图2.5　仿真的三要素和三项基本活动

计算机仿真(Computer Simulation)(或称系统仿真System Simulation)是应用电子计算机对系统的结构、功能和行为以及参与系统控制的人的思维过程和行为进行动态性比较逼真的模仿。它是一种描述性技术，是一种定量分析方法。通过建立某一过程和某一系统的模式来描述该过程或该系统，然后用一系列有目的、有条件的计算机仿真实验来刻画系统的特征，从而得出数量指标，为决策者提供有关这一过程或系统的定量分析结果，作为决策的理论依据。

数值仿真是在计算机上利用系统的数学模型进行仿真性实验研究。研究者可对尚处于设计阶段的未来系统进行仿真，并就系统中的人、机、环境三要素的功能特点及其相互间的协调性进行分析，从而预知所设计产品的性能，并进行改进设计。应用数值仿真研究，能大大缩短设计周期，并降低成本。

仿真用模型模拟系统的特性来研究系统的方法。系统模型有物理模型与数学模型两种，因此有物理仿真与数学仿真之分。物理模型是利用某些物理方法(如电路、简单机械等)模拟系统某一环节的特性或整个系统的特性而构造的模型。数学仿真是在计算机上利用系统的数学模型进行仿真性实验研究。数学仿真的优点是模型有较大的兼容性，而且经济、安全、迅速。计算机仿真采用实时控制还是非实时控制，主要取决于实验的要求。如驾驶或操纵台实验系统或驾驶人员训练系统，用计算机仿真机具工况与人对话，仿真结果直接与驾驶或操纵台等仿真装置、仪表及视景等效果系统相联接，这类系统则要求采用实时仿真。

如果系统中没有人和实物模型介入而单纯用计算机仿真，一般没有实现特性的时间要求，则可以用非实时仿真。

所谓实时仿真，就是要求仿真时间与自然时间严格同步，即在一个积分时间步长中，实时地对整个系统的所有方程都计算一遍。这要求所有信息都能实时地被采样得到。

计算机仿真的关键是构造出与系统特性相近的较精确的数学模型。模型可以是高阶微分方程，也可以用传递函数，或用一个动态方程及一个输出方程来表示。一般，在人机系统中采用传递函数较为方便。

## 2.5　人机工程学的研究步骤

人机工程学的研究，除对学科的理论基础研究外，大量的研究还是对与人直接相关的机具、作业、环境和管理等进行设计和改进。虽然所设计和改进的内容不同，但都应用人—机—环境系统整体优化的处理程序和方法。在实际研究中，很难做到一开始就达到理想的优化程度，一般都是对现有系统问题进行调查分析，分阶段地进行消除这些缺点的研究改进过程。

### 2.5.1 机具的研究步骤

机具类包括机械、器具、设备设施等。机具的设计与改进的一般步骤如图2.6所示。

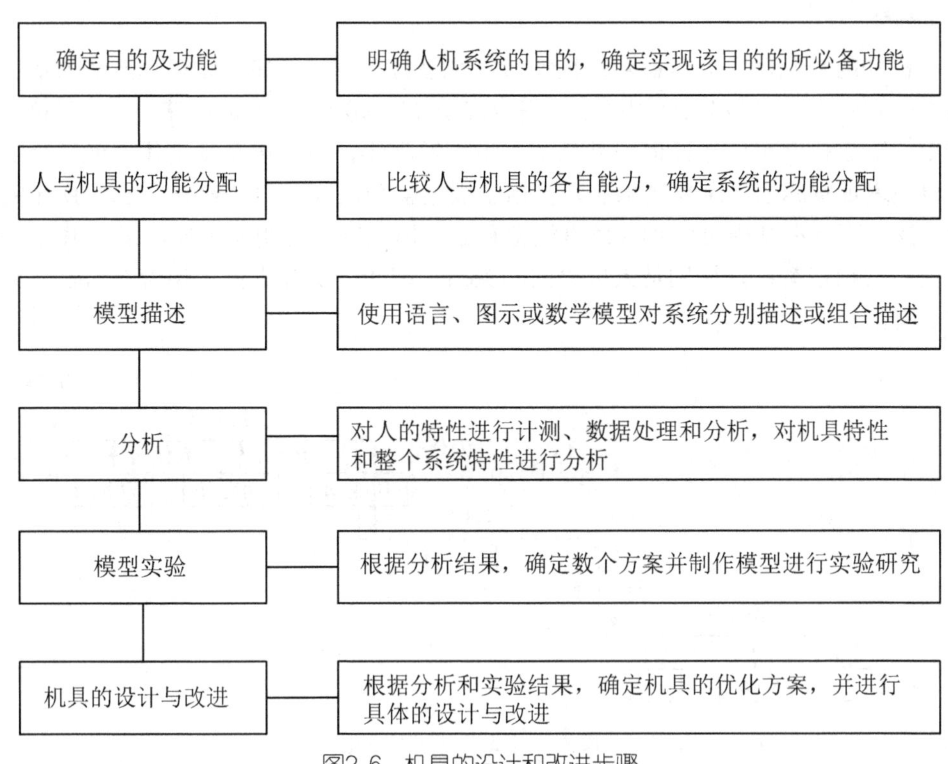

图2.6 机具的设计和改进步骤

1. 确定目的及功能

首先确定设计和改进机具的目的，然后找出实现目的的手段，即赋予机具一定的功能。实现目的的方案越多，选择余地越大，在一定的限制条件下，容易得到更优的方案。因此，应将目的定得高一些，从广阔的视野设想出多种方案。图2.7为目的与功能的关系图。从图可见，实现目的功能有多种，用$a$，$b$，$c$，… 表示。为了实现功能$a$，$b$，$c$，…又必须设想出功能$a_1$，$a_2$，$a_3$；$b_1$，$b_2$，$b_3$；$c_1$，$c_2$，$c_3$；…作为实现的手段。如果最初目标作为大目标，则功能$a$，$b$，$c$，…就是中目标，以此类推，更具体的功能$a_1$，$a_2$，$a_3$，… 就是小目标，$a_{11}$，$a_{12}$，$a_{13}$，…就是更小目标。图2.7表述了由上至下的目的与功能构成的系统。在功能展开过程中，由目的求功能时，考虑“怎么办”；由功能求目的时，考虑“为什么”。

2. 人与机具的功能分配

整个系统的功能确定后，就要考虑在人与机具之间如何进行功能分配。为此，必须对人和机具的能力特性进行比较，以充分发挥各自的特长。简言之，人的能力特长是具有智能、感觉、综合判断能力、随机应变能力、对各种情况的决策和处理能力等；而机械则是作用力强、速度快、连续作业能力和耐久性能好等。根据实现目的的要求，对人与机器的能力进行具体分析，合理地进行功能分配。有时人分担的功能减少，机器的功能就相应增加；人分担的功能增加，机器的功能就相应减少。如汽车的手动变速实现了自动化，照相机的光圈和对焦实现了自动化，从而减少了人分担的功能。衣服上多些口袋来携带工具等，就会扩大手的功能。在大规模系统、运输系统，以及安全、防灾设备中，应纠正单纯追求机械化、自动化的倾向，必须考虑充分发挥人的功能。

3. 模型描述

人机功能分配确定后，接着用模型对系统进行具体的描述，以揭示系统的本质。模型描述一般分为语言(逻辑)模型描述、图示模型描述和数学模型描述等，它们可单独或组合使用。语言模型可描述任何一种系统，但不够具体；数学模型很具体，便于分析和设计，但在表现实际系统时受到限制，多用于描述整个系统中的一部分；图2.7所示的模型应用广泛，而且在其中可以加入语言模型和数学模型进行说明。另外，图2.7便于表示各要素之间的相互关系，特别是人机之间的关系。因此，实际上多使用含有语言或数学式的图示模型。

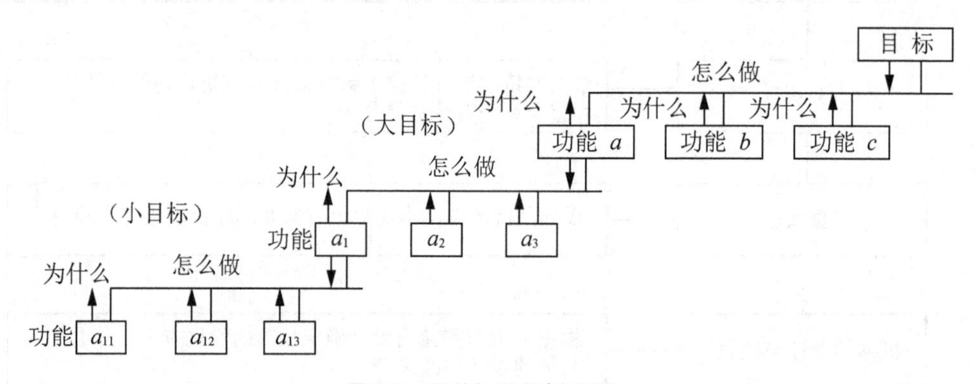


图2.7 目的与功能关系图

4. 分析

用模型对系统进行描述的基础上，再对人的特性、机具的特性和系统的特性进行分析。人的特性包括基本特性，如形态特性、功能特性，还包括复杂特性，如人为失误和情绪等，在分析时要进行必要的计测和数据处理。机具的特性包括性能、标准和经济性等。整个系统的特性包括功能、制造容易、使用简单、维修方便、安全性和社会效益等。

5. 模型的实验

如果需要更详细地设计或改进数据时，可以在上述分析数据的基础上制作出机具的模型，再由人使用该机具模型，反复实验研究。这样可以取得更具体的数据资料或从多个方案中选择最优方案。模型可分为实物大小模型和缩小模型。缩小模型不但经济而且易于操作。模型实验可根据实际需要采用变量不同的模型，有核电站控制中心整体人机界面关系以及船舶设备配置与乘员之间关系这样的大规模实验模型。此外，还有把实验的重点放在关键功能上而省略其他方面的模型。

6. 机具的设计与改进

最后是确定机具的最优方案，并进行具体的设计和改进。最优方案是根据上述分析实验结果进行评价确定的。设计和改进完成后，甚至试制品出来后，还要继续进行评价和改进，以求更加完善。其中特别重要的是机具与人的功能配合是否合理的评价，因此经常应用由人直接参与的感觉评价法。

### 2.5.2 作业的研究步骤

为了获得最佳作业，需要不断研究、设计和改进作业方法、作业量、作业姿势和作业机具及其布置等。所谓最佳作业是指最适合于人的各种特性，疲劳程度最小，人为失误最少，安全可靠，使人感到舒适而效率最高的作业。设计和改进作业的方法与机具的设计有许多相似之处，可分为以下几个步骤。

(1) 确定作业的目的和实现该目的的功能。

(2) 确定作业中人员和机具的功能分配。

(3) 用作业模型表示作业对象的顺序、数量、时间、使用的机具和材料等。作业模型主要用语言模型和图示模型。如各种工序分析图就属于图示模型。

(4) 对作业人员的特性进行计测、数据处理和分析，对作业特性进行实验研究。

(5) 提出各种方案，并对这些方案进行作业研究和评价，以确定最佳的作业方案。

(6) 对作业进行设计、改进和评价，并继续不断加以完善。

### 2.5.3 环境的研究步骤

人类为了追求最佳环境，不断地对照明、颜色、声音、微气候、粉尘和气体等进行研究，使周围的环境适于工作和生活。所谓最佳环境，是指最适宜人的各种特性，使人类能够高效地工作和舒适地生活的环境。设计和改进环境的方法与机具有类似之处，可采取以下步骤。

(1) 确定目的，明确研究环境的重点因素，如照明、噪声、微气候等。

(2) 通过实验和理论研究分析环境因素对人的影响，这些影响可用图示模型和数学模型来描述。

(3) 提出多种方案，在进行分析评价基础上，确定最佳方案，有时还需进行小规模实验。

(4) 对环境进行设计、改进和评价，并不断进行完善。

此外，组织与管理方面的研究步骤与上述几方面也大体相似，主要包括：寻找问题，确定目的；明确各相关要素的功能；提出方案，分析、评价、选优；系统设计和改进；实施、总结和完善。以上概括的研究步骤对新系统的设计和现有系统的改进都是适用的。

## 2.6 研究方法的基本原则

研究方法在科学发展中具有重要作用，只有掌握科学的研究方法才会使研究工作取得预期的结果。人机工程学在研究中特别需要遵循客观性和系统性原则。

### 2.6.1 客观性原则

人机工程学必须坚持以唯物辩证法为其方法论的基础，正确地制定技术路线，采取科学合理的研究方法，并对研究对象做出客观的科学结论。所谓客观性原则，是指在研究工作中坚持严肃认真、实事求是的科学态度，要根据客观事物的本来面目去反映其固有的本质和规律性。当然，客观性也不是绝对的，任何研究都是在一定的主观认识水平和客观物质条件基础上进行的。要遵循客观性原则，就应该做到：在研究工作开始时，要根据科研或应用的实际需要，考虑所具备的主客观条件选择合适的研究课题；在研究过程中，要全面、客观、真实地记录情境条件和研究对象的各种反应；在分析研究结果时，要从现实出发，以事实为依据做出合理的推论。

### 2.6.2 系统性原则

所谓系统性原则，就是要把研究对象放在系统中加以认识和研究。人机工程学的主要研究对象是人—机—环境系统。系统中人、机器、环境这三大要素之间存在着相互制约和相互协同的关系，整个系统的性能不是各要素性能的简单相加。人、机器、环境各有自己的组成成分，构成了各自的系统。用系统观点研究人—机—环境系统时，必须从系统的整体出发去分析各子系统的性能及其相互关系，再通过对各部分相互作用的分析来认识系统整体。人—机—环境系统是一个动态开放系统，不仅各子系统之间存在着物质、能量、信息的交换，而且作为一个整体，它还处于社会系统的影响之下。因此，各种社会性因素也制约着系统中各个要素及其相互关系。在研究设计和改进系统功能的过程中，要寻求各要素之间的最合理的配合，以取得最好的效果。

### 2.6.3 以人为本的设计原则

在现代的设计理念里，人性化设计、情感化设计等的出发点应以人为主体，通过对产品的造型设计、材料选择、使用环境等来满足人类的审美需求、使用心理感受等。所以其设计的出发点还是从人的角度，通过产品的造型设计使其更适合人的使用。

“以人为本”是人机工程学的核心思想。依据作业者的基本人体尺度、心理特性和生理特性，设计与之相适应的产品。这无疑是人机工程学发展至今的基本思路，即以“人的因素”为设计的出发点，力求使产品适应于人的尺度和特性。

以设计去被动地“适应”人，是人机工程设计最直接、最基本，也是最简单的方式。其体现了“以人为本”的最初理念，保证了“人”在人机系统中的基础和核心地位，发挥了人在其中的主导作用。

### 2.6.4 可调节设计原则

可调节设计原则的主要产品造型设计应符合人机尺寸的要求，因为不同的设计对象对产品的尺寸要求差别较大。为了使某个产品能适应更多的人群使用，其产品的长短、高低尺寸在设计的过程中做成可调节的。如可调节座椅、折叠、抽拉产品等都是应用的可调节设计原则。

## 2.7 基于人体测量学的产品造型设计

人体测量学是人类学的一门分支学科，主要研究人体测量和观察方法，并通过人体整体测量与局部测量来探讨人体的特征、类型、变异和发展规律。人体测量学的目的是：通过测量人体各部位尺寸来确定个体之间和群体之间在人体尺寸上的差别，用以研究人的形态特征，从而为各种工业设计和工程设计提供人体测量数据。使设计更适于人。

1. 人体测量学与产品造型设计

人体测量学是人机工程学的重要组成部分。进行产品造型设计时，为使人与产品相互协调，必须对产品同人相关的各种装置作适合于人体形态、生理以及心理特点的设计，让人在使用过程中，处于舒适的状态以及方便地使用产品。因此设计师应了解人体测量学，生物力学方面的基本知识，并熟悉有关设计所必需的人体测量基本数据的性质、应用方法和使用条件，才能设计出符合人机特性的产品造型。

2. 人体测量学在产品造型设计中的应用

百分位表示设计的适应域。在人机工程学设计中常用的是第5、第50、第95百分位。第5百分位数代表“小身材”，即只有5%的人群的数值低于此下限值；第50百分位数代表“适中”身材，即分别有50%的人群的数值高于或低于此值；第95百分位数代表“大”身材，即只有5%的人群的数值高于此上限值。

1) 人体尺寸的应用原则

(1) 极限设计原则，有大尺寸设计和小尺寸设计两种。大尺寸一般选用99%、95%作为尺寸上限(如安全门、床等)；小尺寸一般以1%、5%为尺寸下限。

(2) 可调设计原则(至少达到适应域为90%，可满足98%的人的需求)。如设计汽车驾驶员座椅的调节范围时，为了使司机的眼睛位于最佳位置，获得良好的视野以及方便地操纵驾驶盘；脚踩刹车：高身材司机将座椅调低，矮身材司机将座椅调高，因此，对于座椅的高度调节范围的确定：需取坐姿眼高的95%和5%为上下限值。

(3) 平均设计原则50%(门锁、把手等)。平均尺寸设计 50%，如锁、开关、照相机、打字机、计算机等。

2) 人体尺寸的应用程序

(1) 确定所设计产品的类型。

(2) 选择人体尺寸的分位数。

(3) 确定功能修正量。

(4) 确定心理修正量。

(5) 产品功能尺寸的确定。

在产品功能尺寸的确定中最小功能尺寸 = 人体尺寸的分位数 + 功能修正量，最佳功能尺寸 = 人体尺寸的分位数 + 功能修正量 + 心理修正量。

人体尺度主要决定人机系统的操纵是否方便和舒适宜人。因此，各种工作面的高度和设备高度如操纵台、仪表盘、操纵件的安装高度以及用具的设置高度等，都要根据人的身高确定。以身高为基准确定工作面高度、设备和用具高度。

3) 应用人体尺寸数据时应注意的要点

(1) 必须弄清设计的使用者或操作者的状况，分析使用者的特征，包括性别、年龄、种族、身体健康状况、体形等。

(2) 人体尺寸一般呈正态分布，故按人体尺寸的平均值设计产品和工作空间，往往只能适合50%的人群，而对另外50%的人群则不适合。例如以最大肩宽的平均值设计舱口直径，将只有小于平均最大肩宽的一半人可由该舱口出入，而大于平均最大肩宽的另一半人则无法由此出入。又如一个不常使用的控制阀门需要安装在通过过道的架空管道上，手轮安装高度若以人体的平均高度设计，将只有大于双臂功能上举高平均值的50%的人，才能达到阀门手轮的安装高度，而另外50%的人的手臂则够不着阀门的手轮，在紧急状态时将无法进行控制。因此，一般不能以平均值作为设计的唯一根据。

(3) 大部分人体尺寸数据是裸体或是穿内衣时测量的结果。设计人员选用数据时，不仅要考虑操作者的着衣穿鞋情况，而且还应考虑其他可能配备的东西，如手套、头盔、鞋子及其他用具。对于特殊的紧急情况也应予以考虑，例如在正常情况下99%的人可以顺利通过的通道，一旦失火，由于救护人员戴着头盔、身穿防火衣并且携带救护工具就可能无法顺利通过，因而要考虑非常情况下的宽度要求。

(4) 静态测得的人体尺寸数据，虽可解决很多产品设计中的问题，但由于人在操作过程中姿势和身体位置经常变化，静态测得的尺寸数据会出现较大误差，设计时需用实际测得的动态尺寸数据加以适当调整。

(5) 确定作业空间的尺寸范围，不仅与人体静态测量数据有关，同时也与人的肢体活动范围及作业方式方法有关。如手动控制器最大高度应使第5百分位数身体尺寸的人直立时能触摸到，而最低高度应是第95百分位数的人的触摸高度。

设计作业空间还必须考虑操作者进行正常运动时的活动范围的增加量，如人行走时，头顶的上下运动幅度可达50mm。

## 2.8 基于人机信息界面的产品造型设计

### 1. 人机信息界面

人机信息界面包括环境信息、机器信息的显示与控制装置。显示装置是人机系统中，将机器的信息传递给人的一种关键部件，人们根据显示信息来了解和掌握机器的运行情况，从而控制和操纵机器，如图2.8所示。

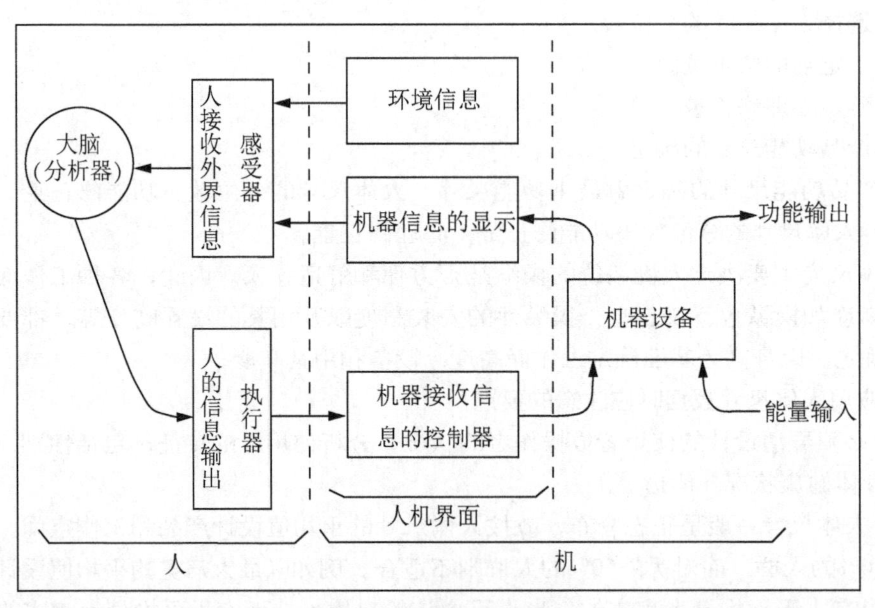


图2.8 人机信息界面

按人接收信息的感觉通道不同，显示信息装置分为：视觉信息、听觉信息和触觉信息。

(1) 视觉信息。视觉是人与周围世界发生联系的最重要的感觉通道。外界80%的信息都是通过视觉获得的，视觉显示器也是人机系统中用得最多的人机界面。视觉显示要想易于感知和理解，必须满足三个基本要求：能见性，即显示的目标容易被觉察到；清晰性，即显示的目标不容易混淆；可靠性，即要求显示目标意义明确，易于被迅速理解。

(2) 听觉信息。在人机交流中视觉占主导地位，听觉是仅次于视觉的重要感觉。因为语言是人们自然交往的媒介，它也是一种合适的机器控制手段。人类从外界获得的信息有近15%是通过耳朵得到的。它须满足三个基本要求：①清晰可听性；②可分辨性，其声级、频率和间隔规律三个参数至少两个与环境噪声有明显区别；③含义明确。

(3) 触觉信息。触觉是人与机器直接互动的主要途径，也是操控机器的最重要通道。触觉信号主要与操控装置相关，应充分满足操作者在生产中能安全、准确、迅速和舒适地连续操作的要求。它应满足5个基本要求：①尺寸结构符合人体尺寸及操作方法；②操作方向符合规定及习惯；③操控反馈有指示；④操作要有一定的阻力；⑤要有一定的措施来防止误操作。

2. 产品造型设计中的界面

产品造型设计中具体的人机操作界面是由图形、符号、按钮、色彩等元素组成的，根据美学基本法则和人机工程学的基本原理，可将这些视觉元素进行合理的组合配置。首先整体的操作界面符合人机工程学的要求和当地人的操作习惯，操作简单、明了，让人易用、不易出错；其次要求整体的操作界面必须是具有美感的，才能满足基本传达信息的同时给人带来精神的愉悦。一个好的操作界面构图符合美学基本法则、符合人的生理和心理的需求，使用时心情的愉悦和带给人们精神享受。

3. 产品设计中的界面设计的原则

在对产品进行人机界面设计时，必须遵循人机界面设计的几个原则和标准，按照它们的重要程度，将其进行以下分类。

1) 以用户为中心的基本设计原则

在系统的设计过程中，设计人员要抓住用户的特征，发现用户的需求。在系统整个开发过程中要不断征求用户的意见，向用户咨询。系统的设计决策要结合用户的工作和应用环境，必须理解用户对系统的要求。最好的方法就是让真实的用户参与开发，这样开发人员就能正确地了解用户的需求和目标，使人机界面设计符合真实的客户需求，达到理想的开发和设计目标。

2) 顺序原则

顺序原则即按照处理事件顺序、访问查看顺序(如由整体到单项，由大到小，由上层到下层等)与控制工艺流程等设计监控管理和人机对话主界面及其二级界面。

3) 功能原则

功能原则即按照对象应用环境及场合具体使用功能要求，各种子系统控制类型、不同管理对象的同一界面并行处理要求和多项对话交互的同时性要求等，人机界面设计内容包括功能区分、多级菜单、分层提示信息和多项对话栏并举的窗口等，从而使用户易于分辨和掌握交互界面的使用规律和特点，提高其友好性和易操作性。

4) 一致性原则

一致性原则包括色彩的一致，操作区域的一致，文字的一致。一方面，界面颜色、形状、字体与国家、国际或行业通用标准相一致；另一方面，界面颜色、形状、字体自成一体，不同设备及其相同设计状态的颜色应保持一致。界面细节美工设计的一致性应使运行人员看界面时感到舒适，而不会分散他的注意力。对于新运行人员，或紧急情况下处理问题的运行人员来说，一致性还能减少他们的操作失误。

5) 频率原则

频率原则即按照管理对象的对话交互频率高低设计人机界面的层次顺序和对话窗口菜单的显示位置等，提高监控和访问对话频率。

6) 重要性原则

重要性原则即按照管理对象在控制系统中的重要性和全局性水平，设计人机界面的主次菜单和对话窗口的位置和突显性，从而有助于管理人员把握好控制系统的主次，实施好控制决策的顺序，实现最优调度和管理。

7) 面向对象原则

面向对象原则即按照操作人员的身份特征和工作性质，设计与之相适应的人机界面。根据其工作需要，宜以弹出式窗口显示提示、引导和帮助信息 ，从而提高用户的交互水平和效率。

人机界面的标准化设计应是未来的发展方向，因为它确实体现了易懂、简单、实用的基本原则，充分表达了以人为本的设计理念。

## 2.9 基于使用方式和使用环境的产品造型设计

使用方式是产品在使用过程的动作和操作方法，在产品造型设计中可能会沿用以往人们习惯的使用方式，也可能会产生一些新的使用方式，并影响到人们的其他行为。

### 1. 产品使用方式的要点

设计师们在基于产品的使用方式设计产品时，必须认真分析使用方式的几个要点。

(1) 用户需求。各种不同的需求构成了产品设计的动力。一般而言，与产品使用方式关系最密切的需求包括生理需求、心理需求。

(2) 使用的行为过程。完成初步的用户需求分析后，设计师要描绘一个产品的使用行为图，这有利于设计时研究产品的使用环境。在产品设计的过程中，要考虑产品被使用的各个环节。

(3) 使用环境。使用环境因素较为复杂，广义上的环境是影响产品使用的各种外部因素，如文化的因素，狭义上的环境可以认为是产品使用状态下的周边物理空间环境。环境因素包括气候、地理位置、产品周边状况、室内室外、使用场合等。

(4) 使用时间。时间因素是产品使用方式中一个重要的构成内容。设计产品造型概念时，要考虑产品的整体使用寿命：是一次性的使用还是反复多次使用；产品的部件打开的次数和频率。

(5) 使用的要求和条件。产品在使用时会有一些限定条件和使用要求。这些使用条件包括产品抗挤压强度、承重强度、抗腐蚀强度、抗紫外线辐射强度、抗拉伸强度、防水性能等。在设定造型概念时，要通过采用合适的造型和选用合适的材料来满足这些限定条件。

2. 在使用方式和使用环境下产品造型设计的方法

产品造型设计要考虑以下几个使用行为要素。

(1) 产品形态要符合人机方面的使用要求。设定产品造型概念时，要考虑用户通过哪些身体部位来使用产品。

(2) 操作行为过程。产品造型概念要适合用户操作，最主要的是要考虑人机关系，如产品的尺度是否适合操作，表面的形体是否适合诸如握、捏、旋转等使用动作。设定产品造型概念时，还要考虑人使用产品时的具体动作。如剪刀的设计，指甲剪和裁衣服的剪刀造型概念有很大区别，原因就是用户使用产品时接触产品的身体部位不一样，导致使用的动作不一样，这就要求产品造型概念要能满足各个操作动作。

(3) 操作顺序。设定产品造型概念时，要考虑用户的操作顺序，产品部件的组合要符合操作逻辑。此外，使用的环境因素较为复杂，不同的使用环境，要求产品在形态处理、材料选择，甚至色彩上都要有所考虑，以满足用户使用的需求。

产品的使用方式是设定产品造型概念的基本依据。好的产品的预设用途应该与用户的需求相匹配，要达到这种良好的匹配关系，包括用户特征、使用环境、使用行为过程、使用条件限制以及使用的时间等要素。只有明确了这些要素，设计师设定产品的造型概念才有依据。

## 2.10 基于生活形态的产品造型设计

所谓“生活形态”，是指现实生活中不同群体的生活样式或类型。人生活在由各种形态构成的空间里，这些形态在向人传达信息的同时，人也慢慢地读懂了其中各种形态语言，并总结出了其内在的规律，创作出了一定的形态语言来实现人与自然、人与物的沟通。对产品设计而言，产品的造型既是产品功能的载体，也是产品功能与用户沟通的媒介。人类通过创造产品来表达自己对生活的理解，也可以说产品造型能折射出人们的生活形态。具体人的生活形态构成，如图2.9所示。

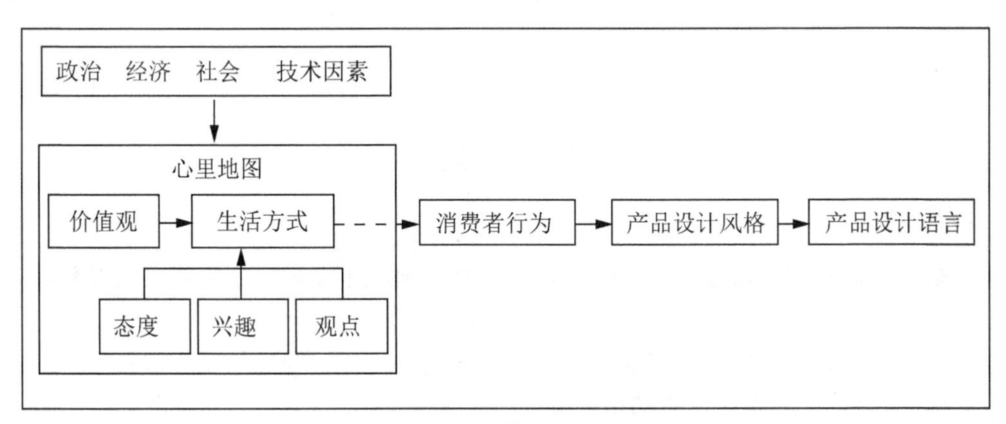


图2.9　人的生活形态

生活形态研究是研究不同生活形态下不同族群的生活观、消费观和传播观，从而发现和解读不同族群的需求密码，进而为目标消费群定位、品牌定位和品牌概念设计提供科学依据的研究方法。

1. 生活观

生活观主要指消费者的生活态度和心理，包括“工作观”、“休闲观”、“学习观”、家庭观”、“权力欲望”、“交友观”、“爱情观”、“健康观念”、“流行感受”等。如许多年轻人都渴望成功，希望得到更多的控制，把握自己的未来；希望得到来自外界的认可；渴望自我价值实现带来的愉悦。

2. 消费观

消费观主要指的是消费者的消费活动偏好和行为。如对某些商品(汽车、电子消费产品等)的购物习惯和购物心理、需求强度；对热门休闲活动(上网、健身、旅游度假、音乐等)的需求强度和消费指数；也包括一些理财观念和“弃旧观念”(旧物使用观念)等。不同族群具有不一样的消费观和消费方式。有的消费者具有超前消费意识，因此他们属于时尚类型的，紧跟潮流，引导时尚；有的属于自保型，他们会考虑到自己是否有稳定的经济来源，维持家庭的经济保障，因此更加需要生活必需品，对于他人的影响力较弱；有的属于领袖型，他们就会追求产品的档次和品位，通过产品或者购买产品过程展现个人魅力和独特的消费观念。

3. 传播观

传播观主要指消费者的沟通特点和文化偏好。包括对主要的大众媒体(电视、广播、报纸、网络)的接触与喜好。不同消费群体的爱好以及生活习惯存在差异：如上班族，主要接触的是报纸和网络媒体，出租车司机主要接触的是广播等等；还包括对大众信息(电影、电视剧、新闻节目、晚会等)接触偏好和主要的文化(欧美文化、日韩文化、港台文化)偏好等。

通过以上对生活形态的研究以及它在设计上的作用，设计师在进行某些产品设计时就可以“符合生活形态的设计”为出发点，找出产品设计的相关因素，探讨不同生活形态族群对产品设计因素的喜好，进而拟定产品的设计策略。

## 习　题

### 一、填空题

1. 观测法是研究者通过____、____及____自然情境下发生的现象来认识研究对象的一种方法。

2. 感觉评价法是运用人的主观感受对系统的____、____等进行评价和判定的一种方法，即人对事物客观量做出的主观感觉度量。

3. ____是采用图形对系统进行描述，直观地反映各要素之间的关系，从而揭示系统本质的一种方法。

4. 人体测量学是人类学的一门分支学科，主要研究____和____，并通过人体整体测量与局部测量来探讨人体的特征、类型、变异和发展规律。

5. 使用方式是产品在使用过程的__ 和____，在产品造型设计中可能会沿用以往人们习惯的使用方式，也可能会产生一些新的使用方式，并影响到人们的其他行为。

6. 所谓“____”，是指现实生活中不同群体的生活样式或类型。

## 二、思考题

1. 简述人机工程学研究方法的特点。

2. 论述人机工程学研究方法的层次。

3. 简述机器控制类课题研究的一般程序。

4. 论述人机工程学方法。

5. 论述人机工程学的研究步骤。

6. 论述研究方法的基本原则。

7. 举例说明基于人体测量学、基于人机信息界面、基于使用方式和使用环境、基于生活形态的电子产品，各举5个产品，并进行具体的人机工程分析说明。

8. 画出机器控制类课题研究的一般程序图。

9. 画出机具的设计和改进步骤图。

# 第三章　人体生理特性

## 教学目标

理解人的视觉特性及其对于人机交互的影响
理解人的听觉特性及其对于人机交互的影响
理解人的触觉特性及其对于人机交互的影响
了解人接收外界信息并进行处理的过程

## 教学要求

| 知识要点 | 能力要求 | 相关知识 |
|---|---|---|
| 视觉特性 | (1)了解人眼的结构及工作原理<br>(2)掌握人的视觉特性及主要视觉信息指标 | 人眼的视觉原理 |
| 听觉特性 | (1)了解人耳的结构及工作原理<br>(2)掌握人的听觉特性及主要听觉信息指标 | 产生听力的原理 |
| 触觉特性 | (1)了解触觉产生的方式<br>(2)掌握人的触觉特性的主要信息指标 | 触觉感受性的高低层次 |
| 信息处理特性 | (1)了解信息及信息流的定义<br>(2)理解信息流模型的构成<br>(3)掌握影响人的信息接收与处理的要素 | 信息流模型<br>影响信息传递的主要因素 |

## 推荐阅读资料

[1] Mark S. Sanders & Ernest J. Mc Cormick.工程和设计中的人因学[M].于端峰，卢岚，译.北京：清华大学出版社，2006.

[2] 阮宝湘，邵华祥.工业设计人机工程[M].北京：机械工业出版社，2005.

## 基本概念

知觉：是人脑对直接作用于感觉器官的客观事物的整体属性的反映。

视觉：光作用于视觉器官，使其感受细胞兴奋，其信息经视觉神经系统加工后便产生视觉(vision)。通过视觉，人和动物感知外界物体的大小、明暗、颜色、动静，获得对机体生存具有重要意义的各种信息，至少有80%以上的外界信息经视觉获得，视觉是人和动物最重要的感觉。

听觉：声波作用于听觉器官，使其感受细胞处于兴奋并引起听神经的冲动以至于传入信息，经各级听觉中枢分析后引起的震生感。听觉是仅次于视觉的重要感觉通道。

人是人机系统中最重要、最活跃的环节，同时也是最难控制的环节。对人的特性的研究是人机工程学的基础。

人体是由各种器官组成的有机整体，各种器官具有各自的功能。机体在生存过程中表现出的功能活动，称为生命现象。从形态和功能上将机体划分为运功系统、消化系统、呼吸系统、泌尿系统、生殖系统、循环系统、内分泌系统、感觉系统和神经系统共9个子系统。要了解人机交互的原理，就必须深入理解人体的生理特性。

# 3.1 人在系统中的功能

在人机系统中，人与机的沟通主要通过感觉系统、神经系统和运动系统，人体的其他6个子系统起辅助和支持作用。机的运行状况由显示器显示，经人的眼、耳等感觉器官感知，经过神经系统的分析、加工和处理，将结果由人的手、脚等运动传递给机器的控制部件：使机在新的状态下继续工作。机的工作状态再次被显示器显示，再由人的感觉器官感知，如此循环直至中间任何环节中断而停。人和机的沟通还受外界环境的影响。人机系统如图3.1所示。在人机系统中，只有人与机器及环境相互适应，显示器、控制器的设计符合人的感觉器官、运动器官的生理特性，才能建立安全高效的人机系统。

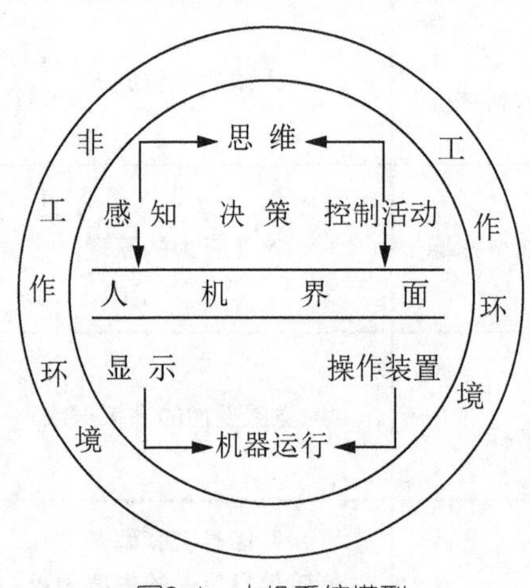


图3.1 人机系统模型

感觉是人脑对直接作用于感觉器官(眼、耳、鼻、舌、身)的客观事物的个别属性的反映。比如人们从自身周围的客观世界中看到颜色、听到声音、嗅到气味、尝到味道、触之软硬等都是感觉。

知觉则是人脑对直接作用于感觉器官的客观事物的整体属性的反映。例如，对于西瓜大家并不是孤立地感觉到它的各种个别属性，如颜色、大小、光滑程度、形状等，而是在此基础上结合自己过去的有关知识和经验，将各种属性综合成为一个有机的整体——西瓜，从而在头脑中反映出来，这就是知觉。

感觉和知觉都是人脑对当前客观事物的直接反映，但两者又有区别。感觉反映的是客观事物的个别属性，知觉反映的是客观事物的整体属性。在一般情况下，感觉和知觉又是密不可分的，感觉是知觉的基础，没有感觉，也就不可能有知觉，对事物的个别属性的反映的感觉越丰富，对事物的整体反映的知觉就越完整、越正确。在生产中感觉越敏锐，就为减少事故的发生，确保安全生产奠定了基础。同时，由于客观事物的个别属性和事物的整体总是紧密相连的，因此在实际生活中，人们很少产生单纯的感觉，而总是以直接的形式反映客观事物。例如，当你走在公路上时，后面来了汽车，汽车的马达声和喇叭声会传入你的耳朵，从而使你感觉到声音，因此你一定会做出汽车来了的反应而且立即让路；又如车床上的螺丝松动，会使车工感觉到它在跳动或发出振动的声音，车工就会做出螺丝松动的反应，并立即做出拧紧螺丝的决定。正因为如此，人们通常把感觉和知觉合称为感知。

感觉和知觉是由于客观事物直接刺激人的各种感觉器官的神经末梢，由传入神经传到脑的相应部位而产生的，感觉有视觉、听觉、嗅觉、触觉(包括触觉、温度觉、痛觉)、味觉、运动觉、平衡觉、空间知觉以及时间知觉等。

感受器是指分布在体表或各种组织内部的能够感受机体内外变化的一种组织或器官。感觉器官是机体内的感受器，如视觉器官、听觉器官、前庭器官等。传统上把与眼、耳、鼻、舌、肤、平衡有关的器官称为感觉器官。

机体生活在不断变化的外部条件中，受到各种外界因素的作用，其中能被肌体感受的外界变化叫做刺激。每种感受器官都有其对刺激的最敏感的能量形式，这种刺激称为该感受器的适宜刺激。当适宜刺激作用于该感受器时，只需很小的刺激能量就能引起感受器兴奋，对于非适宜刺激则需要较大的刺激能量。人体主要感觉器官的适宜刺激及感觉反应见表3-1。

**表3-1　刺激及感觉反应**

| 感觉类型 | 感觉器官 | 适宜刺激 | 刺激来源 | 识别外界的特征 |
|---|---|---|---|---|
| 视觉 | 眼 | 光 | 外部 | 形状、大小、位置、远近、色彩、明暗、运动方向等 |
| 听觉 | 耳 | 声 | 外部 | 声音的强弱和高低、声源的方向和远近等 |
| 嗅觉 | 鼻 | 挥发的和飞散的物质 | 外部 | 辣气、香气、臭气等 |
| 味觉 | 舌 | 被唾液溶解的物质 | 接触表面 | 甜、咸、酸、辣、苦等 |
| 皮肤感觉 | 皮肤及皮下组织 | 物理和化学物质对皮肤的作用 | 直接或间接接触 | 触压觉、温度觉、痛觉等 |
| 深部感觉 | 肌体神经和关节 | 物质对肌体的作用 | 外部和内部 | 撞击、重力、姿势等 |
| 平衡感觉 | 半规管 | 运动和位置的变化 | 内部和外部 | 旋转运动、直线运动、摆动 |

一种性质的刺激单纯有足够的强度和作用时间还不能成为有效刺激，还必须具备适宜的强度时间变化率。强度时间变化率是指作用到人体组织的刺激需多长时间其强度由零达到阈值而成为有效刺激。变化速度过慢或过快都不能成为有效刺激。

在一定条件下感觉器官对其适宜刺激的感受能力受到其他刺激干扰而降低，这一特性称为感觉的相互作用。如同时输入两个视觉信息，人们往往只倾向于注意其中一种而忽视另一种。当听觉与视觉信息同时输入，听觉信息对视觉信息的干扰较大，而视觉信息对听觉信息干扰相对较小。

## 3.2 人的视觉特性

### 3.2.1 视觉器官的功能和基本结构

1. 视觉器官的功能

视觉器官的功能是识别视野内发光物体或反光物体的轮廓、形状、大小、远近、颜色和表面细节等情况。自然界形形色色的物体、文字及图像等信息，主要通过视觉通道在人脑中得到反映。据估计，人脑获得的全部信息，大约有95%以上来自视觉输入。因此，视觉器官无疑是人体最重要的感觉器官。

2. 人眼的基本结构

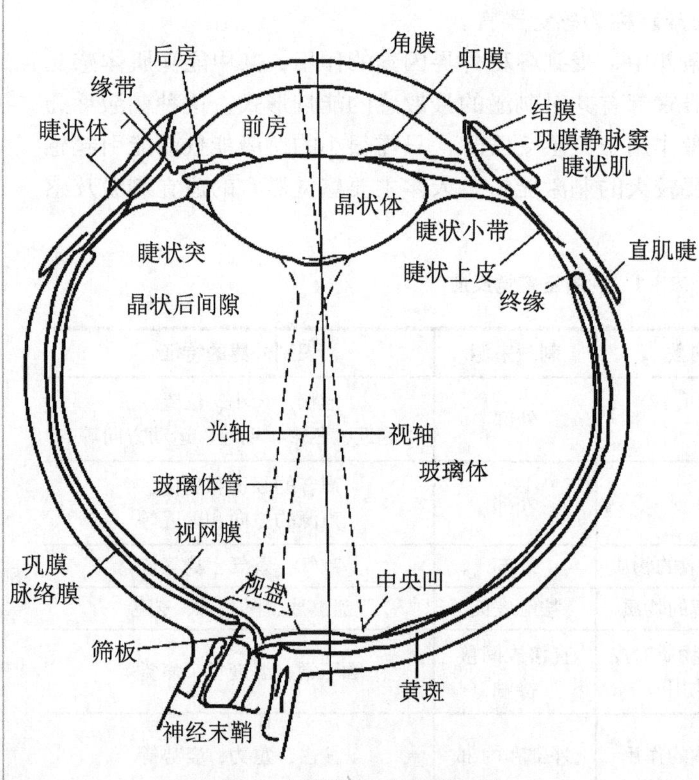


图3.2 视觉器官的主要结构

视觉器官的主要结构如图3.2所示，同视觉有关的部分是位于眼球中线上的折光系统和眼后部的视网膜。折光系统主要包括角膜、房水、晶状体和玻璃体，其功能是使光线发生折射，将物体成像在视网膜上。同此，人眼具有折光成像和感光两种机能，对视野内物体的轮廓、形状、大小、远近、颜色和表面细节等情况进行识别。

根据视觉器官中折光和成像系统的结构，可将人眼描述成图3.3所示的简化模型。眼球由一个前后径约20mm的单球面折光体组成，折光系数为1.333。外界光线进入眼球前方球形界面时折射一次，该球面曲率半径为5mm，节点$n$位于球面后方5mm的位置。由上述参数决定的后主焦点位于节点后15mm处，正好相当于视网膜的位置。利用简化眼模型能够方便地计算不同距离处的物体在视网膜上的成像大小。

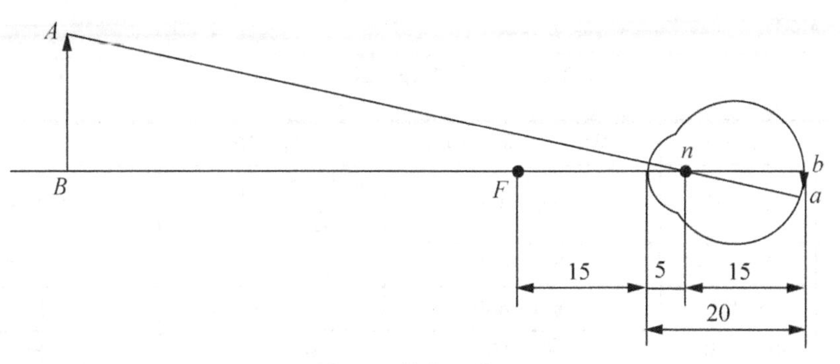


图3.3 简化眼模型

### 3.2.2 视觉特性

1. 视角、视距和视敏度

视角是瞳孔中心到被观察对象两端所张开的角度。视距是指眼睛与被观察对象的距离。如图3.4所示，视角与视距和被观察对象两端点的直线距离有关，可以表示为

$$\alpha = 2\tan^{-1}\left(\frac{D}{2L}\right) \tag{3-1}$$

式中

$\alpha$——视角(')；

$D$——被观察对象两端点的直线距离；

$L$——视距。

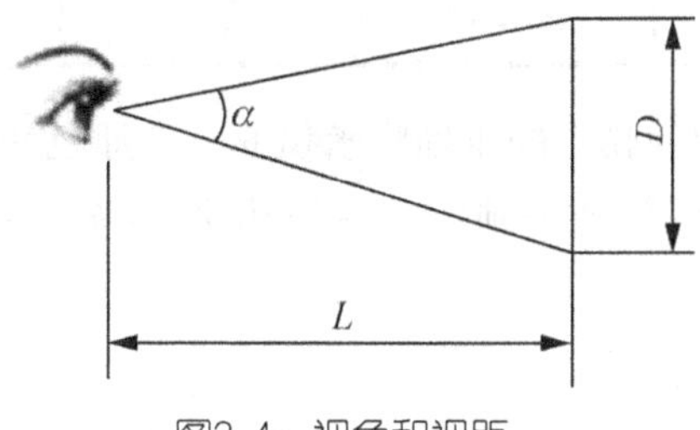


图3.4 视角和视距

眼睛能分辨被观察对象最近两点的视角称为临界视角。视敏度定义为临界视角的倒数。若在规定的照度下，取视距$L$为5000mm，并采用图3.5所示的标准“缺口圆环视标”对人眼视敏度进行测试，测得的视敏度则称为视力。

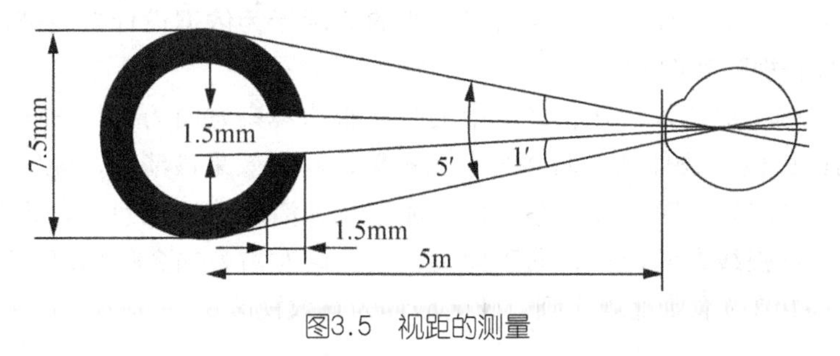


图3.5 视距的测量

人在观察各种显示仪表时，视距过远或过近对认读速度和准确性都不利。一般应根据被观察对象的大小和形状在380～760mm之间选择最佳视距。不同性质的作业，其适宜视距见表3-2。

**表3-2　不同性质作业的适宜距离**

| 作业性质 | 视距/mm | 观察范围直径/mm | 作业姿势 | 示例 |
|---|---|---|---|---|
| 最精细 | 120～250 | 200～400 | 坐姿，有时依靠视觉辅助手段 | 组装手表 |
| 精细 | 250～350 | 400～600 | 坐姿、站姿 | 组装小型家电 |
| 中等劳动 | <500 | 600～800 | 坐姿、站姿 | 操作机床 |
| 劳动 | 500～1500 | 800～2500 | 多为站姿 | 包装 |
| 远看 | >1500 | >2500 | 坐姿、站姿 | 驾驶汽车时向外观察 |

2. 颜色视觉

人眼对波长相同的单一光波产生颜色视觉，能感受的可见光波长范围是380～780nm。在可见光范围内，人眼能够辨别出150多种颜色，但主要是红、橙、黄、绿、蓝、紫，见表3-3。

**表3-3　人眼能分辨出的主要颜色**

| 颜色 | 标准波长/nm | 波长范围/nm | 颜色 | 标准波长/nm | 波长范围/nm |
|---|---|---|---|---|---|
| 紫 | 420 | 380～450 | 黄 | 580 | 575～595 |
| 蓝 | 470 | 450～480 | 橙 | 610 | 595～620 |
| 绿 | 510 | 480～575 | 红 | 700 | 620～760 |

人眼感受光刺激是由视网膜上的锥细胞承担的。三原色学说认为视网膜上有3种视锥细胞，分别感受红、绿、蓝3种基本颜色。当3种细胞承受不同强度的光刺激时，就会引起各种颜色感觉。

3. 一般视野与色觉视野

一般视野是指人眼观看正前方物体时所能看见的空间范围。根据眼睛的状态可分为静视野、注视野和动视野。静视野是在头部固定、眼球静止不动的状态下自然可见的范围。注视野是头部固定而转动眼球注视某点时所见的范围。动视野是头部固定而自由转动眼球时的可见范围。静视野、注视野和动视野的数值范围以注视野为最小，静视野和动视野比较接近。人机工程学中，通常以人眼的静视野为依据设计有关部件，以减轻人眼的疲劳。人眼静视野如图3.6所示。

当被观察物体映像落入视网膜黄斑中央时，眼球观察方向为视线方向。在偏离视线方向1.5°左右范围内，物体映像基本会落入黄斑，观察效果最清晰，此区域称为最优视区。当偏离视线方向15°时，被观察物体仍能够比较清晰地被观察到，此范围称为良好视区。当向上偏离视线方向25°，向下偏离35°，向左右方向各偏离35°时，在此空间范围内的物体仍能够被准确地观察到，此区域称为有效视区。

色觉视野是指不同颜色对人眼的刺激有所不同而形成的不同视野。图3.7为在水平和垂直方向，人眼在不同颜色可见光环境下的色觉视野。可见，白色视野最大，其次为黄、蓝色，绿色视野最小。色觉视野的大小还同被看物体的颜色与其背景色的对比情况有关。

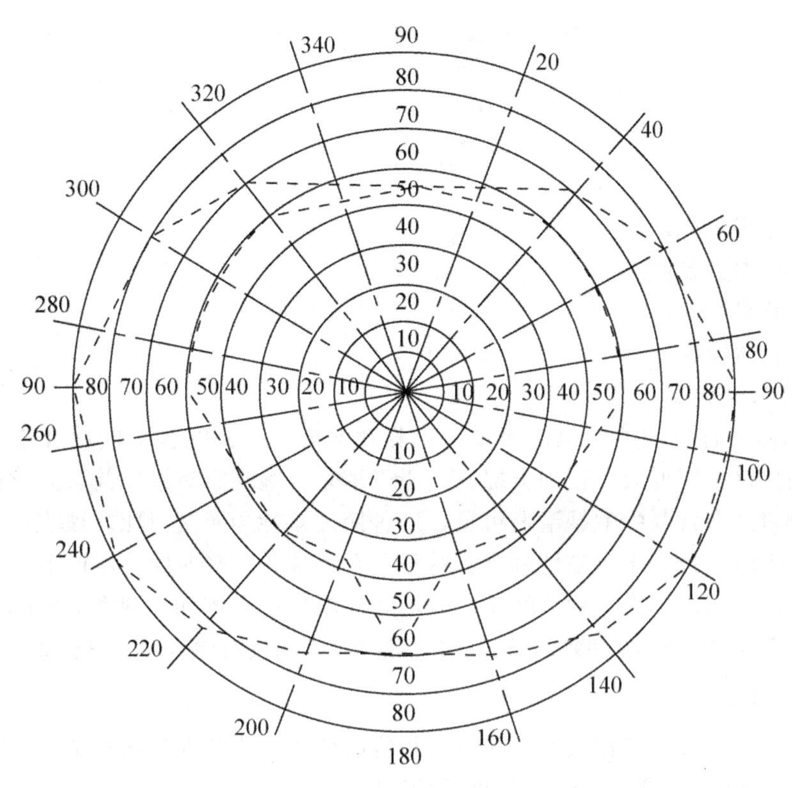


图3.6 人眼静视野

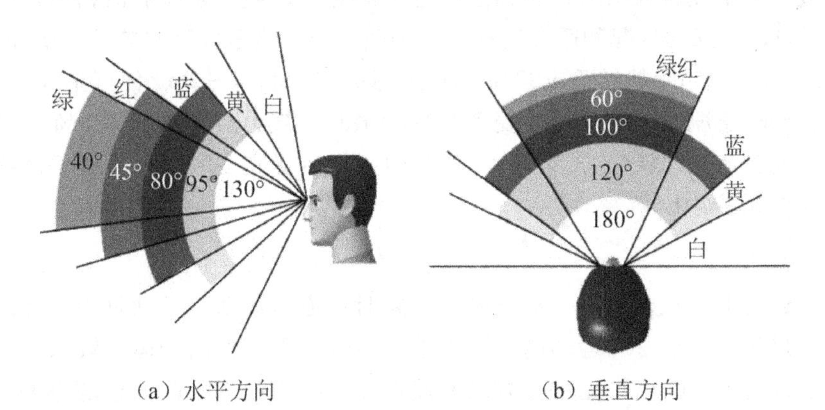


（a）水平方向　　（b）垂直方向

图3.7 人眼色觉视野

4. 双目视觉与立体视觉

人的两眼视野有很大部分重叠，不但补偿了单眼视觉的部分盲区、扩大了平面视野，而且增加了深度感，产生了立体视觉。两眼视野产生一个立体视觉的条件是，由物体同一部分反射的光线，成像在两侧视网膜的相称点上。

5. 对比感度

被观察物体与背景具有一定的差别时，人眼才能将物体从背景中辨别出来。当人眼刚刚能将物体从背景中辨别出来时，背景与物体特性的差别定义为临界差别；临界差别与背景特性的比值称为临界对比，其倒数定义为对比感度，即

$$C_c = \frac{\triangle L_c}{L_b} = \frac{L_b - L_o}{L_b} \tag{3-2}$$

$$S_c = \frac{1}{C_c} \tag{3-3}$$

式中

$C_c$——临界对比；

$\triangle L_c$——临界差别；

$L_b$——背景特性；

$L_o$——物体特性；

$S_c$——对比感度。

相关物体或背景的特性包括照度、色彩和明度。人眼的视力因被观察对象表面的照度不同而变化，照度大，视力就提高，看得清楚。被观察对象和其背景之间照度差越大，对象物衬托在背景中就越清晰可见，这种照度差称为照度对比。被观察对象和背景的色彩差别大时，也易于清楚地分辨，这种色彩差称为色彩对比。不论是否有色彩，被观察对象的白、灰、黑程度称为明度，表现为亮暗程度。增加被观察对象的背景的明度对比可以提高视力。因此当照度比较低时，通过增大明度对比也可提高视力。

6. 视觉的明暗适应

人眼对光亮程度的变化具有适应性。视觉的明暗适应是人眼随视觉环境中光亮变化而感受的效果发生变化的过程，包括明适应和暗适应。

当视觉环境中亮转入暗时，眼睛要经过一段时间适应后才能看清物体，这个适应过程称为暗适应。相反的情况和适应过程，称为明适应。暗适应时间较长，要经过4～6min才能基本适应，约25min能够适应80%。明适应时间较短，1～2min便可完全适应。

人眼在明暗急剧变化的环境中受适应性的限制，视力会出现短暂下降。若频繁出现这种情况，则会产生视觉疲劳。同此，在需要频繁改变亮度的场所，可采用缓和照明，以避免光线的急剧变化。

7. 视觉巡视特性

人眼视线习惯于从左到右、从上到下、顺时针方向运动。运动时为点点跳跃，而非连续移动。眼球在水平方向运动速度比垂直方向快，垂直方向的运动较水平方向容易疲劳，且水平方向尺寸的估计比垂直方向准确得多。两只眼球的运动总是协调、同步的。当眼睛偏离视中心时，在偏离距离相等的情况下，人眼对左上象限的观察最优，其次为右上象限、左下象限，右下象限最差。

8. 视错觉

人观察外界物体的形状、大小、位置和颜色时，所得印象与实际情况的差异，称为视错觉。视错觉可归纳为形状错觉、色彩错觉和物体运动错觉三大类。常见的形状错

觉有线段长短错觉、面积大小错觉、方位错觉、对比错觉、分割错觉、方向错觉、远近错觉和透视错觉等；色彩错觉有对比错觉、大小错觉、温度错觉、重量错觉、距离错觉和疲劳错觉等。色彩错觉同色彩的心理功能和感情效果密切相关。例如，两个尺寸、形状、重量完全一样的包装箱，一个白色，一个黑色，装卸搬运工人的感觉却是白色的箱子要比黑色的轻一些，这就是色彩的重量错觉。

视错觉是人的生理和心理原因引起的对外界事物的错误知觉，在人机工程设计中可以利用或夸大视错觉现象，以获得满意的心理效应。例如：交通工具客室或驾驶室的内部装饰设计，常利用横向线条划分所产生的视错觉来改善内部空间的狭长感，使空间显宽；利用纵向线条划分所产生的视错觉来增加内部空间的透视感，使空间显长；利用色彩的重量错觉，将包装箱的外表面做成白色或浅色，可以提高装卸搬运工人的作业工效。在另一些情况下，人机工程设计又需要避免产生视错觉现象，以达到预期的目的。例如色彩过于强烈对人眼刺激太大，易于使人疲劳；许多色相混在一起，明度差或彩度差较大，也容易使人疲劳，引起彩度减弱、明度升高、色彩逐渐呈现灰色或略带黄色等现象，这种现象称为色彩的疲劳错觉。在各种工作、学习或休息环境的色彩设计中，都必须注意避免产生色彩的疲劳错觉现象。

## 3.3 人的听觉特性

### 3.3.1 听觉器官的结构与功能

听觉是仅次于视觉的重要感知途径，其独特的感知途径可弥补视觉通道的不足。

人的听觉器官是耳，其功能是分辨声音的强弱和高低，辨别环境中声源的方向和远近。人耳包括外耳、中耳和内耳3个部分，如图3.8所示。外耳包括耳廓和外耳道，是外界声波传入人耳的通道。中耳包括鼓膜和鼓室，鼓室中有3块听小骨，组成听骨链。鼓膜和听骨链是主要的传音装置。中耳中还有一条通向喉部的咽鼓管，能够起到维持中耳内部和外界气压平衡的作用。内耳包括前庭、耳蜗和半规管。耳蜗是听觉感受器的所在部位。

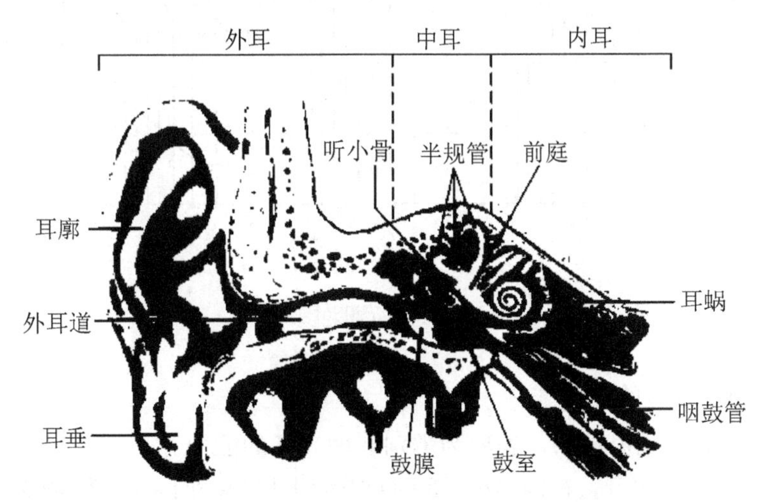


图3.8 耳的基本结构

听觉过程是：声波通过外耳道传入引起鼓膜振动，经过听骨链传递，引起耳蜗里的淋巴液和基底膜振动，使耳蜗里的听觉毛细胞兴奋，听神经纤维产生神经冲动，不同频率和形式的神经冲动经过组合编码，传到大脑皮层的听觉中枢产生听觉。

### 3.3.2 人的听觉特性

1. 听觉的频率特性

人耳可分辨声音的高低、强弱，同时还可判定环境中声源的方向和远近。影响听觉的因素主要有声波的频率和强度。

一般人的最佳可听频率范围是20～20000Hz。若不计个体差异，影响听觉的因素主要是年龄。人到25岁左右，对150000Hz以上频率声波的听觉灵敏度开始降低，听阈向下移动；而随着年龄的增长，频率感受的上限逐年降低。

人耳对声音强弱的辨别能力不如对频率灵敏。人耳对声音强弱的承受能力，一般最高可达120dB，超过120dB的声音，会使耳膜产生压疼感。人的听觉对于不同频率的声波，能正常感受到的声强范围如图3.9所示。某频率处，刚刚能听见的纯音的最低声强，称为该频率的“听阈值”；刚刚开始产生疼痛感的最低声强，称为该频率的“痛阈值”；听阈和痛阈之间的区域，称为“听觉区”。

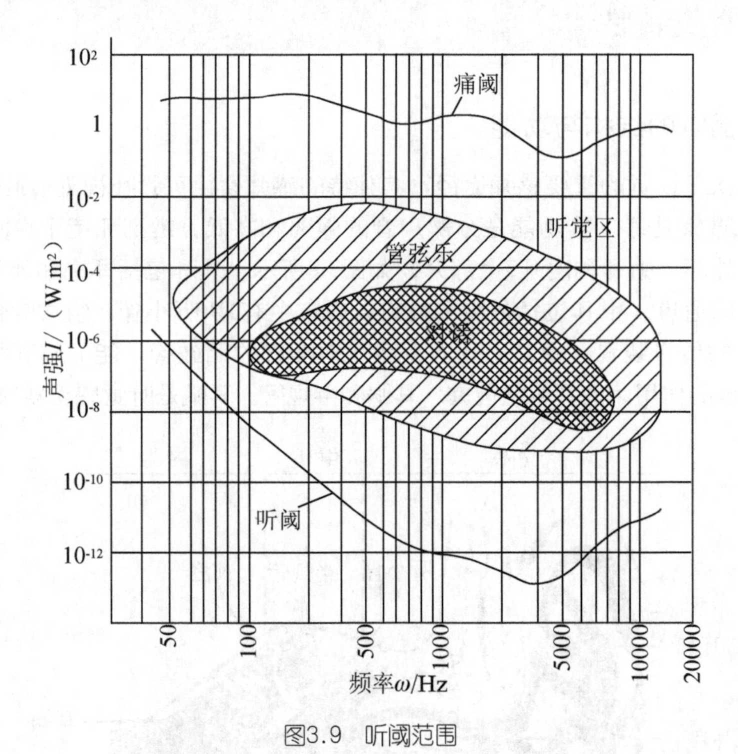


图3.9 听阈范围

2. 听觉对声音高低强弱的辨别能力

人耳对频率的感觉很灵敏，表现为辨别音调高低的能力。一般在500～4000Hz范围内，对频率相差3%的声音，在频率小于500Hz或大于4000Hz时，对频率相差1%的声音，均能辨别出来。这是由于不同频率的声波使不同长度的基底膜纤维产生共振，而不同长度的基底膜纤维上的听觉细胞产生的兴奋，将沿不同的神经纤维传送到大脑皮层的不同部位，从而能产生高低不同的音调感觉。

值得注意的是，人对声音的感觉强度和物理上声音的强度不同。声音感觉强度增加一倍时，声音的物理强度增加8倍，这就是所谓的Stevens法则，它证实感觉的强度$S$和刺激的强度$I$之间的关系应为

$$S \propto I^n \tag{3-4}$$

式中

$n = 1/3$。

Stevens法则不仅体现在音感上，在许多感觉上也是成立的。$n$值随感觉类型而异，一般在0.3～3.5之间。

3. 听觉对声源方向和距离的辨别能力

人耳对声源的方位具有辨别能力，主要根据声音信号到达两耳的强度差和时间差辨别声源方向，其中根据强度差辨别高频声音，根据时间差辨别低频声音。声音的频率越高，波长越短，辨别声源方向越容易。判定声源的距离，主要靠声强的变化和主观经验来估计。

4. 听觉的掩蔽效果

一个声音被另一个声音所掩盖的现象，称为掩蔽。一个声音的听阈因另一个声音的掩蔽作用而提高的效应，称为掩蔽效应。掩蔽效应与掩蔽声、主体声的相对频率和相对强度有关。在设计听觉传递装置时，应当根据实际需要来进行，有时要对掩蔽效应的影响加以利用，有时则要加以避免或克服。

听觉掩蔽效应具有如下几个方面的特性。

(1) 掩蔽声越强，掩蔽效果越好，被掩蔽声的听阈提高得越多。

(2) 掩蔽声对同自己的频率邻近的被掩蔽声的掩蔽效应最大。

(3) 低频掩蔽声对高频被掩蔽声的掩蔽效应较大，而高频掩蔽声对低频被掩蔽声的掩蔽效应较小。

(4) 掩蔽声越强，被掩蔽的频率范围越大。

## 3.4 人的皮肤感觉特性

从人的感觉对人机系统的重要性来看，皮肤感觉是仅次于听觉的一种感觉。人体皮肤内分布着3种感受器：触觉感受器、温度感受器和痛觉感受器。因此，皮肤感觉主要有触觉、温度觉(冷觉和热觉)和痛觉。

1. 触觉

1) 触觉的产生

触觉是由于微弱的机械刺激触及皮肤浅层的触觉感受器而引起的。压觉则是较强的机械刺激引起皮肤深部组织变形产生的感觉。触觉和压觉在性质上相近，通常被称为触压觉。通过触觉能够辨别物体的大小、形状、硬度、光滑度、表面纹理等。

2）触觉的阈限

皮肤受到很小的机械刺激就能产生触觉，但不同部位的皮肤对触觉的敏感性有很大差别。身体不同部位的触觉感受性从高到低依次为：鼻部、上唇、前额、腹部、肩部、小指、无名指、上臂、中指、前臂、拇指、胸部、食指、大腿、手掌、小腿、脚底、足趾。

3）触觉定位

触觉不但能够感知物体的长度、大小、形状等特征，还能够区分出刺激作用于身体的部位，这称为触觉定位。一般而言，身体有精细肌肉控制的区域，其触觉定位比较敏锐。

2. 温度觉

温度觉分为冷觉和热觉，它们是由不同范围的温度感受器引起的。温度感受器分布在皮肤的不同部位，形成所谓的冷点和热点。温度觉的强度取决于温度刺激强度和被刺激区域的大小。在冷刺激或热刺激的不断作用下，温度觉会产生适应。

3. 痛觉

人体各组织的器官内都有一些特殊的游离神经末梢，在一定刺激强度下会产生兴奋而出现痛觉。神经末梢在皮肤中分布的部位称为痛点。每平方厘米皮肤表面约有100个痛点，整个皮肤表面痛点的数目可达100万个。痛觉的中枢位于大脑皮层。人体不同部位的痛觉敏感度不同，皮肤和外粘膜有高度痛觉敏感性，角膜中央的痛觉敏感性最高。

## 3.5 人的信息处理系统

### 3.5.1 信息与信息量

1. 信息的定义

信息是客观存在的一切事物通过物质载体所发出的消息、情报、指令、数据和信号中所包含的一切传递与交换的知识内容，是表现事物特征的一种普遍形式，是自然界、人类社会和人类思维活动中普遍存在的一切物质和事物的属性，人的大脑通过感觉器官直接或间接接收外界物质和事物发出的种种信息，从而识别物质和事物的存在、发展与变化。通常所说的信息是指人类特有的信息。

2. 信息量的计算

信息量以计算机的“位”("bit")为基本单位，称为比特。其定义为

$$H = \log_2 2^n \tag{3-5}$$

式中

$H$——信息量；

$n$——某信号中所包含的二进制码的个数。

设某一信号Si是由$n$个二进制码组成的，则Si为“码组”或“字”，称$n$为“字长”。若每一位码都能独立地取0或1，而与其他位的取值无关，且取0或1的概率均为1/2，则该信号所载负的信息量就是按式(3-5)求得的$H$值。若出现0的概率不是1/2而是$p$，出现1的概率是$(1-p)$，则某一独立位的信息量可定义为

$$H = -p\log_2 p - (1-p)\log_2(1-p) \tag{3-6}$$

若信号源S中含有$N_s$个相互独立的不同信号，每个信号Si出现的概率为$Pi$，且$\sum_{i=1}^{N_s} Pi = 1$，则信号源S的总信息量应按式(3-7)计算

$$H(S) = -\sum_{i=1}^{N_s} Pi\log_2 Pi \tag{3-7}$$

由于信息量与热力学中的状态参数“熵”有深刻的相似性，所以信息量又可称为“信息熵”或简称为“熵”。可以证明，只有当所有各独立信号出现的概率都相等，即$Pi=1/N_s$时，信息熵$H(S)$才能达到最大值。

人的神经系统是一个完善的信息处理、信息储存和指挥控制中心。据估计，人的大脑大约含有$10^{10}$个神经元，分为数百个不同的类别。每一个神经元的功能远大于一个逻辑门电路所具有的简单功能，有人估计，人的大脑的信息储存总量约为$10^{15}$bit。

### 3.5.2 信息输入的途径

信息源发出的信息，称为末端刺激或原始刺激。从末端刺激到人的感觉器官的信息输入途径如图3.10所示。

末端刺激源可能是客观存在的物体、事件、环境参数以及它们的变化所发出的刺激，包括自然的刺激源(如车辆行驶前方出现的自然障碍物、行人或其他车辆)和人造的刺激源(如道路施工区专门设置的栅栏和灯光信号)；也可能是人工编码或复制的刺激，包括各种符号标志、文字、图形和灯光信号等；还可能是其他人发出的信息(如交通民警做出的各种交通指挥信号，他人给出的手势或呼叫声等)。

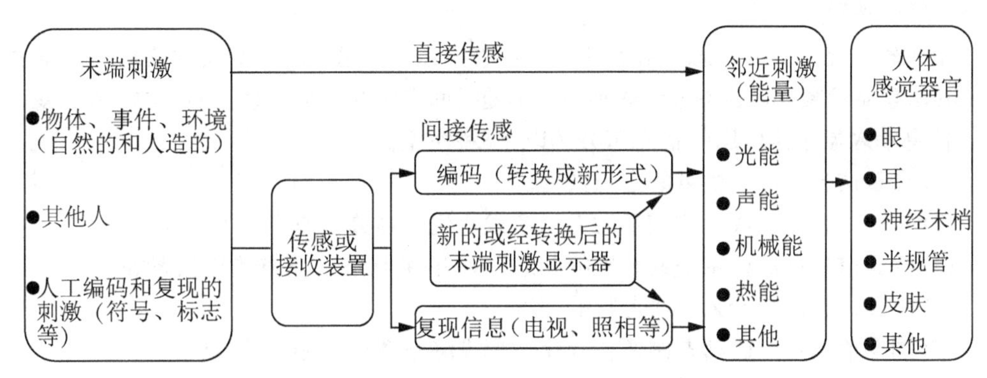


图3.10 从末端刺激到人的感觉器官的信息输入途径

邻近刺激是由末端刺激直接或间接转换而成的，它表现为人的感觉器官所能接受的能量形式，如光能、声能、机械能、热能和其他能量。间接转换的方式是借助于某种形式的传感或接收装置先将末端刺激转换为编码的形式或复现的信息(如电视、录像、照相、录音等)，再进而转换成为某种能量形式的邻近刺激。

人接收邻近刺激的感觉器官主要是眼、耳、神经末梢、皮肤和半规管等。

### 3.5.3 信息输入显示器

末端刺激源(即信息源)发出的信息或刺激，很多情况下需要通过某种类型的显示器加

以放大或变换能量形式，才能被人的感觉器官所接受。

1. 信息输入显示器的适用场合

末端刺激虽然能够为人的感觉器官所接收，但却不能充分被人直接感受。

具体场合大致有以下8种情况。

(1) 刺激低于阈值下限(如刺激太远、太小或太弱)，需采用电子、光学或其他形式的放大器将刺激加以放大。

(2) 刺激过大，需适当降低其刺激强度，以便为人所充分感受。

(3) 刺激混杂在过大的噪声干扰之中，需要加以滤波或放大，以利于人的感受和识别。

(4) 刺激远超出人的感受极限，需先把它转换成其他能量形式进行传输，随后重新转换成最初形式或别的形式，再为人所感受。

(5) 刺激由人的感觉器官直接感受时的分辨率太低，要求利用信息输入显示器来提高刺激感受的精确度。例如，温度、声音等刺激量，均需利用适当形式的检测器和显示器来精细测量和认读。

(6) 刺激需借助适当方式储存起来供以后引用。

(7) 将一种刺激形式转换为另一种刺激形式，能更好、更方便地为人的感觉器官所感受。例如，听觉报警装置可使人更易感受机器的异常工况。

(8) 有些事件或环境的刺激，其本身的性质就要求用某种形式的显示器来表现，例如道路标志、危险标志和紧急状态等信息。

末端刺激不能为人的感觉器官所直接感受，因而必须借助于传感器来感受刺激，并把刺激转换成人的感觉器官所能感受的能量形式。

2. 信息输入显示器的类型

信息输入显示器分动态和静态两类。动态显示器传送随时间变化的信息，如描述某些变量的信息显示装置；静态显示器则传送不随时间变化的固定信息，如标志、符号等。

信息输入显示器传送的信息可分为以下8种类型。

(1) 定量信息：反映变量的定量数值。

(2) 定性信息：反映某些变量的近似值或变化的趋势、速率、方向等。

(3) 状态信息：反映系统或装置的状态，如开/关状态、通道选择状态等。

(4) 报警信息：指示紧急或危险的情况。

(5) 图像信息：描述动态图像、变化波形或静态图形、相片等。

(6) 识别信息：指示某些静态的状态、位置或部件，以便于人能迅速识别。

(7) 字符信息：以字母、数字和符号表示某些静态的或动态的抽象信息。

(8) 时间—相位信息：其信号按时断时续的不同组合方式给出或传送，如Morse电码、闪光信号灯等。

显然，不同类型的信息应当选用同它的特性相适应的显示器形式。

### 3.5.4 信息流模型

信息处理的过程和情况影响或支配着人的行为或动作。人们可以普遍接受的假定是，人的行为或动作取决于信息在人体内的流动过程，即人体内部的信息流。信息流虽不能被人直接观察到，但却能合理地加以推测或推断，随环境条件的不同，信息流可能是下列各项功能的不同组合：注意、感觉、感知、编码和译码、学习、记忆、回忆、推理、判断、决策或决定、发出指令信息、执行或人体运动响应。

为了阐明信息处理过程的本质和机理，各国学者曾提出过多种信息流模型，B.N. Haber和M. Hersbenson提出的一种信息流模型如图3.11所示。

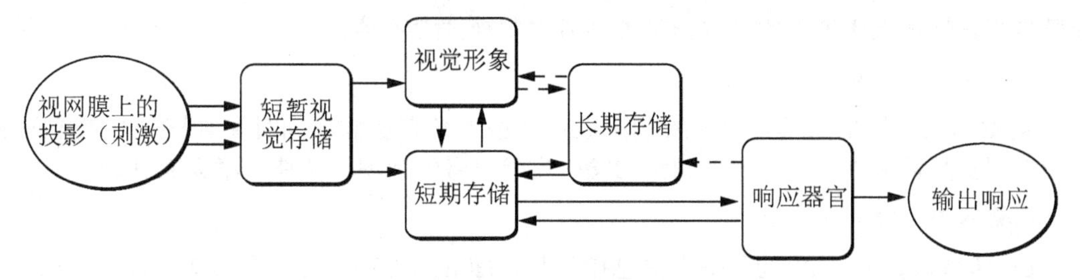


图3.11　信息流模型

尽管各种信息流模型之间的差别相当悬殊，人们对于信息处理过程的本质和机理尚未取得广泛一致的见解，但是根据迄今为止可以获得的证据，对于信息流或信息处理过程，还是能够概括出一些规律性认识的。其要点如下。

(1) 人的行为或动作都是信息处理的结果。

(2) 人的信息处理能力有一定限度。

(3) 信息处理往往包含许多阶段。每一阶段由若干信息转换(如将物理刺激转换成有某种含义的抽象信息)组成。各阶段的安排可以采取串联、并联或混联3种不同组合方式。

(4) 分时输入和处理(即同时或快速交替地输入和处理两个以下的信息)可能会降低信息接收和处理的速率与精度。

(5) 有许多方法和措施可以加强或扩展人的信息处理能力，如适当的设计能使显示器传送的刺激更易于被人的感觉器官所感受。

(6) 一旦做出某种决定，神经冲动就会被传递到肌肉去执行预订的动作，而由肌肉反馈回来的神经冲动则有助于对动作的控制。

(7) 信息流中，人的大脑皮层所能处理的信息只是感觉器官所接收到的信息量的很小一部分。K·Stenburch对信息流在人体内传递过程中各阶段的最大信息流量作过粗略的估计，见表3-4。

**表3-4　信息流在人体内传递过程中各阶段的最大信息流量**

| 信息流的主要阶段 | 最大信息流量/(b·s$^{-1}$) | 信息流的主要阶段 | 最大信息流量/(b·s$^{-1}$) |
|---|---|---|---|
| 感觉器官接受 | 1000000000 | 意识 | 16 |
| 神经联系传递 | 3000000 | 永久存储 | 0.7 |

(8) 人体响应可视为信息处理过程的终结，它本身也是在“传递”信息。人通过自己的体力响应运动所能“传递”信息的效率取决于最初输入的信息的性质及要求的响应方式。W·T·Singleton估计：人的体力响应所能“传递”的最大信息量约为10b/s。

### 3.5.5 影响信息传递的主要因素

1. 背景噪声

背景噪声干扰人的感觉器官对有用信息的接收，使有用刺激更难于被人所感受。为改善信息输入的情况，一般可采取降低背景噪声，提高传感器和测试仪器的信噪比以及选择与背景噪声性质不同的、差异显著的适宜刺激方式等措施。

2. 刺激的速率与负荷

刺激的速率指单位时间输入的刺激数；刺激的负荷指需要同时注意接受与处理的刺激的类型及数量多少。人体感受刺激的精确度随刺激的速率与负荷的增大而降低。

3. 分时输入与处理

在分时输入的情况下为了提高信息接收与处理的速度和精度，应当遵循以下要点。

(1) 尽可能使潜在的信息源数减至最少。

(2) 设法使传感器具有某种“优先选择”的功能，以便集中注意最重要的刺激。

(3) 尽可能把利用短暂记忆或涉及低概率事件的需求降到最少限度。

(4) 尽可能将要求个别响应的刺激暂时分开，并使其刺激速率适合于个别响应。应设法避免时间间隔小于0.58s的刺激输入。

(5) 当有几种感觉通道可供选择时，应注意到听觉通道的抗干扰能力和耐久性一般要比其他感觉通道更强的特点，可妥善加以利用。

(6) 采取一定的办法引导人的注意力，有可能增强对重要信息的优先感受能力。

(7) 当有两个以上的刺激需要从听觉通道分时输入时，最好将有用的刺激信号加以恰当安排，使之不同时发生，或者将无用的刺激信号“过滤”掉。若不能“过滤”掉无用刺激，则应尽可能扩大有用刺激与无用刺激之间的差别，或使它们具有明显不同的频谱特性。

(8) 训练操作人员对某项手工操作的熟练程度，有可能降低该项信息输入与处理的负荷程度。

4. 剩余感觉通道的利用

两个或两个以上感觉通道同时用于接收同一个刺激，就是所谓具有剩余感觉通道的信息输入方式。适当利用剩余感觉通道，可提高信息接收的概率。E·T·Klemmer曾对单有视觉输入，单有听觉输入以及同时具有视觉、听觉输入3种情况进行比较试验，结果测得正确响应的百分率如下；单独利用视觉通道时89%；单独利用听觉通道时91%；同时利用视觉与听觉通道时95%。

5. 刺激与响应之间的协调性

刺激与响应之间在空间、运动和概念上相互关系的协调程度，称为协调性。空间协调性指的是物理特征或空间布置上的协调关系，特别是显示器与操纵器之间的空间协调关系。运动协调性主要指的是显示器、操纵器及系统响应的运动方向之间的协调关系。概念协调性主要指的是人们对于具体刺激与响应之间早已形成的固有概念或习惯定型(例如红灯指示停车，绿灯指示通行)。刺激与响应之间的协调性越好，信息接收与处理的效率就越高。有些协调关系是客观情况所固有的或人们的传统文化观念所决定的，因而是清楚的；有些协调关系则需通过试验才能查明和确定。

6. 感觉通道的选择

人的感觉器官各有自身的特性、优点和适应能力，对于一定的刺激，选择合适的感觉通道能获得最佳的信息处理效果。常用的是视觉通道和听觉通道，在特定条件下，触觉和嗅觉通道也有其特殊的用途，尤其在视觉和听觉通道都已过载的情况下，专门的触觉传感器贴在皮肤上可作为一种有价值的报警装置。

7. 刺激的维数

感觉的“维”指的是每一种不同的感觉性质(如视、听、嗅、味、触觉，各算作一个“维”)或同一种感觉内的每一种不同的特征(如视觉中的形状、颜色、大小、明暗等，也各算作一个“维”)。刺激的维数则是指一个刺激物所包含或发出的感觉“维”数。例如：一个声音刺激，若只取频率或响度一个特征传递信息，就是一维刺激，若取频率和响度两个特征传递信息，就是二维刺激。研究表明，多维刺激通常比一维刺激的信息传递效率更高，在6～8维刺激下的信息传递效率约为一维刺激下的2～3倍。人的辨认能力最多能接受9～10维刺激。

8. 人的心理和生理状态

由于环境条件的影响及其他主、客观因素的干扰，人的生理和心理状态会发生各种不同的变化，从而影响到对信息的接收和处理能力。

9. 人的技术熟练程度

通过训练提高操作人员的技术熟练程度，能显著提高信息接收和处理的速率与精度。

### 3.5.6 人的反应时间

从感觉器官接收外界刺激到运动器官开始执行操纵动作所经历的时间，称为人的反应时间。只对一种刺激做出一种反应的时间，称为简单反应时间；有两种以上的刺激同时输入，而需要对不同的刺激做出不同的反应，或者只对其中某些刺激做出反应的情况，称为选择反应，相应的反应时间称为选择反应时间。通常，选择反应时间要比简单反应时间长。

人的反应时间的长短对于人机系统的工作性能有重要的影响。反应时间越短，则响应速度越快，人机系统的调节质量就越高。

人的反应时间主要取决于下列因素。

1. 刺激的性质

据试验，人对光、声和皮肤刺激的简单反应时间较短，而对气体、温度等刺激的简单反应时间较长。对各种刺激性质或不同感觉通道的刺激的简单反应时间见表3-5。

表3-5 各种不同性质刺激的反应时间

| 刺激性质 | 简单反应时间/s | 刺激性质 | 简单反应时间/s |
|---|---|---|---|
| 光 | 0.180 | 冷、热 | 0.300 ～1.600 |
| 声 | 0.140 | 旋 转 | 0.400 |
| 触 | 0.140 | 咸 味 | 0.308 |
| 嗅 | 0.300 | 甜 味 | 0.446 |
| 压 痛 | 0.268 | 酸 味 | 0.536 |
| 刺 痛 | 0.888 | 苦 味 | 1.082 |

2. 刺激的强度

同一性质的刺激，刺激强度越大，则刺激给予神经系统的能量越大，因而反应时间越短。例如，若以光为刺激，应有足够亮度；若以声为刺激，应有足够响度。

3. 刺激的多少

同时输入的刺激越多，人需做出选择反应的时间越长。因此，应当尽可能去除无用的刺激。

4. 刺激与背景对比的强弱

刺激与背景的对比强，则反应时间短；对比弱，则反应时间长。当然，对比过强也无必要。因此，刺激信号的强弱，应根据背景情况合理设计和调整。

5. 执行动作的运动器官

对于同样的刺激，手与脚的反应时间不同，通常手比脚反应快；一般人右手比左手、右脚比左脚反应快。

6. 人的年龄和性别

一般成年人，反应时间随着年龄的增长而延长。例如，以红色信号刺激汽车驾驶员，不同年龄段驾驶员的反应时间为：18～22岁，0.48～0.56s；22～45岁，0.58～0.75s；45～60岁，0.78～0.80s；同年龄成年男子的反应时间一般要比女子短。有人让年龄和驾驶经验相同的男、女驾驶员在干燥的柏油路上驾驶小客车进行制动试验，结果发现女驾驶员的制动距离要比男驾驶员平均长约4m。

7. 人的心理准备情况

人对刺激有心理准备时，反应时间较短。对突然出现的刺激，因无心理准备，反应时间较长。

8. 人的疲劳程度

人在疲劳状态下，感觉机能变差，反应迟钝，因而反应时间变长。

## 习　题

1. 什么叫视野及视野的分类？
2. 什么叫视觉的暗适应与明适应？
3. 造成眩光的主要因素有哪些？
4. 视觉的特征有哪些？
5. 听觉的特征有哪些？
6. 什么叫听觉的掩蔽效应？
7. 触觉的特征有哪些？

8. 如何提高人的信息处理能力？
9. 什么是操纵力？手与脚的操纵力有哪些特点？
10. 什么是反应时间？如何缩短反应时间？
11. 肢体的运动输出特性主要有哪些方面？
12. 影响运动准确性的因素有哪些？
13. 操作运动准确性要求主要包括哪几个方面？

# 第四章 人体尺寸测量

## 教学目标

了解人体测量的基本知识
掌握常用人体尺寸数据
了解人体测量数据的应用
理解人体主要参数的计算方法
掌握设计用人体模板的应用方法

## 教学要求

| 知识要点 | 能力要求 | 相关知识 |
| --- | --- | --- |
| 人体测量主要内容 | (1)了解人体测量的四类项目内容<br>(2)掌握人体测量的方法 | 人体测量的参照系 |
| 人体尺寸数据 | (1)了解成年人体尺寸的主要数据<br>(2)了解成年人体功能尺寸的主要数据 | 人体参数的计算方法 |
| 产品设计尺寸 | (1)了解Ⅰ型产品尺寸设计<br>(2)了解Ⅱ型产品尺寸设计<br>(3)了解Ⅲ型产品尺寸设计 | 设计界限的选择方法 |
| 产品功能尺寸 | (1)了解产品的最小功能尺寸<br>(2)理解产品的最佳功能尺寸 | |
| 人体尺寸模板 | (1)了解二维人体尺寸模板<br>(2)了解三维人体尺寸模板 | |

## 推荐阅读资料

[1] 阮宝湘，邵华祥.工业设计人机工程[M].北京：机械工业出版社，2005.
[2] 赵江洪，谭浩.人机工程学[M].北京：高等教育出版社，2006.
[3] 朱序璋.人机工程学[M].西安：西安电子科技大学出版社，1999.

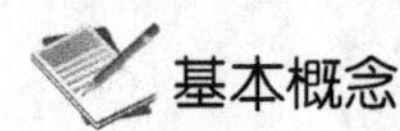

## 基本概念

最小功能尺寸：为了确保实现产品的某项功能而在设计时规定的产品最小尺寸，称为产品最小功能尺寸。

最佳功能尺寸：为了方便、舒适地实现产品的某项功能而设定的产品尺寸，称为产品最佳功能尺寸。

两千多年前的《内经－灵枢》之《骨度篇》中，对人体测量就有了较详细而科学的阐述。古埃及在公元前3500—200年之间，也有类似人体测量的方法存在，并提出人体可分为19个部位。

人体测量学(anthropometry)是人类学的一门分支学科，主要研究人体测量和观察方法，并通过人体整体测量与局部测量来探讨人体的特征、类型、变异和发展规律。

人体测量学是人机工程学的重要组成部分。进行产品设计时，为使人与产品相互协调，必须对产品同人相关的各种装置作适合于人体形态、生理以及心理特点的设计，让人在使用过程中，处于舒适的状态以及方便地使用产品。因此设计师应了解人体测量学、生物力学方面的基本知识，并熟悉有关设计所必需的人体测量基本数据的性质、应用方法和使用条件。

# 4.1 人体测量

### 4.1.1 人体测量的分类

人体测量数据是人机系统设计的重要基础资料。根据设计目的和使用对象的不同，需要选用相应的人体测量数据。

按测量内容，人体测量可分为以下四类。

(1) 静止形态参数的测量：静止形态参数是指人在静止状态下，对人体形态进行各种测量得到的参数。其主要内容有；人体尺寸测量、人体体型测量、人体体积测量等。静态人体测量可采取不同的姿势，主要有立姿、坐姿、跪姿和卧姿。

(2) 活动范围参数的测量：活动范围参数是指人在运动状态下肢体的动作范围。肢体活动范围主要有两种形式，一种是肢体活动的角度范围，一种是肢体所能达到的距离范围。通常，人体测量图表资料中所列出的数据都是肢体活动的最大范围，在产品设计和正常工作中所考虑的肢体活动范围，应当是人体最有利的位置，即肢体的最优活动范围，其数值远小于这些极限数值。

(3) 生理学参数的测量：人的生理学参数是指人体的主要生理指标。其主要内容有：人体表面积的测量、人体各部分体积的测量、耗氧量的测量、心率的测量、人体疲劳程度的测量、人体触觉反应的测量等。

(4) 生物力学参数的测量：生物力学参数是指人体的主要力学指标。其主要内容有：人体各部分质量与质心位置的测量、人体各部分转动惯量的测量、人体各部分出力的测量等。

### 4.1.2 人体测量的参照系

为了人体测量的需要，根据人体关节形态和运动规律，设定3个相互垂直的基准平面和3个相互垂直的基准轴作为人体测量的参照系，其命名和定义如图4.1所示。

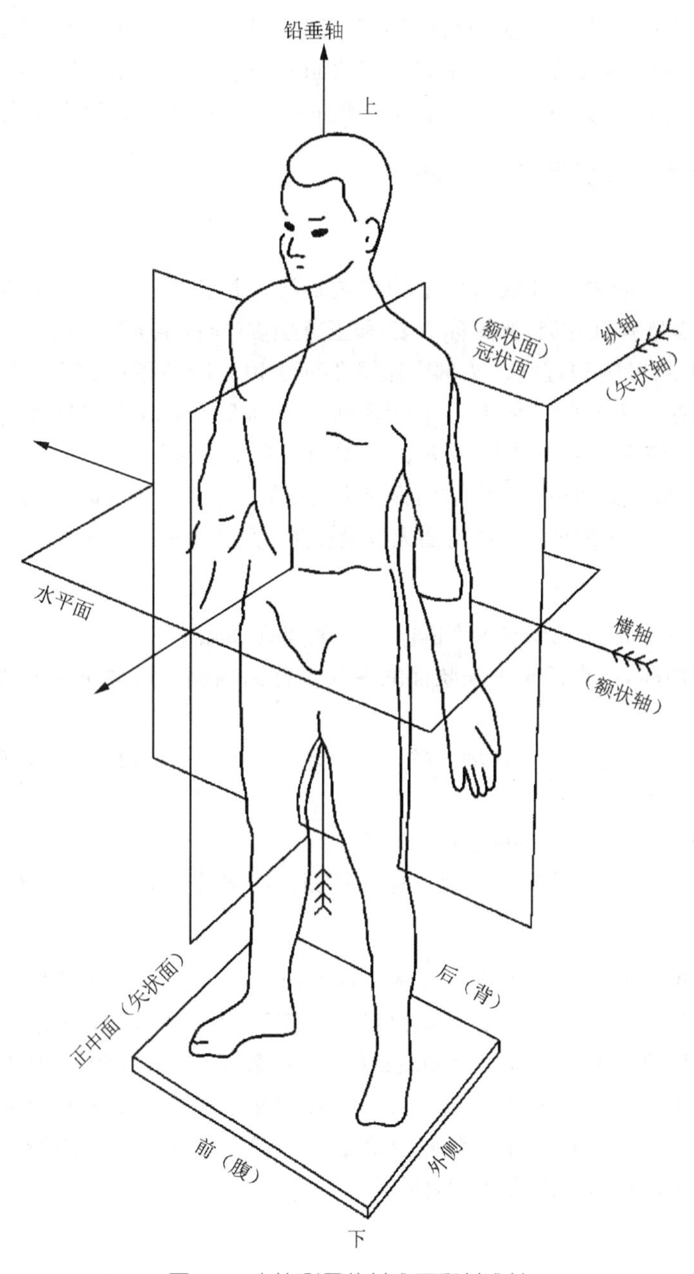


图4.1 人体测量的基准面和基准轴

1. 测量基准面

(1) 矢状面：沿身体正中对称地把身体切成左、右两半的铅垂平面，称为正中矢状面，与正中矢状面平行的一切平面，都称为矢状面。

(2) 冠状面：沿身体左右方向将身体切为前、后两部分的，彼此平行并垂直于矢状面的一切平面，都称为冠状面。

(3) 水平面：横切直立的身体、将人体分成上、下两个部分并垂直于矢状面和冠状面的一切平面，都称为水平面。

2. 测量基准轴

(1) 铅垂轴：通过各关节中心并垂直于水平面的一切轴线，都称为铅垂轴或垂直轴。

(2) 矢状轴：通过各关节中心并垂直于冠状面的一切轴线，都称为矢状轴或纵轴。

(3) 冠状轴：通过各关节中心并垂直于矢状面的一切轴线，都称为冠状轴或横轴。

### 4.1.3 人体测量的项目和测量方法

1. 测量姿势

人体测量时，被测者必须保持规定的测量姿势，并且在裸姿情况下进行测量。测量时被测者的标准姿势有直立姿势(简称立姿)和正直坐姿(简称坐姿)两种。

(1) 立姿：被测者挺胸直立，头部以眼耳平面定位，眼睛平视前方，肩部放松，上肢自然下垂，手伸直，手掌朝向体侧，手指轻贴大腿侧面，膝部自然伸直，左、右足后跟并拢，前端分开，使两足大致呈45°夹角，体重均匀分布于两足。

(2) 坐姿：被测者挺胸坐在被调节到腓骨头高度的平面上，头部以眼耳平面定位，眼睛平视前方，左、右大腿大致平行，膝弯曲大致成直角，足平放在地面上，手轻放在大腿上。

2. 测量方向

(1) 人体上下方向：上方称为头侧端，下方称为足侧端。

(2) 人体左右方向：靠近正中矢状面的方向，称为内侧，远离正中矢状面的方向，称为外侧。

(3) 四肢方向：靠近四肢附着部位的方向，称为近位，远离四肢附着部位的方向，称为远位。

(4) 上肢方向：指向桡骨侧的方向，称为桡侧，指向尺骨侧的方向，称为尺侧。

(5) 下肢方向：指向胫骨侧的方向，称为胫侧，指向腓骨侧的方向，称为腓侧。

3. 测量项目

我国国家标准GB 3975—1983《人体测量术语》中规定了人体测量参数的测点和测量项目，其中，头部测点16个、测量项目12项；躯干和四肢部位的测点22个、测量项目69项，其中立姿40项，坐姿22项，手和足部6项，体重1项。GB 5703—1985《人体测量方法》中规定了适用于成年人和青少年的人体参数测量方法，对上述81个测量项目的具体测量方法和各个测量项目所使用的测量仪器都作了详细说明，凡是进行人体测量，必须严格按照该标准规定的测量方法进行测量。

4. 支撑面和衣着

立姿测量时站立的地面或平台、坐姿测量时的坐椅平面应当是水平、稳固、不可压缩的。

要求被测者裸体或穿着尽量少的内衣(例如，只穿内裤和汗背心)进行测量，在后一种情况下，测量胸围时，男性应撩起汗背心，女性应松开胸罩后进行测量。

### 4.1.4 人体测量数据的统计特征

人群中个体与个体之间存在着差异，某一个或几个人的人体测量数据不能作为产品设计的依据。任何产品都必须适合一定范围的人群使用，产品设计中需要的是一个群体的人体测量数据。通常的做法是通过测量群体中较少量的个体样本的数据，再进行统计处理而获得所需群体的人体测量数据。

对一定数量的个体样本进行人体测量所得到的测量值，是离散的随机变量，可以根据概率论与数理统计理论对测量数据进行统计分析，求得群体人体测量数据的统计规律和特征参数，常用的统计特征参数有均值、方差、标准差、百分位数等。

人体测量的数据常以百分位数来表示人体尺寸的等级，百分位数是一种位置指标，一个界值，以符号$Pk$表示，一个百分位数将总体或样本的全部测量值分为两个部分，有$K$%的测量值等于或小于此数，有$(100-K)$%的测量值大于此数。最常用的是第5、50、95共3个百分位数，分别记作$P_5$、$P_{50}$、$P_{95}$。其中，第5百分位数代表“小”身材的人群，指的是有5%的人群身材尺寸小于此值，而有95%的人群身材尺寸大于此值：第50百分位数代表“中等”身材的人群，指的是有50%的人群身材尺寸小于此值，而有50%的人群身材尺寸大于此值；第95百分位数代表“大”身材的人群，指的是有95%的人群身材尺寸小于此值，而有5%的人群身材尺寸大于此值。有些人体测量尺寸资料中，除了给出常用的第5、50、95这3个百分位数的数据外，还给出其他百分位数的数据，例如第1、10、90、99百分位数的数据等。其他百分位数的含义依次类推。

一般静态人体测量数据近似符合正态分布规律，因此，可以根据均值和标准差计算百分位数，也可以计算某一人体尺寸所属的百分位数。

若已知某项人体测量数据的均值为$\overline{X}$，标准差为$\sigma$，则任一百分位的人体测量尺寸$P_x$可按式(4-1)计算

$$P_x = \overline{X} \pm \sigma K \tag{4-1}$$

式中

$K$——转换系数。

当求第1～50百分位之间的百分位数时，式中取“－”号；当求第50～99百分位之间的百分位数时，式中取“+”号。设计中常用的百分位数和对应的转换系数值见表4-1。

**表4-1 百分位数和对应的转换系数**

| 百分比/(%) | $K$ | 百分比/(%) | $K$ | 百分比/(%) | $K$ |
|---|---|---|---|---|---|
| 0.5 | 2.576 | 25 | 0.674 | 90 | 1.282 |
| 1.0 | 2.326 | 30 | 0.524 | 95 | 1.645 |
| 2.5 | 1.960 | 50 | 0.000 | 97.5 | 1.960 |
| 5 | 1.645 | 70 | 0.524 | 99 | 2.326 |
| 10 | 1.282 | 75 | 0.674 | 99.5 | 2.576 |
| 15 | 1.036 | 80 | 0.842 | | |
| 20 | 0.842 | 85 | 1.036 | | |

## 4.2 人体尺寸

### 4.2.1 我国成年人的人体结构尺寸

国家标准GB 1000—1988《中国成年人人体尺寸》按照人机工程学的要求提供了我国成年人人体尺寸的基础数据。标准中总共给出7类47项人体尺寸基础数据。成年人的年龄范围界定为：男18～60岁：女18～55岁。人体尺寸按男、女性别分开列表，且各划分为3个年龄段：18～25岁(男、女)，26～35岁(男、女)，36～60岁(男)、36～55岁(女)。标准中用7幅图分别表示项目的部位，相应用13张表分别列出各年龄段，各常用百分位的各项人体尺寸数据。

人体主要尺寸如图4.2所示。

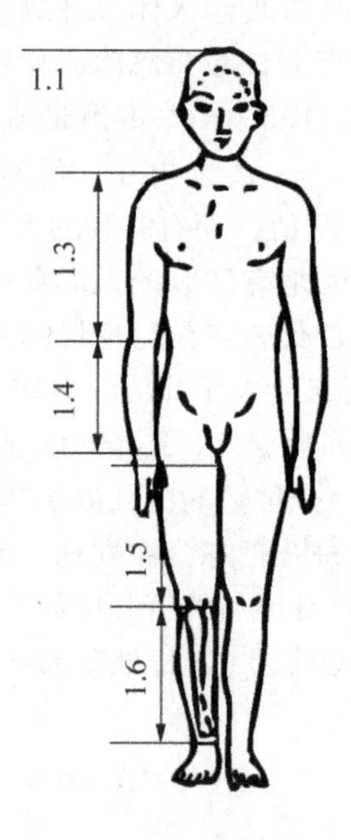


图4.2 人体主要尺寸

1. 人体的主要尺寸

人体的主要尺寸包括身高、体重、上臂长、前臂长、大腿长、小腿长6项，除体重外，其余5项主要尺寸的部位如图4.2所示。表4-2列出我国成年人的人体主要尺寸。

**表4-2 人体主要尺寸**

| | 男(18～60岁) | | | | | | | 女(18～55岁) | | | | | | |
|---|---|---|---|---|---|---|---|---|---|---|---|---|---|---|
| | 1 | 5 | 10 | 50 | 90 | 95 | 99 | 1 | 5 | 10 | 50 | 90 | 95 | 99 |
| 1.1身高/mm | 1543 | 1583 | 1604 | 1678 | 1754 | 1775 | 1814 | 1149 | 1484 | 1503 | 1570 | 1640 | 1659 | 1697 |
| 1.2体重/kg | 44 | 48 | 50 | 59 | 71 | 75 | 83 | 39 | 42 | 44 | 52 | 63 | 66 | 74 |
| 1.3上臂长/mm | 279 | 289 | 294 | 313 | 333 | 338 | 349 | 252 | 262 | 267 | 284 | 303 | 308 | 319 |
| 1.4前臂长/mm | 206 | 216 | 220 | 237 | 253 | 258 | 268 | 185 | 193 | 198 | 213 | 229 | 234 | 242 |
| 1.5大腿长/mm | 413 | 428 | 436 | 465 | 496 | 505 | 523 | 387 | 402 | 410 | 438 | 467 | 476 | 494 |
| 1.6小腿长/mm | 324 | 338 | 344 | 369 | 396 | 403 | 419 | 300 | 313 | 319 | 344 | 370 | 376 | 390 |

2. 立姿人体尺寸

立姿人体尺寸包括眼高、肩高、肘高、手功能高、会阴高、胫骨点高6项，这6项立姿人体尺寸的部位如图4.3所示，表4-3列出了我国成年人的立姿人体尺寸。

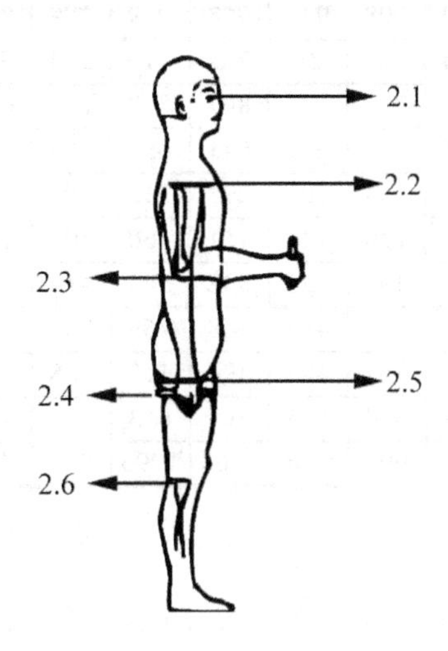


图4.3 立姿人体尺寸

**表4-3 立姿人体尺寸**

| | 男(18～60岁) | | | | | | | 女(18～55岁) | | | | | | |
|---|---|---|---|---|---|---|---|---|---|---|---|---|---|---|
| | 1 | 5 | 10 | 50 | 90 | 95 | 99 | 1 | 5 | 10 | 50 | 90 | 95 | 99 |
| 2.1眼高/mm | 1436 | 1471 | 1495 | 1568 | 1643 | 1664 | 1705 | 337 | 1371 | 1388 | 1454 | 1522 | 1541 | 1579 |
| 2.2肩高/kg | 1244 | 1281 | 1299 | 1367 | 1435 | 1455 | 1494 | 1166 | 1195 | 1211 | 1271 | 1333 | 1350 | 1385 |
| 2.3肘高/mm | 925 | 954 | 968 | 1024 | 1079 | 1096 | 1128 | 873 | 899 | 913 | 960 | 1009 | 1023 | 1050 |
| 2.4手功能高/mm | 656 | 680 | 693 | 741 | 787 | 801 | 828 | 630 | 650 | 662 | 704 | 746 | 757 | 778 |
| 2.5会阴高/mm | 701 | 728 | 741 | 790 | 840 | 856 | 887 | 648 | 673 | 686 | 732 | 779 | 792 | 819 |
| 2.6胫骨点高/mm | 394 | 409 | 417 | 444 | 472 | 481 | 498 | 363 | 377 | 384 | 410 | 437 | 444 | 459 |

3. 坐姿人体尺寸

坐姿人体尺寸包括坐高、坐姿颈椎点高、坐姿眼高、坐姿肩高、坐姿肘高、坐姿大腿厚、坐姿膝高、小腿加足高、坐深、臀膝距、坐姿下肢长11项，这11项坐姿人体尺寸的部位如图4.4所示。表4-4列出了我国成年人的坐姿人体尺寸。

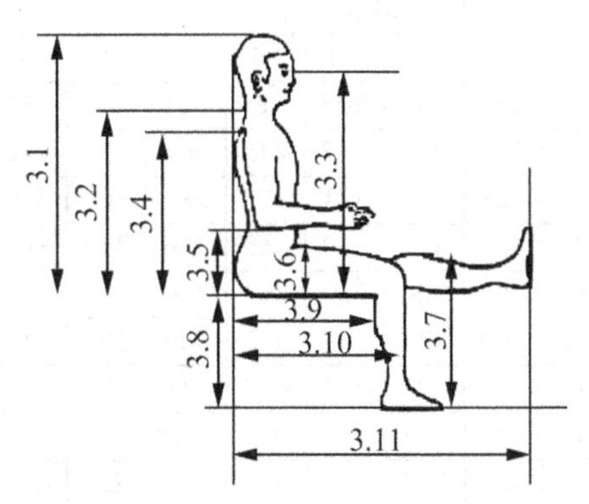


图4.4 坐姿人体尺寸

表4-4　坐姿人体尺寸

| | 男(18～60岁) | | | | | | | 女(18～55岁) | | | | | | |
|---|---|---|---|---|---|---|---|---|---|---|---|---|---|---|
| | 1 | 5 | 10 | 50 | 90 | 95 | 99 | 1 | 5 | 10 | 50 | 90 | 95 | 99 |
| 3.1 坐高/mm | 836 | 858 | 870 | 908 | 947 | 958 | 979 | 789 | 809 | 819 | 855 | 891 | 901 | 920 |
| 3.2 颈椎点高/mm | 599 | 615 | 624 | 657 | 691 | 701 | 719 | 563 | 579 | 587 | 617 | 648 | 657 | 675 |
| 3.3 坐姿眼高/mm | 729 | 749 | 761 | 798 | 836 | 847 | 868 | 678 | 695 | 704 | 739 | 773 | 783 | 803 |
| 3.4 坐姿肩高/mm | 539 | 557 | 566 | 598 | 631 | 641 | 659 | 504 | 518 | 526 | 556 | 585 | 594 | 609 |
| 3.5 坐姿肘高/mm | 214 | 228 | 235 | 263 | 291 | 298 | 312 | 201 | 215 | 223 | 251 | 277 | 284 | 299 |
| 3.6坐姿大腿厚/mm | 103 | 112 | 116 | 130 | 146 | 151 | 160 | 107 | 113 | 117 | 130 | 146 | 151 | 160 |
| 3.7 坐姿膝高/mm | 441 | 456 | 464 | 493 | 523 | 532 | 549 | 410 | 424 | 431 | 458 | 485 | 493 | 507 |
| 3.8小腿加足高/mm | 372 | 383 | 389 | 413 | 439 | 448 | 463 | 331 | 342 | 350 | 382 | 399 | 405 | 417 |
| 3.9 坐深/mm | 407 | 421 | 429 | 457 | 486 | 494 | 510 | 388 | 401 | 408 | 433 | 461 | 469 | 485 |
| 3.10 臀膝距/mm | 499 | 515 | 524 | 554 | 585 | 595 | 613 | 481 | 495 | 502 | 529 | 561 | 570 | 587 |
| 3.11下肢长/mm | 892 | 921 | 937 | 992 | 1046 | 1063 | 1096 | 826 | 851 | 865 | 912 | 960 | 975 | 1005 |

4. 人体水平尺寸

人体水平尺寸包括胸宽、胸厚、肩宽、最大肩宽、臀宽、坐姿臀宽、坐姿两肘间宽、胸围、腰围、臀围10项，各部位如图4.5所示。表4-5列出了我国成年人的人体水平尺寸。

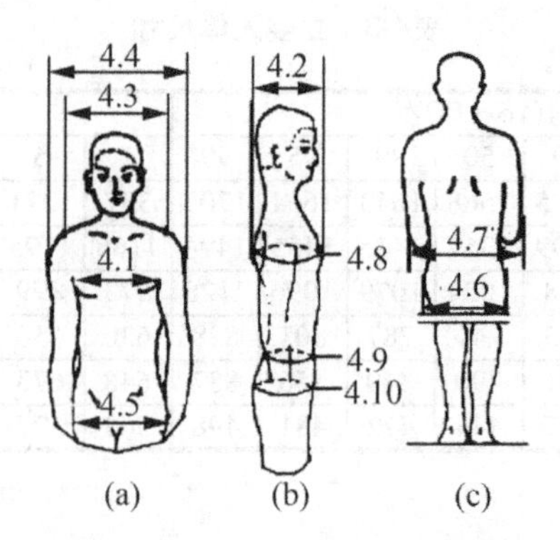


图4.5　人体水平尺寸

表4-5　人体水平尺寸

| | 男(18～60岁) | | | | | | | 女(18～55岁 ) | | | | | | |
|---|---|---|---|---|---|---|---|---|---|---|---|---|---|---|
| | 1 | 5 | 10 | 50 | 90 | 95 | 99 | 1 | 5 | 10 | 50 | 90 | 95 | 99 |
| 4.1 胸宽/mm | 242 | 253 | 259 | 280 | 307 | 315 | 331 | 219 | 233 | 239 | 260 | 289 | 299 | 319 |
| 4.2 胸厚/mm | 176 | 186 | 191 | 212 | 237 | 245 | 261 | 159 | 170 | 176 | 199 | 230 | 239 | 260 |
| 4.3 肩宽/mm | 304 | 320 | 328 | 351 | 371 | 377 | 387 | 304 | 320 | 328 | 351 | 371 | 377 | 387 |
| 4.4最大肩宽/mm | 383 | 398 | 405 | 431 | 460 | 469 | 486 | 347 | 363 | 371 | 397 | 428 | 438 | 458 |
| 4.5 臀宽/mm | 273 | 282 | 288 | 306 | 327 | 334 | 346 | 275 | 290 | 296 | 317 | 340 | 346 | 360 |
| 4.6 坐姿臀宽/mm | 284 | 295 | 300 | 321 | 347 | 355 | 369 | 295 | 310 | 318 | 344 | 374 | 382 | 400 |
| 4.7 坐姿两肘间宽/mm | 353 | 371 | 381 | 422 | 473 | 489 | 518 | 326 | 348 | 360 | 404 | 460 | 478 | 509 |
| 4.8 胸围/mm | 762 | 791 | 806 | 867 | 944 | 970 | 1018 | 717 | 745 | 760 | 825 | 919 | 949 | 1005 |
| 4.9 胸围/mm | 620 | 650 | 665 | 735 | 859 | 895 | 960 | 622 | 659 | 680 | 772 | 904 | 950 | 1025 |
| 4.10 臀围/mm | 780 | 805 | 820 | 875 | 948 | 970 | 1000 | 795 | 824 | 840 | 900 | 975 | 1000 | 1044 |

5. 人体头部尺寸

人体头部尺寸包括头全高、头矢状弧、头冠状弧、头最大宽、头最大长、头围、形态面长7项，如图4.6所示。表4-6列出了我国成年人的人体头部尺寸。

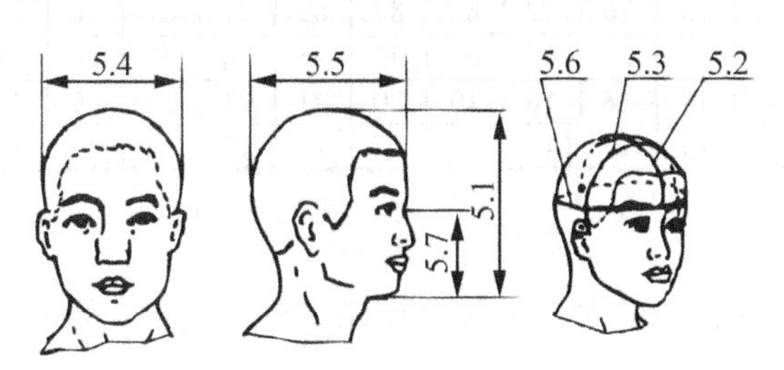


图4.6 人体头部尺寸

**表4-6 人体头部尺寸**

| | 男(18～60岁) | | | | | | | 女(18～55岁) | | | | | | |
|---|---|---|---|---|---|---|---|---|---|---|---|---|---|---|
| | 1 | 5 | 10 | 50 | 90 | 95 | 99 | 1 | 5 | 10 | 50 | 90 | 95 | 99 |
| 5.1 头全高/mm | 199 | 206 | 210 | 223 | 237 | 241 | 249 | 193 | 200 | 203 | 216 | 228 | 232 | 239 |
| 5.2 头矢状弧/mm | 314 | 324 | 329 | 350 | 370 | 375 | 384 | 300 | 310 | 313 | 329 | 344 | 349 | 358 |
| 5.3 头冠状弧/ mm | 330 | 338 | 344 | 361 | 378 | 383 | 392 | 318 | 327 | 332 | 348 | 366 | 372 | 381 |
| 5.4 头最大宽/ mm | 141 | 145 | 146 | 154 | 162 | 164 | 168 | 137 | 141 | 143 | 149 | 156 | 158 | 162 |
| 5.5 头最大长/ mm | 168 | 173 | 175 | 184 | 192 | 195 | 200 | 161 | 165 | 167 | 176 | 184 | 187 | 191 |
| 5.6 头围/ mm | 525 | 536 | 541 | 560 | 580 | 586 | 597 | 510 | 520 | 525 | 546 | 567 | 573 | 585 |
| 5.7 形态面长/ mm | 104 | 109 | 111 | 119 | 128 | 130 | 135 | 97 | 100 | 102 | 109 | 117 | 119 | 123 |

6. 人体手部尺寸

人体手部尺寸包括手长、手宽、食指长、食指近位指关节宽、食指远位指关节宽5项，这5项人体手部尺寸的部位如图4.7所示。表4-7列出了我国成年人的人体手部尺寸。

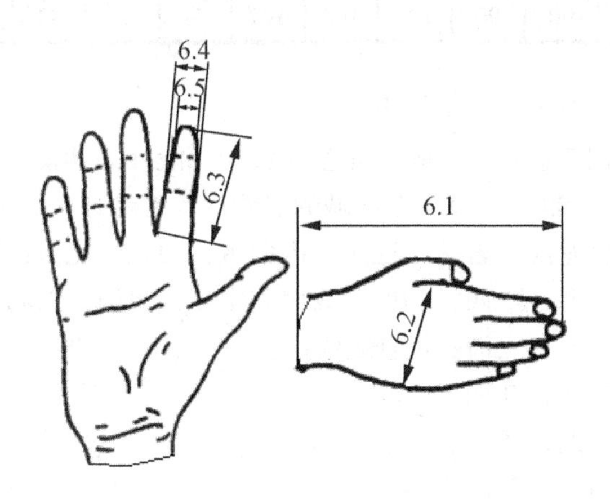


图4.7 人体手部尺寸

**表4-7 人体手部尺寸**

| | 男(18～60岁) | | | | | | | 女(18～55岁) | | | | | | |
|---|---|---|---|---|---|---|---|---|---|---|---|---|---|---|
| | 1 | 5 | 10 | 50 | 90 | 95 | 99 | 1 | 5 | 10 | 50 | 90 | 95 | 99 |
| 6.1 手长/ mm | 164 | 170 | 173 | 183 | 193 | 196 | 202 | 164 | 170 | 173 | 183 | 193 | 196 | 202 |

续表

| | 男(18～60岁) | | | | | | | 女(18～55岁) | | | | | | |
|---|---|---|---|---|---|---|---|---|---|---|---|---|---|---|
| | 1 | 5 | 10 | 50 | 90 | 95 | 99 | 1 | 5 | 10 | 50 | 90 | 95 | 99 |
| 6.2 手宽/ mm | 73 | 76 | 77 | 82 | 87 | 89 | 91 | 67 | 70 | 71 | 76 | 80 | 82 | 84 |
| 6.3 食指长/ mm | 60 | 63 | 64 | 69 | 74 | 76 | 79 | 57 | 60 | 61 | 66 | 71 | 72 | 76 |
| 6.4 食指近位指关节宽/ mm | 17 | 18 | 18 | 19 | 20 | 21 | 21 | 15 | 16 | 16 | 17 | 18 | 19 | 20 |
| 6.5 食指远位指关节宽/ mm | 14 | 15 | 15 | 16 | 17 | 18 | 19 | 13 | 14 | 14 | 15 | 16 | 16 | 17 |

7. 人体足部尺寸

人体足部尺寸包括足长和足宽，如图4.8所示。我国成年人的足部尺寸见表4-8。

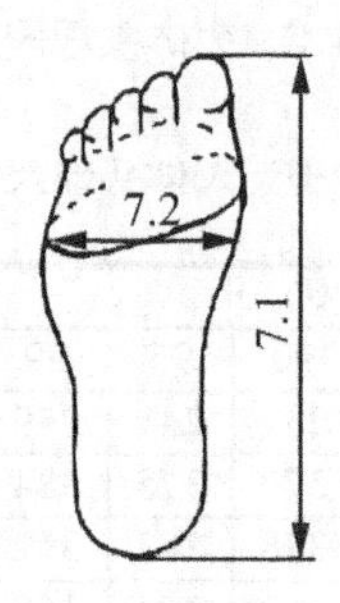


图4.8　人体足部尺寸

表4-8　人体足部尺寸

| | 男(18～60岁) | | | | | | | 女(18～55岁) | | | | | | |
|---|---|---|---|---|---|---|---|---|---|---|---|---|---|---|
| | 1 | 5 | 10 | 50 | 90 | 95 | 99 | 1 | 5 | 10 | 50 | 90 | 95 | 99 |
| 7.1 足长/ mm | 223 | 230 | 234 | 247 | 260 | 264 | 272 | 208 | 213 | 217 | 229 | 241 | 244 | 251 |
| 7.2 足宽/ mm | 86 | 88 | 90 | 96 | 102 | 103 | 107 | 78 | 81 | 83 | 88 | 93 | 95 | 98 |

8. 中国6个区域人体尺寸的均值和标准差

中国地域辽阔，不同地区间人体尺寸差异较大，故按人体测量尺寸资料将全国内地（不包括港澳台地区）分为6个区域，各区域的名称及其覆盖的省、直辖市、自治区如下。

(1) 东北、华北：黑龙江、吉林、辽宁、内蒙古、山东、北京、天津、河北。

(2) 西北：甘肃、青海，陕西、山西、西藏、宁夏、河南、新疆。

(3) 东南：安徽、江苏、上海、浙江。

(4) 华中：湖南、湖北，江西。

(5) 华南：广东、广西，福建。

(6) 西南：贵州、四川、云南。

表4-9列出了我国6个区域成年人的身高、胸围、体重的均值和标准差。

表4-9 中国6个区域人体尺寸的均值和标准差

| 项目 | | 东北、华北 | | 西北 | | 东南 | | 华中 | | 华南 | | 西南 | |
|---|---|---|---|---|---|---|---|---|---|---|---|---|---|
| | | 均值 | 标准差 | 均值 | 标准差 | 均值 | 标准差 | 均值 | 标准差 | 均值 | 标准差 | 均值 | 标准差 |
| 男(18～60岁) | 体重/kg | 64 | 8.2 | 60 | 7.6 | 59 | 7.7 | 57 | 6.9 | 56 | 6.9 | 55 | 6.8 |
| | 身高/mm | 1693 | 56.6 | 1684 | 53.7 | 1686 | 55.2 | 1669 | 56.3 | 1650 | 57.1 | 1647 | 56.7 |
| | 胸围/mm | 888 | 55.5 | 880 | 51.5 | 865 | 52.0 | 853 | 49.2 | 851 | 49.2 | 855 | 48.3 |
| 女(18～55岁) | 体重/kg | 55 | 7.7 | 52 | 7.1 | 51 | 7.2 | 50 | 6.8 | 49 | 6.5 | 50 | 6.9 |
| | 身高/mm | 1586 | 51.8 | 1575 | 51.9 | 1575 | 50.8 | 1560 | 50.7 | 1549 | 49.7 | 1546 | 53.9 |
| | 胸围/mm | 848 | 66.4 | 837 | 55.9 | 831 | 59.8 | 820 | 55.8 | 819 | 57.6 | 809 | 58.8 |

在使用表4-9中三项数据时，如果需要选用合乎某地区的人体尺寸，可根据表中相应的均值和标准差，计算出对应的百分位数，然后依照百分位数从GB 10000—1988的有关表格中获得所需的人体尺寸数据。

### 4.2.2 我国成年人的人体功能尺寸

GB 10000—1988中， 只给出了成年人人体结构尺寸的基础数据，并没有给出成年人的人体功能尺寸。同济大学的丁玉兰教授对GB 10000—1988标准中的人体测量基础数据进行了分析研究， 导出了几项常用的人体功能尺寸及人在作业位置上的活动空间尺度的数据。下面简要加以介绍和引用。

1. 人体功能尺寸

以设计中常用的第5、50、95 百分位的成年男子为例， 表4-10 给出了几项人体功能尺寸数据。

表4-10 几项常用的人体功能尺寸

| 百分位 | 立姿双臂展开宽度/ mm | 立姿手伸过头顶高度/ mm | 坐姿手臂前伸距离/ mm | 坐姿腿前伸距离/ mm |
|---|---|---|---|---|
| P5 | 1579 | 1999 | 781 | 957 |
| P50 | 1690 | 2136 | 2136 | 838 |
| P95 | 1802 | 2274 | 896 | 1099 |

2. 人的活动空间尺度

鉴于活动空间应尽可能适应绝大多数人使用，设计时应以高百分位人体尺寸为依据，所以取成年男子第95百分位的身高1775mm为基准。

(1) 立姿活动空间：人的立姿活动空间不仅取决于人的身体尺寸，而且取决于保持身体平衡的要求，在脚的站立位置不变的条件下，应限制上身和手臂的活动范围，以保持身体的平衡。以此要求为根据，可确定立姿活动空间的人体尺度，如图4.9所示。图4.9(a)为正视图，零点位于正中矢状面上。图4.9(b)为侧视图，零点位于人体背点的切线上，人的背部贴墙站直时，背点与墙接触。以垂直切线与站立平面的交点作为零点。

图4.9中，粗实线表示人稍息站立时的身体轮廓，已将保持身体姿势所必需的平衡活

动考虑在内：虚线表示头部不动，上身自髋关节起前弯、侧弯时的活动空间；点划线表示上身不动时手臂的活动空间：细实线表示上身一起活动时手臂的活动空间。

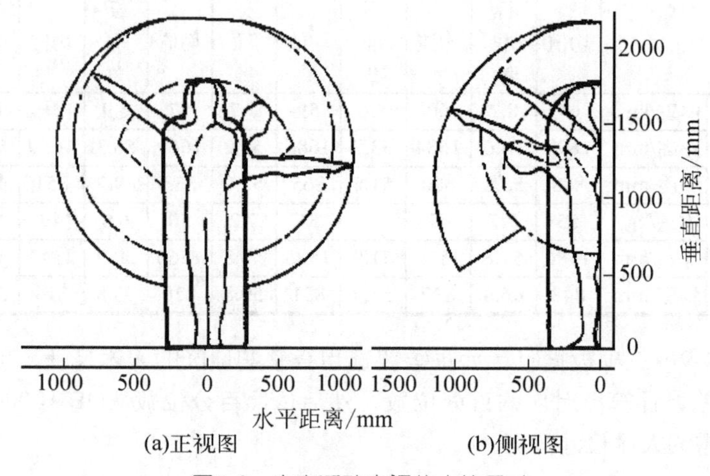


图4.9 立姿活动空间的人体尺寸

(2) 坐姿活动空间：按照确定立姿活动空间同样的原则，以保持身体的平衡要求为根据，可确定坐姿活动空间的人体尺度，如图4.10所示。图4.10(a)为正视图，零点位于正中矢状面上。图4.10(b)为侧视图，零点位于经过臀点的垂直线上，以该垂直线与脚底平面的交点作为零点。图4.10中，粗实线表示上身挺直，头向前倾时的身体轮廓，已将保持身体姿势所必需的平衡活动考虑在内；虚线表示上身自髋关节起向前、向侧弯曲的活动空间：点划线表示上身不动，自肩关节起手臂向上和向两侧的活动空间；细实线表示上身从髋关节起向前、向两侧活动时，手臂自肩关节起向上和向两侧的活动空间；连续圆点线表示自髋关节、膝关节起腿的伸、曲活动空间。

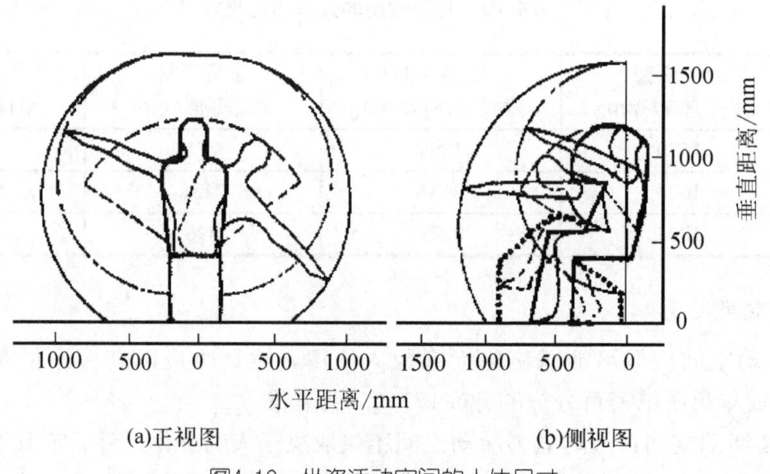


图4.10 坐姿活动空间的人体尺寸

(3) 单腿跪姿的活动空间：按照确定立姿活动空间同样的原则，以保持身体的平衡要求为根据，可确定单腿跪姿活动空间的人体尺度，如图4.11所示。

取跪姿时，承重膝要常更换，由一膝换到另一膝时，为确保上身平衡，要求活动空间比基本位置大。图4.11(a)为正视图，零点在正中矢状面上。图4.11(b)为侧视图，零点在人体背点的切线上，以垂直切线与跪平面的交点为零点。图4.11中，粗实线表示上身挺直、头向前倾时的身体轮廓，已将保持身体姿势稳定所必需的平衡动作考虑在内；虚线表示上身自髋关节起向侧弯曲的活动空间；点划线表示上身不动，自肩关节起手臂向前、向两侧的活动空间；细实线表示上身从髋关节起向前、向两侧活动时，手臂自肩关节起向前，向两侧的活动空间。

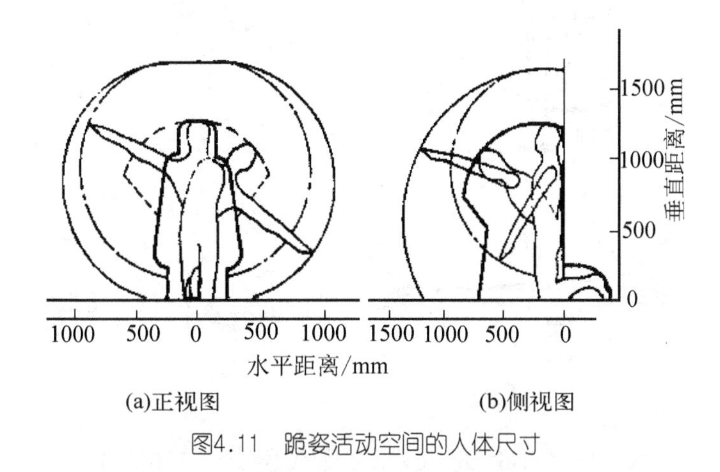


图4.11　跪姿活动空间的人体尺寸

(4) 仰卧姿势活动空间：仰卧姿势活动空间的人体尺度如 图4.12 所示。

图4.12(a)为正视图，零点位于正中央中垂平面上。图4.12(b)为侧视图，零点位于经过头顶的垂直切线，以该垂直切线与仰卧平面的交点作为零点。图4.12中，粗实线表示背朝下仰卧时的身体轮廓；点划线表示自肩关节起手臂伸直的活动空间；连续圆点线表示腿自膝关节弯起的活动空间。

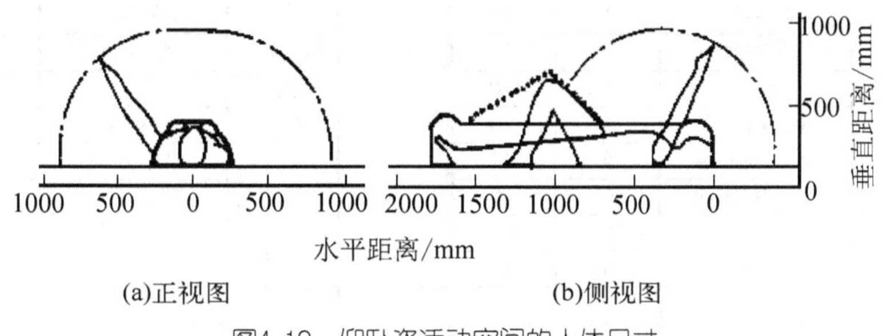


图4.12　仰卧姿活动空间的人体尺寸

3. 肢体活动的角度范围

人体活动部位有头、肩胛骨、臂、手、大腿、小腿和足，这些部位的活动方向和角度范围如图4.13所示，见表4-11。

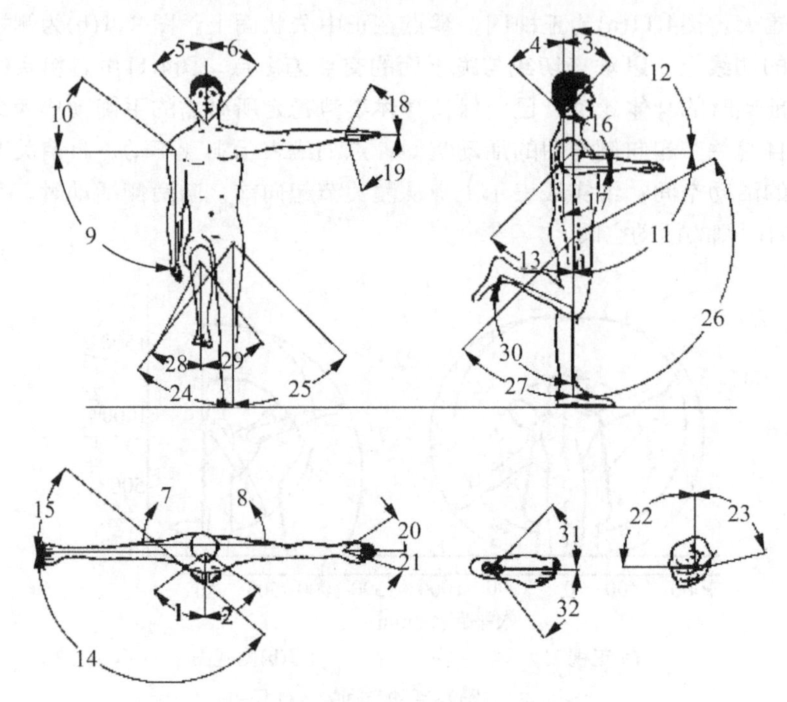


图4.13　人体各部分的活动范围(代号与表4-11相对应)

**表4-11　人体各部分的活动范围**

| 身体部位 | 移动关节 | 动作方向 | 动作角度 代号 | 动作角度 /(°) | 身体部位 | 移动关节 | 动作方向 | 动作角度 代号 | 动作角度 /(°) |
|---|---|---|---|---|---|---|---|---|---|
| 头 | 脊柱 | 向右转 | 1 | 55 | 手 | 腕(枢轴关节) | 背屈曲 | 18 | 65 |
| | | 向左转 | 2 | 55 | | | 掌屈曲 | 19 | 75 |
| | | 屈曲 | 3 | 40 | | | 内收 | 20 | 30 |
| | | 极度伸展 | 4 | 50 | | | 外展 | 21 | 15 |
| | | 向一侧弯曲 | 5 | 40 | | | 掌心朝上 | 22 | 90 |
| | | 向一侧弯曲 | 6 | 40 | | | 掌心朝下 | 23 | 80 |
| 臂 | 肩关节 | 外展 | 9 | 90 | 肩胛骨 | 脊柱 | 向右转 | 7 | 40 |
| | | 抬高 | 10 | 40 | | | 向左转 | 8 | 40 |
| | | 屈曲 | 11 | 90 | 腿 | 髋关节 | 内收 | 24 | 40 |
| | | 向前抬高 | 12 | 90 | | | 外展 | 25 | 45 |
| | | 极度伸展 | 13 | 45 | | | 屈曲 | 26 | 120 |
| | | 内收 | 14 | 140 | | | 极度伸展 | 27 | 45 |
| | | 极度伸展外展旋转 | 15 | 40 | | | 屈曲时回转(外观) | 28 | 30 |
| | | | | | | | 屈曲时回转(外观) | 29 | 35 |
| | | (外观) | 16 | 90 | 小腿/足 | 膝关节 | 屈曲 | 30 | 135 |
| | | (内观) | 17 | 90 | | 踝关节 | 内收 | 31 | 45 |
| | | | | | | | 外展 | 32 | 50 |

### 4.2.3 人体参数的计算方法

设计中所必需的人体数据，当没有条件测量或直接测量有困难或者为了简化人体测量的过程时，可根据人体的身高和体重等基础测量数据，利用经验公式计算出所需的其他各部分数据。

1. 由身高计算各部位的尺寸

正常成年人人体各部位的尺寸之间存在一定的比例关系，因而常以站立姿势的平均身高作为基本依据来推算各部位的结构尺寸。于玉兰教授根据GB 10000—1988标准中的人体测量基础数据，推导出我国成年人各部位的尺寸与身高$H$的比例关系，如图4.14所示。不同国家人体尺寸的比例关系是不同的，图4.14不适用于其他国家人体结构尺寸的计算。

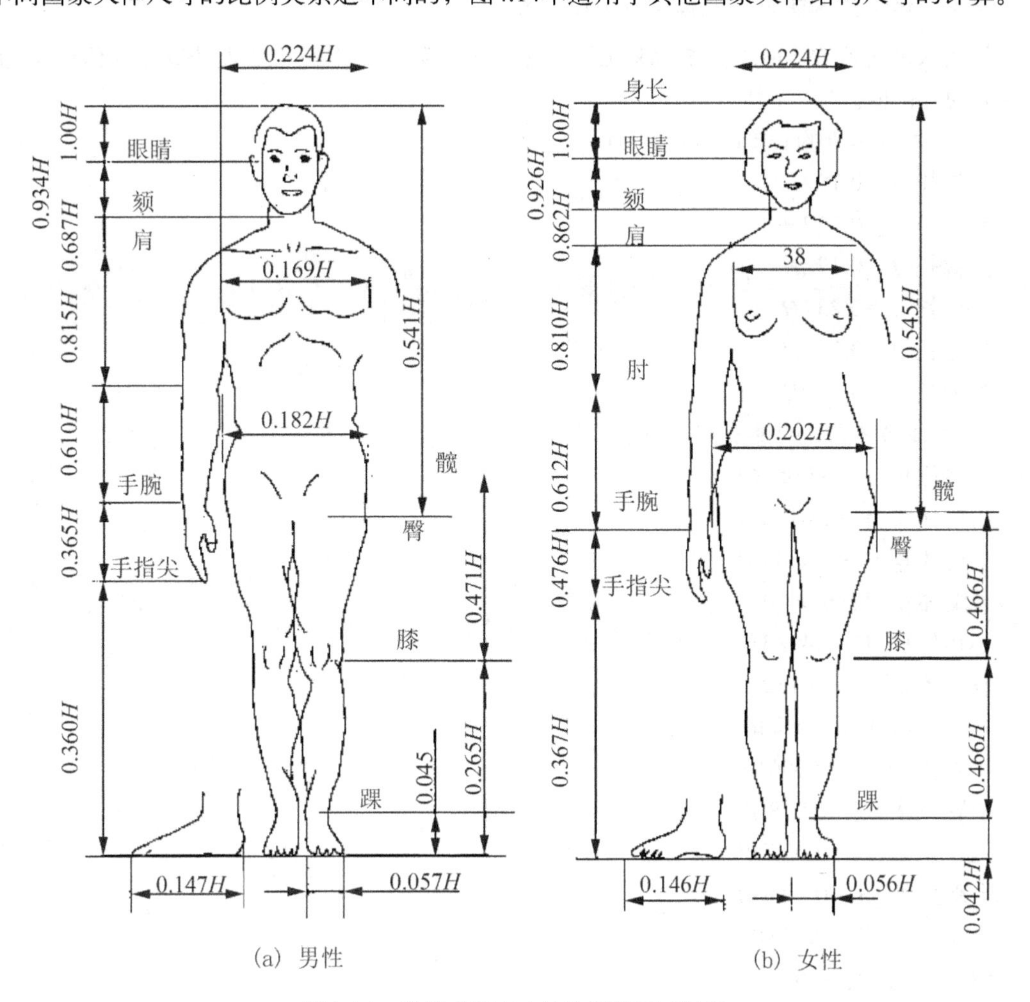


图4.14 我国成年人人体比例的尺寸关系

2. 由体重、身高计算人体体积和表面积

人体体积和表面积虽因人的胖瘦和体型不同而不同，但作为社会人群来考虑，可以以体重、身高为基本依据，用经验公式进行计算。

(1) 人体体积计算

$V = 1.015M - 4.937$

式中

$V$——人体体积(L)；

$M$——人体体重(kg)。

(2) 人体表面积计算

$B$=0.2350$H$0.42246 × $M$0.51456

式中

$B$——人体表面积($m^2$)；

$H$——人体身高(cm)；

$M$——人体体重(kg)。

3. 由身高、体重、体积计算人体生物力学参数

知道人的身高$H$(cm)、体重$M$(kg)、体积$V$(L)之后， 可用经验公式计算出人体生物力学参数的近似值。

(1) 人体各体段的长度(单位：cm)

手掌长 $L_1=0.109H$

前臂长 $L_2=0.157H$

上臂长 $L_3=0.172H$

大腿长 $L_4=0.232H$

小腿长 $L_5=0.247H$

躯干长 $L_6=0.300H$

(2) 人体各体段的体积(单位：L)

手掌体积 $V_1=0.00566V$

前臂体积 $V_2=0.01702V$

上臂体积 $V_3=0.03495V$

大腿体积 $V_4=0.0924V$

小腿体积 $V_5=0.4083V$

躯干体积 $V_6=0.6132V$

(3) 人体各体段的质量(单位：kg)

手掌重量 $W_1=0.006W$

前臂重量 $W_2=0.018W$

上臂重量 $W_3=0.0357W$

大腿重量 $W_4=0.0946W$

小腿重量 $W_5=0.042W$

躯干重量 $W_6=0.5804W$

(4) 人体各体段的质心位置(单位：cm)

手掌质心位置 $O_1=0.506L_1$

前臂质心位置 $O_2=0.430L_2$

上臂质心位置 $O_3=0.436L_3$

大腿质心位置 $O_4=0.433L_4$

小腿质心位置 $O_5=0.433L_5$

躯干质心位置 $O_6=0.660L_6$

(5) 人体各体段的旋转半径(单位：cm)

手掌旋转半径 $R_1=0.587L_1$

前臂旋转半径 $R_2=0.526L_2$

上臂旋转半径 $R_3=0.542L_3$

大腿旋转半径 $R_4=0.540L_4$

小腿旋转半径 $R_5=0.528L_5$

躯干旋转半径 $R_6=0.830L_6$

(6) 人体各体段的转动惯量(单位：kg·m$^2$)

手掌转动惯量 $I_1=W_1\times R$

前臂转动惯量 $I_2=W_1\times R$

上臂转动惯量 $I_3=W_1\times R$

大腿转动惯量 $I_4=W_1\times R$

小腿转动惯量 $I_5=W_1\times R$

躯干转动惯量 $I_6=W_1\times R$

## 4.3 人体测量尺寸的应用

当产品设计或工程设计中需要有关人体尺度的数据时，设计者必须正确理解各项人体测量数据的定义、适用条件、人体百分位选择等方面的基本知识，才能恰当选择和应用各种人体参数。否则，有的数据可能被误解，如果使用不当，甚至可能导致严重的设计错误。

### 4.3.1 产品尺寸设计的分类

从人机工程学的角度出发，设计人员为了使自己设计的产品或工程系统能适合于使用者，具有高度的宜人性，必须以特定使用者群体的有关人体尺寸测量数据作为设计依据。按照所使用人体尺寸的设计界限值的不同情况，将产品尺寸设计任务分为3种基本类型。

1. I型尺寸产品设计

需要同时利用两个人体尺寸百分位数作为产品尺寸上限值和下限值依据的设计任务，称为I型产品尺寸设计，又称双限值设计。例如，汽车驾驶座椅设计就是一种典型的I型产品尺寸设计，为了使驾驶员的眼睛处于最佳位置以获得良好的视野；驾驶员的手和脚能够很方便地操作转向器、变速杆、加速踏板、离合器踏板、制动踏板等操纵装置；以及使驾驶员头部与驾驶室顶篷之间保持适当的距离以防止汽车在路况较差的道路上行驶时，由于过分颠簸而发生头部与顶篷碰撞的事故，通常将座椅上下、前后的位置设计成可调式，高身材驾驶员乘坐时，把座椅调低、调后，低身材驾驶员乘坐时，把座椅调高、调前。这样，在确定调节范围时，就需要两个设计界限值——上限值和下限值。确定座椅的高低调节范围宜取坐姿眼高的第90、10或第95、5百分位尺寸数据作为上、下限值的依据；确定座椅的前后调节范围宜取坐姿臀—膝距的第90、10或第95、5百分位尺寸数据作为上、下限值的依据。

2. II型尺寸产品设计

只需要利用一个人体尺寸百分位数作为产品尺寸上限值或下限值依据的设计任务，称为II型产品设计，又称单限值设计。II型产品尺寸设计任务，又分为两类。

(1) IIA型产品设计：只需要利用一个人体尺寸百分位数作为产品尺寸上限值依据的设计任务，称为IIA型产品尺寸设计，也称大尺寸设计。例如，设计公共汽车的车厢高度时，为了确保站立的乘客在汽车行驶中不会由于汽车颠簸而导致头与车厢顶篷相碰撞，只需考虑到高身材人的需要，取身高的第95或第90百分位尺寸数据作为上限值的依据。又如设计防护装置的可伸达危险点的安全距离，宜取人相应肢体部位的可达距离的第95或第90百分位尺寸数据作为上限值的依据。

(2) IIB型产品设计：只需要利用一个人体尺寸百分位数作为产品尺寸下限值依据之设计任务，称为IIB型产品尺寸设计，也称小尺寸设计。例如，设计工作场所的栅栏结构，网孔结构或孔板结构等安全防护装置时，为了防止人的手指、手或手臂进入危险区，栅栏间距、网孔直径宜取人相应肢体部位厚度的第1百分位尺寸数据作为下限值的依据。

3. III型尺寸产品设计

只需要人体尺寸的第 50 百分位尺寸数据作为产品尺寸设计的依据的设计任务，称为Ⅲ型产品尺寸设计，也称折中设计。

例如，门的把手或锁孔离地面的高度、电灯开关在房间墙壁上的安装位置离地面的高度设计。

设计人员进行产品或工程系统设计时， 首先必须正确判断设计任务应属于哪一种类型， 然后恰当选取作为尺寸设计依据的人体相应部位的百分位数。

### 4.3.2 满足度

所设计的产品或工程系统， 在尺寸上能满足的合适使用者的人数，占特定使用者群体的百分率，称为满足度。满足度的取值应根据设计该产品或工程系统所依据的使用者群体的人体尺寸的变异性、生产该产品或实现该工程系统的技术可能性以及经济上的合理性等因素，综合权衡选定。

工业部门的设计人员往往由于缺乏生物学知识而对人体尺寸的变异性理解不够。用机器生产的产品，产品尺寸的变异性可以控制在很小范围内。但是，生物学上的人，却有许多无法控制的影响人体尺寸变异性的因素，人体尺寸的变异性往往要比机械产品尺寸的变异性大好几个数量级。

基于人体尺寸变异性大的特点，设计人员应当充分认识到，他所设计的产品或工程系统，绝不是仅供中等身材的人使用，而是为满足占特定使用者群体相当大百分率人的使用而设计的。不同的人体测量项目的尺寸变异性往往差别很大，有的变化范围很大，有的变化范围较小。对于变化范围小的，可用一个尺寸规格的产品去覆盖整个变化范围，而对于变化范围大的，则需要用几个尺寸规格的产品去覆盖整个变化范围。当然，设计人员也可以通过制造产品的材料的选择或产品的结构设计来解决后一个问题，例如，为了使驾驶员的座椅能适合高身材和低身材的使用者，可将驾驶座椅设计成高度方向和前后方向都可调节的结构。

设计人员当然希望所设计的产品或工程系统能够满足特定使用者群体中所有的人使

用，但是要想达到100%的满足度，技术上或经济上往往不可能实现，或者是不合理的，因此，在实际设计中，通常均以满足度达到90%作为设计目标。例如，在设计汽车车厢高度时，取90%满足度较为合适，如果为了满足其余10%的人(即身材特别高的人)的需要而将车厢设计得更高些，虽然技术上是可行的，但经济上却是不合算的。类似的问题在军用飞机或坦克的设计中显得更加突出，如果为了满足高身材驾驶员的需要而将飞机驾驶舱或坦克驾驶舱的高度设计得更高一些，不仅经济上不合算，而且为战术要求所不容许，从技术角度看也不可取。弥补的办法是，在选拔军用飞机或坦克驾驶员时，将人员身高的录取标准严格限制在一定的身高尺寸范围内，从而使驾驶员的身高同飞机或坦克驾驶舱的尺寸比较容易得到很好的匹配。

### 4.3.3. 设计界限值的选择

设计界限值的选择是与设计目标(即满足度)的取值密切相关的。

(1) 对于I型产品尺寸设计：应将满足度取为98%，应选用第99百分位和第1百分位的人体尺寸数据作为尺寸设计上、下限值的依据。

(2) 对于IIA型产品尺寸设计：应将满足度取为98%或95%，应选用第98百分位或第95百分位的人体尺寸数据作为尺寸设计上限值的依据。

(3) 对于IIB型产品尺寸设计：应将满足度取为98%或95%，应选用第2百分位或第5百分位的人体尺寸数据作为尺寸设计下限值的依据。

(4) 对于III型产品尺寸设计：必须以第50百分位的人体尺寸数据为依据。

(5) 对于成年男女通用的产品尺寸设计：可分别根据上述原则，选用男性的第99、98、95或90百分位的人体尺寸数据作为尺寸设计上限值的依据；选用女性的第1、2、5或10百分位的人体尺寸数据作为尺寸设计下限值的依据；选用男性第50百分位和女性第50百分位的人体尺寸数据的平均值作为产品尺寸设计的依据。

(6) 对于军用装备及某些同种产品或系统设计：如果基于功能要求、技术可行性、经济合理性等方面的综合考虑，对操作人员的选拔规定了人体尺寸(通常主要是身高和性别)上的严格限制，则其满足度的取值和设计界限值的选择，需作相应的特殊论证后再确定。

### 4.3.4 人体尺寸测量数据的修正

1. 功能修正量

为了保证实现产品或工程系统的某项功能，对作为产品或工程系统尺寸设计依据的，从标准或资料中查得的人体尺寸测量数据所作的尺寸修正量，称为功能修正量。首先，依据人体测量的原理，所有人体测量尺寸数据都是在裸体或只穿单薄内衣的条件下测得的，测量时不穿鞋或只穿纸拖鞋，而产品设计或工程系统设计中所涉及的人体尺寸应该是在穿衣服、穿鞋甚至戴帽情况下的人体尺寸，因此，采用GB 10000—1988中的表列数据或其他有关的人体测量尺寸数据时，必须考虑由于穿鞋、戴帽引起的高度变化量和由于穿衣服引起的围度、厚度变化量，考虑这方面因素而给出的修正量，称为着装修正量。其次，人体测量时要求人体躯干采取挺立姿势，而人在正常作业时，躯干呈自然放松姿势，因此还要考虑出于姿势不同所引起的变化量，考虑这方面的因素而给出的修正量，称为姿势修正量。

着装修正量随气候、环境、作业要求、人的年龄和性别、服装和鞋帽式样等条件的不同而变化，应根据具体情况，通过调研、分析或实验的方法加以确定。例如，着衣修正量主要依据衣、裤的厚度来确定，若衣厚为5mm，裤厚为4mm，则可将坐姿时的坐高、眼高加4mm，肩高加9mm，胸厚加10mm，臀膝距加8 mm；穿鞋修正量主要依据鞋高来确定，若鞋高为25mm，则可将站姿时的身高、眼高、肩高、肘高加25mm。

姿势修正量一般可将立姿时的身高、眼高等尺寸减10mm，坐姿时的坐高、眼高等尺寸减40mm。

对于人体某部分直接穿戴的产品，如服装、鞋、帽、手套等，其尺寸设计常常需要比穿戴它的人体部分的结构尺寸多出适当的放余量，这种情况下，放余量就是功能修正量。

功能修正量通常为正值，但有时也可能为负值。如针织强力衫胸围的功能修正量，应取负值。

2. 心理修正量

为了消除空间压抑感、恐惧感或为了追求美观等心理需要而对作为产品或工程系统尺寸设计依据的、从标准或资料中查得的人体尺寸测量数据所作的尺寸修正量，称为心理修正量。

心理修正量通常针对具体设计对象，用心理学实验的方法来确定。例如，在设计护栏高度时，对于3～5m高的工作平台，只要栏杆高度略微超过人体重心高度，就不会发生因人体重心高所致的跌落事故，但对于高度更高的工作平台，操作者在这样高的平台栏杆旁边，就可能因恐惧心理而产生足“发酸、发软”，手掌心和腋下“出冷汗”等心理障碍，患恐高症的人甚至会晕倒，因此，必须将栏杆高度进一步加高才能克服上述心理障碍，栏杆的加高量就属于心理修正量。

### 4.3.5 产品功能尺寸的确定

产品功能尺寸是指为了确保实现产品的某项功能而在设计时规定的产品尺寸。产品功能尺寸通常以选定的人体尺寸百分位静态测量数据作为设计界限值，加上为确保产品某项功能的实现所必需的修正量。产品的功能尺寸分为两种：最小功能尺寸和最佳功能尺寸。

(1) 最小功能尺寸：为了确保实现产品的某项功能而在设计时规定的产品最小尺寸，称为产品最小功能尺寸。

产品最小功能尺寸=人体尺寸百分位数＋功能修正量

需要特别强调指出的是，设计所追求的目标必须是：“确保”功能实现的“最小”尺寸。例如，坦克的设计，通常总是追求尽可能将各项内部尺寸规定得“最小”，但又必须以“确保”乘员能以合适的姿势进行有效的操作为前提。当然，这样设计出的作业空间尺寸，对乘员来说是谈不上舒适的。

(2) 最佳功能尺寸：为了方便、舒适地实现产品的某项功能而设定的产品尺寸，称为产品最佳功能尺寸。

产品最佳功能尺寸=人体尺寸百分位数＋功能修正量＋心理修正量

因为人机工程学以追求安全、健康、舒适、高效为目标，所以只要客观上许可，就应当按最佳功能尺寸进行设计。

以设计船舶居住区的层高为例，若以男子身高第90百分位尺寸1754mm作为设计界限值，鞋跟高修正量为25 mm，高度的最小余裕量取为90 mm，高度的心理修正量取为115mm，则

$$最低层高=1754+(25+90)=1869\approx1900\ \text{mm}$$
$$最佳层高=1754+(25+90)+115=1984\approx2000\ \text{mm}$$

### 4.3.6 人体身高尺寸在设计中的应用方法

人体尺寸主要决定人机系统的操纵是否方便、舒适、宜人。因此，各种工作面高度、设备和用具的高度，(如操纵台、工作台、操纵件的安装高度以及用具的设置高度等)，都要根据人的身高来确定。以身高为基准确定工作面高度、设备和用具高度的方法，通常是将设计对象归类成若干典型的类型，建立设计对象的高度与人体身高的比例关系，以供设计人员选择和查用。表4-12给出一些以身高为基准的设备高度尺寸的参考数据，表中各代号的定义如图4.15所示。

表4-12　工作台面或设备的高度与人体身高的比例关系

| 代号 | 工作台面或设备高度的定义 | 工作台面或设备高度与人体身高之比 |
|---|---|---|
| 1 | 眼睛能够望见设备的高度(上限值) | 10/11 |
| 2 | 能够挡住视线的高度 | 33/34 |
| 3 | 立姿手上举能够抓握的高度 | 7/6 |
| 4 | 立姿用手能放进和取出物品的台面高度 | 8/7 |
| 5 | 立姿工作台面高度的上限 | 9/11 |
| 6 | 立姿工作台面高度的下限 | 4/9 |
| 7 | 操作用座椅的高度 | 4/17 |
| 8 | 坐姿控制台高度 | 7/17 |

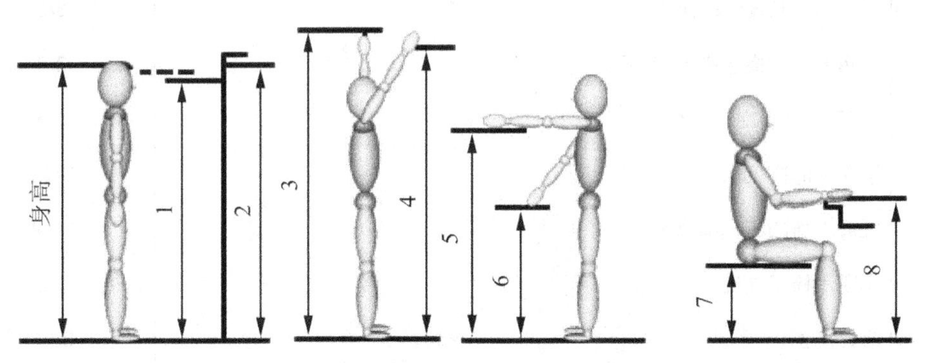


图4.15　以身高为基准确定工作台面或设备的高度

表4-13给出更多以身高为基准的设备高度尺寸的参考数据，表中各代号的定义如图4.16所示。

表4-13 设备及用具的高度与身高的关系

| 代号 | 定义 | 设备高与身高之比 |
|---|---|---|
| 1 | 举手达到的高度 | 4/3 |
| 2 | 可随意取放东西的搁板高度(上限值) | 7/6 |
| 3 | 倾斜地面的顶棚高度(最小值，地面倾斜度为5°~15°) | 8/7 |
| 4 | 楼梯的顶棚高度(最小值，地面倾斜度为25°~35°) | 1/1 |
| 5 | 遮挡住直立姿势视线的隔板高度(下限值) | 33/34 |
| 6 | 直立姿势眼高 | 11/12 |
| 7 | 抽屉高度(上限值) | 10/11 |
| 8 | 使用方便的搁板高度(上限值) | 6/7 |
| 9 | 斜坡大的楼梯的天棚高度(最小值，倾斜度为50°左右) | 3/4 |
| 10 | 能发挥最大拉力的高度 | 3/5 |
| 11 | 人体重心高度 | 5/9 |
| 12 | 采取直立姿势时工作面的高度 | 6/11 |
| 13 | 坐高(坐姿) | 6/11 |
| 14 | 灶台高度 | 10/19 |
| 15 | 洗脸盆高度 | 4/9 |
| 16 | 办公桌高度(不包括鞋) | 7/17 |
| 17 | 垂直踏棍爬梯的空间尺寸(最小值，倾斜80~90°) | 2/5 |
| 18 | 手提物的长度(最大值) | 3/8 |
| 19 | 使用方便的搁板高度(下限值) | 3/8 |
| 20 | 桌下空间(高度的最小值) | 1/3 |
| 21 | 工作椅的高度 | 3/13 |
| 22 | 轻度工作的工作椅高度* | 3/14 |
| 23 | 小憩用椅子高度* | 1/6 |
| 24 | 桌椅高差 | 3/17 |
| 25 | 休息用的椅子高度* | 1/6 |
| 26 | 椅子扶手高度 | 2/13 |
| 27 | 工作用椅子的椅面至靠背点的距离 | 3/20 |

说明：上述尺寸均未考虑着装和穿鞋袜修正量，若穿鞋袜+2.5cm；*为座位基点的高度。

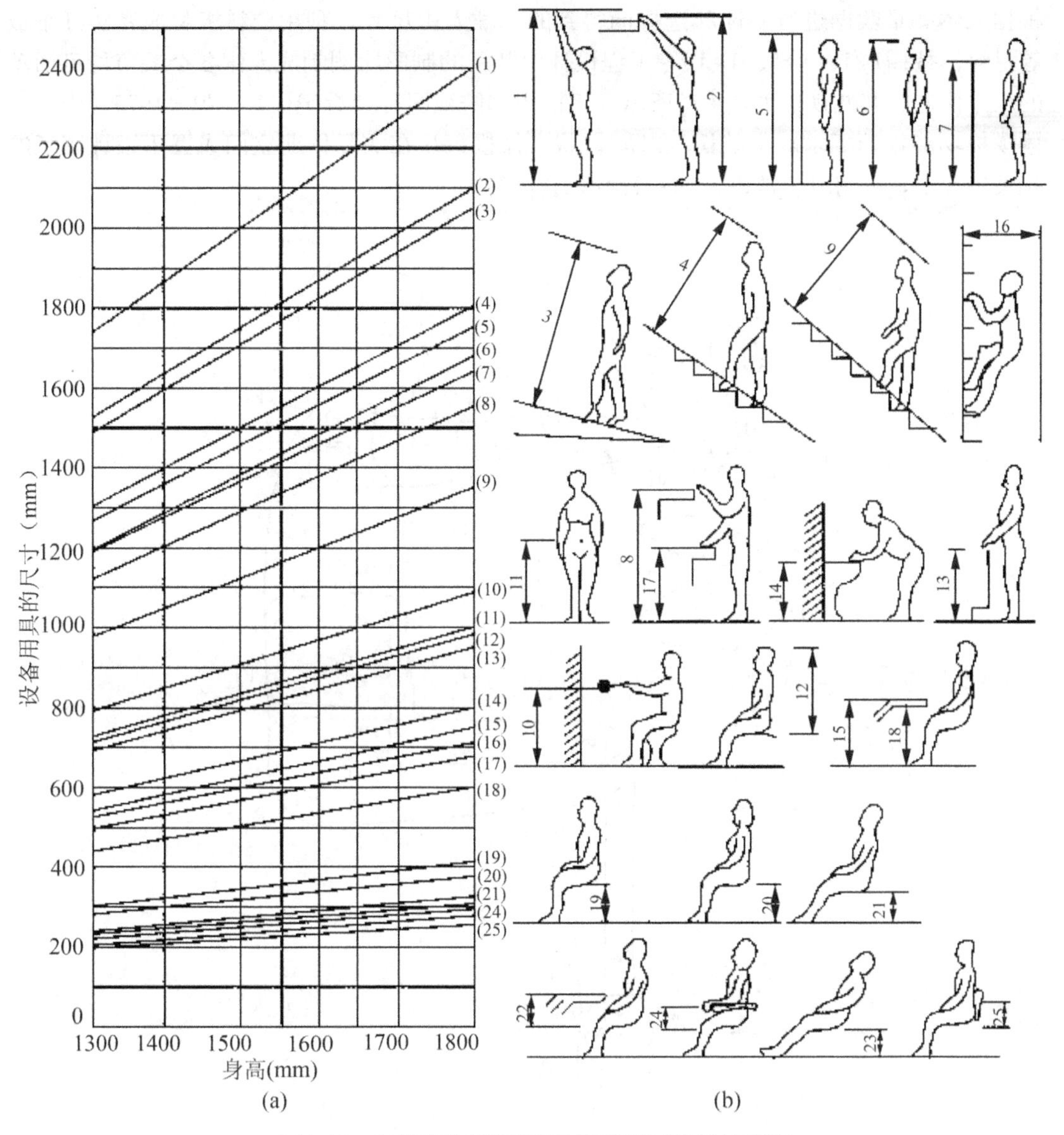


图4.16　以身高为基准确定工作台面或设备的高度

## 4.4　人体模型

以人体参数为基础建立的人体模型是描述人体形态特征和力学特性的有效工具，是研究、分析、设计、评价、试验人机系统不可缺少的重要辅助手段。按人体模型的用途，有设计用人体模型、工作姿势分析用人体模型、动作分析用人体模型、运动学分析用人体模型、动力学分析用人体模型、人机界面匹配评价用人体模型、试验用人体模型等多种类别；按人体模型的构造方法，有物理仿真模型与数学仿真模型两类。

### 4.4.1　二维人体模板

二维人体模板是目前人机系统设计时最常用的一种物理仿真模型。这种人体模板是根据人体测量数据进行处理和选择而得到的标准人体尺寸，利用塑料板材或密实纤维板等材料，按照1:1、1:5、1:10等工程设计中常用的制图比例制成人体各个关节均可活动的人体模型，其侧视图如图4.17所示，正视图和俯视图可参看GB/ T 4779—1993《坐姿人体模板功能设计要求》中的图2和图3。将人体模板放在实际作业空间或置于设计图纸的相关位置上，可用以校核设计的可行性和合理性。

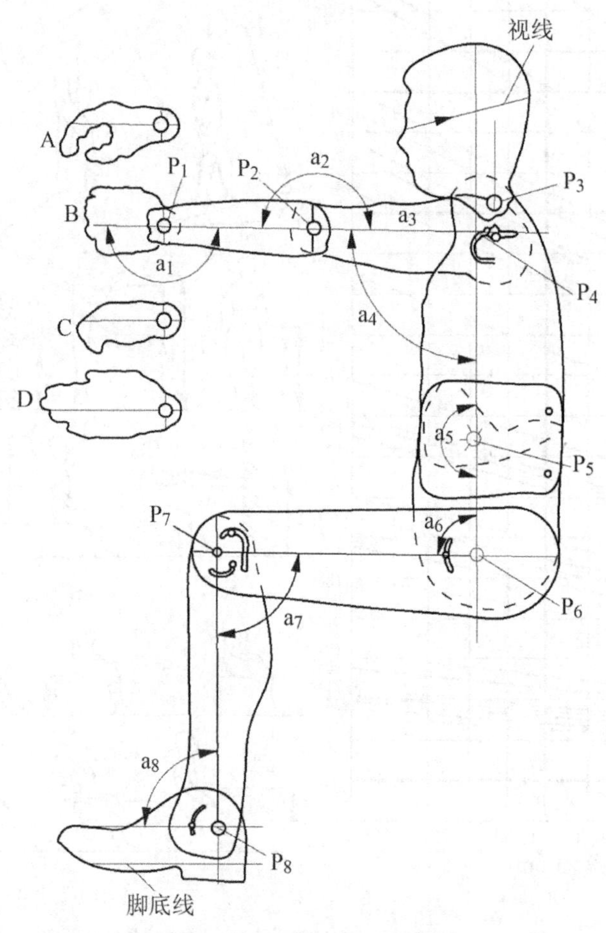


图4.17　二维人体模板侧视图

1. 人体模板的结构

(1) 基准线：图4.17中人体各部分肢体上标出的基准线(脚底线)是用来确定关节调节角度的，这些角度可从人体模板相应部位所设置的刻度盘上读取。头部标出的标准眼轴线表示正常视线，相当于自眼耳平面成15° 角向下倾斜的方向。鞋上标出的基准线表示人的脚底。

(2) 关节：人体模板可以在侧视图上演示关节的多种功能，但不能演示侧向外展和转动运动。人体模板上的关节有一部分是铰链结构(肘、手、头、髋、足)，有一部分是根据经验设计的关节结构(肩、腰、膝)。由于技术上的问题，所用的腰关节结构(P5)没有反映人体这一区域的全部生理作用，背部的外形与正常人体的腰曲弧形也不完全相符，因而这种人体模板不适宜用来作为工作座椅靠背曲线的模型。

(3) 活动范围：模板上带有角刻度的人体关节调节范围，是指功能技术测量系统的关节角度，包括健康人在韧带和肌肉不超负荷的情况下所能达到的位置，如图4.17和表4-14所示。不考虑那些虽然可能，但对劳动姿势来说超出了生理舒适界限的活动。表4-14列出人体模板侧视图关节角度的调节范围。正视图和俯视图关节角度的调节范围可参看GB/ T 14779—1993《坐姿人体模板功能设计要求》中的图2、图3和表3。

**表4-14　设备及用具的高度与身高的关系**

| 关节部位 | 人体关节 | 角度代码 | 调节范围 | 关节部位 | 人体关节 | 角度代码 | 调节范围 |
|---|---|---|---|---|---|---|---|
| P1 | 腕关节 | α1 | 140°～200° | P5 | 腰关节 | α5 | 168°～195° |
| P2 | 肘关节 | α2 | 60°～280° | P6 | 髋关节 | α6 | 140°～120° |
| P3 | 头/颈关节 | α3 | 130°～225° | P7 | 膝关节 | α7 | 75°～120° |
| P4 | 肩关节 | α4 | 0°～135° | P8 | 脚关节 | α8 | 140°～200° |

(4) 手的姿势：根据作业中手的姿势的不同需要，有4种手的模板可供选用，如图4-17所示。其中，A型是三指捏在一起的手；B型是握住圆棒的手，手的横轴位于垂直面；C型是握住圆棒的手，手的横轴位于水平面；D型是伸开的手。

(5) 人体模板的分段尺寸：人体模板的分段尺寸数值随身高不同而变化。表4-15列出了6种不同身高尺寸的人体各部位关节间的分段尺寸，供制作人体模板时参考。表中的尺寸段代号与图4.17小标注的符号相一致。

**表4-15　人体模板关节的分段尺寸**　(单位：mm)

| 尺寸段 | 身高 | | | | | |
|---|---|---|---|---|---|---|
| | 1525 | 1575 | 1625 | 1675 | 1725 | 1775 |
| A | 90 | 96 | 103 | 103 | 108 | 108 |
| B | 210 | 210 | 216 | 222 | 228 | 235 |
| C | 394 | 406 | 420 | 432 | 441 | 452 |
| D | 368 | 381 | 391 | 406 | 418 | 433 |
| E | 355 | 368 | 381 | 393 | 405 | 420 |
| F | 108 | 114 | 114 | 119 | 125 | 127 |
| G | 254 | 267 | 280 | 293 | 306 | 319 |
| H | 76 | 76 | 82 | 82 | 88 | 88 |
| J | 216 | 229 | 242 | 242 | 248 | 254 |
| K | 242 | 255 | 255 | 268 | 281 | 294 |

### 2. 人体模板的尺寸等级

人体模板的设计和制造，主要根据不同的目的，选用人体测量尺寸的百分位数来确定模板的基本尺寸。对于安全设施，应尽可能按极端的百分位数设计，如选用第1和第99百分位，以适应绝大多数人的要求；对于一般设施，所选百分位数可适当偏离极端数值，如第10和第90百分位，这样可简化结构，降低成本。鉴于工程系统设计中最常用的是确定第5、50、95百分位身高人的操作范围尺寸数据，因此，GB/ T 14779—1993中，将人体模板的尺寸规格划分为男，女各3个等级，其出发点是根据我国成年人人体身高尺寸的分布，将人群按男、女各划分为大身材、中等身材、小身材3个身高等级。在规定身高等级尺寸时，以GB 10000—1988标准提供的身高尺寸数据为基数，再增加鞋高尺寸(按GB/T 12985—1991标准的规定，鞋高尺寸，男子取为25mm，女子取为20mm)。由此，GB/T 14779—1993标准中具体规定了各个等级的人体模板的功能尺寸设置值，实现了坐姿人体模板功能尺寸的标准化。

3．人体模板的应用

人机系统设计时，可借助人体模板进行辅助制图、辅助设计、辅助演示或辅助测试。例如，作业区域中的工作面高度，座椅坐平面高度，脚踏板高度是一个操作系统中相互关联的尺寸，它们主要取决于人体尺寸和操作姿势，利用人体模板可以很方便地得出在适宜的操作姿势下各种百分位的人体尺寸所必须占有的空间范围和调节范围，并由此确定相应的工作台、座椅、脚踏板等的设计方案，其具体做法可用图4.18加以说明，在进行汽车、拖拉机、工程车辆的驾驶室、驾驶座椅及乘客座椅设计时，其相关尺寸也是由人体尺寸及其操作姿势或舒适坐姿要求来确定的。但是，由于相关尺寸非常复杂，“人”与“机”相互位置的要求又十分严格，为了使这类人机系统的设计更好地符合人体尺寸和生理特征的要求，使操作者和使用者感到安全舒适，设计时可使用选定百分位的人体模板，在设计图纸的相关部位上演示，分析操作姿势的变化对驾驶室操作空间和操纵装置布置所产生的影响，模拟、校核有关驾驶室的空间尺寸座椅的位置、操纵装置和显示仪表的布置等设计参数与人体尺寸和操作姿势的配合是否合理，是否处于最佳状态。图4.19和图4.20分别表示人体模板用于轿车和工程机械驾驶室设计的情形。

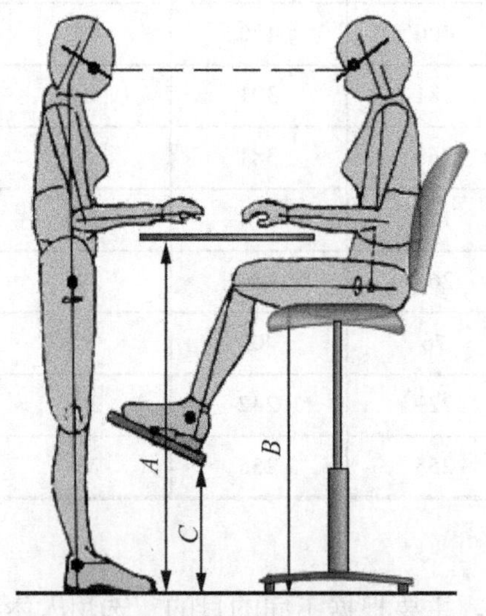

图4.18　人体模板用于工作系统设计

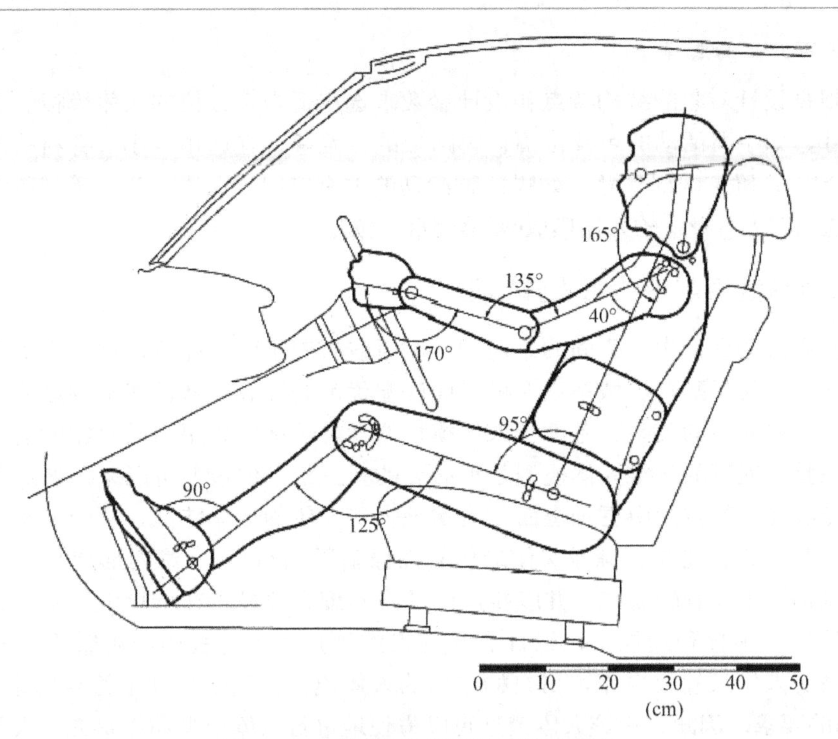


图4.19 人体模板用于轿车驾驶室设计

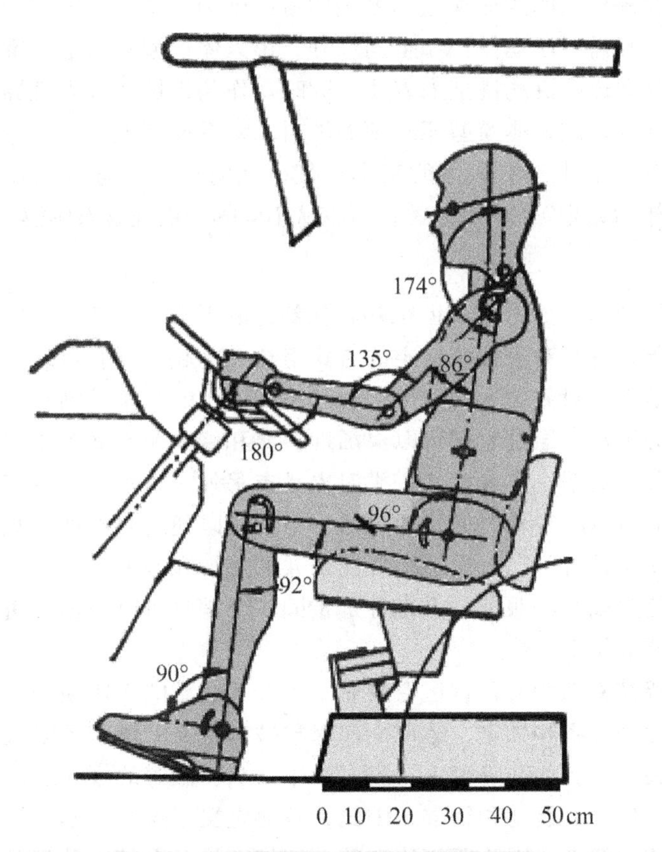


图4.20 人体模板用于工程机械驾驶室设计

4. 人体模板百分位的选择

必须根据设计对象的结构特点和设计参数来选用适当百分位的人体模板。通常，确定外部尺寸，如手臂活动的可及范围、脚踏板的位置等，宜选用“小”身材的人体模板(如第5百分位)；确定内部尺寸，如腿、脚活动的占有空间、人体、头、手、脚的通过空间等，宜选用“大”身材的人体模板(如第95百分位)。

### 4.4.2 人机系统匹配评价用人体模型

在人机系统的评价中，不同的人对同一个系统有着不同的评价，这是人机工程学的一个基本观点。为了配合机械系统人机界面匹配优度的计算，从最基本的肢体着手，分析了肢体与人体模型的关系，考虑了人体模型的动态特征，采用面向对象的继承方法，构造一个完整、逼真的三维人体模型是很必要的。三维人体模型可以采用椭球实体来构造人体，能够在三维空间中更加全面、真实地表现人体的形体特征，从而使整个人机界面的设计更加形象、逼真。椭球实体的仿真图像基于OpenGL三维图形库来实现。该人体模型可以构造出任意的姿态，并以空间的任意角度方位显示在计算机屏幕上；可以对模型进行旋转、平移和缩放，让设计者从任意的视点和各种视图中观察人体模型。人体模型内嵌了人体尺寸数据库，用它构造出的人体模型在三维尺寸上符合国家标准GB/10000—88的要求。因此，用该人体模型可以方便地进行人体操纵动作研究，人体姿态研究、人机系统人机界面匹配评价等有关人机工程的研究工作。

人机系统匹配评价用的人体模型与多刚体系统动力学中的人体模型不同，它没有质量和惯量等特性，只需要考虑体积和空间尺寸。该人体模型必须是三维的、有体积的，它不能用简单的空间连杆机构模型来表达。同时，作为机械系统人机界面优化匹配系统软件的一个组成部分，该人体模型还必须能够对人机界面匹配优度进行评价。该人体模型有以下特征：在形态上具有人体的基本特征，几何尺寸上与国标人体统计数据相一致，在三维空间内可以变换不同的姿势，可以从不同的视点观察人体模型的形态。

1. 面向对象方法

面向对象方法及建模技术是20世纪90年代新兴的手段，它将一个复杂的系统分解成一系列基本的对象，各个对象按照特定的方式组合在一起，具有封装、继承、多态性等特点。封装对象是面向对象技术的基础概念和思考问题的基本原则，继承和多态性是面向对象技术的有力工具，通过它们可以灵活地扩充和修改所定义的模型。继承性体现了对象之间的一种独特关系，它表示某一类对象具有另外一类对象的特征和能力。它具有双重作用，一方面可以减少代码的冗余，另一方面可以通过协调性来减少相互之间的接口和界面。继承使设计者可以一次性地说明公共的属性和服务，同时也可以在特殊的情况中特化和扩充这些属性和服务。多态性是指同一个消息可以根据发送消息对象的不同采用多种不同的行为方式。

人体是一个极其复杂的对象，迄今尚无一个较为完整的人体模型可用于详细刻画人体的几何尺寸、运动关系和知觉。运用面向对象技术定义的模型可以很好地抽象肢体的几何尺寸及运动关系，例如在研究手、脚、躯干、头、眼等的规律时，都必须考虑它们的几何位置、几何尺寸、运动和约束，因此，只要定义了这个基本对象，应用继承的方法就可以使它们统一起来。因为所要构造的人体模型的各个部分是可以活动的，按照传统的建模方法来构造这样的模型十分困难。通过面向对象技术的继承性，只需要用很少的代码就可以使各个部分具有共同的属性。

2. 人体模型的建模方法

基类的定义必须要考虑确定人体模型的组成部分，包括各部分的几何外形和约束。因此，在人体模型的结构设计上，首先为人体建立一个肢体的层次结构，例如身体分为上身和下身，而上身又分为头部、肩部、左臂、右臂，左臂则又分为左上臂、左前臂以及左手，右臂与左臂类似，下身又分为左腿和右腿，腿又分为大腿、小腿和足。根据人体的形体特征，每个基本部分(如头、上臂，大腿等)均用不同的椭球体来构造，连接并约束不同部分之间的关节分别用适当类别的运动副来表示。此外，在描述人体的运动上，由于肢体的互相连接关系，一个肢体的运动将会引起与之相连的其他肢体的空间位置变化，所以设计中采用了与机器人机构学中一致的处理方法，逐节调整转动角度，实现关节体和部位体的转动控制。人体各个部分均可由对应的某个关节控制其旋转，控制不同的旋转角度形成不同的姿势，从而可得到人体操纵动作。

3. 绘制人体模型

人体模型由15个刚体组成，即头部、躯干，臀部、左上臂、左前臂、左手、左大腿、左小腿、左脚、右上臂、右前臂、右手、右大腿、右小腿和右脚，分别用15个椭球描绘；15个刚体通过8个关节相连接，分别为：颈、腰、肩、肘、腕、髋、膝和踝关节。对关节约束的选择是能否正确仿真的关键，其中颈部采用球面副和移动副的组合，膝关节和踝关节采用转动副，其余各关节均采用球面副，单个人体模型的自由度为34。为了美观，肘、腕、膝和踝关节分别用球体来表示，如图4.21所示。运用OpenGL编程技术，将人体模型的各个组成部分用椭球和球体进行构造，在实现模型实体化的基础上，加上光照处理，使模型更加接近于实际人体。

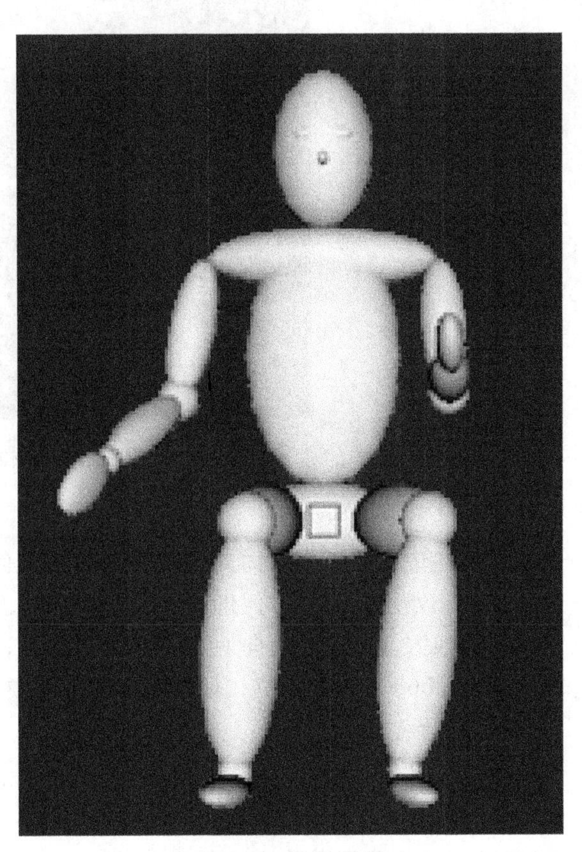

图4.21　人体模型

为了构造整个三维人体，椭球体类必须也具备三维变换属性，因为三维变换不仅是机械系统虚拟人机界面的基本特征，也是三维人体模型的基本特征。因此，这里采用三维变换来对人体模型各关节的运动范围施加适当限制。

人体在运动的过程中能活动的部位有：头、肩胛骨、臂、手、大腿、小腿和足，这些部位有一定的活动方向和角度范围。

根据需要，首先定位人机界面中人体模型的位置。同时，为了表达方便，将人体的$H$

点在正中矢状面上的投影作为坐标系的原点$O_H$，通过原点$O_H$，并与人体测量基准轴中的矢状轴平行的直线为$X$轴，规定自原点$O_H$指向人体前方为$X$轴正向：将通过原点$O_H$，并与人体测量基准轴中的铅垂轴平行的直线作为$Z$轴，规定自原点$O_H$指向头部的方向为$Z$轴正向；将通过原点$O_H$、并与$Y$轴、$Z$轴相垂直的直线作为$Y$轴，规定自原点$O_H$指向人体左侧的方向为$Y$轴正向：$X$轴、$Y$轴、$Z$轴符合右手螺旋定则组成一个坐标系，如图4.22所示。

通过三维实体在二维平面三视图投影对各个关节的运动方向和角度范围分别施加适当限制。例如头部的运动关节是脊柱，动作方向和动作角度分别为：向右转1°～55°；向左转2°～55°；屈伸3°～40°；极度伸展4°～50°；向一侧弯曲5°～40°；向一侧弯曲6°～40°。所有人体活动部位的活动方向和角度范围如图4.13所示。

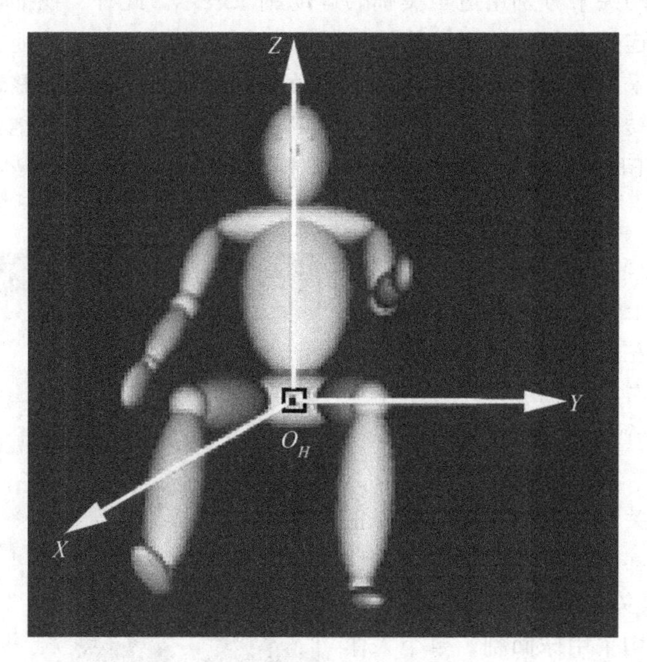


图4.22　人体模型坐标系

4. 人体模型及其应用

实践证明，运用面向对象的方法构造人体模型是可行的，这种建模方法有助于数据的抽象和处理，可以方便地构造复杂的系统。对程序的编写、调试以及人体模型动作的控制都很方便，运用面向对象技术的封装性，在人体模型内部封装了中国成年人人体尺寸(GB 10000—1988)数据，使构造出的人体模型在三维尺寸上符合国际统计数据，具有广泛的实用性。

### 4.4.3　*H*点三维人体模型

1. *H*点三维人体模型的结构

*H*点指人体身躯与大腿的铰接点，即胯点(HipPoint)，在人体模板中为髋关节(见表4-14)。确定汽车车身或驾驶室内部人机界面几何尺寸关系时，常以此点作为人体的定位基准。*H*点二维人体模型用于确定汽车车身中实际*H*点的位置，这一办法已被许多国家的汽车设计部门采用。而且，已制定出国际标准ISO6549。我国也制定了相应的国家标准

GB/T 11559—1989《汽车室内尺寸测量用三维H点装置》和GB/T 11563—1989《汽车H点确定程序》。

*H*点三维人体模型的结构如图4.23所示。模型由背板、座板、大腿杆及头部空间探测杆等构件组成，各构件的尺寸、质量及质心位置均以人体测量数据为依据。背板和座板是成年男子的平均背部和臀部轮廓的代替物。座板模仿人体臀部及大腿，是两者的合一。背板模仿人体的背部。座板与背板的廓线形状均是真实人体臀部和背部廓线形状的统计描述。用加强塑料和金属制成的分离背板和座板，模拟了人体的躯干和大腿。模型的背板与座板在相当于人体胯关节处通过转动副相铰接。转动副中心线的左右两侧对称地标有两个*H*点标记。

*H*点三维人体模型的膝部、踝部也没有转动副，以模拟人体的膝关节和踝关节。模型的各个关节上均装有量角器，供安装模型时调整各部分角度之用。座板的板腔中对称地装有水平仪，供调节水平之用。沿背板中心线方向的头部空间探测杆在*H*点处与大腿杆相铰接，头部空间探测杆上紧固着一个量角器，用来测量实际靠背角。在座板上附有一根可调节的大腿杆，用来确定大腿的中心线，并作为臀部角度量角器的基准线。小腿杆与座板总成连接在T型杆处，组成膝关节，该T型杆实际上是可调大腿杆件的横向延伸。头部空间探测杆的长度、大腿杆与小腿杆的长度以及两膝之间的宽度均可调节，以适应不同百分位的身体尺寸。

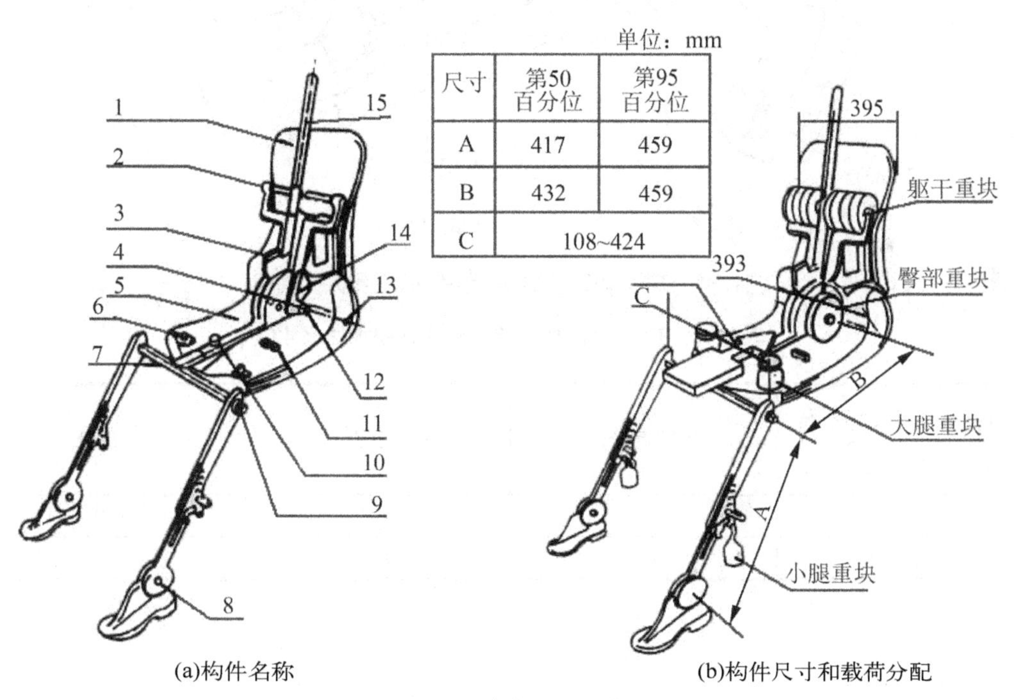
单位：mm

| 尺寸 | 第50百分位 | 第95百分位 |
| --- | --- | --- |
| A | 417 | 459 |
| B | 432 | 459 |
| C | 108~424 | |



(a)构件名称　(b)构件尺寸和载荷分配

图4.23　*H*点人体三维模型

1——背板；2——躯干重块悬架；3——靠背角水平仪；4——臀部角度量角器；5——座板；6——大腿重块垫块；7——联接膝关节的T型杆；8——小腿夹角量器；9——膝部角量角器；10——大腿杆；11——横向水平仪；12——*H*点支轴；13——*H*点标记钮；14——靠背角量角器；15——头部空间探测杆

在背板、座板、大腿及小腿的各部质心上，放置着代表该部质量的重块。重块的质量也是根据各种不同百分位人体相应部位的质量来配置的，背板和座板常用加强塑料或金属制成，其他各部件则多用金属。

常用的*H*点三维人体模型是第50百分位和第95百分位的，前者代表平均身材，后者代表高大身材。也有采用代表矮小身材的第5百分位的人体模型。

2. *H*点二维人体模板

*H*点二维人体模板是根据*H*点三维人体模型制作而成的，不同百分位的人体模型对应着不同百分位的人体模板。图4.24所示为美国SAE标准中采用的*H*点二维人体模板，表4-16列出不同百分位的人体模板的尺寸值。

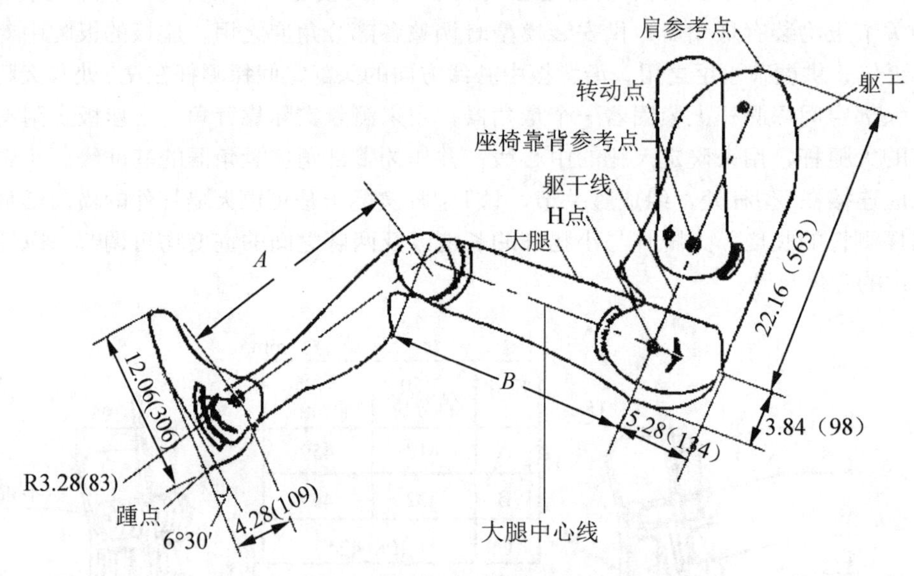


图4.24　美国SAE标准中采用的*H*点二维人体模板

**表4-16　不同百分位的*H*点二维人体模板的尺寸值**

| 尺寸值/mm 百分位 项目 | 第10百分位 | 第50百分位 | 第95百分位 |
| --- | --- | --- | --- |
| 小腿(A) | 391 | 417 | 460 |
| 大腿(B) | 407 | 432 | 455 |

## 习　题

1. 什么是人体测量学？人体测量中的主要统计函数是什么？
2. 常用的人体测量仪器有哪些？

3. 人体测量立姿的要求是什么？
4. 人体尺寸数据的特征有哪些？
5. 人体尺寸分布状况的描述方法是什么？
6. 学会查人体尺寸表。成年男子坐姿两肘间宽大于473mm的人所占百分位数是多少？
7. 求华南地区男子(18～55)胸围的P98百分位数。
8. 人体测量数据应用的原则是什么？
9. 产品人体尺寸设计的方法与步骤是什么？
10. 人体尺寸修正量的意义及构成是什么？
11. 举例说明实际中需要心理修正量的设计实例。
12. 公共汽车顶棚的扶手横杆高度应属于哪一型产品尺寸设计？
13. 火车卧铺铺长的最小功能尺寸和最佳功能尺寸是多少？

# 第五章 人体运动的生物力学特性

## 教学目标

了解人体运动系统的组成

掌握人体骨骼的组成及各关节的活动范围

掌握人体肌肉的收缩机理及人体出力情况

掌握影响人类肢体的活动准确性的因素

## 教学要求

| 知识要点 | 能力要求 | 相关知识 |
| --- | --- | --- |
| 人体运动系统 | (1)了解人体运动系统的组成<br>(2)掌握人体骨骼的组成及各关节的活动范围 | 人体骨骼分布与肌肉分布 |
| 人体肌肉收缩机理 | (1)掌握人体肌肉的收缩机理<br>(2)了解人类肢体出力情况 | 产生力的原理 |
| 肢体活动范围及准确性 | (1)掌握肢体的最佳活动范围<br>(2)掌握影响肢体活动准确性的因素 | 肢体最佳活动范围 |

## 推荐阅读资料

[1] 郑秀媛.现代运动生物力学[M]. 2版.北京：国防工业出版社，2007.
[2] 赵焕彬，李建设.运动生物力学[M].北京：高等教育出版社，2008.
[3] 运动生物力学编写组.运动生物力学[M]. 2版.北京：高等教育出版社，1998.

## 基本概念

肌肉张力：当肌肉克服某一外力而伸长时所产生的力，其随着肌肉的伸长而增加。

肌电图：肌肉收缩是由肌肉的动作电位引起的，记录肌肉动作电位变化的曲线称为肌电图。

早在公元前，人体运动中的力学问题就引起了许多自然科学家和哲学家的兴趣。20世纪中叶，由于医学、解剖学和体育学的发展，许多运动中的力学问题亟待解决，而电子学、精密仪器等学科的发展为这些问题的解决创造了前提。

人体运动是自然界最复杂的现象之一，为解决许多运动着的人体的规律，需要使复杂的人体运动建立在最基本的生物学和力学规律上。因此运动生物力学既要有较强的理论支撑，需要依靠数学、力学和生物学的基本理论加以定量分析；又要有较强的实践基础，需要依靠专业人员依据理论分析的结果及测定的生物力学参数，结合经验建立运动技术的训练模式，使动作达到预想的结果，以及设计出更适合人体运动特点的产品。

例如：皮肤下的肌肉是部神奇的引擎。它使人能走路、蹦跳，甚至爬上陡峭的岩石。人体的600条肌肉之间的互相合作，协助人类度过每一天。

肌肉帮助人类对抗地心引力。肌肉纤维控制每个动作，从轻轻眨眼到微笑，成千上万细微的纤维集结成肌肉束，进而形成完整的肌肉系统。以攀岩爱好者为例，每向上爬一步，都需要肌肉的松紧缩放。肌肉只能完成拉扯，而不是推挤，大部分属于骨骼肌。它们由肌腱与骨骼相连，紧密结合的肌腱纤维有橡皮筋的功用。

肌肉可以牵动眼球，使人类看清东西，使眼色、眨眼；手部与指尖的肌肉使人类能捏得住极小的物体。以攀岩者为例，他们要上升需要握住东西以固定自己，连续不断的肌肉收缩可以使他们不断往上爬。

人类可以决定什么时候以及怎样牵动骨骼肌，但人类并不能够时刻察觉这种变化。有的时候你可能会微微调整姿势以保持平衡，但也许这种姿势的改变你自己并没有发现，这种动态的平衡一直在发生着。但也有些肌肉是人类无法随意控制的——消化系统。那里有许多非随意肌。人类的胃部有3种非随意肌负责碾碎食物。小肠里有两种，负责像蛇一样挤压食物，然后再拉长往前推。非随意肌还帮助人类的心脏持续跳动。心肌在人类的一生中只做一件事：输送血液。

通过一定时间的锻炼，肌肉可以变得发达。但大块的肌肉不一定好。毛细血管负责携带红血球流经肌肉。肌肉剧烈收缩的时候，毛细血管遭到挤压，肌肉会开始缺氧，废物开始堆积。但在压力极大的情形下，肌肉无法做出快速的反应，疲劳感于是不断袭来。

## 5.1 人体运动系统

人体运动系统由骨、骨连结和骨骼肌3部分构成，它们约占人体质量的58%。肌肉附着在骨架上，受神经系统的支配，能产生各种不同方式的收缩，肌肉收缩时牵动着骨绕骨连结(尤其是骨关节)转动，使人体产生各种各样的运动和操作姿势。因此，骨是人体运动的杠杆，骨连结是支点，骨骼肌是动力。

### 5.1.1 人体骨骼

骨是人体内部最坚固的组织。骨与骨之间的连结方式有直接连结与间接连结两大类，直接连结的相对骨面间无间隙，不活动或仅有少许活动；间接连结称为关节，以相对骨面间具有间隙为特征。人体运动主要是骨绕关节的运动所形成的。

人体骨骼共有206块，其中只有177块直接参与人体运动。

人体骨骼分为两大部分：中轴骨和四肢骨。中轴骨包括颅骨29块(其中有6块听小骨和1块舌骨)、椎骨26块(颈椎7块、胸椎12块、腰椎5块、骶骨和尾骨各1块)、肋骨12对和胸骨1块。四肢骨分上肢骨和下肢骨：上肢骨64块，下肢骨62块，如图5.1所示。人体骨骼有下列功能。

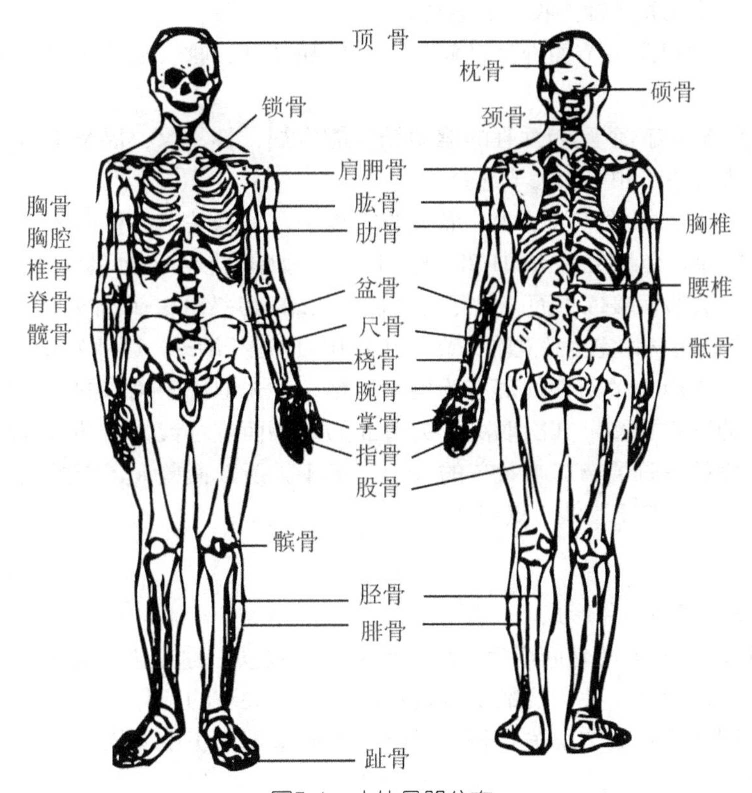


图5.1 人体骨骼分布

(1) 支撑人体。骨与骨相连结，构成人体支架，支持人体的软组织，承担全身重量。

(2) 保护内脏。骨形成体腔，保护脑、心、肺等内脏器官。

(3) 运动的杠杆。肌肉牵引着骨绕关节转动，使人体可产生各种各样的运动。

(4) 造血。骨的红骨髓有造血的功能，黄骨髓有储藏脂肪的作用。

(5) 储备矿物盐。主要储备钙和磷，供应人体的需要。

### 5.1.2 人体关节

1. 关节的分类

按其关节面的形态和运动形式，关节可分为下列三大类。

(1) 单轴关节。只有一个运动轴，骨仅能沿该轴作一组运动。单轴关节又有屈戌关节和车轴关节之分。

屈戌关节又名滑车关节，凸的关节面呈滑车状，如手指关节。通常是绕冠状轴作屈、伸运动。

车轴关节，关节头的关节面呈圆柱状，常以骨和韧带连成一环，围绕关节头，作为“关节窝”，如环枢正中关节、桡尺近侧关节等，可绕铅垂轴作旋转运动。

(2) 双轴关节。有两个互为垂直的运动轴，可绕此二轴进行两组运动，也可作环转运动。双轴关节又有椭圆关节和鞍状关节之分。

椭圆关节，关节头呈椭圆形凸面，关节窝呈椭圆形凹面，如手腕关节。可绕冠状轴作屈、伸运动，并绕矢状轴作收、展运动。

鞍状关节，相对两关节面都呈马鞍状，可作屈、伸、收、展及环转运动，如拇指腕掌关节。

(3) 多轴关节。有3个互为垂直的运动轴，能作屈、伸、收、展及旋转等各种运动。多轴关节又有球窝关节和平面关节之分。

球窝关节，球状的关节头较大，而关节窝浅小，如肩关节。杵臼关节与球窝关节相似，而关节窝特深，包绕关节头的1/2以上，因而运动幅度较小，如髋关节。

平面关节，关节面接近平面，实际上是巨大的球窝关节的一小部分，如肩锁关节。

两个或两个以上结构完全独立的关节，但必须同时进行活动，这种关节称为联合关节。

关节的灵活性以其关节面的形态为主要依据，首先取决于关节的运动轴，轴越多，可能进行的运动形式越多；其次取决于关节面的差，面差越大，活动范围越大，如肩关节和髋关节同样是三轴关节，肩关节的头大、窝小，所以面差大，而髋关节的髋臼大而深，面差小，故肩关节比髋关节更灵活。

2. 关节的运动

关节的运动主要有3种形式。

(1) 角度运动。邻近两骨间产生角度改变的相对转动，称为角度运动。通常有屈、伸和收、展两种运动形态。关节绕额状轴转动时，同一关节的两骨互相接近，角度减小时谓之屈，反之谓之伸。关节绕矢状轴转动时，骨的末端向正中面靠近的谓之内收，远离正中面的谓之外展。

(2) 旋转运动。骨绕垂直轴的运动称为旋转运动，由前向内的旋转称为旋内，由前向外的旋转称为旋外。

(3) 环转运动。整根骨头绕通过上端点并与骨成一角度的轴线的旋转运动，称为环转运动，运动的结果如同画一个圆锥体的图形。

3. 关节的活动范围

骨与骨之间除了通过关节相连外，还由肌肉和韧带连结在一起。韧带除了有连结两骨，增加关节稳固性的作用以外，还有限制关节运动的作用。因此，人体各关节的活动有一定的限度，超过限度，将会造成损伤。人体处于各种舒适姿势时，关节也必然处在一定的舒适调节范围内。人体各主要关节的最大活动范围及舒适调节范围见表5-1。

表5-1 人体各主要关节的最大活动范围及其调节范围

| 关节 | 身体部位 | 活动方式 | 最大角度/(°) | 最大活动范围/(°) | 舒适调节范围(°) |
|---|---|---|---|---|---|
| 颈关节 | 头至躯干 | 低头、仰头<br>做歪、右歪<br>左转、右转 | +40~-35<br>+55~-55<br>+55~-55 | 75<br>110<br>110 | +12~-25<br>0<br>0 |
| 胸关节<br>腰关节 | 躯干 | 前弯、后弯<br>左弯、右弯<br>左转、右转 | +100~-50<br>+50~-50<br>+50~-50 | 150<br>100<br>100 | 0<br>0<br>0 |
| 髋关节 | 大腿至髋关节 | 前弯、后弯<br>外拐、内拐 | +120~-50<br>+30~15 | 135<br>45 | 0<br>(+80~100) |
| 膝关节 | 小腿到大腿 | 前摆、后摆 | 0~-135 | 135 | (-95~-120) |
| 脚关节 | 脚至小腿 | 上摆、下摆 | +110~+55 | 55 | +85~+95 |
| 髋关节<br>小腿关节<br>脚关节 | 脚至躯干 | 外转、内转 | +110~-70 | 180 | +0~+15 |
| 肩关节<br>(锁骨) | 上臂至躯干 | 外摆、内摆<br>上摆、下摆<br>前摆、后摆 | +180~30<br>+180~45<br>+180~40 | 210<br>225<br>180 | 0<br>+15~+35<br>+40~+90 |
| 肘关节 | 上臂至下臂 | 弯曲、伸展 | +145~0 | 145 | +85~+110 |
| 腕关节 | 手至上臂 | 外摆、内摆<br>弯曲、伸展 | +30~-20<br>+75~-60 | 50<br>135 | 0<br>0 |
| 肩关节<br>下臂 | 手至躯干 | 左转、右转 | +130~-120 | 250 | -30~-60 |

表5-1中给出的最大角度适用于一般情况，年岁较高的人大多低于此值。穿厚衣服时，角度也要小些。有多个关节的一串骨骼中，若干角度相叠加会产生更大的总活动范围(例如低头、弯腰)。

### 5.1.3 肌肉

肌肉在人体上分布很广，根据其形态、构造、功能和位置等不同特点，可分为平滑肌、心肌和横纹肌三类。其中横纹肌大都跨越关节，附着在骨骼上，称为骨骼肌。

肌肉运动的基本特征是收缩和放松。肌肉收缩引起的运动形式，取决于肌肉在骨上附着的位置。各种各样的活动都是肌肉以各种不同方式联合收缩的结果。没有肌肉的收缩，人体就不可能产生任何主动运动，也就没有力。人体肌肉分布如图5.2所示。

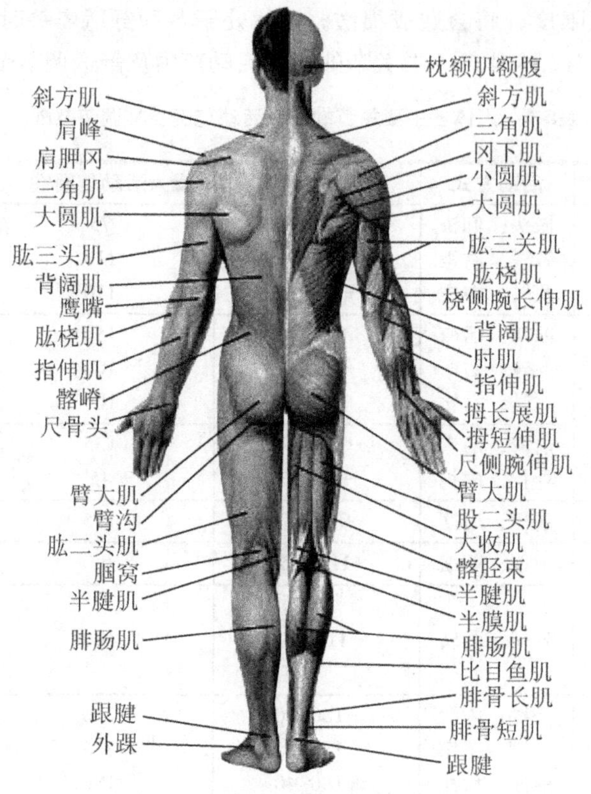


图5.2　人体肌肉分布

人机工程学中主要研究骨骼肌的特性，本书以后凡提到肌肉，均指骨骼肌。人体全身共有骨骼肌434块。成年男子骨骼肌约占人体质量的40%、女子为35%。骨骼肌有收缩性、伸展性、弹性和粘滞性4种物理特性。

(1) 收缩性。表现为肌肉纤维长度的缩短和张力的变化。处于静止状态的肌肉并不是完全休息放松的，其中少数运动部位的肌肉保持轻微的收缩(即保持一定的紧张度)，用以维持人体的一定姿势；处于运动状态的肌肉，肌纤维明显缩短，肌肉周径增大，肌肉收缩时肌纤维长度比静止时缩短1/3～1/2。

(2) 伸展性。表现为肌肉受外力作用时被拉长，外力解除后，被拉长的肌纤维又可复原。

(3) 弹性。表现为肌肉受压变形，外力解除即复原的线性特性。

(4) 粘滞性。主要是由于其内部含有胶状物质的缘故。气候寒冷时，肌肉的粘滞性增加；气温升高后，肌肉的粘滞性降低，这可保证人动作的灵活性，避免肌肉拉伤。

## 5.2　骨骼肌的力学特性

### 5.2.1　肌肉收缩的外部表现

肌肉在体内的功能，就是它们在受到刺激时能产生张力或缩短，藉以完成躯体的运动或对抗某些外力的作用。当肌肉克服某一外力而缩短，或肌肉因缩短而牵动某一负荷物时，肌肉完成了一定量的机械功，其数值等于所克服的阻力(或负荷)和肌肉缩短长度的乘积。但肌肉在收缩时究竟是以产生张力为主，还是以表现缩短为主，以及收缩时能做功多少，则要看肌肉本身的机能状态和肌肉所遇到的负荷条件。

肌肉在体内或实验条件下可能遇到的负荷主要有两种：一种是在肌肉收缩前就加在肌肉上的负荷，例如，把肌肉一端固定，在另一端悬挂一定数量的重物，这种负荷称为前负荷(Preload)，前负荷使肌肉在收缩前即处于某种被拉长的状态，使它在一定的初长度(Initial Length)的情况下进入收缩。另一种负荷称为后负荷(After Load)，是肌肉在开始收缩时才能遇到的负荷或阻力，它不能增加肌肉收缩前的初长度，但能阻碍收缩时的缩短。

### 5.2.2 肌肉的三元件仿真模型

肌肉收缩的力学特性可用三元件简化仿真模型(图5.3)加以描述，图5.3中c.c.表示收缩元件；s.c.表示串联顺应元件，相当于串联的无阻尼弹性元件；p.c.表示并联顺应元件，相当于并联的无阻尼弹性元件。3个元件的性质共同决定肌肉的力学特性。

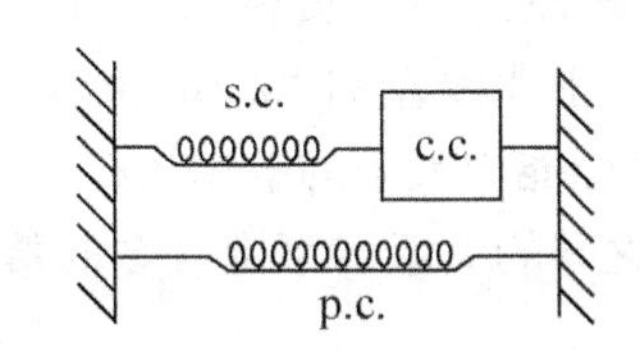


图5.3 肌肉的三元件仿真模型

### 5.2.3 肌肉的速度—张力曲线

后负荷不能增加肌肉收缩前的初长度，但能阻碍肌肉收缩时的短缩。当肌肉在有后负荷的条件下进入收缩时，开始阶段由于肌肉遇到负荷的阻碍而不能缩短其长度，于是只表现为张力的增加，而当肌肉张力发展到与负荷相等的程度时(负荷和张力用相同的物理单位度量)，负荷不再能阻止肌肉的缩短，于是肌肉开始以一定的速度缩短，负荷也被提起一定距离，并且肌肉缩短一旦开始，张力就不再增加，直到收缩完了，以后舒张出现，使被拉起的负荷回到原来的位置，张力也下降到原来的水平。

由此可见，肌肉在有后负荷的条件下收缩时，总是张力产生在前，缩短出现在后；而且后负荷越大，肌肉产生的张力越大，但肌肉缩短开始得越晚，缩短的初速度和肌肉缩短的总长度也越小。如果把同一肌肉在不同后负荷条件下所产生的张力和当它出现缩短时的缩短初速度(相当于缩短曲线开始时的斜率)画成坐标曲线。则可得到如图5.4所示的速度—张力曲线。该曲线说明：在中等程度的后负荷作用下，肌肉所能产生的张力和它收缩时的初速度大致呈反比的关系，并且当后负荷增加到某一数值时，肌肉产生的张力可达到它的最大限度，但这时肌肉将不再出现缩短，初速度也成为零。肌肉产生最大张力而收缩速度为零的这一点，在曲线上相当于 $P_0$ 的位置，$P_0$ 称为肌肉的最大张力，由于这时肌肉的收缩实际上并不出现肌肉的缩短，故把这种收缩形式称为等长收缩(Isometric Contraction)。在$P_0$ 位置左侧所有张力小于几而不为零的情况下，肌肉收缩时既产生张力，又出现缩短；而且每次收缩一旦出现，张力就不再增加，故这类收缩形式称为等张收缩(Isotonic Contraction)。

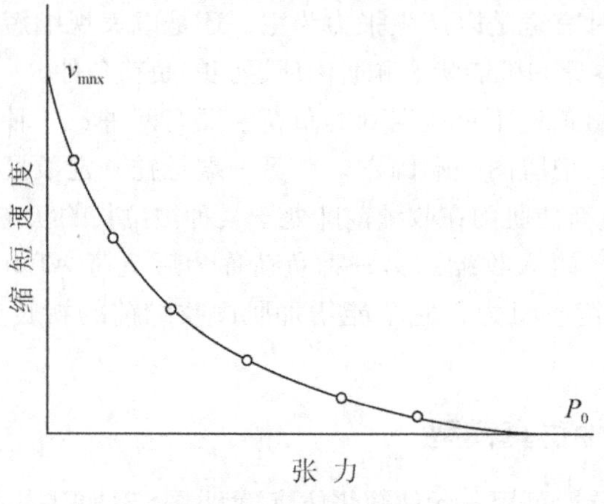


图5.4 速度—张力曲线

速度—张力曲线也说明，肌肉后负荷变小时，等张收缩所表现的张力将越来越小，而缩短的速度将越来越大，因此理论上当负荷为零时，肌肉收缩将不需克服阻力，而速度将达到它的最大值，这相当于曲线左侧 $v_{max}$ 的位置，称为肌肉的最大缩短速度。显然，$P_0$ 和 $v_{max}$ 值都是评价肌肉收缩能力大小的有用指标。

肌肉收缩速度 $v$ 与张力 $P$ 之间的关系，可由著名的希尔(A.V.Hili)方程加以描述

$$P=\frac{(P_0+a)\times b}{v+b}-a \tag{5-1}$$

$$v=\frac{(P_0+a)\times b}{P+b}-b \tag{5-2}$$

式中

$P$——肌肉张力；

$v$——肌肉收缩速度；

$P_0$——肌肉的初张力；

$a$、$b$——常数。

在正常人体内，不同肌肉在收缩时遇到的阻力或后负荷不同，它们所表现的收缩形式也不同。一些与维持身体固定姿势和反抗外力有关的肌肉，收缩时以产生张力为主，接近于等长收缩，而一些与肢体的运动和屈曲有关的肌肉，则随负荷的不同而表现为不同程度的等张收缩。

肌肉的等长收缩有肌动觉反馈功能，活动者可获得反馈信息以调节动作的准确性，故广泛用于维持身体平衡。肌肉的等张收缩可促进血液流动而增加氧的供应和加速废物排除，故便于输出最大力量和使疲劳延缓发生。

### 5.2.4 肌肉的张力—长度曲线

速度—张力曲线是在前负荷固定于某一数值而改变后负荷时，肌肉所表现的收缩形式和速度、张力变化的情况。如果改变肌肉的前负荷，使肌肉在不同前负荷即不同初长度的情况下重复上述改变后负荷的实验，则对应于每一具体前负荷或初长度，都能得到一条速度—张力曲线，把不同前负荷情况下得到的速度—张力曲线按顺序排列起来，就可得到一个立体坐标系统，全面地说明前负荷及后负荷对肌肉收缩的影响，如图5.5所示。

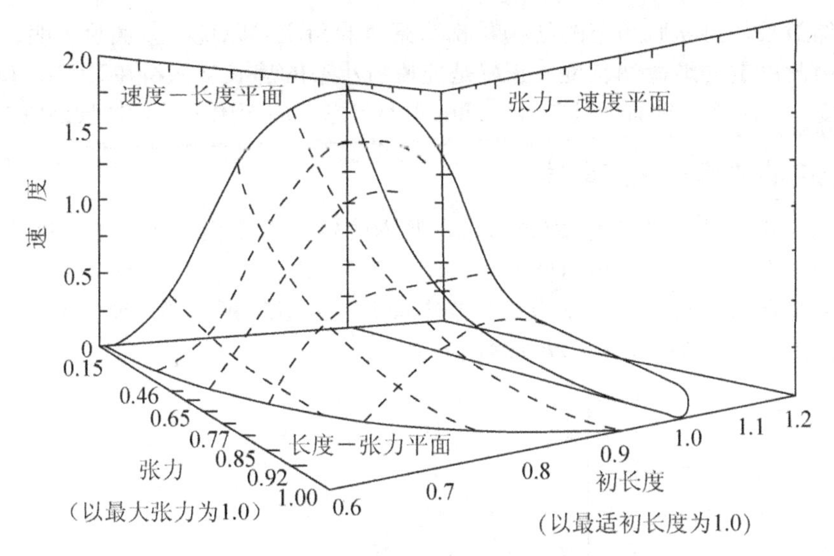


图5.5　肌肉的速度—张力—初长度关系曲面图

图5.5中最有意义的一点是：在不同大小的前负荷中，可以找出一个最适前负荷，肌肉在这一前负荷条件下工作时，可以产生最佳的收缩效果，与它对应的那条张力—速度关系曲线(相当于图5.5中用粗线画出的那一条)在坐标中的位置最高，所包含的面积也最大。如果这时让肌肉进行等长收缩，它所产生的$P_0$值最大，如果让肌肉进行无负荷的收缩，它的$v_{max}$也最大，而且它在每一具体的后负荷下收缩时，收缩速度都要较前负荷取任何其他值时为大。最适前负荷的存在说明肌肉有一个最适初长度，当肌肉在这一静止长度的情况下进入收缩时，收缩效果最好，初长度大于或小于此值，皆非所宜。为了说明上述现象，可以只把前负荷或初长度改变如何影响肌肉的最大张力$P_0$的情况，表示为图5-6所示的张力—长度关系曲线，这一关系实际已包含在图5.5的立体坐标图中(相当于立体图底面的那个坐标面)，由图5.6可以看出，当前负荷逐渐增大时，$P_0$值也随着增大，但当增大到一定值后，再增加前负荷则会引起$P_0$值减小，这个临界值就相当于最佳前负荷。

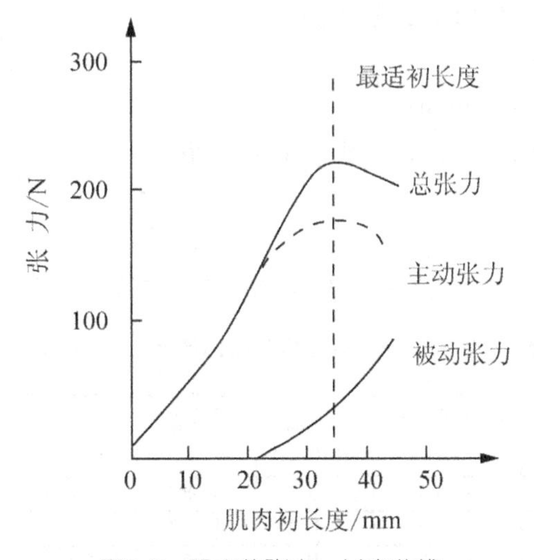


图5.6　肌肉的张力—长度曲线

肌肉在体内所处的自然长度，大致相当于它的最适长度，至于最适长度何以能产生最佳的收缩效果，可从肌小节的结构和收缩原理的角度得以说明。实验证明，所谓最适前负荷和由此决定的最适初长度，正好是能使肌小节的静长度保持在2～2.2 μm 的前负荷或初长度，这时粗、细肌丝处于最理想的重叠状态，因而出现最好的收缩效果。

### 5.2.5 肌肉的功率—速度曲线

肌肉的功率—速度曲线如图5.7所示。肌肉的输出功率由张力与缩短速度的乘积决定。在最大张力$P$ 和最大缩短速度 $v_{max}$ 。两个极限工况下，输出功率等于零。通常，当肌肉缩短速度为(0.2~0.3) $v_{max}$ 时，其输出功率最大。由图5.4所示的速度—张力曲线可以清楚说明肌肉在不同后负荷作用下功率输出的情况。

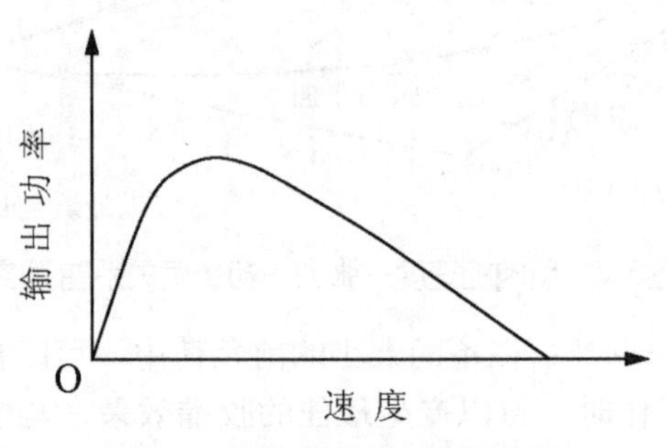


图5.7 肌肉的功率—速度曲线

人体所能产生的最大功率主要与人的性别、年龄、身高、体重、人体表面积、运动或劳动的强度及其持续时间等因素有关。有的研究者用人体运动的最大耗氧量($Q_{o_2 \max}$)和最大氧债(运动或作业开始后，因呼吸、循环机能跟不上氧的需要量，肌肉在短时缺氧条件下工作而形成氧债)等参数，近似计算人体运动所产生的功率，其计算公式如下

$$PW = \{[Q_{o_2 \max} \cdot t + \nabla Q_{o_2}]/t\} \times 0.47 \tag{5-3}$$

$$Q_{o_2 \max} = (56.592 - 0.398A) \cdot M \times 10^{-3} \tag{5-4}$$

式中

$PW$ ——人体运动所产生的功率(kW)；

$t$ ——运动时间(min)；

$Q_{o_2 \max}$ ——最大耗氧量(L/min)；

$\nabla Q_{o_2}$ ——超过最大耗氧量的氧需量，称为氧债(L)；

$A$ ——人的年龄；

$M$ ——人的体重(kg)。

人体在不同工作时间内产生的最大功率的测定结果见表5-2。

**表5-2 人体在不同工作时间内所产生的最大功率**

| 性别 | 年龄 | 身高/cm | 体重/kg | 人体表面积/m² | $Q_{o_2 \max}$/(L·min) | $\nabla Q_{o_2}$/L | 最大功率/kW | | | | |
|---|---|---|---|---|---|---|---|---|---|---|---|
| | | | | | | | 15s | 60s | 4min | 30min | 150min |
| 男 | 15 | 154 | 45 | 1.416 | 2.23 | 3.689 | 5.87 | 2.04 | 1.05 | 0.82 | 0.78 |
| | 16 | 158 | 49 | 1.489 | 2.382 | 4.072 | 6.45 | 2.26 | 1.18 | 0.87 | 0.83 |
| | 17 | 160 | 52 | 1.536 | 2.481 | 4.370 | 6.89 | 2.37 | 1.24 | 0.90 | 0.87 |
| | 18 | 161 | 53 | 1.565 | 2.551 | 4.578 | 7.21 | 2.46 | 1.28 | 0.93 | 0.89 |
| | 20~23 | 162 | 56 | 1.596 | 2.536 | 6.051 | 9.25 | 2.97 | 1.39 | 0.95 | 0.90 |

续表

| 性别 | 年龄 | 身高/cm | 体重/kg | 人体表面积/m² | $Q_{o_2 \max}$ /(L·min) | $\nabla Q_{o_2}$ /L | 最大功率/kW | | | | |
|---|---|---|---|---|---|---|---|---|---|---|---|
| | | | | | | | 15s | 15s | 4min | 30min | 150min |
| 女 | 15 | 149 | 43 | 1.353 | 1.678 | 2.205 | 3.63 | 1.35 | 0.77 | 0.60 | 0.59 |
| | 16 | 150 | 46 | 1.390 | 1.724 | 2.266 | 3.73 | 1.38 | 0.80 | 0.625 | 0.60 |
| | 17 | 151 | 47 | 1.411 | 1.760 | 2.314 | 3.80 | 4.40 | 0.81 | 0.632 | 0.61 |
| | 18 | 152 | 48 | 1.422 | 1.764 | 2.332 | 3.83 | 1.42 | 0.82 | 0.65 | 0.62 |

### 5.2.6　肌肉收缩的能量和机械效率

肌肉收缩时消耗的能量转变为功和热。肌肉作等长收缩时机械功为零，因而其化学反应能量全部转变为热；肌肉作非等长收缩时能量的一部分消耗于对外做机械功，另一部分转变为热能。肌肉做功所消耗的总能量和机械效率可分别按下面两个公式计算：

$$E = W + Q \tag{5-5}$$

$$\eta = W/(W + Q) \tag{5-6}$$

式中

$W$ ——肌肉做功所消耗的总能量；

$E$ ——肌肉对外所做的机械功；

$Q$ ——转变为热能的能量；

$\eta$ ——肌肉的机械效率。

人的机械效率一般为25%~30%。人的机械效率不是常数，而是随肌肉活动条件的不同而变化的，其大小取决于肌肉活动时的负荷和收缩速度。适宜的负荷和适宜的收缩速度(约等于最大速度的20%)所获得的机械效率最高。

### 5.2.7　肌肉的力矩—角度曲线

图5.8所示为绕踝关节运动的力矩—角度曲线，4条曲线分别对应于4种不同的膝关节角度位置。图5.9所示为前臂作旋外、旋内运动的转矩—角度曲线，前臂角度以掌心向后/下为0°，掌心向前/上为180°。旋后肌的转矩为正转矩，旋前肌的转矩为负转矩。

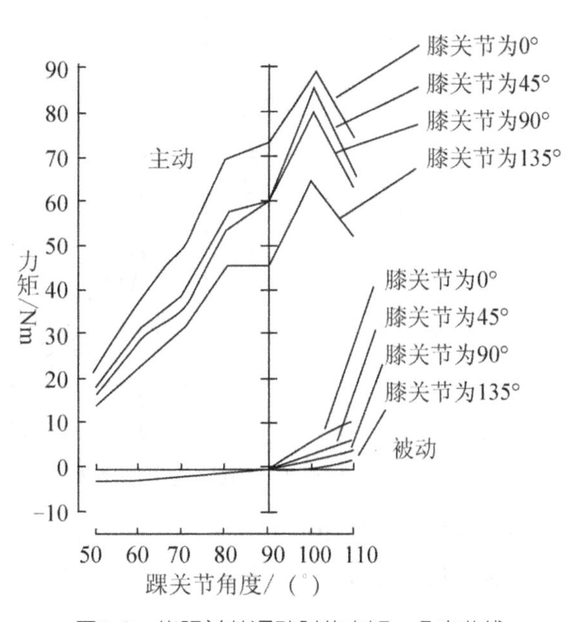


图5.8　绕踝关节运动时的力矩—角度曲线

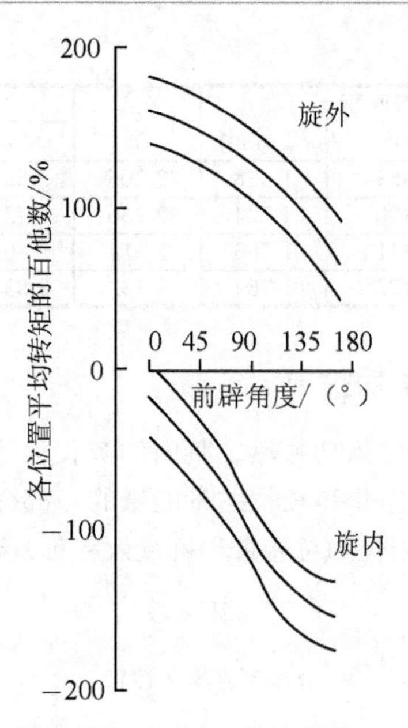


图5.9　前臂旋外、旋内运动时的转矩—角度曲线

### 5.2.8　耐疲劳度—负荷曲线

肌肉的耐疲劳度以承受静态负荷时肌肉随意运动的最长持续时间(单位为min)表示，负荷以等长收缩情况下的最大负荷的百分比来表示，图5.10中4条曲线分别是四组不同肌肉的静态特性。

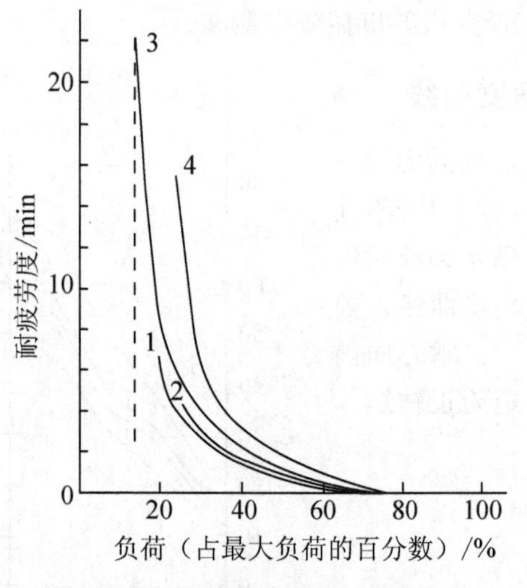


图5.10　肌肉的耐疲劳度—负荷曲线

1——手臂、腿和躯干肌肉；2——上肢牵引作业；3——肱二头肌、肱三头肌、中指屈肌和肱四头肌；4——躯干肌

### 5.2.9　肌电图

肌肉收缩是由肌肉的动作电位引起的，记录肌肉动作电位变化的曲线称为肌电图

(EMG-Electromyograms)。肌电图的形状可反映肌肉本身机能的变化。图5.11所示为右手前臂不同姿势时的EMG转矩关系图线，加载方式都是通过T形手柄施加旋外方向的转矩。由图5.11可见，前臂姿势的改变对肌电图随转矩变化的关系图线有显著的影响。图5.12所示为肱二头肌的肌肉疲劳与肌电图的关系，试验时上臂垂直，前臂水平，掌心向上，举重物9kg，负荷对称，最后因肌肉疲劳而丢掉重物。

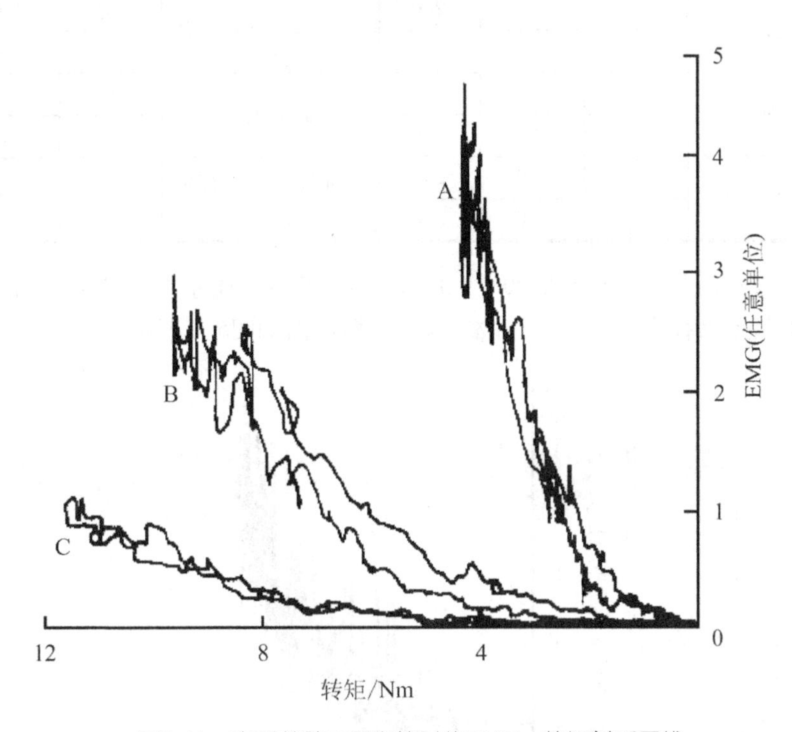


图5.11 右手前臂不同姿势时的EMG—转矩关系图线

A——上臂垂直、前臂水平、掌心向上；B——上臂垂直、前臂水平、掌心向左；C——上臂垂直、前臂水平、掌心向下

试验表明，疲劳的肌肉与“新鲜”的肌肉相比，其肌电图功率谱曲线，低频增强，高频减弱。

动态情况下肌电图时间历程的定量描述，目前在人机工程学中的应用还不多。动态肌电图与静态肌电图相比，其主要特点是EMG将超前于机械力的作用，人体肌肉对于一次动作电位的响应过程，约有20～－50ms的时间滞后。影响时间滞后的主要因素是关节运动的方向、肌肉的初始状态和紧张程度、所用快肌纤维与慢肌纤维的比例以及系统的松弛程度。

## 5.3 人体的出力

人体出力来源于肌肉的收缩，肌肉收缩时所产生的力，称为肌力。肌力的大小取决于单个肌纤维的收缩力、肌肉中肌纤维的数量与体积、肌肉收缩前的初长度、中枢神经系统的机能状态、肌肉对发生作用的机械条件等生理因素。研究表明，一条肌纤维能产生0.98~1.96mN的力量，因而有些肌肉群产生的肌力可达上千牛顿。表5-3所列为我国中等体力的20~30岁的青年男、女工作时，身体主要部位的肌肉所产生的力。

**表5-3　身体主要部位的肌肉所产生的力**

| 肌肉的部位 | | 力/N 男 | 力/N 女 | 肌肉的部位 | | 力/N 男 | 力/N 女 |
|---|---|---|---|---|---|---|---|
| 手臂肌肉 | 左 | 370 | 200 | 手臂伸直时的肌肉 | 左 | 210 | 170 |
| | 右 | 390 | 220 | | 右 | 230 | 180 |
| 肱二头肌 | 左 | 280 | 130 | 拇指肌肉 | 左 | 100 | 80 |
| | 右 | 290 | 130 | | 右 | 120 | 90 |
| 手臂弯曲时的肌肉 | 左 | 280 | 200 | 背部肌肉(躯干屈伸的肌肉) | | 1220 | 710 |
| | 右 | 290 | 210 | | | | |

一般，女性的肌力比男性低20%～35%；右手的肌力比左手约强10%；而习惯左手的人，其左手肌力比右手强6%~7%。肱二头肌的肌电图如图5.12所示。

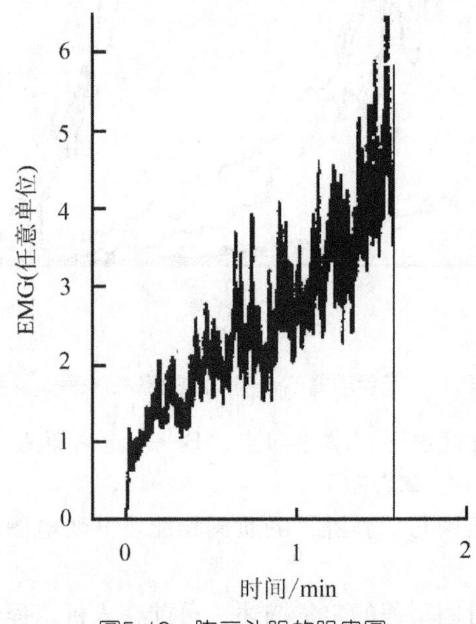


图5.12　肱二头肌的肌电图

在生产劳动中，为了达到操作效果，操作者身体有关部位(手、脚及躯干等)所施出的一定量的力，称为操纵力。人的操纵力有一定的数值范围，是设计机械设备的操纵系统所必需的基础数据。人体所能发挥的操纵力的大小，除了取决于上述人体肌肉的生理特性外，还取决于人的操作姿势、施力部位、施力方向、施力方式以及施力的持续时间等因素。只有在一定的综合条件下的肌肉出力的能力和限度，才是操纵力设计的依据。

### 5.3.1　手的操纵力

手的操纵力是手操纵器设计的重要依据。操纵力由大而小的顺序是：前后运动的推拉力、旋转运动的扭力、上下运动的推拉力、握力和提力。手用力的一般规律是：瞬时用力比持续用力大；坐时的拉力比站时的拉力大；手朝向身体的拉力较离开身体的推力大，左右方向推拉时，推力比拉力大。

(1) 握力。一般青年人右手平均瞬时最大握力为556N(330~755N)，左手平均瞬时最大握力为421N。右手能保持1分钟的握力平均为275N，左手为244N。握力大小还与手的姿势有关，手掌向上时的握力最大，手掌朝向侧面时次之，手掌向下时的握力最小。应当注意到，人体的所有出力的大小，都与持续时间有关。随着施力持续时间的延长，人的力量将很快减小。例如，拉力由最大值衰减到1/4数值，只需要4min。此外，任何人的出力衰减到最大值的1/2时的持续时间，大体相同。

(2) 拉力和推力。当手作前后运动时，拉力(往后)要较推力(往前)为大。当手作左右方向运动时，则推力大于拉力，如图5.13所示。在站姿手臂水平向前自然伸直的情况下，男子平均瞬时拉力为689N，女子平均瞬时拉力为378N。

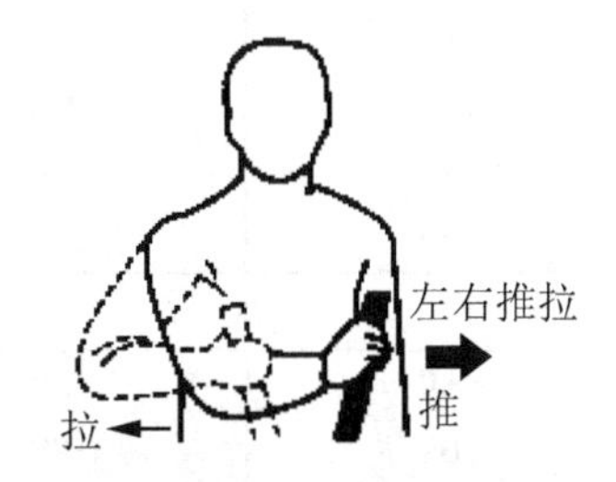


图5.13 拉力和推力

(3) 扭力。当双臂作扭转时，直立操作时平均扭力：男(381.2±127.4)N，女(199.9±78.4)N；屈身操作时平均扭力：男(543.9±244)N，女(266.6±138．2)N；弯腰操作时平均扭力：男(942.7±335.2)N，女(416.5±196)N。

## 5.3.2 坐姿时手臂的操纵力

按图5.14所示的坐姿时手臂的操纵力测试方位对坐姿时手臂的操纵力进行测试，得出手臂在各种不同角度上的操纵力，其数值见表5-4。由表5-4中的数据可知，坐姿时手臂的操纵力，右手大于左手，向上用力大于向下用力，向内侧用力大于向外侧用力。

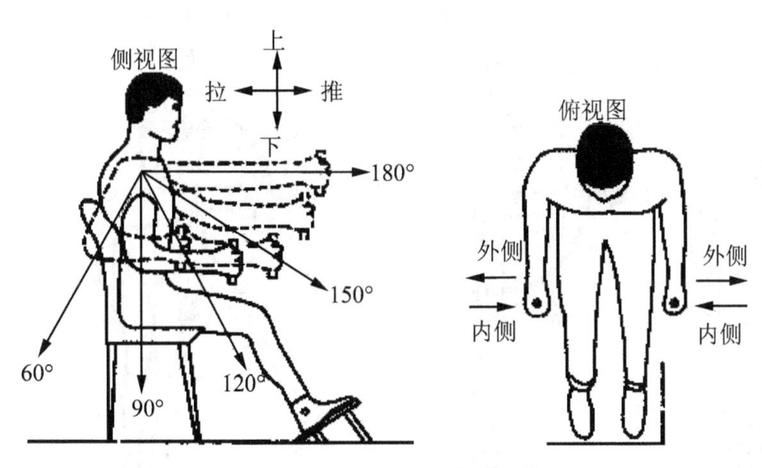


图5.14 坐姿时手臂的操纵力测试方位

表5-4 坐姿时手臂在各种不同角度上的操纵力

| 手臂的角度/(°) | 拉力/N | | 推力/N | |
|---|---|---|---|---|
| | 左手 | 右手 | 左手 | 右手 |
| | 向 后 | | 向 前 | |
| 180 | 225 | 235 | 186 | 225 |
| 150 | 186 | 245 | 137 | 186 |
| 120 | 157 | 186 | 118 | 157 |
| 90 | 147 | 167 | 98 | 157 |
| 60 | 108 | 118 | 98 | 157 |
| | 向 上 | | 向 下 | |
| 180 | 39 | 59 | 59 | 78 |
| 150 | 69 | 78 | 78 | 88 |
| 120 | 78 | 108 | 98 | 118 |
| 90 | 78 | 88 | 98 | 118 |
| 60 | 69 | 88 | 78 | 88 |
| | 向 内 侧 | | 向 外 侧 | |
| 180 | 59 | 88 | 39 | 59 |
| 150 | 69 | 88 | 39 | 69 |
| 120 | 88 | 98 | 49 | 69 |
| 90 | 69 | 78 | 59 | 69 |
| 60 | 78 | 88 | 59 | 78 |

## 5.3.3 立姿时手臂的操纵力

直立姿势手臂伸直操作时，在不同方向、角度位置上拉力和推力的分布情况如图5.15所示。由图5.15可知，手臂在肩下方180° 位置上产生最大拉力，在肩上方0° 位置产生最大推力。因此，推拉形式的操纵装置应尽量安装在上述能产生最大推、拉力的位置上。

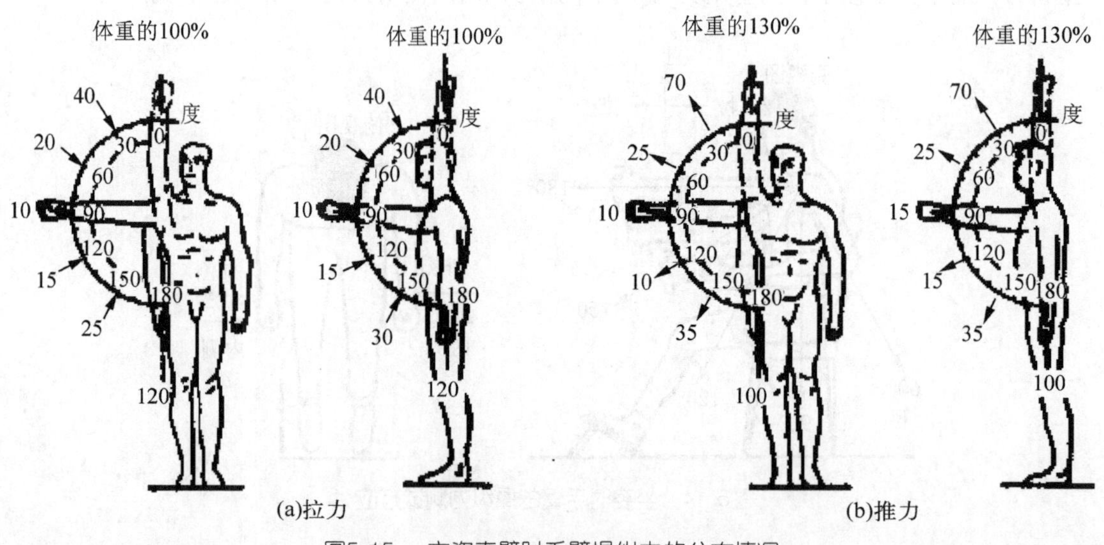


图5.15 立姿直臂时手臂操纵力的分布情况

直立姿势手臂弯曲操作时，在不同方向、角度位置上的力量分布情况如图5.16所示。由图5.16可知，前臂在自垂直朝上位置绕肘关节向下方转动大约70°位置上产生最大操纵力，这正是许多操纵装置(例如车辆的方向盘)安装在人体正前上方的根据所在。

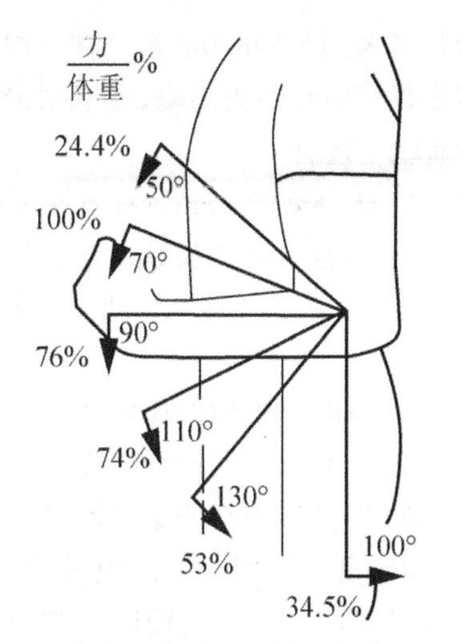


图5.16 立姿弯臂时手臂操纵力的分布情况

### 5.3.4 坐姿时的足蹬力

坐姿时的足蹬力大小在各个不同位置上的分布情况如图5.17所示，其中的外围曲线表示足蹬力的界限，箭头表示施力方向。可见最大足蹬力通常在膝部弯曲160°位置上产生。

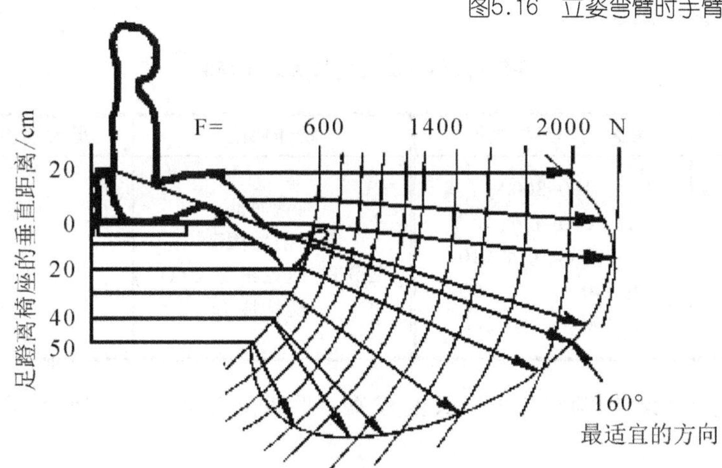


图5.17 坐姿不同体位下的足蹬力分布情况

## 5.4 人体动作的灵活性与准确性

### 5.4.1 人体动作的灵活性

人体动作的灵活性指的是操作时动作速度和频率，由人体的生物力学特性所决定。人体重量轻的部位比重的部位、短的部位比长的部位、肢体末端比主干部位的动作更灵活。因此，设计机器及其操纵装置时，应当充分考虑人体动作灵活性的特点。

(1) 动作速度。动作速度指的是肢体在单位时间内移动的距离。肢体动作速度的大小，在很大程度上取决于肢体肌肉收缩的速度。不同的肌肉，收缩速度不同，慢肌纤维的收缩速度慢，快肌纤维的收缩速度快。通常两块肌肉中既有慢肌纤维，也有快肌纤维，中枢神经系统可能时而使慢肌纤维收缩，时而使快肌纤维收缩，从而改变肌肉的收缩速度。肌肉收缩速度还取决于肌肉收缩时所发挥的力量与阻力的大小，发挥的力量越大，外部的阻力越小，则收缩速度越快。

操纵动作的速度还取决于动作的方向和动作的轨迹。人的肢体运动速度，可以从每秒几毫米到每秒800毫米。在一般情况下，手臂的动作速度平均为50~500mm/s，手的动作速度以350mm/s为高限，控制操纵杆位移的动作速度以90~170mm/s为宜。人体的动作速度有以下规律。

① 人体躯干和肢体在水平面的运动比在垂直面的运动速度快。

② 垂直方向的操纵动作，从上往下的运动速度比从下往上的运动速度快。

③ 水平方向的操纵动作，前后运动速度比左右运动速度快，旋转运动比直线运动更灵活。

④ 顺时针方向的操作动作比逆时针方向的操作动作速度更快，更加习惯。

⑤ 一般人的手操纵动作，右手比左手快，而右手的动作，向右运动比向左运动快。

⑥ 向身体方向的运动比离开身体方向的运动，速度更快，但后者的准确性高。

(2) 动作频率。动作频率指的是单位时间内动作重复的次数。操纵动作的频率与操作方式、动作部位、受控机构的形状和种类、受控部件的尺寸和质量等因素有关。人体各部位的最大动作频率见表5-5。

**表5-5 人体各部位的最大动作频率**

| 动作部位 | 最大动作频率/min$^{-1}$ | 动作部位 | 最大动作频率/min$^{-1}$ |
|---|---|---|---|
| 手指敲击 | 180~300 | 前臂屈伸 | 180~390 |
| 手抓取 | 360~420 | 大臂前后摆动 | 99~340 |
| 手打击 | 右 300~840 左 510 | 足蹬踩(以足跟为支点) | 300~380 |
| 手推压 | 右 390 左 300 | 腿抬放 | 300~400 |
| 手旋转 | 右 300 左 360 | | |

转动手柄的最大动作频率与手柄长度有关。手柄长度为30～580mm的最大转动频率见表5-6。

**表5-6 转动手柄的最大动作频率**

| 手柄长度/mm | 30 | 40 | 60 | 100 | 140 | 240 | 580 |
|---|---|---|---|---|---|---|---|
| 最大动作频率/min$^{-1}$ | 26 | 27 | 27.5 | 25.5 | 23.5 | 18.5 | 14 |

### 5.4.2 人体动作的准确性

人体动作的准确性可根据动作方向、动作量、动作速度和动作力量4个要素的量值及其相互之间的配合是否恰当来评价。

首先，动作的方向必须正确，动作量必须适当，才能产生准确的操纵动作。动作的速度平稳柔和，容易产生准确的操纵动作；急剧粗猛的动作，往往速度发生突变，结果导致操纵动作不准确。

动作的力量指的是肢体运动遇到阻力时所能提供出来的力量。按照动作力量的大小，可分为有力动作和无力动作两种情况。有力动作是指有足够的均匀增长的力量和速度的动作，能克服强大的阻力，操纵动作容易准确控制；而无力动作则是指没有足够的力量和速度的动作，这种动作常常是不准确的。

手臂伸出和收回的动作的准确性与动作量有关，动作量小(100mm以内)时，容易有运动过多的倾向，动作误差较大；动作量较大(100~400mm)时，则容易有运动过小的倾向，动作误差显著减小。另外，向外伸出要比向内收回更准确。

动作的方向定位，最准确的方位是正前方手臂部水平面的下侧，最不准确的方位是侧面；一般，右侧比左侧准确，下部比中部准确，中部比上部准确。

用双手同时均匀地操作时，双手直接在身前活动的定位准确性最高。

## 习　题

### 一、填空题

1. 人体运动系统是由________、________和________组成。
2. 人体的运动主要依赖于________的收缩。

### 二、思考题

1. 试述肢体运动与肌肉收缩速度、长度的关系。
2. 试述肌肉的收缩机理。
3. 骨骼的活动范围与肌肉分布有怎样的联系？

# 第六章 显示与操纵装置设计

## 教学目标

了解显示装置的基本类型与特点

掌握视觉、听觉显示装置的设计原则

了解操纵装置的类型与特点

掌握基本操纵装置设计的原则与关键点

## 教学要求

| 知识要点 | 能力要求 | 相关知识 |
|---|---|---|
| 视觉显示装置 | (1)了解视觉显示装置的类型与特点<br>(2)掌握视觉显示装置的设计原则 | 常用视觉显示装置 |
| 听觉显示装置 | (1)了解听觉显示装置的类型与特点<br>(2)掌握听觉显示装置的设计原则 | 常用听觉显示装置 |
| 操纵装置 | (1)了解操纵装置的类型与特点<br>(2)掌握操纵装置的设计原则 | 手动、脚动操纵装置 |

## 推荐阅读资料


[1] 封根泉.人体工程学[M].兰州：甘肃人民出版社，1990.
[2] 丁玉兰.人机工程学[M].北京：北京理工大学出版社，1989.
[3] 朱序璋.人机工程学[M].西安：西安电子科技大学出版社，2001.
[4] 刘谊才，李文痒.工业产品造型设计[M].北京：科学出版社，1993.

## 基本概念

显示器：是指任何把信息由工具或环境传递给人的媒介。

操纵装置：是指通过人的动作(直接或间接)来使机器启动、停车或改变运行状态的各种元件、器件、部件、机构以及它们的组合等环节。其基本功能是把操作者的响应输出转换成机器设备的输入信息，进而控制机器设备的运行状态。

20世纪的两次世界大战期间，制空权是交战各国必争的焦点之一。飞行员在高空复杂多变的气象条件下控制飞行，本来就不轻松。驾驶战斗机与敌机格斗，还要高度警觉地搜索、识别、跟踪和攻击敌机，躲避与摆脱对方的威胁，短短几十秒内，在警视窗外敌情的同时，要巡视、认读各种仪表，立即做出判断，完成多个飞行与作战操作，更是不易。

例如，第一次世界大战时期英国SE.5A战斗机上只有7个仪表，到第二次世界大战时期的“喷火”战斗机上增加到了19个。第一次世界大战时期美国“斯佩德”战斗机上的控制器不到10个，到第二次世界大战时期P-51上增加到了25个。这就使得经过严格选拔、培训的“优秀飞行员”也照顾不过来，致使意外事故、意外伤亡频频发生。

针对前面这些问题，有的国家开始聘请生理医学专家、心理学家来参与设计。仪表还是那么多，改进它们的显示方式、尺寸、读值标注方法、指针刻度和底板的色彩搭配、重新布置它们的位置和顺序，使之与人的视觉特性相符合，结果就提高了认读速度、降低了误读率。操作件也还是那么多，改进它们的形状、大小、操作方式(扳拧、旋转或按压)、操作方向、操作力、操作距离及安置的顺序与位置，使之与人手足的解剖特性、运动特性相适应，结果就提高了操作速度、减少了操作失误。这些做法并不需要增加多少经费投入，却收到了事半功倍的显著效果。飞机驾驶室仪表与操控装置如图6.1所示。

图6.1 飞机驾驶室仪表与操控装置

人机界面的研究主要针对两个问题：显示与操纵。本章将讲述有关显示装置(显示器)与操纵装置(控制器)的设计。

在人机界面上，向人表达机械运转状态的仪表或器件叫显示装置或显示器，供人操纵机械运转的装置或器件叫操纵装置或控制器。对机械来说，控制器执行的功能是输入，显示器执行的功能是输出。对人来说，通过感受器接收机械的输出效应(例如显示器所显示的数值)是输入；通过运动器操纵控制器，执行人的意图和指令则是输出。

人机界面设计主要指显示器、控制器以及它们之间的关系的设计，应使人机界面符合人机信息交流的规律和特性。由于机器的物理要素具有行为意义上的刺激性质，则必然存在最有利于人的反应的刺激形式，所以，人机界面的设计依据始终是系统中的人。

## 6.1 显示装置设计

在人机系统中，显示装置是将设备的信息传递给操作者，使之能做出正确的判断和决策，进行合理操作的装置。人们根据显示信息了解和掌握设备的运行状况，从而控制和操作设备正常运行。它的特征是能够把设备的有关信息以人能接受的形式显示给人。

在显示装置中，处了要确切地反映设备的状况外，还应根据人的感觉器官的生理特征来确定其结构，使人与显示装置之间能够充分协调。也就是说，显示装置的形状、大小分度、标记、空间布局、颜色、照明等因素，都必须使人能很好地接收信息并进行处理，使人能迅速接收显示的信息，信息的分辨率要高，而且可靠。在进行显示装置的造型设计时，还必须从系统整体出发，既要考虑到人的生理、心理特征，又要考虑到系统整体的需要和美观。

### 6.1.1 显示方式的类型和特点

人机系统中，显示装置的功能是通过可视化的数值、文字、曲线、符号、标志、图形、图像，可听的声波以及其他人体可感知的刺激信号向“人”传递“机”的各种运行信息。显示装置的显示方式可按信息传递的通道、所显示的参数、显示的形式进行分类。

1. 按信息传递的通道分类

按人接收信息的感觉器官的不同，可将显示装置分为视觉显示、听觉传示和触觉传递装置。触觉传递是利用人的皮肤受到触压刺激后产生感觉而向人们传递信息的，一般很少使用。听觉传示是利用人的声音信号的感知时间比对光信号的感知时间短，所以，听觉传示作为报警装置比视觉显示具有更大的优越性。视觉显示是由于人的视觉能接收长的和复杂的信息，而且视觉信号比听觉信号容易记录和存储，所以应用更广泛。

2. 按所显示的参数分类

(1) 显示系统的工作条件参数。为使系统在规定的工作条件和作业环境下运行，必须通过显示装置向操作人员传递各种有关机器工作条件的信息，例如汽车行驶过程中，需要向驾驶员显示发动机冷却水的温度。

(2) 显示系统的工作状态参数。为掌握系统的实际工作状态与理想工作状态之间的差距及其变化趋势，必须通过显示装置向操作人员传递各种有关机器工作状态的信息。根据所显示的参数的性质的不同，系统的工作状态参数的显示方式又可分为下列3种：①定量显示。用于显示系统所处工作状态的参数值，例如汽车的车速等。②定性显示。用于显示系统的工作状态参数是否偏离正常位置，一般不要求显示参数值的大小，而只要求便于让操作人员观察清楚其偏离正常位置的程度。③警戒显示。用于显示系统所处的工作状态范围，通常显示正常、警戒、危险3种状况。例如，用绿色指示灯表示系统工作状态正常，用黄色指示灯表示系统已处于警戒状况，用红色指示灯表示系统已处于危险状况。

(3) 显示系统的输入参数。为使系统按照人所需求的动态过程工作，或按照客观环境的某种动态过程工作，操作人员必须通过显示装置及时掌握系统的各种输入信息。例如，通过机械系统中的计时器显示人所调节的机构的动作时间。

(4) 显示系统的输出参数。通过这类显示装置可将系统输出的信息反馈给操作人员。

3. 按显示的形式分类

(1) 数字式显示。数字式显示装置是用数码直接显示有关参数的装置，如图6.2所示。

(2) 模拟式显示。模拟式显示装置是用刻度和指针来指示有关参量或状态的装置，如图6.3所示。

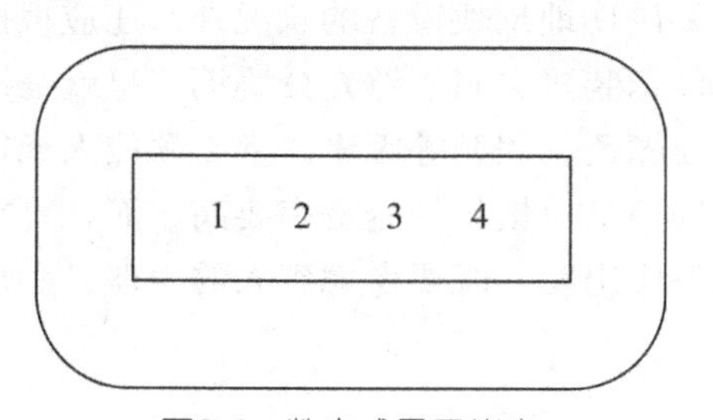


图6.2 数字式显示仪表

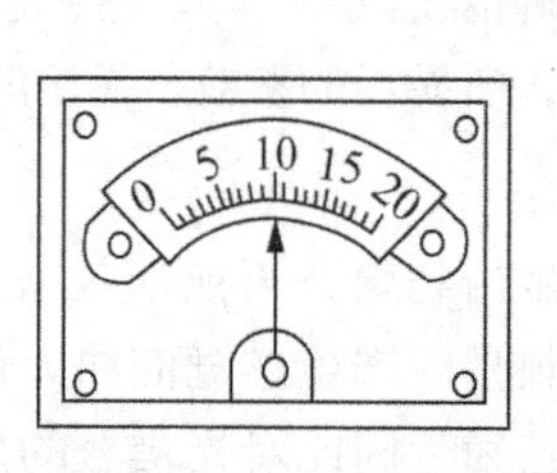


(a)指针可动，刻度盘不动

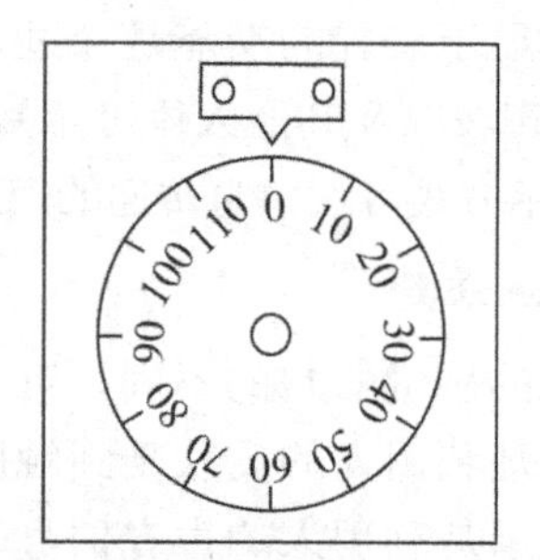


(b)指针不动，刻度盘可动

图6.3 模拟式显示仪表

(3) 屏幕式显示。屏幕式显示装置是在有限面积的显示屏上显示各种类型信息的装置。

上述3种显示形式都用于视觉显示装置。其中，屏幕式显示装置既可显示模拟量信息，也可显示数字量信息。因此，按所显示的信息量类型来划分，视觉显示装置可分为数字显示和模拟显示两大类。数字显示的认读过程比较简单，认读速度较快，认读准确度较高，但不能给人以形象化的印象。模拟显示恰恰相反，它能给人以形象化的印象，使人对模拟量在全量程范围内所处的位置及其变化趋向一目了然；对于测量的偏差量，它不但显示偏差的大小，而且显示偏差与给定值的相对关系(正或负，增或减)；但其认读速度和准确度均比数字显示的低。表6-1列出了模拟式显示与数字式显示仪表的主要特性对比情况。

表6-1 模拟式显示与数字式显示仪表的主要特性对比

| 比较项目 | 模拟显示式仪表 | | 数字显示式仪表 |
|---|---|---|---|
| | 指针运动式 | 指针固定式 | |
| 数量信息 | 中：指针运动时认读困难 | 中：刻度运动时认读困难 | 优：能读出精确数值，速度快，差错少 |
| 质量信息 | 优：易识别指针位置，不需读出数值就能迅速判断指针运动趋势 | 差：未读出数值和刻度时，难以判断变化方向和大小 | 差：必须读出数字，否则难以得知变化方向和大小 |
| 调节性能 | 优：指针运动与调节量直接相关，便于调节和控制 | 中：调节运动方向不明显，显示的变化难以控制，快速调节时不易读数 | 良：数字调节的检测结果精确，数字调节与调节运动无直接关系，快速调节时难以读数 |
| 监控性能 | 优：能很快确定指针位置并进行监控，指针位置与调节监控操作的关系简单明确 | 中：指针不运动有利于监控，但指针与调节监控操作的关系不明显 | 差：不便于根据显示数字的变化趋势进行监控 |
| 一般性能 | 中：占有面积大，照明可设在控制台上，刻度的长短有限，采用多指针显示时的认读性差 | 中：占有面积小，仪表需局部照明，只在很小一段范围内认读，认读性好 | 优：占用面积小，照明面积也小，表盘的长短只受字符的限制 |
| 综合性能 | 可靠性高，稳定性好，易于显示信号的变化趋向，易于判断信号值与额定值之差 | | 精度高，认读速度快，无插补误差，过载能力强，易于同计算机联用以实现自动控制 |
| 局限性 | 显示速度低，易受冲击和振动的影响，受环境因素的影响较大，过载能力差，质量控制困难 | | 显示易跳动或失败，干扰因素多，需内装或外置电源，元件或焊接件存在失效问题 |

## 6.1.2 视觉显示装置的类型及设计原则

### 1. 视觉显示装置的功能和类型

视觉显示装置是人机系统中功能最强大、使用最广泛的显示装置。

视觉显示装置的功能是向操作人员提供机器系统运行过程的有关信息，使操作人员及时进行合理操纵，从而使机器系统按预期的要求运行，完成预定的工作。因此，对视觉显示装置的要求，最主要的就是使操作人员观察认读既准确、迅速，又不易疲劳。应当根据具体的使用目的和使用条件来合理选择视觉显示装置的类型及提出人机工程设计的技术要求。

机动车辆上使用最普遍的视觉显示装置，目前主要还是各种仪表和信号灯。按仪表的功能，大体上可分为下列5类：

(1) 读数用仪表。它指示各种参数和状态的具体数值，要求认读迅速、准确。其中以数字显示为最优(荧光屏显示又比数码管显示更好)，较常用的圆形指针式仪表决之。

(2) 检查用仪表。它指示各种参数和状态是否偏离正常位置，要求突出指针位置，使之清晰显眼。以指针运动式仪表为最优，因操作者一眼便可看出指针偏离正常位置的情况。其设计要点是使指针在仪表面上显得十分突出而引人注目，为此在指针偏离正常位置的同时，可使仪表内部照明的颜色或亮度呈现一个明显的变化。

(3) 警戒用仪表 它指示各种参数和状态是否处于正常范围之内。它所指示的范围一般分为正常区、警戒区和危险区3个部分。当指针进入警戒区和危险区时，应及时采取对策，如图6.4所示。

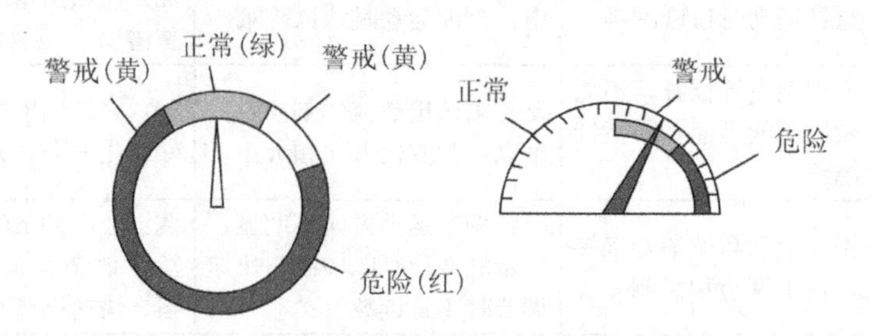


图6.4 警戒用仪表的形式

(4) 追踪用仪表。它专为追踪操纵而设置。追踪操纵是动态控制系统中最常见的操纵方式之一，其目的是通过人的操纵使机器系统按照人所要求的或环境所限定的动态过程工作。

(5) 调节用仪表。它只指示操纵装置的调节量，而不指示机器系统的状态或参数。

按仪表的显示方式，大体上可分为下列3类。

(1) 指针式仪表。它用不同形式的指针来指示有关参数或状态。具体式样、形状和结构的差别很大。机动车辆上用得最多的是指针运动型的仪表。

(2) 数字式仪表。常用的有条带式数字仪表(如机械式里程表)、液晶显示和数码管显示等。

(3) 图形式仪表。它用图形来形象化地显示机器系统的运行状态。

2. 视觉显示装置设计的基本原则

(1) 准确性原则。显示装置的目的是使人能准确地获得机器的信息，正确地控制机器设备，避免事故。因此要求显示装置的设计，尤其供数量认读的显示装置的设计应尽量使读数准确。读数的准确性可通过类型、大小、形状、颜色匹配、刻度、标记等的设计解决。

(2) 简单性原则。为了读数迅速、准确，显示装置应尽量用简单明了的方式显示所传达的信息；应使传递信息的形式尽量能直接表达信息的内容，以减少译码的错误；不使用不利于识读的装饰；尽量符合使用目的，如供状态识读的仪表，就是越简单、越清晰越好。

(3) 一致性原则。应使显示器的指针运动方向与机器本身或其控制器的运动方向一致。例如，显示器上的数值增加，就表示机器作用力增加或设备压力增大；显示器的指针旋转方向应与机器控制器的旋转方向一致。各个国家、地区或行业部门使用的信息编码应尽可能做到统一和标准化。

(4) 排列性原则。关于显示器的装配位置或几种显示器的位置排列也需认真考虑，其位置排列如下。

① 最常用的和最主要的显示器尽可能安排在视野中心3°范围之内，因为在这一视野范围内，人的视觉效率最优，也最能引起人的注意。

② 显示器很多时，应当按照它们的功能分区排列，区与区之间应有明显的区分。

③ 显示器应尽量靠近，以缩小视野范围。

④ 显示器的排列应当适合人的视觉特征。例如：人眼的水平运动比垂直运动快而且幅度宽，因此，显示器的水平排列范围应比垂直方向大，可以形成一个椭圆形的大型仪表盘，使各仪表都能面向操作人员，提高读数的准确程度。

此外，要达到好的视觉效果，在光线暗的地方，必须装设合适的照明设备。

### 6.1.3 模拟式显示器的设计

要使人能迅速而准确地接收信息，必须使模拟式显示器的刻度盘、指针、字符和彩色匹配的设计与选择，适合于人的生理和心理特征。设计模拟式显示器时应考虑的人机工程学问题是：仪表的大小与观察距离是否比例适当；刻度盘的形状大小是否合理；刻度盘的刻度划分、数字和字母的形状、大小以及刻度盘色彩对比是否便于监控者能迅速而准确地识读；根据监控者所处的位置，仪表是否布置在最佳视区范围；等等。

1. 刻度盘的设计

刻度盘设计的内容包括刻度盘的形状和大小。

1) 刻度盘的形状

刻度盘的形状主要取决于仪表的功能和人的视觉运动规律。以数量识读仪表为例，其指示值必须能使识读者精确、迅速地识读。

刻度盘的形状，常用的有圆形、半圆形、直线形、扇形等，如图6.5所示。按刻度盘与指针相对运动的情况，有指针运动而刻度盘固定、刻度盘运动而指针固定以及两者都运动的三类，最后一类用得极少。开窗式仪表(图6.5(b)的中间3个图形)显露的刻度少，认

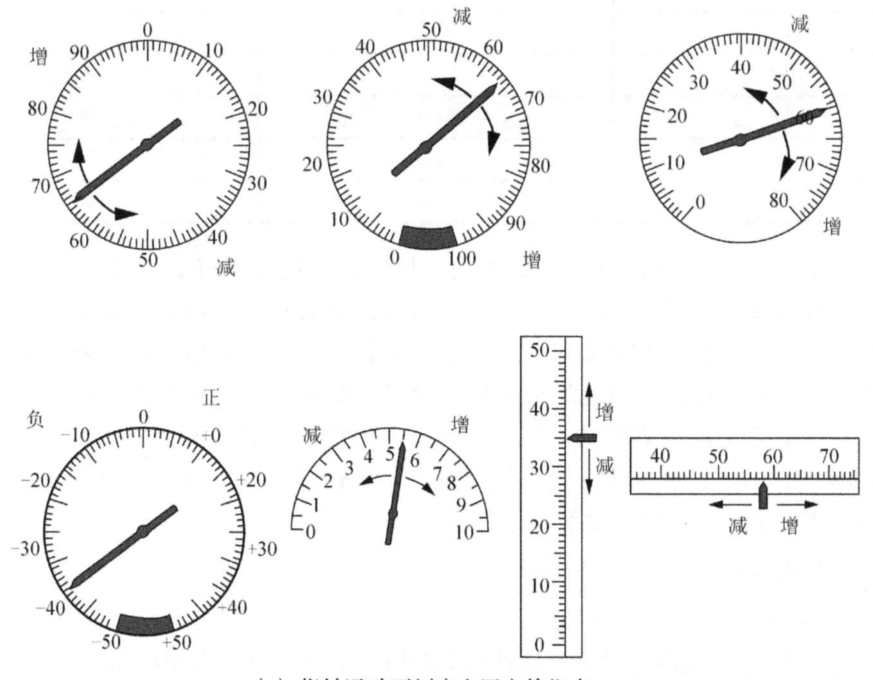


(a) 指针运动而刻度盘固定的仪表

图6.5 常用指针式仪表

读范围小，视线集中，认读时眼睛移动的距离短，因而认读起来迅速准确，效果甚好。圆形和半圆形刻度盘的认读效果优于直线形刻度盘；水平直线形优于竖直直线形。

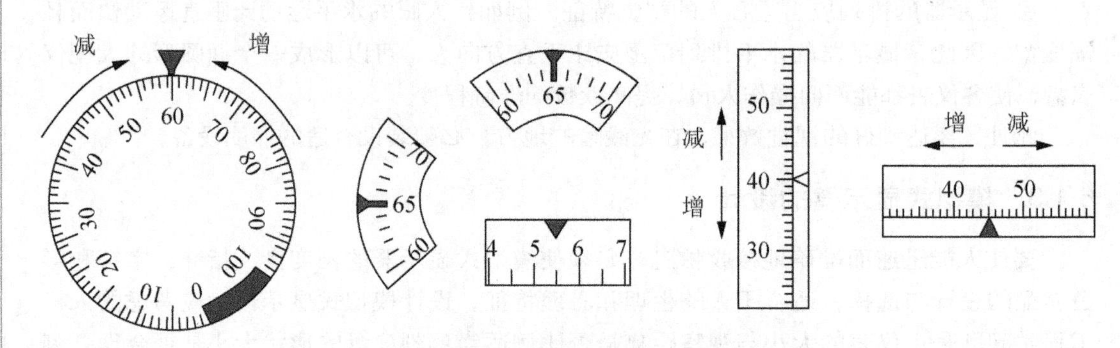


(b) 刻度盘运动而指针固定的仪表

图6.5　常用指针式仪表(续图)

2) 刻度盘的大小

刻度盘的大小与其刻度标记数量和观察距离有关。圆形刻度盘的直径随刻度标记数量和观察距离的不同而改变的情况见表6-2。

**表6-2　刻度盘直径与刻度标记数量和观察距离的关系**

| 刻度标记的数量 | 刻度盘的最小允许直径/mm | |
|---|---|---|
| | 观察距离为500mm时 | 观察距离为900mm时 |
| 38 | 25.4 | 25.4 |
| 50 | 25.4 | 32.5 |
| 70 | 25.4 | 45.5 |
| 100 | 36.4 | 64.3 |
| 150 | 54.4 | 98.0 |
| 200 | 72.8 | 120.6 |
| 300 | 109.0 | 196.0 |

当刻度盘尺寸增大时，刻度、刻度线、指针和字符都可随之增大，这样可提高清晰度；但却使眼睛的扫描路线变长，不利于认读的准确度和速度，同时也使安装面积增大，布置不紧凑。因此，刻度盘尺寸过大或过小都不适宜，应取使认读效果最优的中间值。通常，刻度盘认读效果最优的尺寸是其对应的视角在2.5°~5°范围内，只要确定了操作者与显示装置间的观察距离，就能据此算出刻度盘的最优尺寸。应当注意，设计开窗式仪表时，为了有利于认读，应当使刻度盘无论转到什么位置，都能在观察窗口内至少看得到相邻两个刻有数字的刻度线。

2. 刻度和刻度线设计

1) 刻度的大小

刻度盘上刻度线间的距离称为刻度。刻度的大小可根据人眼的最小分辨能力来确定。人眼直接读数时，刻度的最小尺寸不应小于0.6~1mm，一般宜在1~2.5mm间选取，必要时也可取为4~8mm。若用放大镜读数，最小刻度一般应取为(1/x)mm(x为放大镜的放大率)。

刻度的最小值还受所用材料的限制，钢和铝的最小刻度为1mm，黄铜和锌白铜的最小刻度为0.5mm。

刻度大小要适宜，太小不利于认读，读数的准确度和速度都低；太大则使刻度盘尺寸增大，不但不经济，而且也使认读效果降低。图6.6所示为平均读数误差与刻度大小的经验关系曲线，从曲线可以看出，当刻度小于1mm时，读数误差增长得较快。

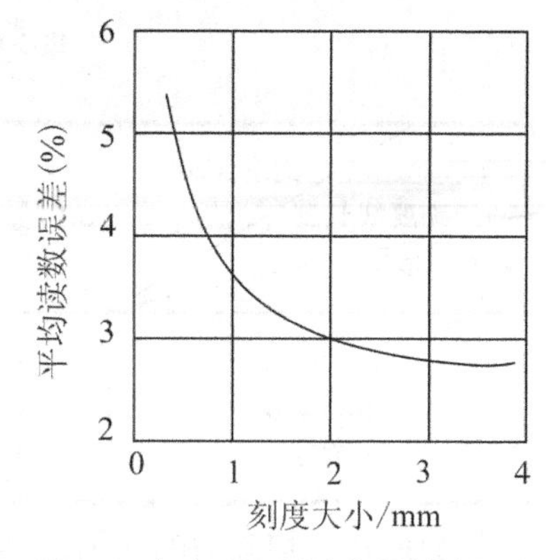


图6.6 刻度大小对读数误差的影响

2) 刻度线

每一刻度线代表一定的测量数值。刻度线一般分三级：长、中、短刻度线。3种刻度线间的最小尺寸关系如图6.7所示。在足够的照明条件下，当观察距离L(人眼至刻度线的距离)一定时，刻度线的长度见表6-3。

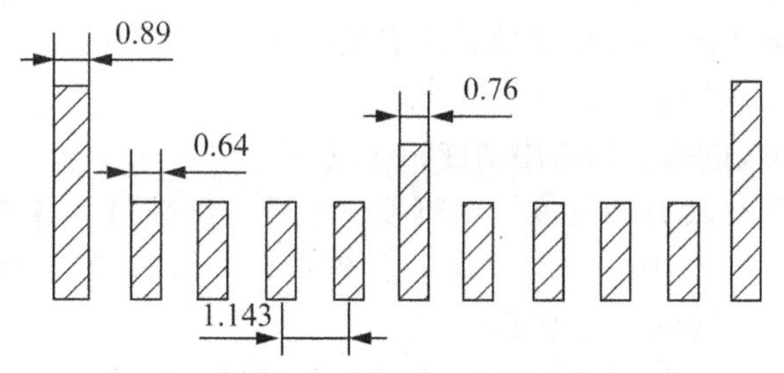


图6.7 刻度标记间距及宽度最小值/mm

**表6-3 刻度线长度与观察距离的关系**

| 刻度线等级 \ 刻度线长度/mm \ 观察距离/m | <0.5 | 0.5~0.9 | 0.9~1.8 | 1.8~3.6 | 3.6~6.0 |
|---|---|---|---|---|---|
| 长刻度线 | 5.5 | 10.0 | 20.0 | 40.0 | 67.0 |
| 中刻度线 | 4.1 | 7.1 | 14.0 | 28.0 | 48.0 |
| 短刻度线 | 2.3 | 4.3 | 8.6 | 17.0 | 19.0 |

刻度线最小长度可按下列近似计算式计算

长刻度线长度＝L/90　中刻度线长度=L/125　短刻度线长度＝L/200　　(6-1)

刻度线间距可在L/600~L/50范围内选取。刻度线长度与刻度大小的关系见表6-4。刻度线宽度一般可取为刻度大小的5%~15%，以10%左右为最优。刻度线宽度对读数误差的影响如图6.8所示。

表6-4　刻度线长度与刻度大小的关系

单位：mm

| 刻度线等级 \ 刻度线长度 \ 刻度大小 | 0.15~0.3 | 0.3~0.5 | 0.5~0.8 | 0.8~1.2 | 1.2~2 | 2~3 | 3~5 | 5~8 |
|---|---|---|---|---|---|---|---|---|
| 长刻度线 | 1.8 | 2.2 | 2.8 | 3.3 | 4.0 | 6.0 | 6.0 | 8.0 |
| 中刻度线 | 1.4 | 1.7 | 2.2 | 2.6 | 3.0 | 4.5 | 4.5 | 6.0 |
| 短刻度线 | 1.0 | 1.2 | 1.5 | 1.8 | 2.0 | 3.0 | 3.0 | 4.0 |

刻度盘上刻度值的递增顺序称为刻读方向，其形式随刻度盘类型的不同而不同，一般都是从左到右、自上而下或顺时针方向。

刻度值的标注数字应取整数，避免采用小数或分数，更要避免需经换算后才能读出的标度数字。

为了使每一刻度线所代表的被测值一目了然，便于迅速认读，每一刻度线最好代表被测量的一个单位值或2个、5个单位值，或者是$1\times10^n$、$2\times10^n$、$5\times10^n$($n$为正整数)倍单位值。标数进级系统的选用应遵照以下原则。

(1) 最小刻度的标数进级应与读出精度相适应。

(2) 当仪表刻度同时具有大刻度、中刻度、小刻度三级时，各级刻度的标数进级系统应相互兼容。例如：大、中、小、刻度可分别选用0，10，20，30，…；0，5，10，15，…；0，1，2，3，…的标数进级系统。

(3) 同时使用多个仪表时，相同功能的仪表的标数进级系统应当一致。

(4) 带有小数的刻度标数，小数点前的“0”应该省略。

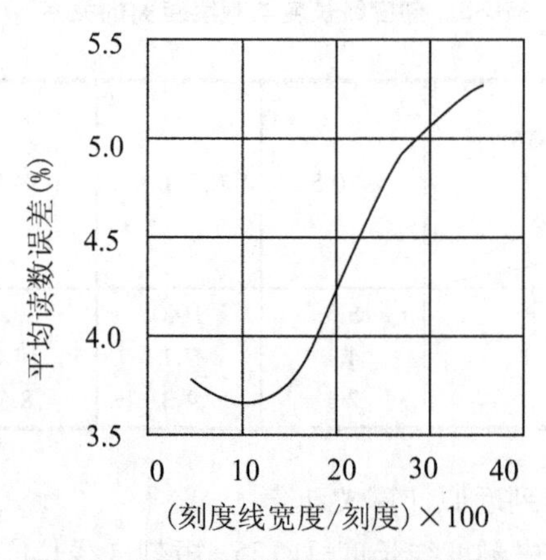


图6.8　刻度线宽度对读数误差的影响

3. 文字符号设计

用得最多的字符是数字、汉字、拉丁字母及各种专用符号。为了清楚地显示信息，使人们准确而迅速地认读，必须根据人机工程学的要求，寻求字符的最优设计。

1) 字符的形状

对字符形状的要求是简单醒目，因此宜多采用直线和尖角，加强各字体本身特有的笔划，以突出“形”的特征。避免采用草体和装饰形体。图6.9所示是数字的3种基本形体，在视觉条件较差的情况下，用图6.9(a)或图6.9(b)的形体较合适；在视觉条件较好的情况下，用图6.9(c)的形体较合适。图6.9(d)被认为是较好的字体设计之一。

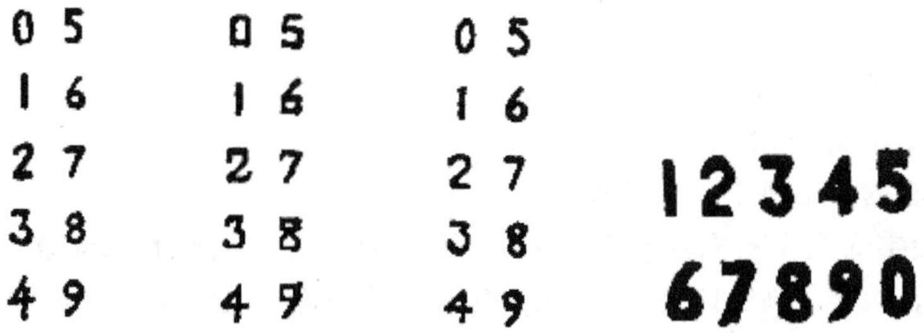

| 0 5<br>1 6<br>2 7<br>3 8<br>4 9 | 0 5<br>1 6<br>2 7<br>3 8<br>4 9 | 0 5<br>1 6<br>2 7<br>3 8<br>4 9 | 12345<br>67890 |
|---|---|---|---|
| (a)圆弧形 | (b)方角形 | (c)混合形 | (d)推荐字体 |

图6-9　数字的形体

汉字的基础字体是宋体(包括仿宋体)和黑体。这两种字体字形方正、庄重醒目。其基本笔划有：横、竖、撇、捺、点、挑、折、钩8种。宋体的笔划是：横平竖直形方正，粗竖细横三角梢；上尖下圆瓜子点，钩缺半圆捺弯腰；口型上下都出头，尖峰锐利形似刀，点、撇、捺、挑、钩与竖，笔划等齐显端庄。黑体的笔划特点是：方体、等线即黑体，横平竖垂形正方，笔划等粗很统一，方头方尾显粗犷；角分锐、顿，点带斜，撇、捺呈弧钩缺角；口字上面不出头，笔划端头稍加粗。宋体、黑体字的笔划组合具有一定的规律性，其要点是笔划粗细比例和偏旁分割比例都要恰当，才能使字体严谨、匀称、美观。汉字基础字体的基本笔划如图6.10所示。

| 笔划＼字体 | | 宋体 | 黑体 | 笔划＼字体 | | 宋体 | 黑体 |
|---|---|---|---|---|---|---|---|
| 横 | | 一 | 一 | 点 | 左斜点 | 六 | 六 |
| 竖 | | 十 | 十 | 点 | 右斜点 | 心 | 心 |
| 挑 | | 抬 | 抬 | 点 | 挑点 | 江 | 江 |
| 撇 | 竖撇 | 厂 | 厂 | 捺 | 斜捺 | 又 | 又 |
| 撇 | 平撇 | 千 | 千 | 捺 | 平捺 | 迁 | 迁 |
| 撇 | 斜撇 | 义 | 义 | 捺 | 侧捺 | 八 | 八 |

| 笔划 | | 宋体 | 黑体 | 笔划 | | 宋体 | 黑体 |
|---|---|---|---|---|---|---|---|
| 钩 | 竖钩 | 水 | 水 | 钩 | 竖平钩 | 化 | 化 |
| 钩 | 左弯钩 | 狂 | 狂 | 钩 | 折弯钩 | 刀 | 刀 |
| 钩 | 右弯钩 | 戈 | 戈 | 钩 | 折平钩 | 乙 | 乙 |

| 宋体笔划特点 | 黑体笔划特点 |
|---|---|
| 横平竖直那方正，<br>粗竖细横三角梢；<br>上尖下圆瓜子点，<br>钩缺半圆捺弯腰；<br>口型上下都出头，<br>尖峰锐利形似刀；<br>点，撇，捺，挑，钩与竖，<br>笔划等齐显端庄。 | 方体、等线即黑体，<br>横平竖垂形正方；<br>笔划等粗很统一，<br>方头方尾显粗犷；<br>角分锐、顿，点带斜，<br>撇捺呈弧钩缺角；<br>口字上面不出头，<br>笔划端头稍加粗。 |

图6.10　汉字基础字体的基本笔划

2) 字符的大小

在便于认读和经济合理的前提下，字符应尽量大一些。字符的高度通常取为观察距离的l/200，并可按式(6-2)近似计算

$$H = La/3600 \tag{6-2}$$

式中

$H$——字符高度(mm)；

$L$——观察距离(mm)：

$a$——人眼的最小视角，一般取为10° ~30° 。

字母、数字的宽度和笔划粗细，采用下列比例可获得较好的认读效果：拉丁字母的高宽比为5∶3，数字的高宽比为3∶2，笔划宽度与字符高度之比为(1∶8)～(1∶6)。

照明情况和背景亮度对字符粗细有重要影响。低照度、字符与背景的亮度对比较低、观察距离比较大、字符较小以及黑色字符置于发光背景上等情况，字符宜粗，笔划宽对字符高的比值可取(1∶5)~(1∶6)；黑底白字且亮度对比较大、照度较高及发光字母置于黑色背景上等情况，字符可细，笔划宽对字符高的比值可取为(1∶10)～(1∶12)，甚至更小，一般情况则取折中数据，笔划宽对字符高的比值可取1∶8左右。图6.11为大写拉丁字母的一种推荐设计。

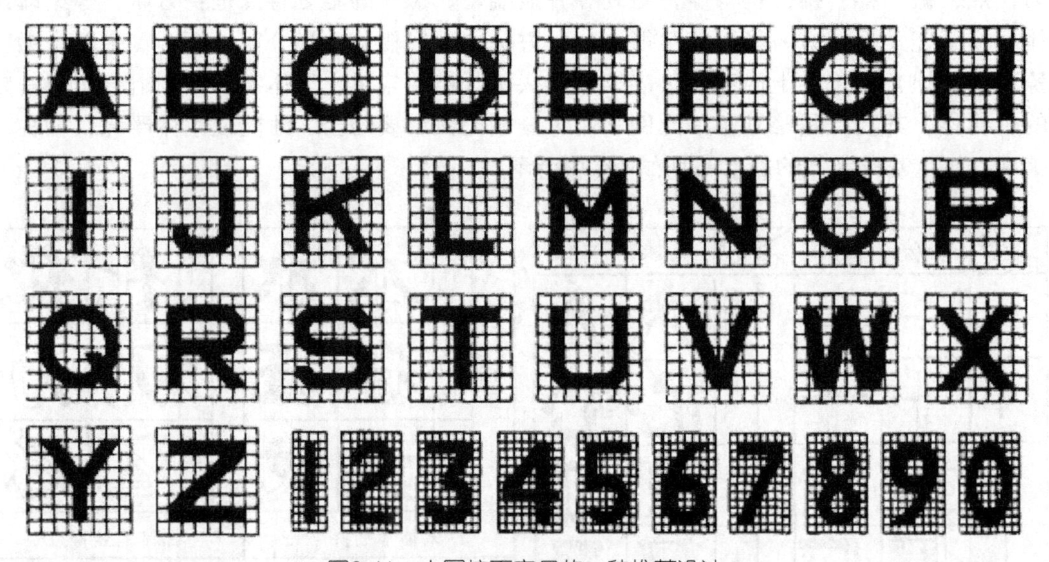


图6.11 大写拉丁字母的一种推荐设计

3) 数字的立位

刻度线上标度数字的立位应与指针垂直或取正竖立位，使数字正对着操作者，以利于认读(图6.12)。在刻度盘上，除刻度线和必需的字符外，不应有任何附加的装饰纹样、图形或文字，即使非要表明工作状态不可的文字说明，也要安排适当，使刻度盘简单、清晰、明确，对字符视线集中，达到认读准确而迅速的要求。

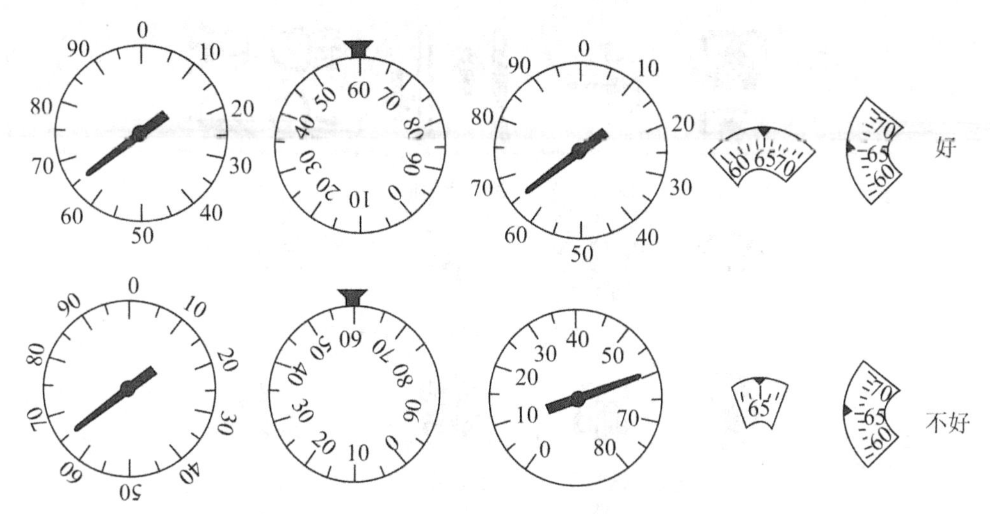


图6.12 数字的立位好与不好的示例

4) 符号和标志

形象符号和几何标志代替文字和数字，有助于提高辨认速度和准确度，例如用右箭头“→”表示方向要比用文字“右”标注更易于判别。符号和标志的形状同它的使用条件有密切关系。简单的符号只有一个形状特征，如三角形、四边形等；较复杂的符号，除主要特征外，还有1~2个辅助特征，如符号外表或内部的箭头、字母等；复杂的符号，除主要特征外，还有若干个组合在一起的辅助特征。在符号传递的信息量大体相同的条件下进行的对比试验得出，辨认速度和准确度与需要识别的特征数量之间的关系见表6-5。由表6-5可以看出，辨认简单的符号和辨认复杂的符号，其辨认速度和准确度都比辨认较复杂的符号低。因此，符号和标志的复杂程度以适中为宜，需要识别的特征数以2~3个较为合适。

**表6-5 辨认速度和准确度与需要识别的特征数量之间的关系**

| 辨认速度和准确度指标 | 符号的复杂程度 | | |
|---|---|---|---|
| | 简单的 | 较复杂的 | 复杂的 |
| 出现的时间极限/s | 0.034 | 0.053 | 0.169 |
| 感觉—语言反应时间/s | 3.11 | 2.70 | 3.13 |
| 错误率/% | 10.80 | 2.20 | 2.50 |

图形标志具有形象、直观的优点。设计精良的图形标志能够简化人对编码信息的识别和加工过程，从而提高人的信息传递效率。根据人的视觉特性和视觉运动规律，图形标志的设计应当遵循以下原则。

(1) 图形标志应明显突出于背景之中，使图形与背景形成较大的反差。

(2) 图形边界应明确、稳定。

(3) 应尽量采用封闭轮廓的图形，以加强其视觉效果。

(4) 图形标志应尽可能简单，表示不同对象的标志都应蕴含有利于理解其含义的特征。

(5) 应使显示部分结合成为统一的整体。

图6.13所示为机动车辆上使用的一些图形符号的例子。

图6.13　机动车辆上使用的图像符号示例

4. 指针设计

指针的设计应适合人的视觉特征，以提高读数的速度和准确性。指针设计的人机工程学问题，主要包括指针的形状、大小、颜色、零点位置及指针与仪表面的关系等内容。

1) 指针的形状和大小

指针的形状要简单、明确，不要有装饰。指针以尾部平、头部尖、中间等宽或狭长三角形的形状为好。图6.14所示为指针的基本形状。

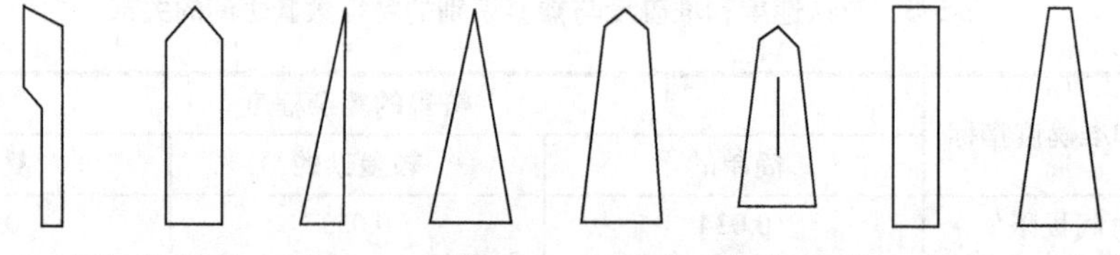


图6.14　指针的基本形状

指针针尖宽度应与最短刻度线等宽，或等于刻度大小的10-n(n为正整数)。若针尖宽度小于最短刻度线宽度，则指针在刻度线范围内的移动不易看清。反之，若大于最短刻度线宽度，则指针在两刻度线之间时，估读精度就会降低。针尖宽度不应大于两最短刻度线间的距离，否则将无法进行内插读数。在需要进行内插读数的情况下，指针针尖宽度最好设计成正好等于一个内插单位，以利于借助针尖宽度来帮助内插读数的估计。

指针长度要合适，针尖不要覆盖刻度线，一般宜离开刻度线记号1.6mm左右。圆形仪表的指针长度不要超过仪表刻度盘面的半径。若为了平衡重量需要使指针长度大于仪表面的半径，则宜将针尾超过半径部分的颜色漆成与刻度盘面的颜色相同。

圆形仪表指针的长宽比宜取为8∶1或36∶1，宽厚比宜取为10∶1。正常光照下，观察距离为460~710mm时，指针宽度应为0.8~2.4mm；荧光指针应偏窄些；需要精确读数的仪表，指针应当细些，短的指针应偏宽些。

2) 指针的零点位置

指针零点位置的选取与仪表的使用情况有关。圆形仪表的指针零点位置多在时针12点钟或9点钟位置上，警戒用圆形仪表应设计成警戒区处于时针12点钟或靠近12点钟的位置，危险区和正常区分列于它的两侧，通常按顺时针方向排列，依次为：正常区—警戒区—危险区。许多检查用仪表排列在一起时，应当使它们的指针的零点位置处于同一方向，这样一眼就可看出这组仪表中哪一个或哪几个仪表读数不正常，而无需逐个认读。在这种情况下，指针零点位置以时针9点钟位置为最优(图6.15(a))，根据不同情况，也可采用上下相对的方向(图6.15(b))，或都是12点钟的方向(图6.15(c))。当圆形仪表数量很多、排列成阵时，可将各仪表指针的零位用辅助线连接成连续的直线，使得其中任一仪表的指针偏离零位时，操作者都容易很快发现。

3) 指针与刻度盘面的关系

一般原则是指针尽量贴近刻度盘面，但又不与刻度盘面接触，以减小由于人的双眼视差和双眼不对称等因素引起的认读误差。指针的长度最好设计成针尖刚刚与最小的刻度相接而不产生重叠。在需要内插读数的情况下，针尖最好与最小刻度有一个很小的间距，当观察距离为460~710mm时，此间距应为0.14~0.28mm或更小些，或者使它不大于视角16°。对精度要求很高的仪表，指针与刻度盘面应装配在同一平面内。

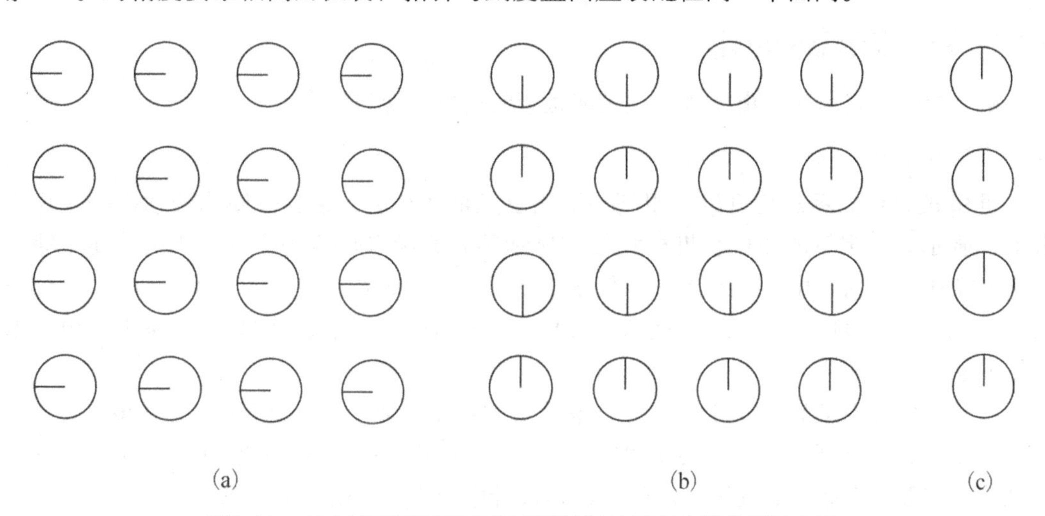


图6.15　多个检查用仪表成组排列时指针零点位置的设计方案

4) 指针的颜色和涂料

指针的颜色与刻度盘的颜色应有鲜明的对比，而指针与刻度线、字符的颜色则应该一样。荧光涂料的指针，认读效果并不好，但在指针中央涂上一条荧光的细线直至针尖，却有好处。

5. 指针式仪表的颜色匹配

指针式仪表的颜色匹配，重点要考虑仪表盘面部分。为了使盘面部分清晰显眼，应当利用色觉原理进行颜色的搭配，不同颜色搭配时的配色效果见表6-6。最清晰的配色是黑底黄字，最模糊的配色是黑底蓝字。在实际使用中，由于黑白两种颜色比较容易掌握以及习惯的原因，经常采用黑底白字或白底黑字。

**表6-6　不同颜色搭配时的配色效果**

| 颜色 \ 顺序 \ 效果 | 清晰的配色效果 | 模糊的配色效果 |
|---|---|---|
| | 1 2 3 4 5 6 7 8 9 10 | 1 2 3 4 5 6 7 8 9 10 |
| 底色 | 黑 黄 黑 紫 紫 蓝 绿 白 黑 黄 | 黄 白 红 红 黑 紫 灰 红 绿 黑 |
| 被衬色 | 黄 黑 白 黄 白 白 白 黑 绿 蓝 | 白 黄 绿 蓝 紫 黑 绿 紫 红 蓝 |

在匹配颜色时，需注意醒目色的应用，意思是说，配置与周围的色调特别不同的颜色时特别醒目。醒目色的应用与颜色的搭配有着既相似而又不同的特点。例如，红与绿搭配，虽很模糊，但若用得恰当，却可收到鲜艳夺目的效果；相反，黑色与黄色搭配，虽很清晰，可是若把所有仪表的盘面都做成这样的配色，反倒得不到清晰醒目的效果。许多仪表安装在一块仪表板上，更需注重把总体的颜色搭配好，使总体颜色协调、淡雅，富有亲切感和明快感。让总体的配色效果既满足仪表的功能要求，又满足使用者的审美要求。用不同的颜色区分作业范围或作业情况，有利于操作者迅速察觉和处理，对于一些重要的视觉显示装置或其中显示报警、危险、安全、方向等重要信息的部位，常需有意地配以不同的颜色，使之突出醒目，便于区分和认读。

### 6.1.4　数字显示器的设计

数字显示有机械式、电子式和使用阴极射线管的计算机控制式。

1. 机械式数字显示设计

机械式数字显示器是将数字印制在滚筒上或金属片上，通过滚筒的转动或金属片的滑动，显示数字字符的变化。机械式数字显示装置的优点是结构简单、使用方便，缺点是有可能在显示窗口中只显示出一个数字中的半个字形，如只显示出“8”字的下半部分或“9”字的上半部分，从而造成读数错误。另一方面，机械式数字显示器也容易出现卡住的现象。

对于数字显示装置中数字的设计，最重要的是保证数字之间易于区别。如0、3、6、8、9等数字就不易区别，如再与字母B、D等合并使用，就更加不易区别。因此，改进字形设计，使数字之间不易混淆，是数字显示设计中应当认真研究的问题。

数字的适宜尺寸与观察距离、对比度、照明以及显示时间等因素有关。彼德斯(Peters)和亚当(Adam)所提出的数字与字母适宜尺寸的计算公式如下

$$H = 0.0022D + K_1 + K_2 \tag{6-3}$$

式中

$H$——字高(in)(1in=25.4mm)；

$D$——视距(in)。

$K_1$为照明和阅读条件校正系数。对于高环境照明，当阅读条件好时，$K_1$取0.06in；当阅读条件差时，$K_1$取0.16in。对于低环境照明，当阅读条件好时，$K_1$取0.16in；当阅读条

件差时，$K_1$取0.26in。

$K_2$为重要性校正系数。一般情况下，$K_2 \to 0$；对于重要项目，如故障信号，$K_2$可取0.075in。在实际应用中，如果照明条件不良和为了照顾近视患者，数字的高度尺寸还可适当放大些。

数字的笔划宽度一般以其与字高的比值表示。数字的笔划宽度与字高的最佳比值，有人以黑底白色字和白底黑色字两种情况进行实验，实验结果如图6.16所示。

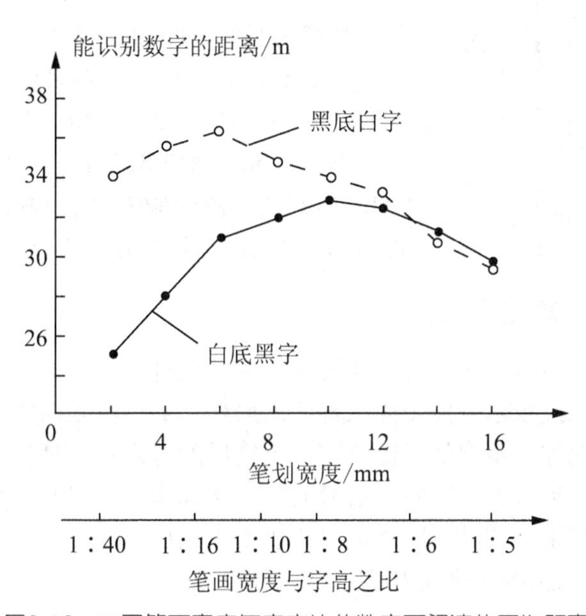


图6.16　不同笔画宽度与字高比的数字可阅读的平均距离

由图6.16可知，数字笔划宽度与字高的最佳比值，对于白底黑字为1∶8，此时，观察距离达到33mm时仍可辨别字迹；对于黑底白字为1∶13时，观察距离达到36mm时仍可辨别字迹。笔划宽度与字高之比在1∶7~1∶40之间时，看清黑底上的白字比看清白底上的黑字，距离要远一些。产生上述现象的原因是由于白底的光渗效应，即白光渗入到黑字区域，使黑字不易被看清。

2. 电子数字显示设计

常用的电子数字显示装置有液晶显示(LCD)和发光二极管显示(LED)。电子显示的优点如下所述。

(1) 显示出的数字总是落在观察者视网膜的同一个位置，不发生数字闪动或滚过的现象。

(2) 发光二极管本身发光，不需外加照明，在暗处也可阅读(但液晶显示需要有背景照明)。

(3) 能方便地与计算机或各种电气控制系统联接。

(4) 可运用彩色编码显示。

电子式数字显示的缺点是数字由直线段组成(常分为7段)，没有一般手写体数字的弯曲部分，因此，需要快速认读时极易误读。同时，不同数字间的间隙也不同，如图6-17所示。为了避免数

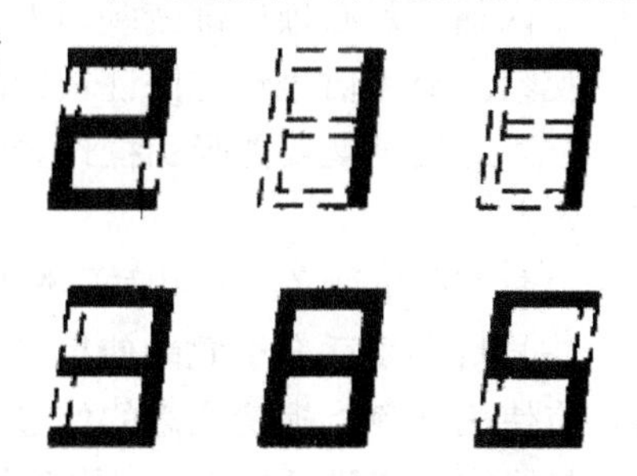

图6.17　由7段直线段组成的电子数字显示器

图6.18 5×7圆点阵

字之间的混淆，有人提出，对于组成数字的7段直线，可采用不同的线段宽度，上面的和右面的线段宽度可取为其余四段直线宽度的2/3。此外，实验证明，使用点阵构成的数字(图6.18)，也可使数字之间混淆的可能性大为减少。常用的有瓦塔贝迪安7×9圆点阵、7×9方点阵和马多克斯5×7点阵等。

3. 使用阴极射线管(CRT)的计算机控制式

由于CRT的适应性、良好性能和低成本，色彩和灰度可调、高分辨率、高亮度和高可视尺寸，其依然具有一定的优势，但受制于其体积大、重量大、用电量大、CRT图像必须周期性刷新、有电磁辐射等缺陷，逐渐被液晶显示(LCD)和发光二极管显示(LED)所取代。

### 6.1.5 信号灯和报警信号设计

信号灯和报警信号是显示装置中不可缺少的组成部分。按其功能分主要有两类：一类是提供监控者注意或指示监控者应执行什么操作；另一类是向监控者报告执行系统的运行状态或异常情况等。报警信号显示有一个突出的特点：一种信号装置只具有一种功能，只指示或报告一种状态，以防止信号混乱。例如运行信号装置只指示系统在正常运行，报警信号装置只报告某种不安全情况将要发生或已经发生，故障信号装置只报告系统中出现了故障或系统中哪一部分出现了什么故障等。

1. 信号灯设计

信号灯的优点是面积小、观察距离远、引人注目、简单明了。缺点是信息负荷有限，当信号灯数量太多时，会形成杂乱和干扰。

大多数情况下，信号灯只是用来指示一种状态或要求，如车辆转向信号灯用来指示转弯方向，故障信号灯用来指示某一部件出了故障。在某些情况下，信号灯也可用来传递信息，如用灯光信号进行通信联络。

信号灯的设计必须适合它的使用目的和使用条件，保证信息传递的速度和质量。下列设计原则具有广泛的指导意义，大体上也适用于信号灯以外的其他标志符号的设计。

1) 信号灯的视距和亮度

信号灯必须清晰醒目并保证一定的视距。

车内信号灯必须保证驾驶员看得清楚，又不能太亮而造成眩目或夜间影响对车外情况的观察。交通信号灯应保证较远的视距，而且在日光明亮和恶劣气象条件下都清晰可辨。信号灯的亮度要能吸引操作者的注意，其亮度至少是背景亮度的两倍，而背景最好灰暗无光。

2) 信号灯的颜色、形状和闪烁频率

信号灯必须适合于它的使用目的。作为警戒、禁止、停顿或指示不安全情况的信号灯，应使用红色；提请注意的信号灯，宜使用黄色；表示正常运行的信号灯，应使用绿色；其他信号灯则用白色或别的颜色。

当信号灯很多时，不仅用颜色区别，还需用形象化的形状加以区别，这样更有利于辨认。信号灯的形象化最好能与它们所代表的意义有逻辑上的联系。例如用“→”代表方向；用“⊖”或“⊗”表示禁止；用“！”表示警告或危险；用较高的闪烁频率表示快速；用较低的闪烁频率表示慢速。闪光信号比固定光信号更能引起注意，应在需要突出显示的场合加以恰当使用。闪光信号灯的闪烁频率一般为0.67~1.67Hz，亮与灭的时间比在1∶1~1∶4之间。

3) 信号灯与操纵器和其他显示装置的协调性

信号灯应当与操纵器和其他显示装置协调安排，避免发生干扰。当信号灯的含义与某种操作响应相联系时，必须考虑它与操纵器和操作响应的协调关系。例如，指示进行某种操作的信号灯最好设在相应的操纵器的上方或下方；信号灯的指示方向要同操作活动的方向相适应(如拖拉机、汽车上的转向指示灯，开关向左扳，左灯亮，表示向左转弯；开关向右扳，右灯亮，表示向右转弯)。有的信号灯仅用来揭示某个部件或某个显示器发生故障，为了既能引起操作者的注意，又能方便地找到发生故障的地方，最好在视野中心处和靠近有关部件或显示器处各装设一个信号灯，使两者同时显示。

信号灯系统应同其他显示装置形成一个整体，避免相互重复和干扰，例如，强信号灯须离开照明较弱的仪表远一些，倘若必须相互靠近，则信号灯就不能太强。信号灯过多会冲淡操作者对重要信号的警觉，在此情况下，应设法采用别的显示方式来替代次要的信号灯。

4) 信号灯的位置设计

信号灯应安设在显眼的地方。性质重要的信号灯必须安置在视野中心3°范围之内；一般信号灯应安排在离视野中心20°范围之内；只有相当次要的信号灯才允许安排在离视野中心60°~80°范围内。所有信号灯都要求设在操作者不用转动头部和转身就能看见的视野范围内。重要的信号灯应当与其他信号灯有明显的区别，使之十分引人注目，必要时可采用视、听或视、触双重感觉通道的信号。

5) 信号灯的编码

表示复杂信息内容的信号灯系统，应当采用合适的编码方式，避免采用过多的单个信号灯。多维量重叠编码的方式，比只用一个维量的编码方式更有利于相互区别，抗干扰能力也更强。信号灯编码方式常以颜色编码为主，辅之以形状编码和亮度编码。颜色编码不宜超过22种不同的色彩，否则容易混淆和错认。最好只用以下10种编码颜色：黄、紫、橙、浅蓝、红、浅黄、绿、紫红、蓝、粉黄。以上顺序是按不易混淆的程度排列的，并不表示它们单独呈现时的清晰度。例如，就单个信号的清晰度而言，蓝绿色灯光最清晰，但它与别的颜色信号并用时，不易混淆的程度却不如黄色和紫色。

### 6.1.6 听觉报警信号的设计

人的听觉通道具有反应时间短，方向性不强，受纳信息范围广泛，易于引起不随意注意以及不受照明条件限制等特点，因此报警信息通常采用听觉信号传递。

#### 1. 常用的几种听觉报警器

1) 蜂鸣器

蜂鸣器是一种低声压级、低频率的声音柔和的音响装置。在较宁静的工作环境中，蜂鸣器与信号灯同时使用，可提请操作者注意，提示操作者去完成某种操作或者指示某种操作正在进行。汽车驾驶员在操纵汽车转弯时，驾驶室的显示仪表上就有一个信号灯亮和蜂鸣器鸣笛，显示汽车正在转弯，直到转弯结束。蜂鸣器还可以作为报警器使用。

2) 铃

随用途的不同，铃的声压级和频率也不同。例如，电话铃声的声压级和频率只略高于蜂鸣器，而提示上下班时间或报警的铃声，其声压级和频率则较高，可用于较高强度噪声环境中。

3) 角笛和汽笛

角笛有低声压级、低频率和高声压级、高频率两种。汽笛声强高、频率也高，可作远距离传送，适用于紧急状态时报警。汽笛声频率高，声强也高，较适合用于紧急事态的音响报警装置。

4) 警报器

警报器是一种高强度，声音强度大，可传播距离远，频率由低到高的报警装置。它发出的声音富有调子的上升和下降，可以抵抗其他噪声干扰，特别能引起人们的注意，并强制地使人接受。警报器主要用作危急事态的报警，如防空警报、救火警报等。表6-7为音响传达报警器的强度和频率参数。

表6-7 音响传达报警器的强度和频率参数

| 使用范围 | 报警器的类型 | 平均声压级/dB | | 可听到的主要频率/Hz | 应用举例 |
|---|---|---|---|---|---|
| | | 距装置3m处 | 距装置1m处 | | |
| 用于较大区域或高噪声环境中 | 100mm铃 | 65~77 | 75~83 | 1000 | 用作工厂、学校、机关、上下班的信号，报警的信号 |
| | 150mm铃 | 74~83 | 84~94 | 600 | |
| | 255mm铃 | 85~90 | 95~100 | 300 | |
| | 角笛 | 90~100 | 100~110 | 5000 | 主要用于报警 |
| | 汽笛 | 100~110 | 110~121 | 7000 | |
| 用于较小区域或低噪声环境中 | 低音蜂鸣器 | 50~60 | 70 | 200 | 用作指示性信号 |
| | 高音蜂鸣器 | 60~80 | 70~80 | 400~1000 | 可作报警器用 |
| | 25mm铃 | 60 | 70 | 1100 | 用于提醒人们注意的场合，如电话铃，门铃，也可用作小范围内的报警信号 |
| | 50mm铃 | 62 | 72 | 1000 | |
| | 75mm铃 | 63 | 73 | 650 | |
| | 钟 | 69 | 78 | 500~1000 | 用作报时 |

2. 听觉报警信号的设计原则

对于听觉报警信号的设计，最为重要的是，报警声音必须同操作者工作环境中的其他声音有明显区别，易于引起操作者的警觉。一般应注意如下设计原则。

(1) 在噪声环境中，为使报警信号易于为操作者所识别，必须将噪声掩蔽效应减至最小。因此，应选择与任何背景噪声频率区别较大的频率作为报警信号频率。

(2) 一般应以听觉最为敏感的音频500～3000Hz，作为报警信号的频率。长距离传送报警信号时，应使用低于1000Hz的频率，而绕过障碍或者穿过隔板传递报警信号，应使用低于500Hz的频率。

(3) 为使报警信号与环境噪声以及其他正常信号有明显区别，以引起人们的特别注意，可采用突发的高强度的音响信号、音调有高低变化的变频信号或者间断的声音信号。

(4) 对于特别重要的报警信息，最好同时使用听觉通道和视觉通道传递信息，以防信号脱漏。

(5) 听觉报警信号的配置不宜过多。听觉显示装置除传递告警信息，也可传递低水平的定量信息、定性信息和简单的一维跟踪信息。

### 6.1.7　仪表板的总体设计

仪表板总体设计的人机工程学问题，主要是仪表板的位置、仪表板上的仪表排列及最优认读区域的选择等设计任务。

1. 仪表板的空间位置

为了保证高工作效率和减轻人的疲劳，仪表板的空间位置应使操作者不必运动头部和眼睛，更不需移动身体位置就能看清全部仪表。

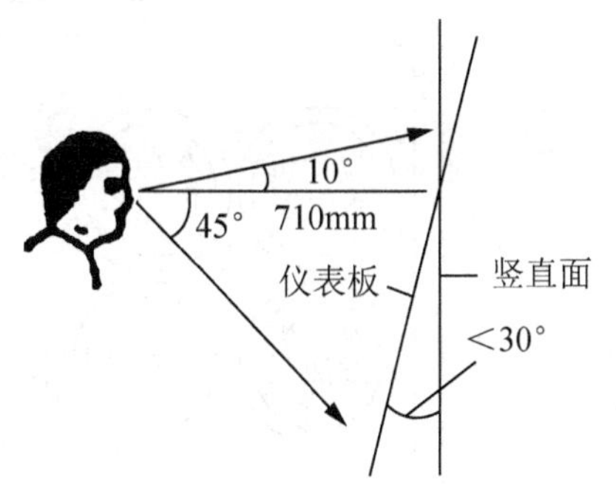

图6.19　仪表板的空间位置

仪表板离人眼的距离最好是710mm左右，其高度最好与眼平齐，板面上边缘的视线与水平视线的夹角不大于10°，下边缘的视线与水平视线的夹角不大于45°。仪表板应与操作者的视线成直角，至少不应小于60°，当人在正常坐姿下操作时，头部一般略自然前倾，所以布置仪表板时应使板面相应倾斜，如图6.19所示，通常，仪表板与地面的夹角为60°~75°。

一般的仪表板都应布置在操作者的正前方。当仪表板很大时，可采用弧形板面或弯折形板面(图6.20)，操作者的巡检视角一般不能大于120°，边缘视线与仪表板的夹角不应小于45°。单人使用的弯折形仪表板，两侧板面与中间板面之间的夹角以115°为最优，两人使用的可增大到125°~135°。

仪表板的位置不得妨碍操作者对周围环境的观察。

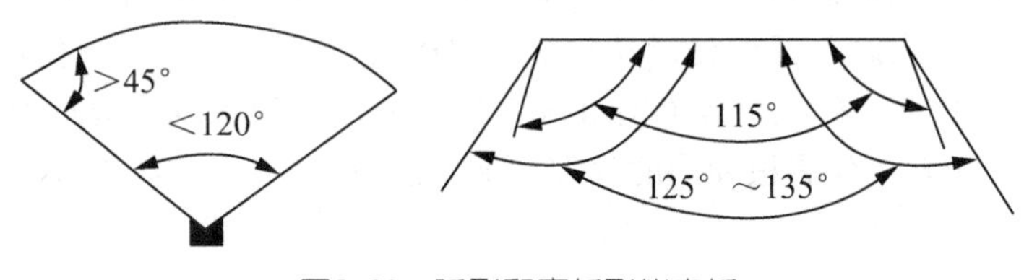

图6.20　弧形和弯折形仪表板

2. 仪表板上的仪表排列

根据视觉运动规律，仪表板面一般应呈左右方向为长边的长方形形状，板面上的仪表排列顺序最好与它们的认读顺序相一致。相互联系越多的仪表应当布置得越靠近，仪表的排列顺序还应当考虑到它们彼此间逻辑上的联系。最常用、最主要的仪表应尽可能安排在视野中心3°范围内，这是人的最优视区。一般性仪表允许安排在20°~40°视野范围内，40°~60°视野范围只允许安排次要的仪表。

各仪表刻度的标数进级系统，原则上应尽可能一致。例如，每个小刻度一律代表1或1°，一律采用每10个小刻度为一个大刻度等。仪表的设计和排列还需照顾到它们与操纵装置之间的相互协调关系。当仪表很多时，应按照它们的功能分区排列，区与区之间应有明显的区别，比如一个区的仪表板用灰色背景，另一个区用黑色或其他颜色的背景，第三区用细的竖条线或细点子作为背景等；各区之间也可用明显的分界线或图案加以区分，仪表分区所采用的图案最好能与仪表的功能相联系。性质重要的仪表区，在仪表板上要有引人注目的背景。在仪表板上划出各分区仪表之间功能上的关系(如仪表联系方框图)，也有助于认读。图6.21是美国SAE J209号标准(美国汽车工程师协会第J209号标准)推荐的一种仪表板上仪表的分区和排列形式。

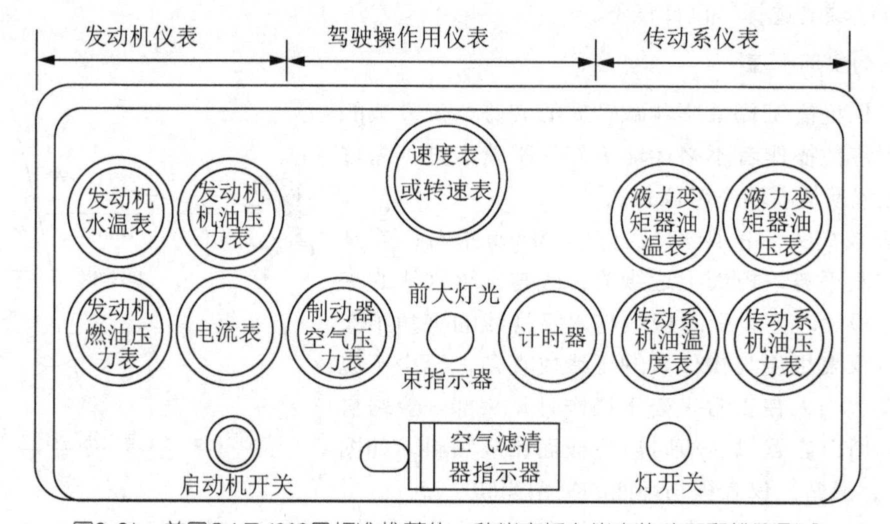


图6.21　美国SAEJ209号标准推荐的一种仪表板上仪表的分区和排列形式

### 3. 仪表板面的有效认读范围

试验指出，观察距离为800mm时，若眼球不动，则水平视野20°范围为最优认读范围，其正确认读时间为1s左右。当水平视野超过24°以外，正确认读时间开始急剧增加，因此24°是最优认读范围的极限，此即图6.22(a)中的I区范围。认读24°范围以外(图6.22(a)中的Ⅱ区)的仪表时，需要先运动头部和眼球去寻找目标，然后才认读仪表读数。由于视觉系统机能的不对称性，因而对Ⅱ区左边部分仪表的正确认读时间的增长率要比右边部分更高。对于整个仪表板面内的仪表，平均正确认读时间不超过6s。

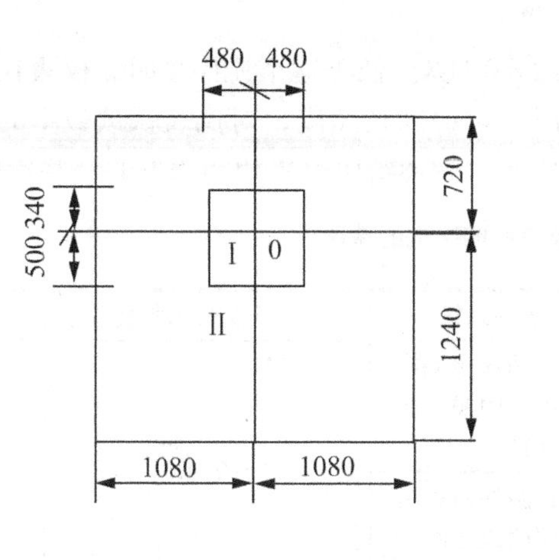


(a)仪表板面的尺寸范围

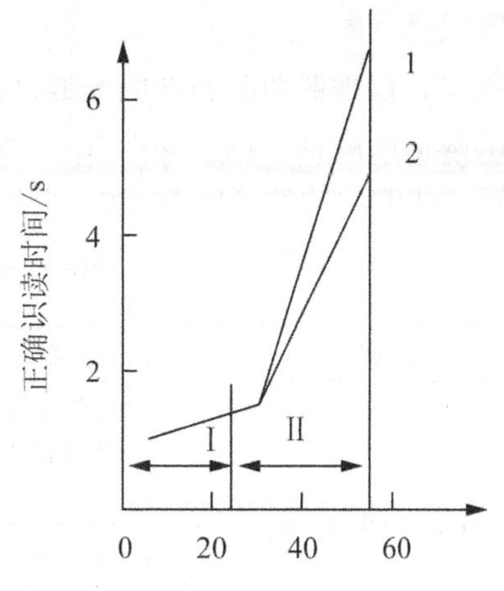


(b)正确认读时间曲线

图6.22 仪表板面的有效认读范围(尺寸单位：mm)

I——仪表板面的最优认读区；II——仪表板面的有效认读区；0——视野中心点；

1——对仪表板面左边部分仪表的正确认读时间曲线；2——对仪表板面右边部分仪表的正确认读时间曲线

### 6.1.8 仪表的照明设计

在夜间或作业环境的光照条件很差的情况下，仪表照明是操作人员在工作位置上或驾驶员在驾驶室内观察仪表显示读数所必需的条件。仪表照明不仅影响仪表的认读效率，而且影响操作者对周围环境的观察效率。

1. 仪表照明与周围照明的关系

一般说来，周围环境的光照度与仪表照明区的光照度相近时，观察效率较高。周围环境的光照度不宜大于或小于仪表照明区光照度的10倍。夜间行驶的车辆，为了保证对车外环境观察的视觉效率，仪表照明的光照度应在能看清指示的前提下尽可能低。

2. 仪表照明的方式

(1) 外照明。用灯光照射仪表板。这种照明方式需注意避免外照射光在仪表板、仪表的刻度盘面和仪表玻璃上产生反射光。一般都希望采用间接照明，它对仪表的视觉认读效果较好，对暗适应的影响也较小。

(2) 透射光。光线由仪表内部照射，透过仪表面而形成发光的仪表面或发亮的刻度。

(3) 仪表壳内侧照射。用很小的灯泡，从仪表壳的内侧、仪表面的上方和侧面照射仪表表面。

(4) 荧光涂料。仪表刻度线和指针使用荧光涂料，能产生不影响夜间视力的荧光，荧光以黄色光最为清晰。但荧光毕竟不如灯光清晰，并且荧光在黑暗背景中易产生幻动错觉，观看时间久了还容易引起视觉疲劳。

(5) 蚀刻式刻度的侧面光照。用灯光从玻璃仪表面的侧面照射，光线在蚀刻的刻度线上产生折射和反射，使仪表面上的刻度表现为发光似的记号，而仪表的其他部分则很暗。这种照明方式可使刻度十分清晰，在光照度合适的情况下，对操作者的夜视力影响很小。

3. 仪表照明的强度

黑夜里，仪表照明的合适的光照度约为0.1Lx。低于这个光照度时，仪表认读效率随光照度的降低而降低；高于这个光照度时，再提高光照度，对仪表认读效率的影响却很小。仪表照明的最低光照度不宜小于0.03 Lx。表6-8给出仪表照明强度的一些建议。

**表6-8 仪表照明强度的建议**

| 使用条件 | 建议的照明系统 | 刻度符号的光照度/Lx | |
|---|---|---|---|
| 需要保持暗适应时的仪表照明 | 红色溢光，间接照明或者两者并用，由操作者选择 | 0.2~1.0 | 连续可调 |
| | 红色或低色温的白色溢光，间接照明或者两者并用，由操作者选择 | | |
| 不需要保持暗适应时的仪表照明 | 白色溢光 | 10~215 | 可以固定 |
| 阅读图表，需保持暗适应 | 白色或红色溢光，由操作者选择 | 在图表的白色部分上 1~10 | 可以固定 |
| 阅读图表，不需保持暗适应 | 白色溢光 | 大于等于54 | 可以固定 |

4. 仪表照明的颜色

对人眼来说，最接近日光的光线，视觉效率最高。但有时为了保证操作者观察周围黑暗环境中其他物体的能力，仪表照明不能太亮，需要选择一种不影响暗适应的光线颜色。红光就是一种对暗适应影响极小的光照，但它也有一些缺点：对人眼来说，单色的红光排除了使用颜色信号的可能；红光下人的视力不如白光下：红光使人眼的调节能力降低；单一光谱的红光耗费功率太大。因此，近年来又明显地倾向于使用弱的白色光。

## 6.2 操纵装置设计

### 6.2.1 操纵装置的类型与设计原则

操纵装置的设计要符合人机工程学要求，即操纵装置的形状、大小、位置、运动状态和操纵力等，都要符合人的生理和心理特性，以保证操作时的舒适和方便。常见的操纵装置如图6.23所示。

1. 操纵装置的类型

操纵装置的类型很多，分类方法也很多，常分为手动操纵装置和脚动操纵装置。手操纵装置中，按其操纵的运动方式分为3类。

(1) 旋转式操纵器。这类操纵装置有手轮、旋钮、摇柄、十字把手等，可用其改变机器的工作状态，调节或追踪操纵，也可将系统的工作状态保持在规定的工作参数上。

(2) 移动式操纵器。这类操纵器有按钮、操纵杆、手柄和闸刀开关等，可用其把系统从一个工作状态转换到另一个工作状态，或作紧急制动之用。它具有操纵灵活、动作可靠的特点。

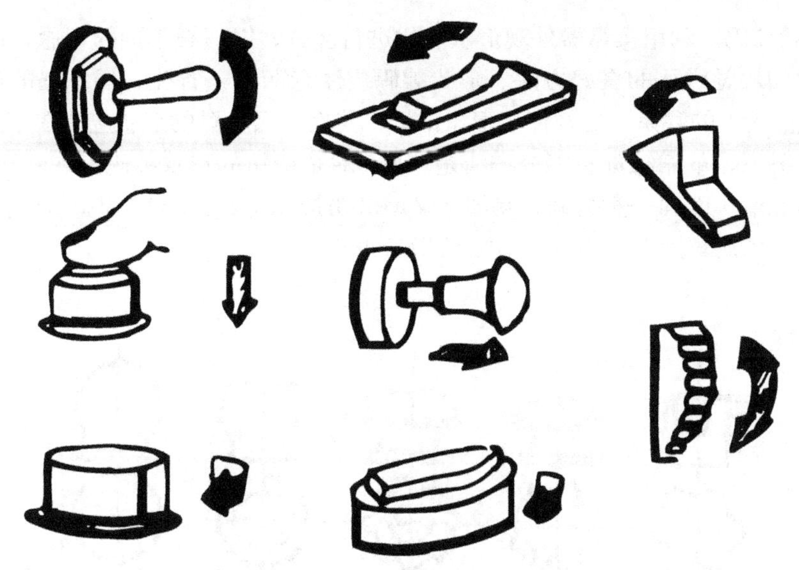

图6.23　常见的操纵装置

(3) 按压式操纵器。这类操纵器主要是各式各样的按钮、按键和钢丝脱扣器等，具有占地小、排列紧凑的特点。但它一般都只有接通、断开两个工作位置，故常用在机器的开停、制动和停车控制上。

自行车上即用双曲柄式脚踏板，它能连续转动且省力。单曲柄式脚踏板可用于摩托车的启动等。由于使用脚踏板能施加较大的操纵力，且操作也较方便，因而在无法用手操作的场合，脚踏板得到了广泛应用，如汽车的加速器(油门)和制动器。

2. 操纵装置的设计原则

1) 操纵装置的用力特征

在各类操纵装置中，操纵器的动作需由人施加适当的力和运动才能实现。因此，所设计的操纵器的操纵力不应超出人的用力限度，并使操纵力控制在人施力适宜、方便的范围内，以保证操作质量和效率。

人的操纵力不是恒定值，它随人的施力部位、着力的空间位置、施力的时间不同而变化。一般，人的最大操纵力随持续时间的延长而降低。对于不同类型的操纵器，所需操纵力大小各不相同，有的需最大用力，而有的用力不大但要求平稳，这就要求针对不同的类型和操纵方式设计操纵器，以人最优的工作效率来确定用力大小。

在常用的操纵器中，一般操作并不需要使用最大的操纵力。但操纵力也不宜太小，因为用力太小则操纵精度难于控制，同时，人也不能从操纵用力中取得有关操纵量大小的反馈信息，因而不利于正确操纵。操纵器的适宜用力与操纵器的性质和操纵方式有关。对于那些只求快而精度要求不太高的工作来说，操纵力应越小越好，如果操纵精度要求很高，则操纵器应具有一定的阻力。

2) 操纵装置的特征编码与识别

对于需要使用多个操纵器的场合，为减少操作错误，可按操纵器的特征进行编码，使各操纵器都有自己的特征和代号，以便操纵者迅速识别而不至混淆。常用的形状、大小、颜色和标志编码如下所述。

(1) 形状编码。利用操纵器外观形状变化进行区分，以适合不同的用途，这是一种易被人的感觉和触觉辨认的良好方法。形状编码应注意两点：首先，操纵器的形状和它的功能最好有逻辑上的联系，这样便于形象记忆：其次，操纵器的形状应能在不同目视或戴着手套的情况下，单靠触觉也能分辨清楚。图6.24是旋钮的形状编码，在a、b、c三类旋钮之间不易混淆，而同一类之间则易混淆。a和b类旋钮适合作360°以上旋转操作，c类适合作360°以内的旋转操作，d类适合作定位指示调节。

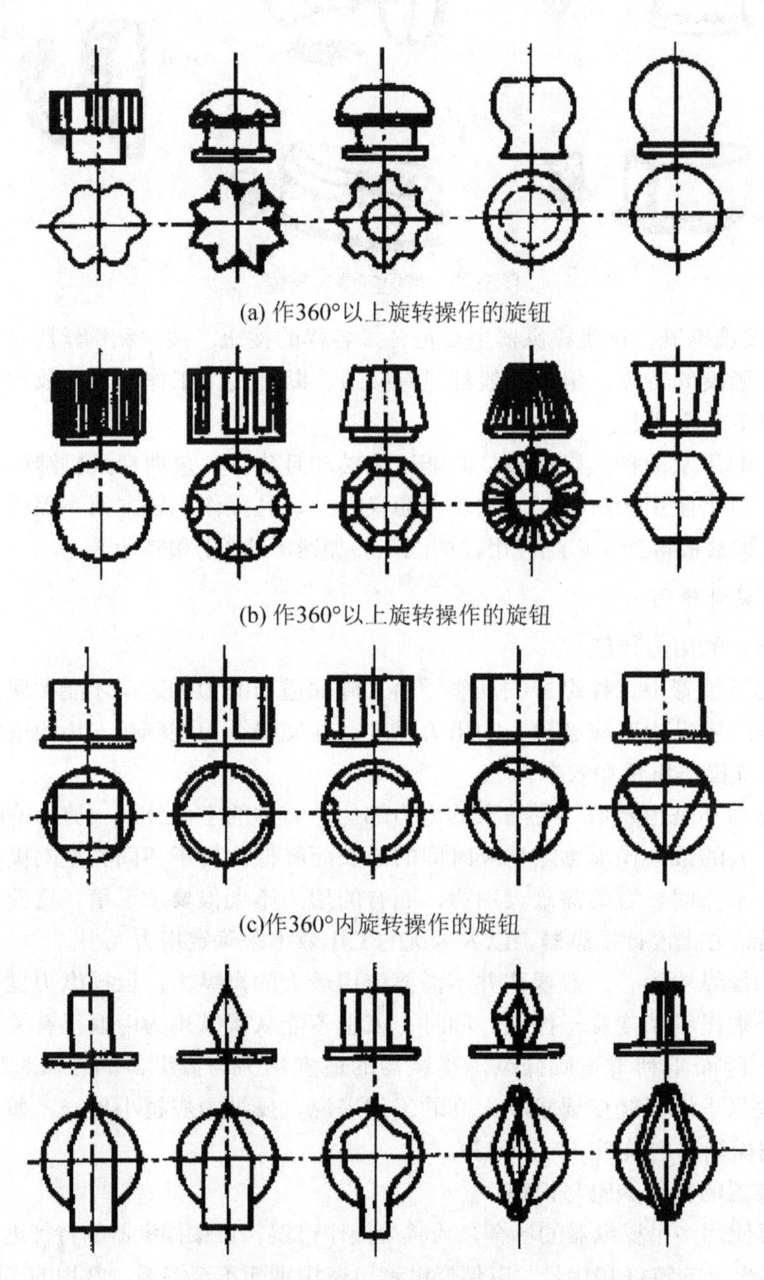

(a) 作360°以上旋转操作的旋钮

(b) 作360°以上旋转操作的旋钮

(c)作360°内旋转操作的旋钮

(d) 作定位指示调节的旋钮

图6.24　旋钮的形状编码

(2) 大小编码。操纵器采用大小编码时，一般大操纵器的尺寸要比小操纵器的大20%以上才有准确操纵的把握，而这一点又难以保证，故大小编码形式的使用是有限的。

(3) 颜色编码。形体和颜色是物体的外部特征。因此，可用颜色编码来区分操纵器，人眼虽能分辨各种颜色，但用于操纵器编码的颜色，一般只有红、橙、黄、蓝、绿5种。色相多了容易混淆。操纵器的颜色编码，一般只能同形状和大小编码配合使用，也只能靠视觉辨认，且易受照度的影响，故使用范围有限。

(4) 标志编码。当操纵器数量很多，而形状又难以区分时，可采用标志编码，即在操纵器上刻以适当的符号以示区别。符号设计应只靠触觉就能清楚地识别。因此，符号应简明易辨，有很强的外形特征。

### 6.2.2 手动操纵器的设计

1. 手的运动特征

1) 手的基本位置与基本动作

手的基本位置有正中、尺侧偏、挠侧偏、背侧屈和掌侧屈5种，如图6.25所示。正中位置是手的自然位置。在此位置，手的腕部受力状态最佳。在手工具设计时，应尽可能使手处于正中状态操纵工具。以减少由于受力状态不合理而造成的腕部损伤。有资料显示，改进后的剪刀设计在减少腕部累积性伤害方面作用显著。手腕的活动范围：尺侧偏的角度为30°，挠侧偏的角度为15°，背侧屈的角度为65°，掌侧屈的角度为70°。手在操作过程中的运动是由若干基本动作联合而成的复合运动。手的基本动作主要有：握住动作、放松动作、装配动作、拆卸动作、运物动作、定位动作、预定动作、伸手动作和恒持动作等。无论哪种动作都应尽可能使手处于正中状态操纵。

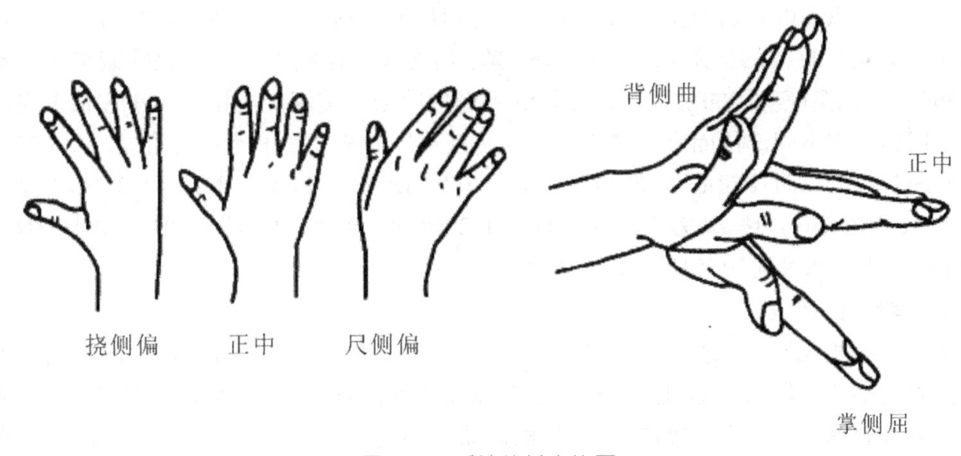


图6.25 手腕的基本位置

2) 手的运动速度与习惯

手的运动速度与运动习惯有关，一般是与手的运动习惯一致的运动，其速度较快，准确性较高。有学者分析归纳如下。

(1) 在水平方向的前后运动比左右方向运动快，旋转运动较直线运动快。

(2) 手在垂直面的运动速度比在水平面的运动速度快，准确度也比水平面的高。

(3)“从上往下”比“从下往上”的运动速度快。

(4) 一般右手较左手运动快，同时右手向右较向左运动快。

(5) 手朝向身体的运动比离开身体方向的运动快，但后者准确度高。

(6) 顺时针方向的操作动作比逆时针方向的快。

(7) 单手在外侧60° 角左右的直线动作和双手在外侧30° 角左右同时的直线动作速度都最快，效果最好，如图6-26所示。

(8) 从精确度和速度来看，单手操作较双手操作为佳。

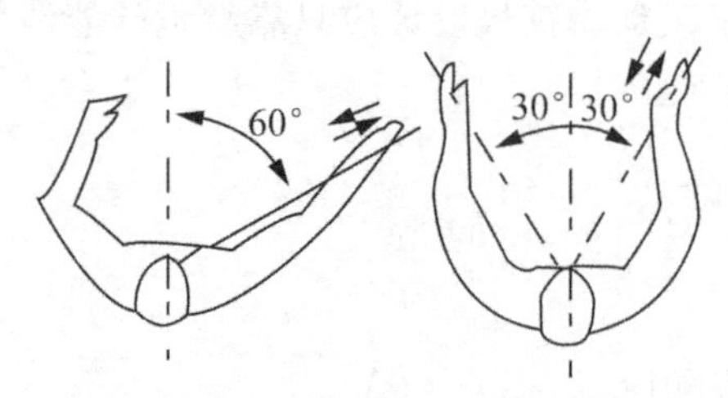


图6.26　手动作的最佳方向

2. 旋转式操纵器设计

旋转式操纵器主要有旋钮、手轮、摇把、十字把以及手动工具中的扳手、旋具等。

1) 旋钮的设计

旋钮是各类操纵装置中用得较多的一种，其外形特征由其功能决定。根据功能要求，旋钮一般可分为3类：第1类适合于做360° 以上的旋转操作，这种旋钮偏转的角度位置并不具有重要的信息意义，其外形特征是圆柱、圆锥等；第2类适用于旋转调节的范围不超过360° 的情况，或者只有在极少数情况下调节超过360° ，这种旋钮偏转的角度位置也并不具有重要的信息意义，其外形特征是圆柱形或接近圆柱形的多边形；第3类是它的偏转位置具有重要的信息意义，如用来指示刻度或工作状态，这种钮的调节范围不宜超过360° 。在保证功能的前提下，旋钮的外形应简洁、美观。旋钮的大小应根据操作时使用手指和手的不同部位而定，其直径以能保证动作的速度和准确性为前提。图6.27是用手的不同部位操纵时旋钮的最佳直径。图6.27(a)中操纵力为1.5~10N；图6.27(b)中操纵力为2~20N；图6.27(c)中操纵力为2.5~25N；图6.27(d)中操纵力为最佳5~20N，最大51N；图6.27(e)中操纵力为最佳30~51N，最大102N。

2) 手轮、摇把设计

手轮和摇把均可自由作连续旋转，适合作多圈操作的场合。根据用途的不同，手轮和摇把的大小差别很大，如机床上用的小手轮旋转直径只有60~100mm，而汽车的驾驶盘直径则有几百毫米。手轮的回转直径应根据需要而定，一般为80~520mm，摇把的直径20~130mm，若双手操作，最大操纵力不得超过250N。

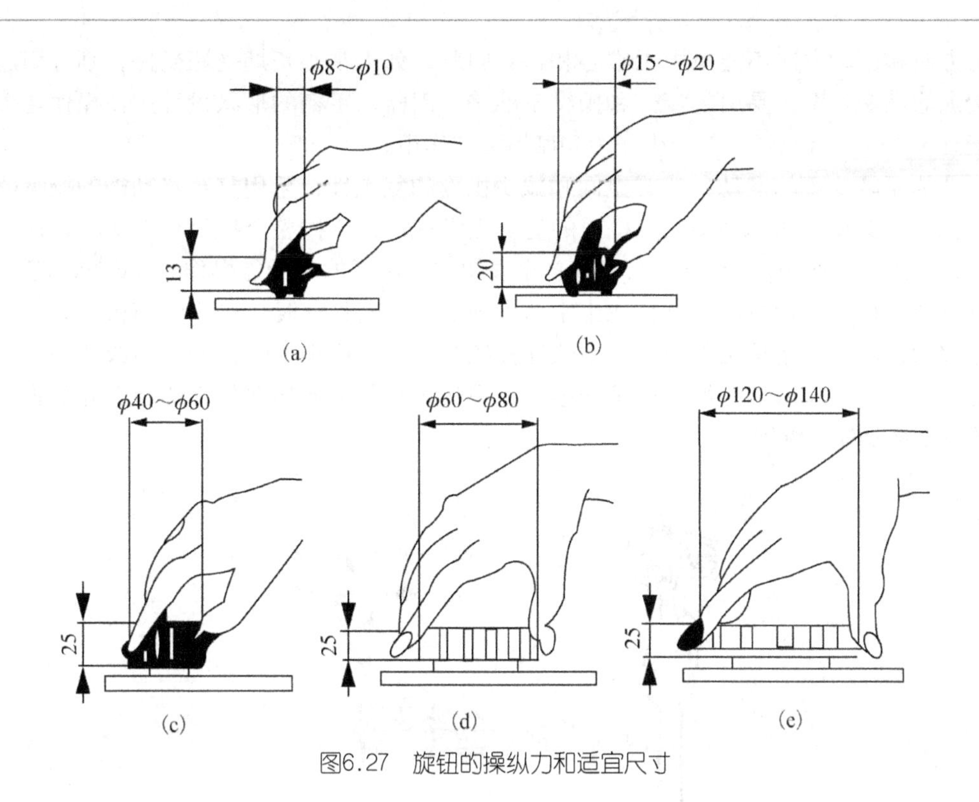


图6.27 旋钮的操纵力和适宜尺寸

3. 动式操纵器设计

移动式操纵器可分为手柄、操纵杆、推钮、滑移式操纵器和闸刀等。除推钮和滑移式操纵器外，其余的都有一个执握柄和杠杆，如手柄和操纵杆，只是杠杆部的长度不同。在设计时，重点是考虑执握柄的形状和尺寸，并按人手的生理结构特点设计，才能保证使用的方便和效率。

1) 移动式操纵器的操纵力

利用手柄操纵时，其操纵力的大小与手柄距地面的高度、操纵方向、使用的左右手不同等因素有关。以操纵杆的操作位置为例，立姿下在肩部高度操作最为有力，而坐姿下则在腰肘部的高度施力最为有力，如图6.28(a)所示。而当操纵力较小时，在上臂自然下垂的位置斜向操作更为轻松，如图6.28(b)所示。

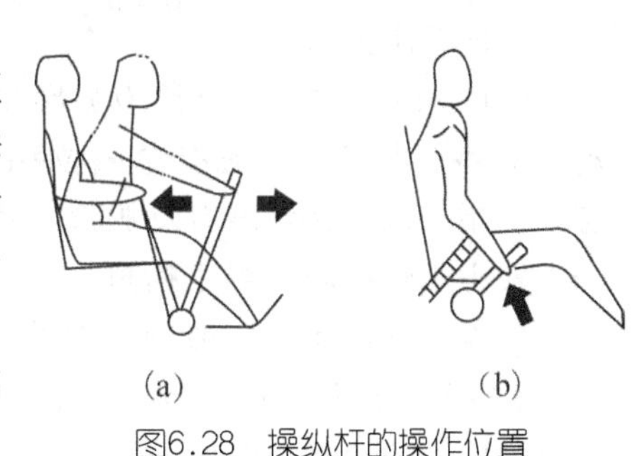


图6.28 操纵杆的操作位置

2) 移动式操纵器设计

手柄一般供单手操作。对于手柄设计的要求是：手握舒适、施力方便、不产生滑动，同时还需控制它的动作，因此，手柄的形状和尺寸应按手的结构特征设计。

当手执握手柄时，施力使手柄转动，都是依靠手的屈肌和伸肌来共同完成的。经过手掌的解剖特征分析后，掌心部分的肌肉最小，指骨间肌和手指部分是神经末梢满布的部位。指球肌和大、小鱼际肌是肌肉丰富的部位，是手部的天然减振器。在设计手柄时，要防止手柄形状丝毫不差地贴合于手的握持部分，尤其是不能紧贴掌心。手柄的着力方向和振动方向不能集中于掌心和指骨间肌，如果掌心长期受压受振，则会引起难以治愈的痉挛，至少易引起疲劳和操纵不准确。因此，手柄的形状设计应使操作者握住手柄时掌心处略有空隙，以减少压力和摩擦力的作用。

为了减少手的运动、节省空间和减少操作的复杂性，采用复合多功能的操纵器有很大优点。例如，图6.29(a)是飞机上的复合操纵杆：在手握整个操纵杆端头时，还可用拇指、食指操作图中1、2、3、4、5等多个按钮进行灵活的多功能操作。图6.29(b)是机床的复合操纵杆，四指抓握操纵杆在十字槽内前后、左右推移时，机床的溜板箱做对应的慢速移动，而当拇指按压着顶端的“快速按钮”进行同样操作时，溜板箱改为同方向的快速移动，操作起来都有得心应手的感觉。现代汽车驾驶室转向柱上的组合开关也是典型的复合多功能操纵器。

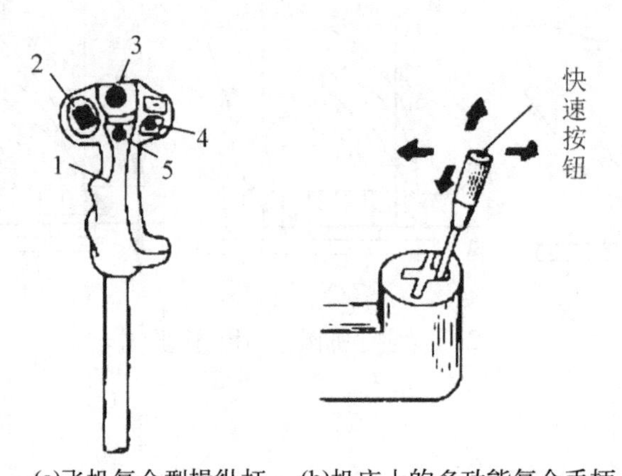


(a)飞机复合型操纵杆　(b)机床上的多功能复合手柄

图6.29　两种多功能操纵杆

4. 按压式操纵器设计

按其外形和使用情况，大体可分为按钮和按键两类。它们一般只有“接通”、“断开”两种工作状态。

(1) 按钮。按钮外形常为圆形和矩形，有的还带有信号灯。按钮通常用做系统的启动和关停。其工作状态有单工位和双工位：单工位按钮是手按按钮后，它处于工作状态，手指一离开按钮就自动脱离工作状态，回复原位；双工位的按钮是一经手指按下就一直处于工作状态，当手指再按一下时才回复原位。按钮的尺寸主要按成人手指端的尺寸和操作要求而定。一般圆弧形按钮直径以8~18mm为宜，矩形按钮以10mm × 10mm、l0mm × 15mm或15mm × 20mm为宜，按钮应高出盘面5~12mm，行程为3~6mm，按钮间距一般为12.5~25mm，最小不得小于6mm。

(2) 按键。按键用途日益广泛，如计算机的键盘、打字机、传真机、电话机、家用电器等。各种形式的按键设计都应符合人的使用要求，设计时应考虑人手指按压键盘的力度、回弹时间及使用频度、手指移动距离，尺寸应按手指的尺寸和指端弧形设计，方能操作舒适。

### 6.2.3　脚动操纵器设计

常见脚动操纵器有脚踏板和脚踏钮。一般在下列情况下选用脚动操纵器：需要连续进行操作，而用手又不方便的场合；无论是连续性操作还是间歇性操作，其操纵力超过49~147N的情况；手的操作工作量太大，不足以完成操作任务时。脚动操纵器主要有脚踏板和脚踏钮。当操纵力超过49~147N，或操纵力小于49N但需要连续操作时，宜选用脚踏板；当操纵力较小且不需要连续操纵时，宜选用脚踏钮。

1. 脚的运动特征

1) 脚的运动

用脚操作时，脚的运动主要是膝关节的运动和脚掌的运动。图6.30为脚掌的活动情况，图6.31为膝关节运动的最大角度。

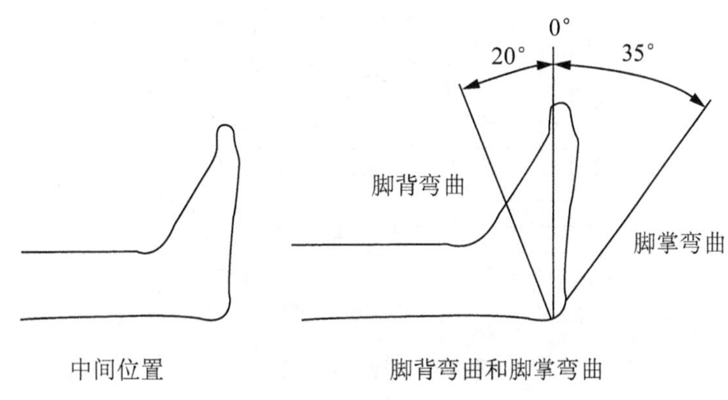


图6.30 脚掌的活动情况

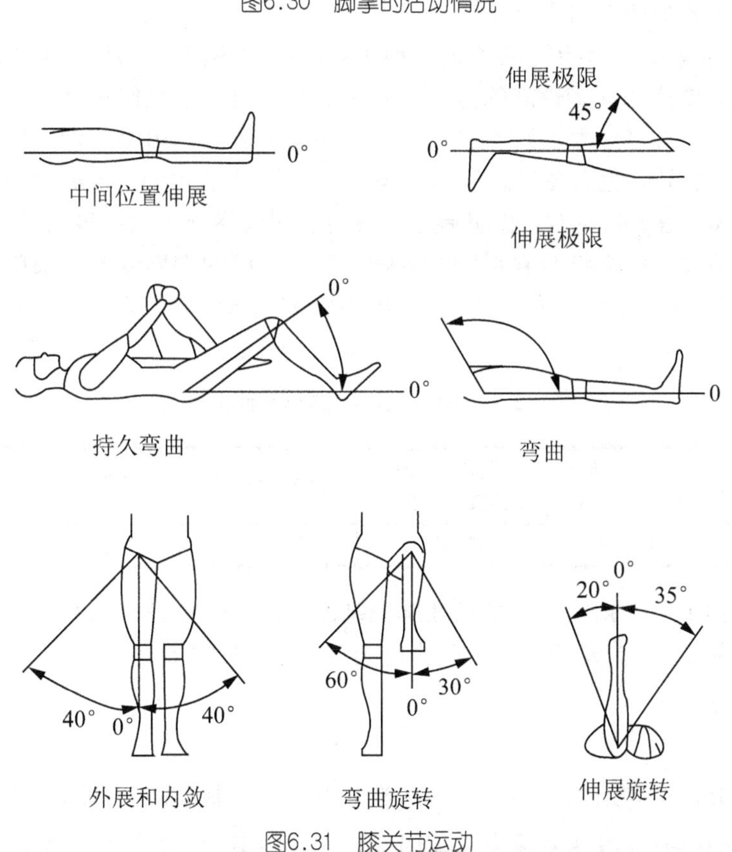


图6.31 膝关节运动

2) 脚的出力

人的姿势、脚的位置和方向都影响脚出力的大小。一般立姿时脚的用力比坐姿时脚的用力大。坐姿时脚的伸出力(蹬力)大于弯曲力，右脚操纵力大于左脚，男的脚力大于女的脚力。图6.32为脚处于不同位置上所产生的最大蹬力。

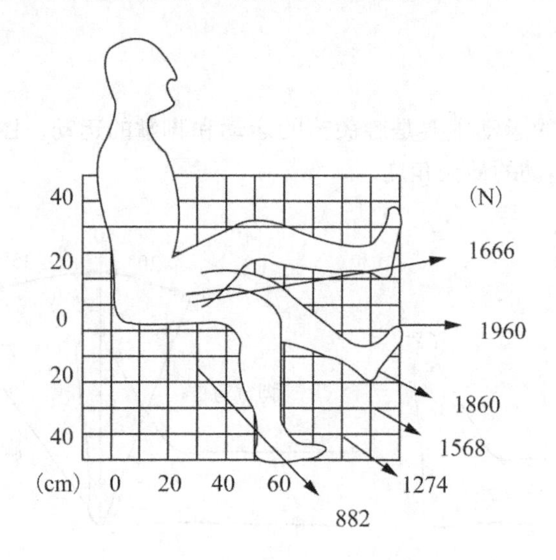


图6.32　脚的最大蹬力

3) 脚动操纵器的适宜用力

由于脚动操纵器的功能特征、式样和布置的位置不同，脚的操纵方式也不相同。对于用力大、速度快和准确性高的操作，宜用右脚。但对于操作频繁、容易疲劳，且不是很重要的操作，应考虑左右脚交替进行。即使同一只脚，用整个脚、脚掌或脚跟去操纵，其操纵、控制效果也有差异。例如当操纵力较大(大于50N)，操纵频率较低时宜用整只脚踏；当操纵力在50N左右，操纵频率较高时宜用脚掌踏。当操纵力较小(小于50N)，且需要操纵迅速和连续操纵时宜用脚掌或脚跟踏。一般的脚操纵器都采用坐姿操作，只有少数操纵力较小(小于50N)的才允许采用立姿操作。脚操纵器适宜用力的推荐值见表6-9。

**表6-9　脚操纵器适宜用力的推荐值**

| 脚操作器 | 脚休息时脚踏板的承受力 | 悬挂的脚蹬(如汽车的加速器) | 功率制动器 | 离合器和机械制动器 | 飞机方向舵 |
|---|---|---|---|---|---|
| 推荐的用力值 | 18~32N | 45~68N | 直至68N | 直至136N | 272N |

在操纵过程中，人脚往往都是放在脚操纵器上，为防止脚操纵器被无意碰到或误操作，脚操纵器应有一个启动阻力，它至少应大于脚休息时的搭载力。

2. 脚动操纵器的设计

1) 脚踏板

脚踏板又分调节脚踏板和踏板开关两类。汽车上的制动踏板、油门踏板都属于调节踏板，操纵中的阻力一般随着踏板移动距离的加大而增加。冲压机、剪床或汽车上的踏板开关则只有把电路接通和断开的两个工位。

汽车油门踏板通常是以脚后跟为支点踩踏的，图6.33(a)中给出了这种脚踏板的参考尺寸，该尺寸与所穿鞋的尺寸适应。未作踩踏操作时，脚与小腿基本成90°角；操作时脚的转动角度不应大于20°，否则踝关节易感疲劳。踏板安置的位置离正中矢状面100~180mm的范围内为宜，对应大小腿偏离矢状面的角度为10°~15°，如图6.33(b)所示。

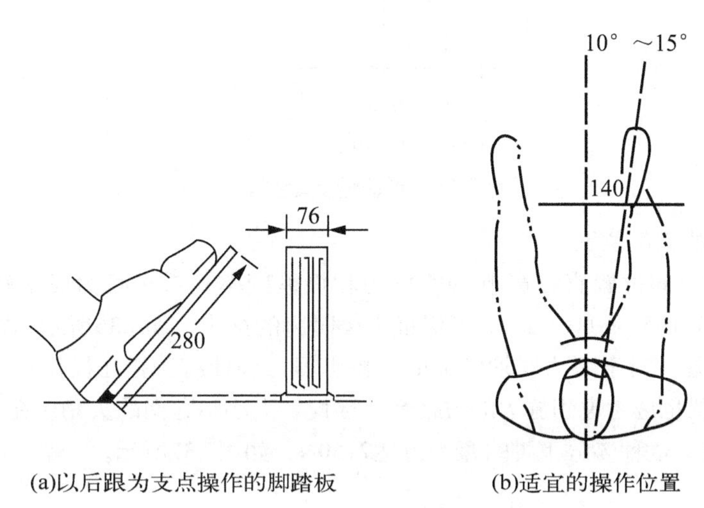


(a)以后跟为支点操作的脚踏板　　(b)适宜的操作位置

图6.33　后跟支撑踩踏的脚踏板及其操作位置

脚踏板多设计成矩形和椭圆形，以便于施力，设计较好的脚踏板尺寸如图6.34所示。

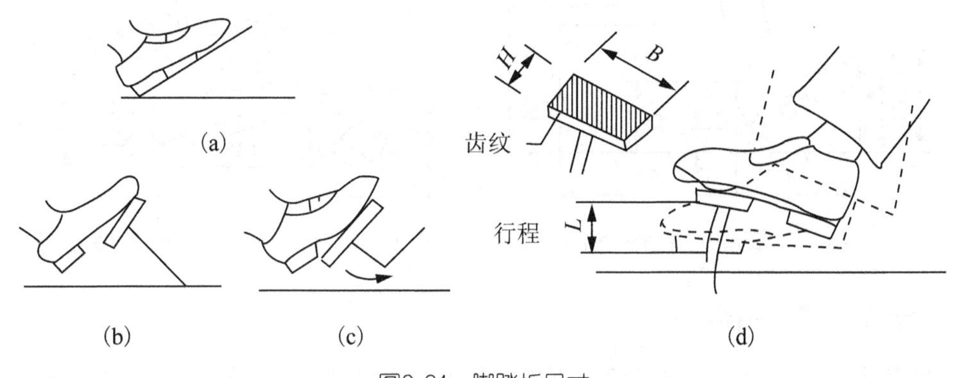


图6.34　脚踏板尺寸

$B$=~300mm；$H$=25~900mm；$L$=60~1000mm

2) 脚踏钮

脚踏钮的基本形式与手动按钮类似，但尺寸、行程、操纵力均应大于手动按钮，参看图6.35中的标注。为避免踩踏时的滑脱，脚踏钮的表面宜加垫一层防滑材料，或在表面做有能防踩滑的齿纹。

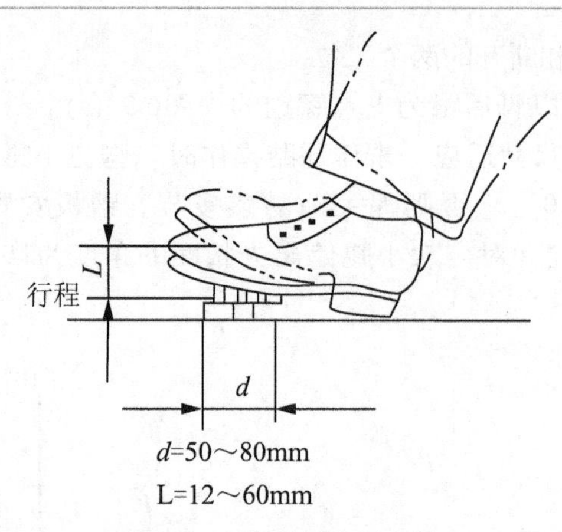

图6.35　脚踏钮及其参数

3) 脚操纵器的空间位置

脚操纵器的空间位置直接影响脚的施力和操纵频率。对于蹬力要求较小的脚操纵器，大小腿夹角为105°~110°，即可保证坐姿时脚的施力。图6.36所示为蹬力要求较小的脚踏板空间布置。对于蹬力要求较大的脚操纵器，为使脚和腿在操作时形成一个施力整体，其空间位置也应考虑到施力的方便性。因此，大小腿之间的夹角应在105°~ 135°之间，120°尤佳，这种姿势下脚的蹬力可达2250N，如图6.37所示。

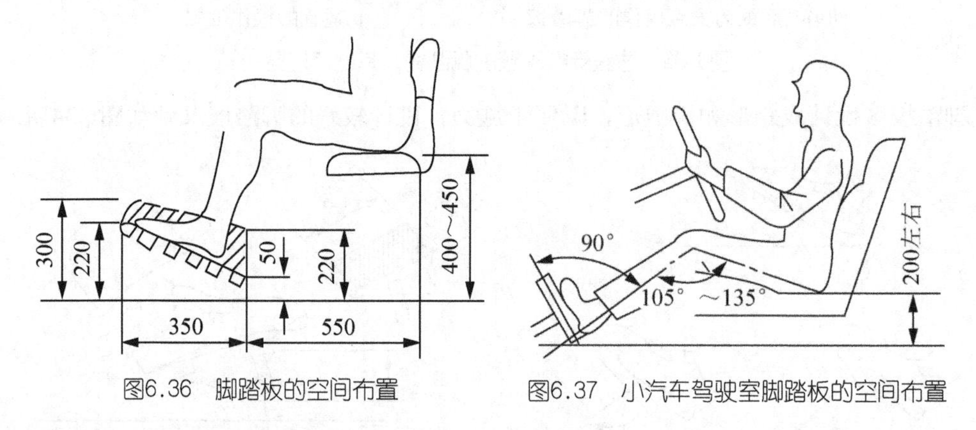

图6.36　脚踏板的空间布置　　图6.37　小汽车驾驶室脚踏板的空间布置

### 6.2.4　操纵—显示相合性

机器及生产系统中，在很多情况下显示装置与操纵装置联合使用。在这种场合，它们各自的设计和使用不仅要符合上述有关内容，同时还必须考虑它们之间的配合关系。人机工程学中，这种显示装置与操纵装置之间的配合关系称为“操纵—显示”相合性，它是反映人机关系的一种方式，涉及人、机间的信息传递、信息处理与控制指令的执行，以及人的习惯定式。“操纵—显示”相合性受人的习惯定式影响甚大。例如，仪表的指针向顺时针方向转动通常表示数值增大，逆时针转动表示数值减小，若把这种关系颠倒过来，就很容易看错。

随着科学技术的发展，在表示“操纵—显示”相合性方面，出现了许多新技术和新方式，如多媒体技术中的触摸屏、光笔输入、三维视场头盔、数据手套、虚拟驾驶系统等，都在日常生活及工业产品中得到广泛应用。

(1) 操纵—显示比。

式中

其表达式为：

$$B=C/D \tag{6-4}$$

$B$ ——操纵—显示比；

$C$ ——操纵控制器的移动量；

$D$ ——显示器的显示量。

$B$ 值大，表示操纵控制器移动较大的移动量，而显示器只出现较小的移动显示，它适用于精调，容易控制，但达到预定位置的时间要长一些。$B$ 值小，则表示操纵控制器只要稍微移动就会出现较大的移动显示，它适用于粗调或要求快速调到预定位置的场合，其调节时间短，但不容易控制精度。根据设备的具体要求，应通过试验选取合适的$B$ 值。

(2)操纵—显示的空间位置配合。操纵器与其相对应的显示器在空间位置上应有明显的联系。

(3)操纵—显示的运动方向组合。操纵控制器的运动方向与显示器的运动方向相协调时，其操纵效率最高。如汽车方向盘顺时针转动，汽车朝右拐；旋钮顺时针转，显示器显示增加等。在较复杂的操纵控制中，操纵器与显示器有时不在同一平面，其操纵—显示的运动关系比较复杂，不过总有一个较好的对应关系能使操作效率最优。

## 习　　题

### 一、填空题

1. 视觉显示方式中的数字显示中有____、____、____等。它直接用数码来显示有关参数和工作状态。

2. 模拟显示最常用的有____。

3. 指针式模拟显示的显示作用不仅是用来提供准确的定量信息，许多情况下还要表示____。

4. 表示量的刻度显示形状有____、半圆型、竖直型、水平型和开窗型等5种。

5. 当显示器不是为了记录准确的读数，而是为了对机器的运行状态做出定性显示时，选用____仪表更为有利。

6. 实验表明，在数字、字母、几何形状、位置和色彩这5种常用的视觉编码方式中，____编码最为有效，而____的效率最低。

7. 听觉传示装置分为两大类：一类是____，另一类是____。

8. 报警装置最好采用____的方法，使音调有上升和下降的变化。

9. 在一定视距下，能引起人注意的信号灯，其亮度至少____倍于背景的亮度，同时背景以____为好。

10. 一般操纵力必须控制在该施力方向的____范围内，而最小阻力应大于操作人员手脚的最小敏感压力。

11. 控制器到位时应使阻力发生一种变化，作为反馈信息传达给操纵者，这种变化可以是操纵到位时____或____两种情况。

12. 在显示装置—人—控制装置这个链条中，____的能力是最关键的参数。

## 二、思考题

1. 简述显示器的设计原则。
2. 简述数字式显示和指针式模拟显示各有什么优点。
3. 简述听觉传示装置的分类及其试用范围。
4. 音响和报警装置的设计原则是什么？
5. 举例说明信号灯形象和复合显示。
6. 正确地选择控制器的一般原则是什么？
7. 简述操纵器的设计原则。
8. 操纵杆的主要优点有哪些？举例说明在何种情况下宜选用脚动控制器。

# 第七章　人机声环境

## 教学目标

了解噪声的基本概念
了解汽车驾驶室的噪声源
理解汽车驾驶室的声学设计
理解汽车驾驶室主动吸声降噪方法

## 教学要求

| 知识要点 | 能力要求 | 相关知识 |
|---|---|---|
| 噪声的基本概念 | (1)声压、声强和声功率<br>(2)声压级、声强级和声功率级<br>(3)频带和噪声的频谱 | |
| 汽车驾驶室的噪声源 | (1)发动机噪声<br>(2)底盘噪声<br>(3)噪声的传播途径<br>(4)噪声传播途径的控制 | |
| 汽车驾驶室的声学设计 | (1)汽车驾驶室内噪声的发生机理及传播途径<br>(2)吸声设计 | |
| 汽车驾驶室主动吸声降噪方法 | (1)主动吸声国内外的研究现状<br>(2)噪声主动控制目前的研究现状<br>(3)主动吸声国内外研究现状<br>(4)测量汽车驾驶室吸声系数的两种新方法<br>(5)基于反射声压平方和最小的主动吸声方法研究<br>(6)NVH理论<br>(7)汽车结构图 | |

## 推荐阅读资料


[1] 中国汽车技术研究中心.GB/T 15089—94 机动车辆分类[M].北京：中国标准出版社，1994.

[2] 长春汽车研究所.GB/T 11562—94 汽车驾驶员前方视野要求及测量方法[M].北京：中国标准出版社，1994.

[3] 庞志成，孙景武，何家铭.汽车造型设计[M].南京：江苏科学技术出版社，1993.

[4] 长春汽车研究所.GB/T 11559—89汽车室内尺寸测量用三维H点装置[M].北京：中国标准出版社，1990.

[5] 长春汽车研究所.GB/T 11563—89汽车H点确定程序 [M].北京：中国标准出版社，1990.

[6] 中国标准化与信息分类编码研究所.GB/T 14779—93坐姿人体模板功能设计要求[M].北京：中国标准出版社，1994.

## 基本概念

声压级、声强级和声功率级：为了正确而又方便地反映人对声音听觉的特点，声学中常用成倍比关系的对数标度来度量声压、声强和声功率等物理量。

有源消声：根据两个声波相消性干涉或声辐射抑制的原理，通过抵消声源(次级声源)产生与被抵消声源(初级声源)声压大小相等，相位相反的声波辐射，相互抵消，从而达到降低噪声的目的。

主动消声：根据两个声波相消性干涉或声辐射抑制的原理，通过抵消声源(次级声源)产生与被抵消声源(初级声源)的声波大小相等，相位相反的声波辐射，相互抵消，从而达到降低噪声的目的，它的控制目标一般是使局部区域声能量减小，从而达到消声降噪的目的，但是该方法脱离噪声源主体，难免使声源中一些需要的部分被抑制。

主动吸声：是从噪声传播途径上和受声体进行控制，它的控制目标是使入射声波的反射系数很小或接近于零，形成“黑洞”现象，使得吸声系数达到最大，从而达到吸声降噪的目的。

NVH：是指Noise(噪声)，Vibration(振动)和Harshness(声振粗糙度)。

汽车驾驶室乘坐舒适性是汽车性能的一个重要指标。汽车乘坐舒适性主要是保持汽车在行驶过程中产生的振动与噪声环境对乘员的影响控制在一定的范围之内，汽车振动系统包括弹性元件、阻尼元件、车身和车轮，这些振动系统产生的振动传递到汽车驾驶室，从而产生噪声。汽车驾驶室噪声不仅影响人们的身体健康，影响人们的正常的工作与休息，而

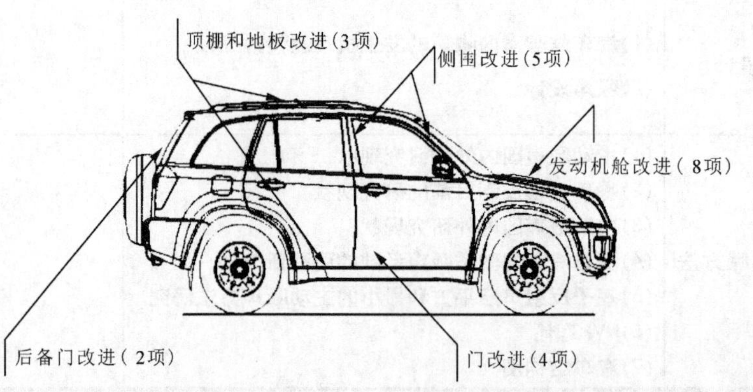

且也是降低工作人员的劳动效率、导致各种事故的主要根源，因此必须对汽车驾驶室声环境进行控制。因而有必要对汽车驾驶室声环境的声场特性进行研究，为汽车驾驶室的减振降噪提供理论的依据。

如品牌汽车瑞虎3向市场推出2.0L自动档新车型，全线产品进行22项的NVH改进，集中在全车两侧、车顶、车前发动机舱、车后备门等五个方位。改进最多的是发动机舱，NVH技术应用包括：前轮罩的吸声和隔声处理、前减振器安装座吸声处理、发动机罩盖吸声毡、前舱前挡的吸声、乘客厢前挡的吸声处理、前舱盖吸声毡、悬置更换。材料上主要应用阻尼、吸声等新型材料。

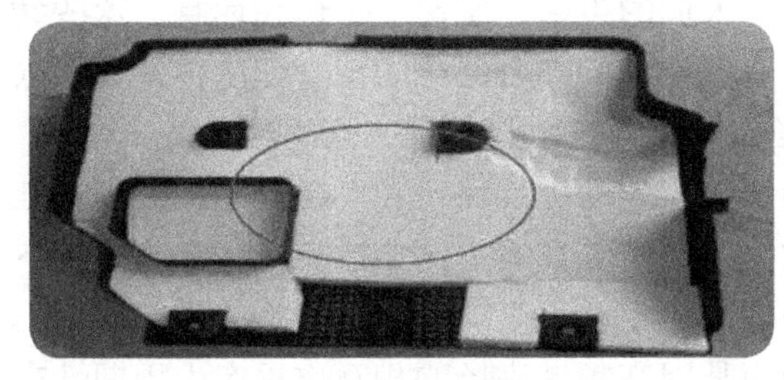

发动机罩盖加装吸声毡

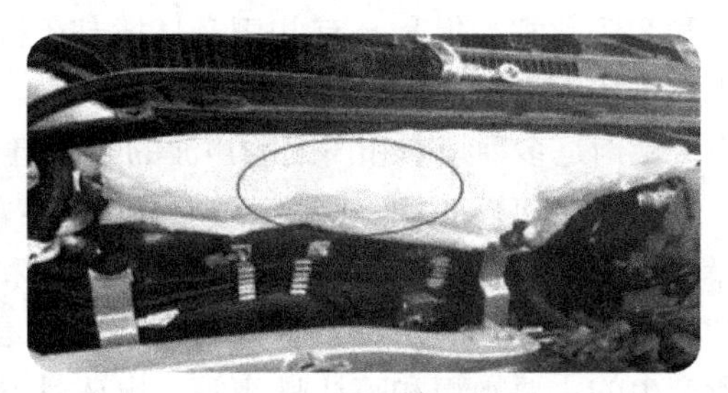

前舱前挡加装吸声材料

另外一个NVH改进重点就是侧围。重点是立柱，不仅立柱腔内应用发泡材料进行了全面密封，立柱本身也进行了吸声处理。侧围门框重新进行了细腻密封、车侧方的孔洞被封堵，后通气孔位置的吸声材料也有更新。

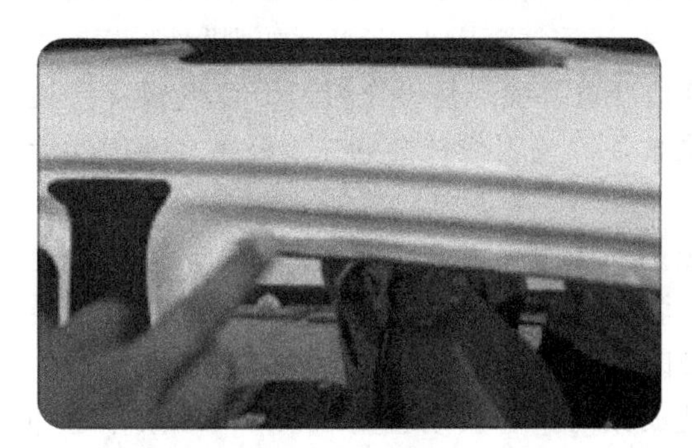

侧围门框的全新密封

立柱腔填充发泡材料

在两侧的车门，车门内板、内饰塑件均采用了阻尼材料，后视镜和车门其也进行了堵漏。

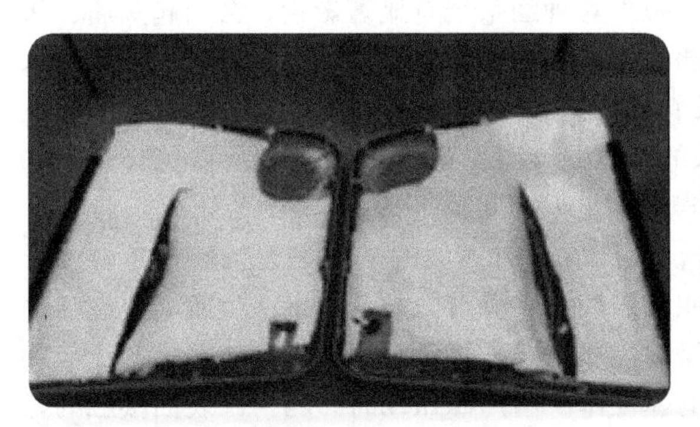

门内饰塑件加装吸声材料

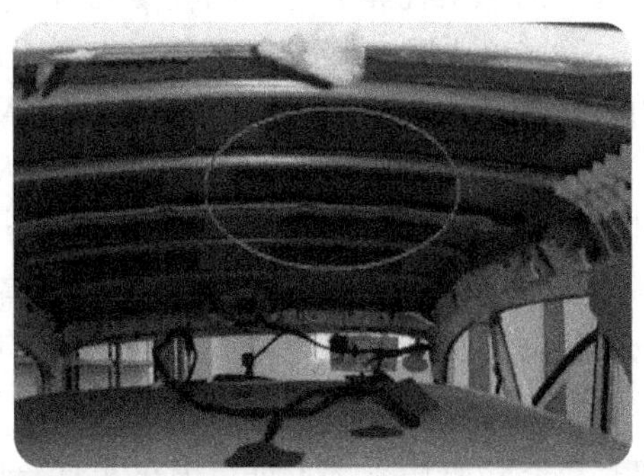

顶棚运用阻尼材料

另外，车后门的板件上加阻尼材料、封堵多余的孔洞、内饰件上应用吸声材料。阻尼材料基本上全面覆盖了顶棚和地板，而且，后轮罩进行了吸声、隔声处理，影响后座椅位置的胎噪进一步降低。经过了22项NVH技术的改进，瑞虎3的车内密闭性能提高20%。车内语言清晰度和洁净程度都有了明显变化。

## 7.1 噪声的基本概念

声音在人们的日常生活中起着非常重要的作用，通过声音，人们才能进行语言交流和音乐欣赏。但是，有些声音环境却干扰了人们的生活、学习、工作和休息。这些妨碍或干扰人们的生活、工作、学习和休息，有害于人们身心健康的声音环境，就称为噪声。噪声是多种频率和声强的声波的杂乱组合，听起来不和谐，使人烦躁和生厌。

按产生机理不同，噪声可分为机械性噪声、气体动力性噪声和电磁性噪声。机械性噪声是因固体振动而产生的，如机械零件和壳体壁板等在撞击、摩擦相交变应力作用下产生振动而发出的声音。气体动力性噪声是因气体振动或气流激发而产生的，如发动机所产生的主要噪声和喷注噪声等。电磁性噪声是因高频谐磁场的相互作用产生周期性交变力所引起的电磁性振动而产生的，如电动机和发电机等产生的噪声。

按噪声强度随时间变化的情况不同，噪声可分为稳态噪声、非稳态噪声和脉冲噪声。稳态噪声是指噪声强度波动范围在5dB以内的连续噪声，或重复频率大于10Hz的脉动噪声。非稳态噪声是指噪声强度波动范围超过5dB的连续噪声。脉冲噪声是指持续时间小于1s、噪声强度峰值与其均方根值之比大于10，并且重复频率小于10Hz的间歇性噪声。

随着工业化程度的不断提高，噪声污染日趋严重，国际标准化组织(ISO)将噪声污染列为环境污染的首位，它与大气污染和水污染被并称为现代社会的三大公害。噪声的危害主要表现为以下几个方面。

噪声对人的听觉器官的危害。在较强的噪声环境中，人会感到刺耳难受，停留一段时间后离开，仍感到耳响。此时若检验听力，将发现听力下降，但到安静场所停留一段时间，听力便会逐渐恢复，这种现象叫做“暂时性听闻偏移”，或称为“听觉疲劳”，是暂时性的生理现象，对人的听觉器官并不造成损伤。若长期遭受强噪声的刺激，这种听觉疲劳现象就不能再恢复，而且越来越严重，直至人的内耳听觉器官发生器质性病变，发展成为永久性听力损失，即产生“唤声性耳聋”。噪声对人体健康的危害。噪声对人体健康的影响十分广泛，并不局限于听觉器官。噪声对人的中枢神经系统、心血管系统、消化系统等都有不同程度的危害。噪声对神经系统有显著影响，会引起头痛、头晕、脑胀、失眠、耳鸣、多梦、心悸、恶心、记忆力减退和全身疲乏无力等。噪声对人的日常生活和工作的影响。噪声妨碍人们的休息和睡眠，干扰谈话、学习和工作。在40～45dB(A)的噪声刺激下，已睡眠的人的脑电波就出现觉醒反应，当噪声达到65dB(A)时，就明显干扰谈话，90dB(A)以上，大声喊叫也听不见了。

从物理学的角度来看，噪声是声音，因而它具有声波的一切物理特性。声音源于物体振动，凡是发出声音的振动物体都叫做声源。声源可以是气体、液体或固体。从声源辐射出来的声音必须经过媒质才能传播。媒质可以是气体、液体或固体形式的任何物质，这些物质在宏观上都可看成是连续的弹性体。当声源振动时，与声源表面接触的媒质质点受迫振动，这种振动依次传递给相邻质点，并扩散开来，从而形成声波。声传播经过的媒质空间称为声场。在噪声控制技术中，主要研究的是传播媒质力气体的空气声。噪声作为一种物理现象，常用声压、声强和声功率等物理量来客观度量其大小或描述其物理性质。

### 7.1.1 声压、声强和声功率

声波在传播时，使媒质的密度发生变化，因而必然引起媒质中的压强产生迅速起伏。设媒质的静态压强为$P_0$，媒质受声扰动后的压强为$P'$，则将媒质中的压强的改变量定义为声压$P$，即

$$P = P' - P_0 \tag{7-1}$$

式中

$P$的单位为Pa(帕)，1 Pa = 1 N/m$^2$。

声场中某点的声压$P$是时间$t$的函数。某瞬时的声压称为瞬时声压。在一定时间$T$内，瞬时声压对时间取均方根值称为有效声压$p_e$，即

$$p_e = \sqrt{\frac{1}{T}\int_0^T p^2(t)\mathrm{d}t} \tag{7-2}$$

一般仪表测得的声压和使用的声压值均指有效声压。声压越大，声音越强。

某个声源在单位时间内辐射出的总声能，称为声功率$W$，其单位为W。声功率是一个标量，它反映了外力在媒质单元体积上单位时间内所做功的大小，亦即反映了声源的振动辐射能量的大小。

单位时间内通过与声波传播方向相垂直的单位面积的平均声能，即单位面积通过的声功率，称为声强$I$，其单位为W/m$^2$或J/(s•m$^2$)。声强则是一个矢量，它不但反映了声能量的大小，而且还反映了声能量的流向，声强矢量的方向就是声传播的方向。

### 7.1.2 声压级、声强级和声功率级

人耳可听声的声压、声强和声功率的变化范围很大，计量和使用很不方便；况且人对声音大小的感觉并不正比于声音变化的实际强弱，而与其相对大小近似成正比。因此，为了正确而又方便地反映人对声音听觉的特点，声学中常用成倍比关系的对数标度来度量声压、声强和声功率等物理量，并称为声压级、声强级和声功率级等，单位用dB(分贝)。

声压级用符号$L_P$表示，其定义为

$$L_P = 20\lg(P/p_r) \tag{7-3}$$

式中

$p_r$——基准声压，取为$p_r = 2\times10^{-5}$ Pa；

$p$——声压(Pa)。

基准声压$2\times10^{-5}$ Pa是声音频率为1000 Hz时人耳刚能听到的最弱声压，称为“听阈声压”，对应的声压级为0dB。使人耳感到疼痛的声压是20Pa，称为“痛阈声压”，对应的声压级为120dB。

声强级用符号$L_I$表示，其定义为

$$L_{\rm I} = 10\lg(I/I_{\rm r}) \tag{7-4}$$

式中

$I_{\rm r}$——基准声强，取为$I_{\rm r}=1\times 10^{-12}$ $W/{\rm m}^2$；

$I$——声强(W/m$^2$)。

声功率级用符号$L_{\rm w}$表示，其定义为

$$L_{\rm w} = 10\lg(W/W_{\rm r}) \tag{7-5}$$

式中

$W_{\rm r}$——基准声功率，取为$W_{\rm r}=1\times 10^{-12}$ W；

$W$——声功率(W)。

### 7.1.3 频带和噪声的频谱

由于可听声频率范围为20～20000Hz，它有1000倍的变化范围，为了便于分析和研究噪声在各种频率下的能量或声级分布，通常把这一频率范围划分成若干个频段，每一个频段称为频带或频程。对任一个频带，其上限频率和下限频率遵循下列关系

$$f_u = 2^n f_1 \tag{7-6}$$

当$n$=l时，称倍频带或倍频程；$n$=1/3时，称1/3倍频带或1/3倍频程。

每一频带在频率轴上的位置，用该频带的中心频率 $f_{\rm c}$ 来表示。每个频带的中心频率 $f_{\rm c}$ 为

$$f_{\rm c} = \sqrt{f_{\rm u} f_1} \tag{7-7}$$

频带宽度(简称带宽)为

$$B = f_{\rm u} - f_1 = f_{\rm c}(2^{n/2} - 2^{-n/2}) = \beta_1 f_{\rm c} \tag{7-8}$$

式中

$\beta_1=(2^{n/2}-2^{-n/2})$，当$n$一定时，$\beta_1$值也恒定，因而带宽与中心频率成正比。

这种带宽称为恒定百分比带宽。在声学测量中，最常用的是倍频程和l/3倍频程，表7-1和表7-2分别列出了它们的频率范围和中心频率。

表7-1　倍频程中心频率及范围

(单位：Hz)

| 中心频率 | 31.5 | 31.5 | 31.5 | 31.5 | 31.5 | 31.5 | 31.5 | 31.5 | 31.5 | 31.5 |
|---|---|---|---|---|---|---|---|---|---|---|
| 频率范围 | 22.4～45 | 45～90 | 90～180 | 180～355 | 355～710 | 710～1400 | 1400～2800 | 2800～5600 | 5600～11200 | 11200～22400 |

表7-2　1/3倍频程中心频率及范围

(单位：Hz)

| 中心频率 | 频率范围 | 中心频率 | 频率范围 | 中心频率 | 频率范围 | 中心频率 | 频率范围 |
|---|---|---|---|---|---|---|---|
| 31.5 | 28～36 | 160 | 141～180 | 800 | 710～900 | 4000 | 3550～4500 |
| 40 | 36～45 | 200 | 180～224 | 1000 | 900～1120 | 5000 | 4500～5600 |
| 50 | 45～56 | 250 | 224～280 | 1250 | 1120～1400 | 6300 | 5600～7100 |
| 63 | 56～71 | 315 | 280～355 | 1600 | 1400～1800 | 8000 | 7100～9000 |
| 80 | 71～90 | 400 | 355～450 | 2000 | 1800～2240 | 10000 | 9000～11200 |
| 100 | 90～112 | 500 | 450～560 | 2500 | 2240～2800 | 12500 | 11200～14000 |
| 125 | 112～141 | 630 | 560～710 | 3150 | 2800～3550 | | |

分析某一声音在可听频率范围内声音强度随频率变化的规律，称为频谱分析。以频率为横坐标，以声压级或声功率级为纵坐标做出的噪声线图，称为频谱图。它可明确地表示噪声的频率成分上相应的声压级值，在领域上描述了声音强度的变化规律。

进行噪声分析时，经常要做频谱分析，了解噪声的频率结构。噪声一般都是由很多不同频率和强度的声音杂乱无章地组成的。对某种声音来说，如果其频谱由一系列离散频率成分组成，则这种频谱称为离散谱。如果其频谱连续地分布在较广的频率范围内，则这种频谱称为连续谱。对于绝大多数噪声，其频谱都为连续频谱。通常把主要能量集中分布在500Hz以下的噪声称为低频噪声，如汽车的噪声。主要频率成分分布在500～1000 Hz内的噪声，称为中频噪声，如水泵的噪声。频谱能量比较均匀地分布在125～2000 Hz范围内的噪声，称为宽带噪声，如柴油机的噪声。

对于具有宽广连续谱的噪声，有时需要对其做出连续谱分析。但是，在大多数情况下，没有必要对每个频率成分都进行分析，仅需做出倍频程或1/3倍频程频谱，即能满足噪声分析的要求。如果还不能满足要求，则可作更窄频带的频谱分析。

## 7.2 汽车驾驶室的噪声源

通过声源分析，测定汽车驾驶室各主要噪声源的声级和噪声频谱，对较强的噪声源重点采取降低噪声的技术措施，这是噪声控制的有效方法。

### 1. 发动机噪声

发动机是车辆上的主要噪声源。在我国，小轿车车外加速噪声中，发动机噪声约占55%；大、中型汽车车外加速噪声中，发动机噪声约占65%。不同型号的发动机，其各部分声源发出的噪声所占的比例也各不相同。按照噪声辐射的方式不同，可将车辆发动机噪声分为直接向大气辐射和通过发动机表面向外辐射两类。直接向大气辐射的噪声源有进、排气噪声和风扇噪声，它们都是由气流振动而产生的空气动力性噪声。发动机内部的燃烧过程和结构振动所产生的噪声，是通过发动机外表面及与发动机外表面刚性联接的零件的振动向大气辐射的，因而称为发动机表面噪声。排气噪声是发动机噪声中能量最大、所占比例最大的部分，其主要来源是废气在排气管中的压力脉动(产生中、低频噪声)和排气门流通截面处的高频涡流。在相同条件下，柴油机的排气噪声要比汽油机大，二冲程发动机的排气噪声要比四冲程发动机大。进气噪声的主要来源是空气在进气管中的压力脉动(产生低频噪声)和空气以高速流经进气门流通截面时产生的高频涡流。风扇噪声主要由旋转风扇叶片切割空气流产生周期性扰动而引起的旋转噪声和因风扇叶片截面形状而引起的空气涡流噪声两个部分组成；除风扇本身的空气动力噪声外，由于风扇的不平衡、支座的振动、轴承的撞击及传动皮带的振动等原因还会产生较强的机械噪声。燃烧噪声的来源是气缸内气体压力的变化，包括由气缸内压力剧变引起的动力载荷以及由冲击波引起的高频振动，它主要取决于燃烧方式和燃烧速度。机械噪声是由于运动件间以及运动件与固定件间周期性变化的机械作用力而引起的，它随转速的提高而迅速增强。随着发动机的高速化，机械噪声越来越显得突出。

### 2. 底盘噪声

车辆上的底盘噪声的强度仅次于或大致相当于发动机的噪声。底盘噪声主要包括传动系统噪声、制动系统噪声、液压系统噪声、轮胎噪声、喇叭噪声以及各种板件和杆件振动的噪声等。传动系统噪声是底盘噪声的主要组成部分，其来源包括齿轮啮合时的控击、摩擦和振动引起的齿轮噪声及轴承、轴和传动箱体壁面的振动引起的噪声。传动系统噪声的强弱与负荷、转速、挡位、齿轮精度以及传动箱的具体结构有关。制动系统噪声产生的机理，主要是摩擦元件接触表面间产生的摩擦振动以及由此激起的固有频率较高的制动器各部件的共振。制动器产生的尖叫声使人极不愉快，一般蹄式或带式制动器比盘式制动器更容易产生尖叫声。液压系统噪声的频谱很宽，说明产生噪声的根源是复杂和多方面的。液压系统中最主要的噪声源是液压泵，其次是液压阀，管壁振动和气穴现象也会引起噪声。轮胎噪声产生的机理主要是轮胎胎面接触地面过程中胎面花纹凹部的泵气效应所产生的轮胎胎面花纹噪声、轮胎本身的弹性振动噪声、轮胎高速旋转产生的气流摩擦噪声以及路面不平激起机体振动而形成的路面噪声。轮胎噪声的大小主要取决于轮胎胎面花纹形状和轮胎的基本结构，行驶速度对轮胎噪声也有较大影响。

3. 噪声的传播途径

车辆上各噪声源发出的噪声，经过不同的途径传播到驾驶员耳旁形成耳旁噪声，按传播介质的不同可分为空气传播声和固体传播声，按传播路径的不同可分为直接传播声和反射传播声。对于有驾驶室的车辆，由底盘传来的振动可能使驾驶室的壁、顶、门和窗成为新的二次噪声源，当驾驶室的金属结构处于共振状态时，二次噪声更为严重。有的驾驶室由于结构不合理或各部分连接松动，当车辆行驶颠簸时，驾驶室整体或某些局部会发出响声，加上室内的回声振荡，反而使驾驶室不能获得降低耳旁噪声的效果。通过不同途径传播的噪声所占的比率取决于车辆的具体结构形式和有关部件的设计。控制噪声的传播途径，是降低驾驶员耳旁噪声的行之有效的传统措施，主要包括：吸声、消声、隔声、隔振和减振。

4. 噪声传播途径的控制

迄今为止，车辆本身的低噪声化还不是噪声控制的主要着眼点。重点在于利用驾驶室来降低驾驶员耳旁噪声。降低驾驶室噪声的机理在于综合利用控制噪声传播途径的各种技术措施。

吸声是利用可以吸收声能的材料和结构，在噪声传播途径中吸收一部分声能，来降低传到驾驶员耳旁的噪声。如在驾驶室与发动机之间，挡板面向发动机一侧的板面上，装设护面板加多孔材料的吸声结构；驾驶室内壁装设吸声材料，吸收室内的混响声；无驾驶室的车辆则在安全框架的适当部位装设吸声结构等。吸声措施主要适用于空气传播声。

## 7.3 汽车驾驶室的声学设计

### 7.3.1 汽车驾驶室内噪声的发生机理及传播途径

驾驶室内噪声发生的机理如图7.1所示。车辆驾驶室内噪声的来源主要有：发动机噪声、进排气噪声、冷却风扇噪声及底盘噪声等。这些噪声源所辐射的噪声，在车身周围空间形成一个不均匀声场。车外噪声要向车内传播，具体途径有两个：一是通过车身壁板及门窗上所有的孔、缝等直接传入车内；二是车外噪声声波作用于车身壁板，激发壁板振动，并向车内辐射噪声，这种辐射声的强度与壁板的隔声能力有关，也就是说它服从质量定律的规律。驾驶室内噪声主要由空气声、固体声和混响声3个部分组成。治理空气声传播，主要靠隔声措施；治理混响声，主要靠吸声措施；治理固体声，主要靠隔振和减振措施。

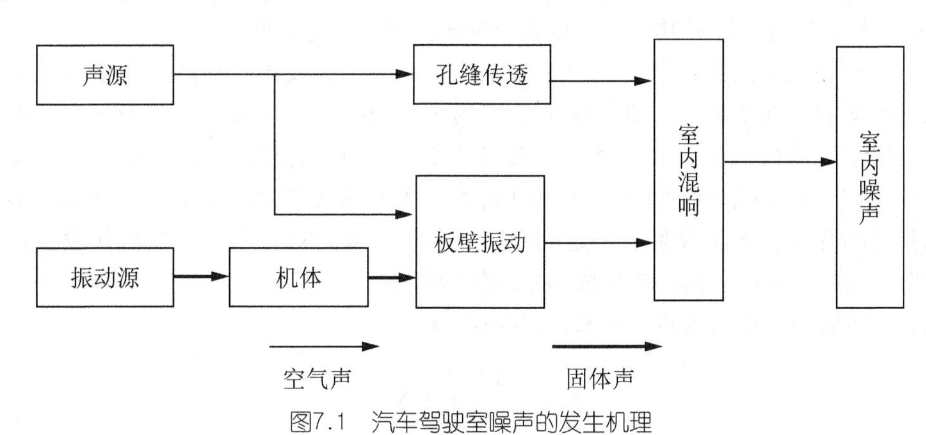


图7.1 汽车驾驶室噪声的发生机理

## 7.3.2 吸声设计

汽车驾驶室吸声设计的目的在于消除或降低室内的混响声。试验表明，把同一声源分别放在室内和室外进行比较，由于坚硬光滑的室内表面的反射声的作用，室内的声压级将比室外高5～10dB(A)。若在室内壁面装设吸声材料和吸声结构或在室内空间吊挂吸声体，则声波碰到吸声材料和吸声结构时会被吸收一部分，从而使反射声以及总噪声降低，收到吸声降噪的效果。

汽车驾驶室内采用的吸声材料主要是多孔性吸声材料，如玻璃纤维、矿渣棉、泡沫塑料等。表征这些材料吸声能力的参数是吸声系数$\alpha$，它等于该材料所吸收的声能 $E_\alpha$ 与入射的声能 $E_0$ 的比值，即

$$\alpha = E_\alpha / E_0 \tag{7-9}$$

由于材料的吸声能力与入射声波的频率有关，因而往往用125、250、500、1000、2000、4000Hz这6个频率时的吸声系数的算术平均值来表示材料或结构的吸声性能。材料的吸声系数用试验方法测得。常用的测定方法有驻波管法和混响室法两种。驻波管法测得的吸声系数以 $\alpha_0$ 表示，它是声波垂直入射时得到的。混响室法测得的吸声系数以 $\alpha_T$ 表示，它是声波从各个方向无规则入射时得到的。实际工程设计中多用 $\alpha_T$ 值计算。常用吸声材料的吸声系数可从有关声学书刊或手册中查得，查表时要注意数据的测定方法。

由于多孔性材料一般都是松散的，如果直接敷设在驾驶室壁面上，很容易碰坏、飞散和积灰，所以在实际使用中，多用透气的织物将吸声材料包好放进木制或金属框架内，然后在外面加一层护面板，成为成形的吸声结构。护面板可用窗纱或镀锌铁丝网，也可在胶合板、纤维板、塑料贴面板或金属板上穿孔或开长缝而成。为了充分发挥多孔性材料的吸声性能，护面板板面的穿孔率不应小于20%。

多孔性吸声材料的吸声性能不仅与材料的厚度、容重和形状有关，而且与材料距

刚性壁的距离以及入射声波的频率有关。一般来说，多孔性材料对高频声的吸收要比低频声好。随着材料厚度的增加，对高频声的吸收并不增强，而对低频声的吸收能力增强了。如果将多孔性材料与刚性壁之间离开一段距离，使多孔性材料与板壁之间留有适当厚度的空气层，则其吸声系数将会有所提高。当空气层厚度近似等于1/4波长时，吸声系数最大，当空气层厚度近似等于1/2波长的整数倍时，吸声系数最小。为此，需根据入射声波的频率构成情况，针对其中占主要成分的声波频率，选取空气层的厚度。

在汽车驾驶室内的吸声设计中，理论上讲，所采用的吸声材料的吸声系数越高，设计的吸声结构的表面积越大，则消除混响声的效果就越好。但实际上可用于布置吸声材料的部位仅限于顶板、四周窗下壁板及底板等处，其面积有限。因此，除了在这些板壁表面装设吸声材料或吸声结构外，还可以利用一些别的吸声体，如驾驶座椅的座垫、靠背及驾驶员的身体、衣服等都有一定的吸声能力，必要时也可以在一些机件或装置的表面装设吸声材料或吸声结构，使之成为室内的吸声体。

驾驶室内表面的平均吸声系数按式(7-10)计算

$$\alpha_{\mathrm{m}} = \frac{1}{\sum S_i}\sum_{i=1}^{n}\alpha_i S_i \qquad (7\text{-}10)$$

式中

$\alpha_{\mathrm{m}}$——汽车驾驶室内表面的平均吸声系数；

$\alpha_i$——汽车驾驶室内第 $i$ 表面的吸声系数；

$S_i$——第 $i$ 表面的表面积；

$\sum S_i$——汽车驾驶室内表面的总表面积。

吸声措施获得的噪声降低量可按式(7-11)计算

$$\Delta L = 10\lg\frac{\alpha_{\mathrm{m}}''}{\alpha_{\mathrm{m}}'} \qquad (7\text{-}11)$$

式中

$\Delta L$——为噪声降低量(dB)；

$\alpha_{\mathrm{m}}'$——吸声处理前，汽车驾驶室内表面的平均吸声系数；

$\alpha_{\mathrm{m}}''$——吸声处理后，驾驶室内表面的平均吸声系数。

应当明确，吸声处理只对混响声有效，对直达声是不起作用的。因此，吸声降噪的最大限度就是把反射声全部吸收，即 $\alpha_{\mathrm{m}}''=1$，室内噪声的最大吸声降噪量 $\Delta L_{\max}$ 应为

$$\Delta L_{\max} = 10\lg(1/\alpha_{\mathrm{m}}') \qquad (7\text{-}12)$$

## 7.4 汽车驾驶室主动吸声降噪方法

### 7.4.1 主动吸声国内外的研究现状

有源消声(Active Noise Control，ANC)也称有源降噪，有源噪声控制，有源声衰减，噪声主动控制，主动噪声控制。但目前学术界用的最多的是有源消声。有源消声就是根据两个声波相消性干涉或声辐射抑制的原理，通过抵消声源(次级声源)产生与被抵消声源(初级声源)声压大小相等，相位相反的声波辐射，相互抵消，从而达到降低噪声的目的。

噪声有源控制的理论基础是声波的杨氏干涉理论。即由声场的线性叠加原理可知，当频率相同相位差恒定的两列声波相遇时，在空间产生干涉现象，干涉的结果究竟使声波能量增加还是减少，取决于两列声波的相位和幅值关系，其原理如图7.2所示。由图7.2可以看出当初级声源和次级声源振幅相等，相位相反时，对于初级声源而言，就可以在一定的区域内达到消声的效果。

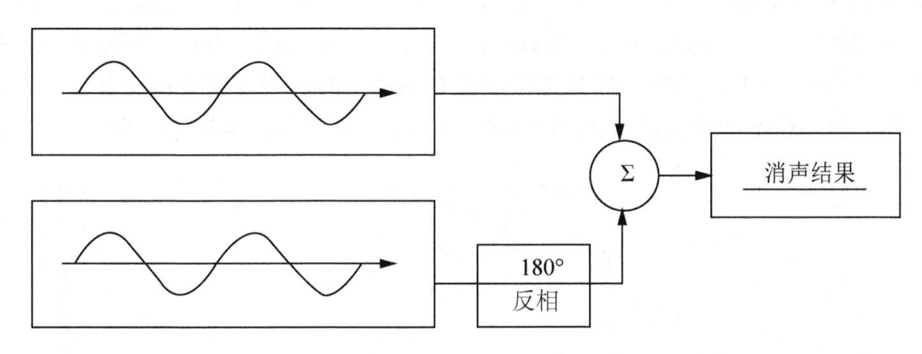


(a) 初级声源为正弦波的杨氏干涉原理

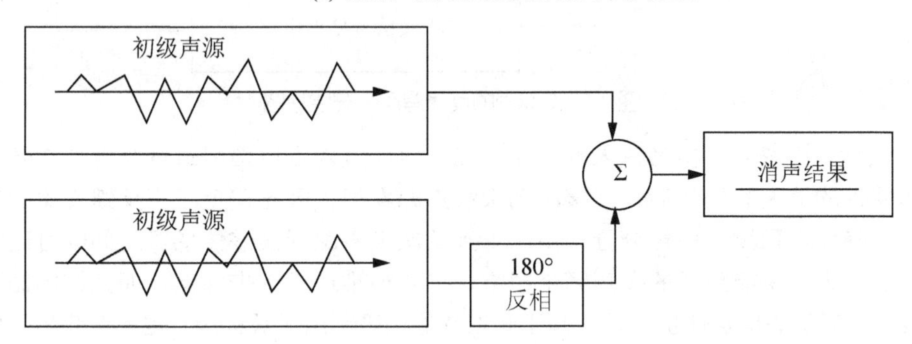


(b) 初级声源为复杂波的杨氏干涉原理

图7.2 基于杨氏干涉理论的有源消声原理图

有源消声的概念是由德国人Pual Lueg提出的，1934年申请了专利，1936年撰文阐明其基本原理。以管道声场为例其基本原理如图7.3所示。

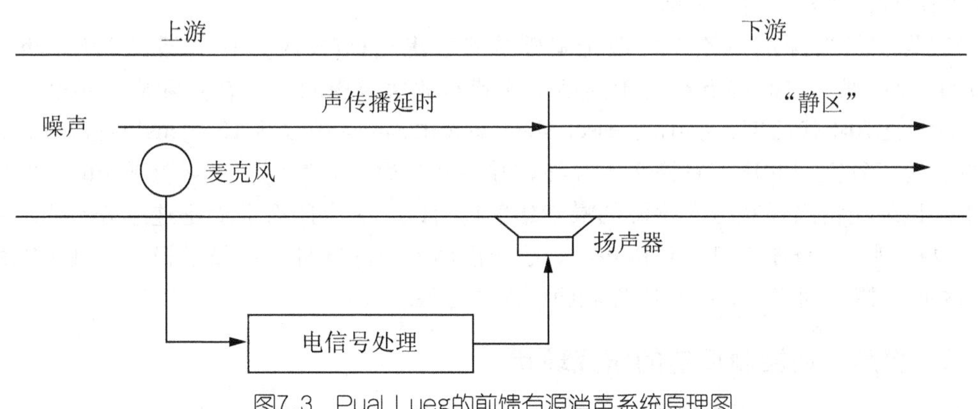


图7.3 Pual Lueg的前馈有源消声系统原理图

该结构是通过在管道上游采用前置麦克风拾取噪声信号，经电信号处理后，馈送给管道下游的次级声源(扬声器)，调节次级声源的输出，使其与上游原噪声信号的幅值相等，相位相反而达到噪声抵消的目的。由于没有考虑声反馈、次级声通道等制约因素。直接按照其设想设计出来的系统无法正常工作。但作为最早的前馈有源消声系统，Pual Lueg的方法为有源消声技术的蓬勃发展奠定了理论基础。

有源消声的最初想法被提出后，直到20世纪50 年代，才引起人们的重视。1953年美国RCA公司的Harry Olson和Everet May研究了在室内、管道内、耳机及耳塞内进行噪声主动抵消的可行性，Olson还将声反馈过程同控制系统中的反馈过程有机结合起来，提出了一种与Pual Lueg控制思想完全不同的反馈控制结构。其基本原理如图7.4所示。

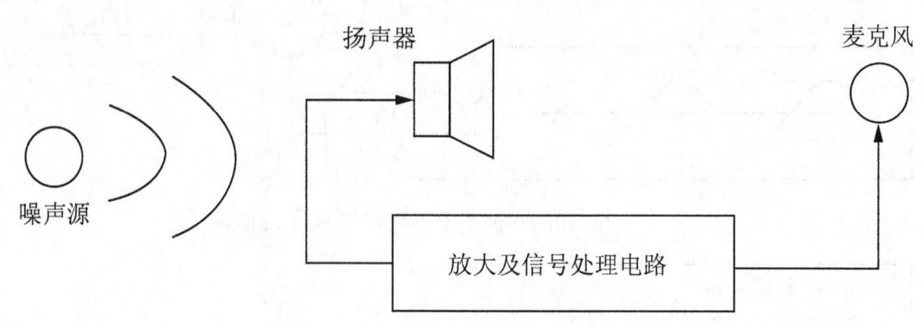


图7.4 Olson的反馈消声系统原理图

在该结构中忽略了参考输入的作用，而是将误差麦克风信号通过具有特定幅值和相位传递特性的放大器处理后，直接驱动次级声源发声，因此避免了声反馈现象的发生。但它只能降低可预测的噪声分量，由于受到从次级声源到误差传感器之间的时延大小限制，时延越大，所能降低的噪声频带越窄，因此很难用于宽带降噪，而且控制器的阶数相对较高，系统的稳定性也较差。基于此系统他们研制出了被称为“电子吸声器”的试验装置，但由于该装置的消声区域较小，消声频带较窄，影响了其在实际场合中的应用。

虽然由于当时的技术局限，Pual Lueg的前馈系统和Olson的反馈系统都没有在实际中得到直接应用，但他们提出的两大类系统在有源消声的历史上具有里程碑的作用，以后有关有源消声系统的研究几乎都是基于这两类系统进行的。1956年美国通用电气公司(GE)的William Conover将有源消声技术应用于大型变压器噪声控制，使有源消声技术在实际噪声控制场合得到了应用。

三维空间有源消声的声学理论基础是基于惠更斯(Huygens)原理上的Krichhoff-Helmholz定理：它的特点在封闭曲面上连续布放次级声源，这在实际应用中是不可能的。20世纪70年代后期，法国的Jessel Mangiante和Canevet等人从Huygens原理出发，推导了自由场三维空间的JMC有源消声算法，并将其应用于大型变压器环境噪声的全空间降噪上。该理论指出任意一个声源的噪声辐射均可以用一个闭合曲面上连续分布的次级声源予以控制，闭合曲面可以包围声源，也可以将其排除在外，也就是说，它既可以控制曲面外的无限空间声场，也可以控制曲面内的有限区域。

### 7.4.2 噪声主动控制目前的研究现状

基于图7.3和图7.4的有源消声的研究取得了较多的成果。但是，用结构声辐射来消除声波的能量而达到降低噪声的目的是目前有源消声研究的热点，它的基本原理如图7.5所示。

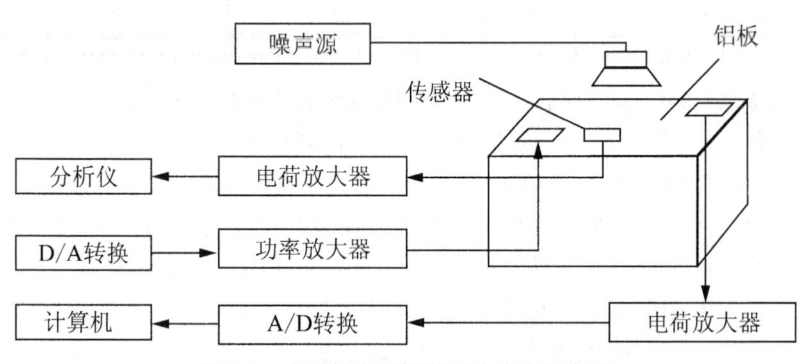


图7.5 利用结构声辐射主动消声示意图

图7.5中，三维闭合空间是由一面铝板和五面丙烯酸材料组成的，铝板四周由夹钳固定， 在铝板的对角线位置上粘贴了一片压电陶瓷(PZT)和一片压电薄膜(PVDF)。压电陶瓷是作为作动器来驱动铝板的振动，而压电薄膜则用做传感器来检测铝板的振动。在三维空间的上方有一个扬声器，它是作为噪声源信号存在的。当扬声器发出信号时，激励铝板振动，铝板的振动引起噪声辐射传入闭合空间内部，在铝板中央的传感器也用来检测铝板的振动，它的信号经电荷放大器后进入分析仪，主要是用来比较控制前后铝板的振动情况。当声波入射到铝板上时，布置于铝板上的压电薄膜传感器检测出声波的信号，传感器将检测得到的信号传输到电荷放大器，功率放大器发出控制信号到作动器。假定铝板结构为弹性板，当弹性板上没有次级力源作用时，铝板上方空间中的声场声压包括3个部分：入射声压，板表面产生的几何反射声压和有界弹性板的结构振动声辐射声压。当次级力源作用时，弹性板产生辐射声压。这样，铝板上方空间中总的声压包括入射声压、弹性板几何反射声压、有界弹性板的结构振动声辐射声压和弹性板受次级力源作用时产生的辐射声压。同理，当弹性板上没有次级力源作用时，铝板上方空间中的质点振速包括3个部分：入射质点振动速度、弹性板产生的几何反射质点振动速度和有界弹性板的声辐射质点振动速度。当次级力源作用时，弹性板产生辐射质点振动速度。这样，铝板上方空间总的声速包括入射质点振动速度、弹性板产生的几何反射质点振动速度、有界弹性板的声辐射质点振动速度和弹性板受次级力源作用时产生的辐射质点振动速度。因此，当有次级力源作用时，弹性板上方空间的声功率为铝板上方空间中总的声压与总的质点振速之间的乘积。要达到主动消声的目的，就是要使弹性板上方空间的声功率最小。

20世纪90年代初期，Borgiotti与Photiadis，Cunfare与Ellitto等学者提出了声辐射模态的概念。所谓声辐射模态及其辐射效率类似于振动问题中的振动模态和固有频率，声辐射模态对应的是结构的速度分布，而振动模态对应的是位移分布。声辐射模态也就是矢量空间中一组相互正交的基，每组基代表一种可能的声辐射形式，每一阶声辐射模态对应一个独立的辐射效率，用声辐射模态研究外部声辐射问题的优点在于消除了结构模态中复杂的耦合项，使得计算和控制声辐射变得简单。同时，通过声辐射模态理论可以得知，结构的声辐射功率可以表示为结构表面速度分布的一个正定厄米特二次型，不同的速度分布其对应的声辐射功率与声辐射效率是不同的，因此可以通过对结构的模态进行抑制(Modal control)和重构(Modal Rearrangement)来控制结构的声辐射，由此达到声辐射的主动控制。在此基础上，产生了两种主动控制策略，一种是采用作动器，如聚偏二氟乙烯PVDF(polynylidene fluoride polymer)、压电材料(piezoelectric)进行的智能控制；另一种是采用次极激励源的主动控制，通过次极激励源来控制结构的速度分布，从而达到控制结构的声辐射。Cunfare等的研究表明，结构的声辐射模态与结构的边界条件和结构的材料特性无关，只与结构的振动频率和形状有关。Sarkissian详细地论述了奇异值分解与声辐射模态之间的关系；T.W.Wu则利用此思想在文献中将声辐射模态称为基函数(basic function)并将其作为表面速度滤波器(Surface Velocity Filter)，通过控制声辐射效率高的模态而采用声辐射效率低的速度分布来合成结构的振动形式，由此到达控制结构的声辐射功率；同时，T.W.Wu还将该思想应用于板壳结构的主动控制中，对主动控制的材料进行了位置优化，使平板振动，从而达到主动消声的目的。但是这种方法在实际应用时存在许多困难，如控制一个实际板振动辐射的噪声时，需要大量的次级声源，特别是在控制高阶噪声时更明显；另一方面则由于次级声源的存在，会产生附加的其他噪声，造成控制溢出现象。这些对分布式噪声源的确定以及多通道宽带域的控制、控制空间的扩大等提出了很高的要求。对于这样的主动控制结构、传感、控制、执行单元均作为结构的外部附属部分，势必造成整体结构系统的庞大，附加质量大，成本高，运行不经济，而且传感执行部分附加在原结构上后改变了原结构的声学特性。目前应用于实际问题的例子主要是用在一维问题上或谐波的主动噪声控制上，如空调管道、主动护耳器技术和螺旋桨飞机机舱内谐波等。但是要实现真正意义上的主动消声，其必须能实现三维空间噪声的控制。但是，由于三维空间问题的复杂性，采用全空间控制策略会遇到一些根本性的限制，已进行的空间主动控制的研究和实验工作的结果并不理想，取得的效果非常有限。该技术的另一控制策略是采用易于实现的局域控制的方法，虽然会造成降噪区域范围外的噪声级升高，但通常是可容许的。如对汽车驾驶室多处局域噪声(围绕司机或乘客头部位置)进行主动控制。局域空间ANC技术研究目前已经达到一定的水平，但要继续发展尚需对一些问题进行更深入的研究(如对非线性时变(随机)、低频段宽频的信号进行快速、有效、自适应的处理问题)，需要寻找新的解决方法，以求新的进展。对于一个很简单的振动体，如简支薄板，即使在单频激励下振动，其结构模态与声辐射之间也不互相独立，在低频情况下，即使把最重要的几阶振动模态降低后，其总的声辐射功率并不会明显降低，这主要是结构间的声振耦合很强，这给声辐射的控制和计算带来了很大的困难。该控制方法在目前已经处于“静寂区”和“瓶颈区”，很难在短期内有所突破。因此，主动吸声的思想就引起了人们的注意。主动吸声在汽车驾驶室方面得到很广泛的应用。

### 7.4.3 主动吸声国内外研究现状

主动消声就是根据两个声波相消性干涉或声辐射抑制的原理，通过抵消声源(次级声源)产生与被抵消声源(初级声源)的声波大小相等，相位相反的声波辐射，相互抵消，从而达到降低噪声的目的，它的控制目标一般是使局部区域声能量减小，从而达到消声降噪的目的，但是该方法脱离噪声源主体，难免使声源中一些需要的部分被抑制。而有别于主动消声的主动吸声方法是从噪声传播途径上和受声体进行控制，它的控制目标是使入射声波的反射系数很小或接近于零，形成“黑洞”现象，使得吸声系数达到最大，从而达到吸声降噪的目的。

主动吸声在国内的研究目前尚是空白，国外学者D.Guicking、C.R.Fuller、D.Thenail等人在20世纪80年代末，90年代初对主动吸声进行了研究。提出了图7.6所示的主动吸声方法。在图7.6中，用一个扬声器作为初级声源发出声波，在初级声源扬声器的前方布置另外一个扬声器作为次级扬声器，次级扬声器前方布置振动加速度传感器与麦克风，振动加速度传感器与麦克风连接到声阻抗率控制器，使得次级扬声器表面的辐射阻抗与空气的阻抗相等，入射声波不反射，形成“黑洞”现象，从而达到主动吸声的目的。但是该主动吸声方法对低频的吸声效果很好，而在高频时的吸声效果就很差。

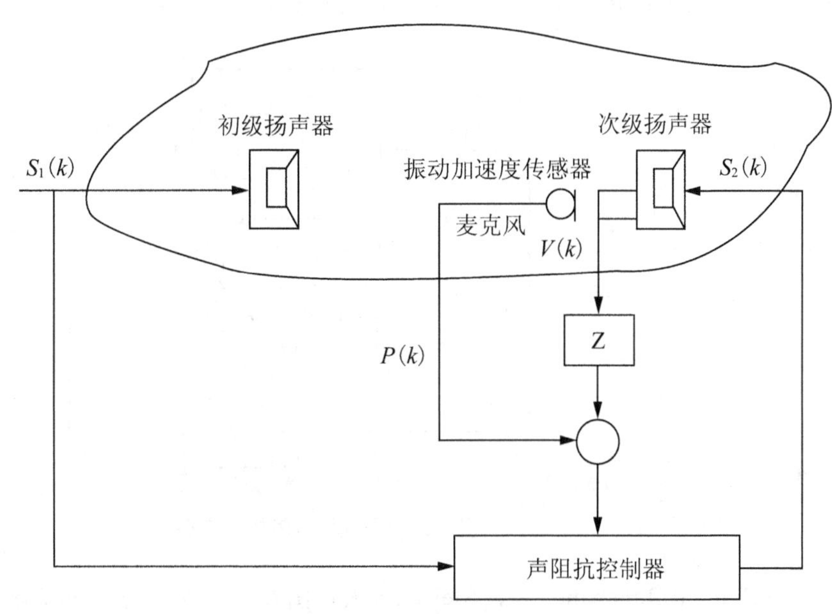


图7.6 D.Guicking的主动吸声原理图

F.Orduna Bustamante和P.A.Nelson提出了和图7.6有所不同的主动吸声系统，如图7.7所示。图7.7中，在次级扬声器前方布置两个麦克风传感器，利用传递函数方法检测出入射声波的声压与频率，两个麦克风连接到声阻抗率控制器，使得次级扬声器表面的辐射阻抗与空气的阻抗相等，达到主动吸声的目的。同样，该主动吸声方法对低频的吸声效果很好，而在高频时的吸声效

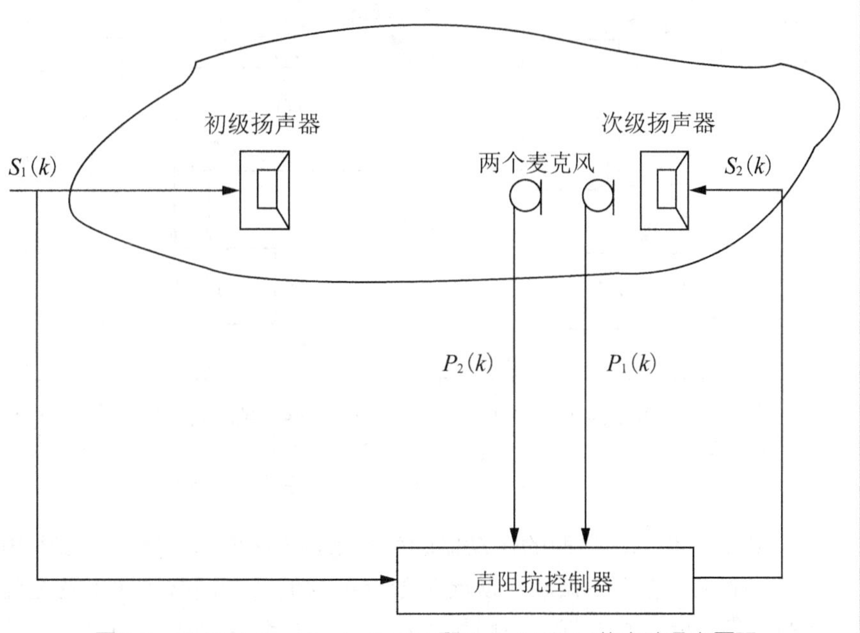


图7.7 F.Orduna Bustamante和P.A.Nelson的主动吸声原理

果就很差。

Hansen、C.H. Kuo、S.M.等人根据图7.7提出了自适应原理与控制算法，如图7.8所示。图7.8中，$\begin{pmatrix} \dfrac{G_{11}(z)}{G_{21}(z)} \dfrac{G_{12}(z)}{G_{22}(z)} \end{pmatrix}$ 为初级源的扬声器与次级扬声器的传递函数矩阵，$H_{12}(z)$ 为两个麦克风之间的传递函数，$H(z)$ 为控制滤波器的传递函数。

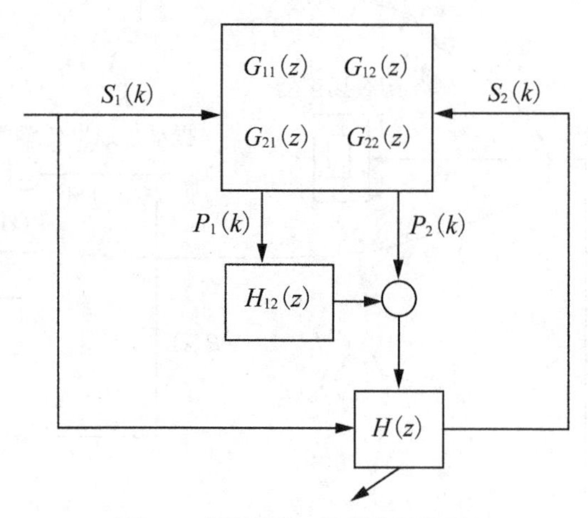


图7.8　基于图7.7的控制原理图

H.Zhu、R.Rajamani、K.A.Stelson等人在图7.7主动吸声原理的基础上，提出了另外一种主动吸声方法，将图7.7中的次级扬声器用自制的平板扬声器代替，主动吸声原理如图7.9所示。

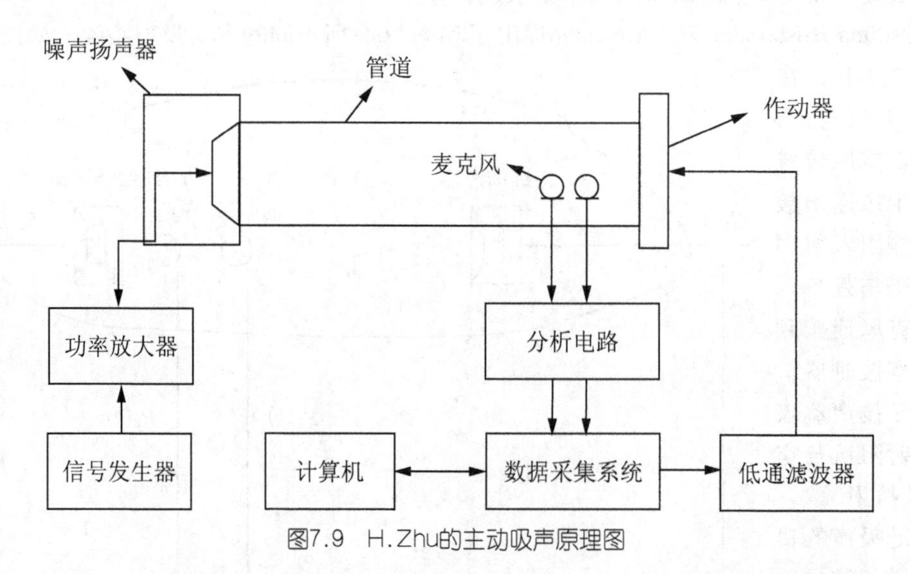


图7.9　H.Zhu的主动吸声原理图

图7.9中作为次级源的作动器的外形如图7.10所示。通过线圈加电流，使磁铁产生电磁场，电极产生上下振动，从而引起平板的振动，调节线圈上的电流大小，使得平板振动的声辐射阻抗与空气的声阻抗率相匹配，达到主动吸声的目的。该主动吸声系统的缺点是：附加质量增大，同时，对高频入射声波的控制较难实现。

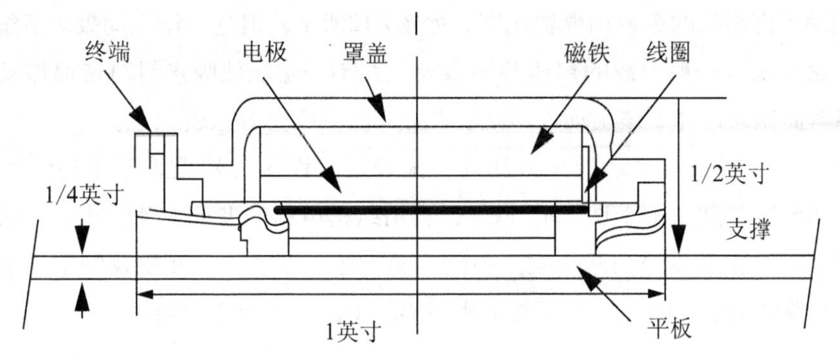


图7.10 作为次级源的作动器的外形图

Jaehwan Kim和Joong-Kuen Lee提出了另外一种主动吸声方法。该主动吸声方法原理如图7.11所示。在图7.11的主动吸声原理图中，当中高频声波入射时，依靠吸声材料进行被动吸声，而当低频声波入射时，吸声材料弯曲变形，引起压电材料片的压电效应，压电材料片表面形成电荷，该电荷通过并联电路被消耗，使得入射声波的声能转化为电能，反射系数减小，吸声系数提高，从而达到主动吸声的目的。

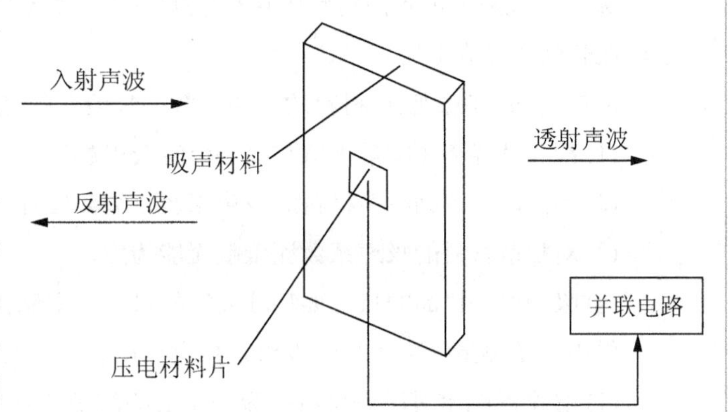


图7.11 Jaehwan Kim的主动吸声方法原理图

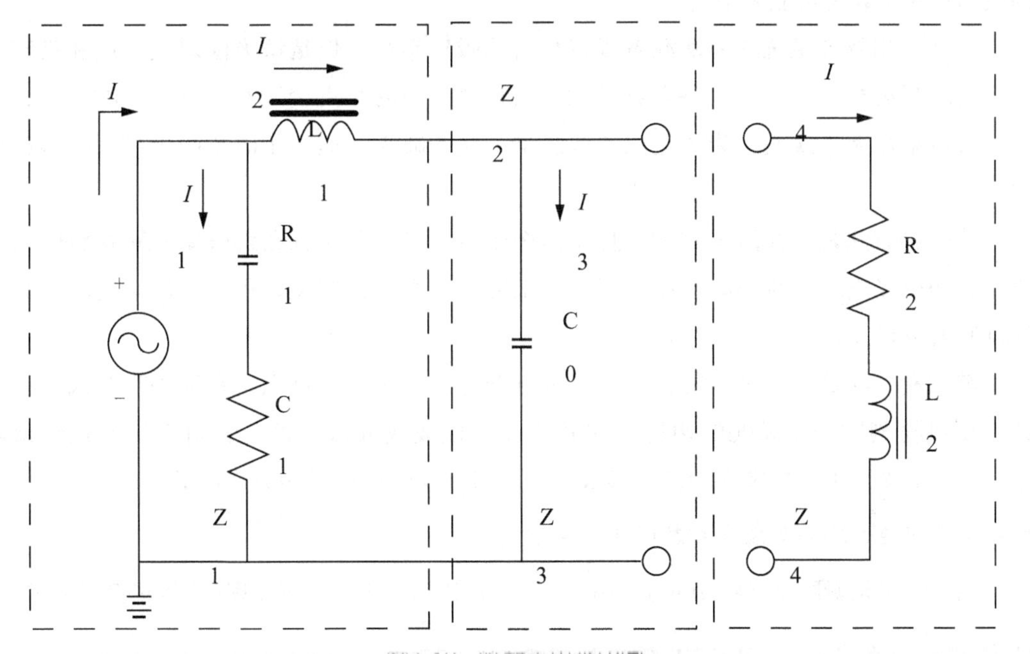


图7.12 等效声电类比图

该主动吸声系统的等效声电类比图，如图7.12所示。但是，该主动吸声系统也存在不足，不足之处是，一般声波的声压并不很大，并不一定能使吸声材料弯曲振动，如果吸声材料不弯曲振动，那么该主动吸声系统在低频时的吸声效果就很差。

除了上面所提及的主动吸声方法外，国外还有许多文献提到了主动吸声方法的研究，但是实际上仍然是基于图7.5的思想，利用结构声辐射进行主动消声，而前面已经说明，主动消声与主动吸声是两个完全不同的噪声控制方法。上面提及的主动吸声方法都存在着自身难以克服的缺点，并不能运用到实际中去，造福于社会。

### 7.4.4 测量汽车驾驶室吸声系数的两种新方法

吸声系数是表征吸声材料吸声性能的一个重要参数。传统的吸声系数测量方法主要有驻波管法和混响室法。

驻波管法在测量吸声材料的吸声系数的时候存在着一些缺陷。

(1) 探头搜寻声压的最大值与最小值时会引起误差。

(2) 不能即时得到吸声材料的吸声系数，需要延时。

(3) 对松散材料的吸声系数测量就无能为力。

(4) 吸声材料样品的尺寸要和驻波管的尺寸精密配合，否则就会带来很大的误差。

混响室法测量吸声材料的吸声系数也存在着一些缺点。

(1) 各个混响室对同一材料的吸声系数的测量值有时差别很大，致使测量结果不具有可比性。

(2) 吸声系数的大小随材料面积及其在室内位置等的变化而变化，且这些材料在中高频段的吸声系数有可能大于1。

此外，用特性阻抗的方法测量吸声材料的吸声系数，但是该方法对麦克风和吸声材料之间的距离要求很高，如果麦克风和吸声材料之间的距离稍微有一点小小的偏差，那么就会带来很大的误差。为了克服这些测量方法的缺点，提出了测量吸声系数的两种新方法。

第一种方法是：在汽车驾驶室里用两个麦克风等间距布置在驾驶室吸声材料的正前方，将两个麦克风所测得的声压进行时间延迟并进行拉氏变换，得出了汽车驾驶室吸声材料的吸声系数。

第二种方法是：在被测的系数材料的近前方放置一个麦克风，在随机声波入射下，该麦克风检测出麦克风处的声压，将此声压变换成倒频谱，再与入射声压的倒频谱对比，得到被测吸声材料表面的反射系数，从而得到该吸声材料的吸声系数。

#### 1. 基于时间延迟法测量吸声系数的测量原理

两个麦克风测量吸声系数的方法用时间延迟法进行分析，分析原理框图如图7.13所示。

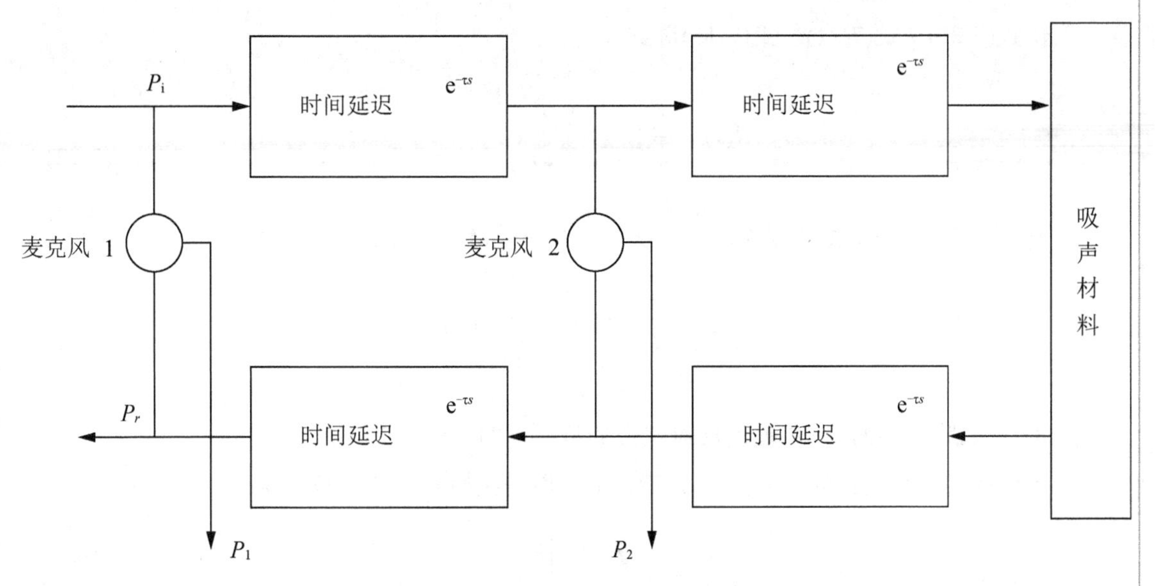


图7.13 时间延迟法测量吸声系数原理图

由图7.13可知，麦克风1和麦克风2处声压的拉氏变换为：

$$p_1(s)=p_i(s)+p_r(s)\mathrm{e}^{-4\tau s} \tag{7-13}$$

$$p_2(s)=p_i(s)\mathrm{e}^{-\tau s}+p_r(s)\mathrm{e}^{-3\tau s} \tag{7-14}$$

吸声材料表面的反射系数的拉氏变换 $R(s)$ 可以表示为

$$R(s)=\frac{p_{\mathrm{r}}(s)}{p_i(s)} \tag{7-15}$$

定义 $x(t)$ 和 $y(t)$ 为

$$x(t)=p_2(t)-p_1(t-\tau) \tag{7-16}$$

$$y(t)=p_1(t)-p_2(t-\tau) \tag{7-17}$$

将式(7-16)、式(7-17)中的 $x(t)$ 和 $y(t)$ 进行拉氏变换，得到

$$X(s)=p_2(s)-p_1(s)\mathrm{e}^{-\tau s} \tag{7-18}$$

$$Y(s)=p_1(s)-p_2(s)\mathrm{e}^{-\tau s} \tag{7-19}$$

将式(7-13)、式(7-14)代入式(7-18)得

$$X(s)=p_r(s)\mathrm{e}^{-3\tau s}-p_r(s)\mathrm{e}^{-5\tau s}=p_r(s)\mathrm{e}^{-3\tau s}(1-\mathrm{e}^{-2\tau s}) \tag{7-20}$$

将式(7-13)、式(7-14)代入式(7-19)得

$$Y(s)=p_i(s)-p_i(s)\mathrm{e}^{-2\tau s}=p_i(s)(1-\mathrm{e}^{-2\tau s}) \tag{7-21}$$

由式(7-20)、式(7-21)、式(7-15)得到

$$R(s)=\frac{p_r(s)}{p_i(s)}=\frac{X(s)}{Y(s)}\mathrm{e}^{3\tau s} \tag{7-22}$$

对式(7-22)进行拉氏反变换后得到吸声材料表面的反射系数 $R$ 为

$$R=L^{-1}\{R(s)\}=L^{-1}\{\frac{p_r(s)}{p_i(s)}=\frac{X(s)}{Y(s)}\mathrm{e}^{3\tau s}\} \tag{7-23}$$

上面公式计算吸声材料表面反射系数的流程框图，如图7.14所示。

得到吸声材料表面的反射系数 $R$ 后，就可以得到吸声材料的吸声系数 $\alpha$

$$\alpha=1-|R|^2 \tag{7-24}$$

需要特别说明的是，用时间延迟法测量吸声系数的关键是两个麦克风与吸声材料要等间距布置，如果不能保证两个麦克风等间距布置，将会带来测量误差。

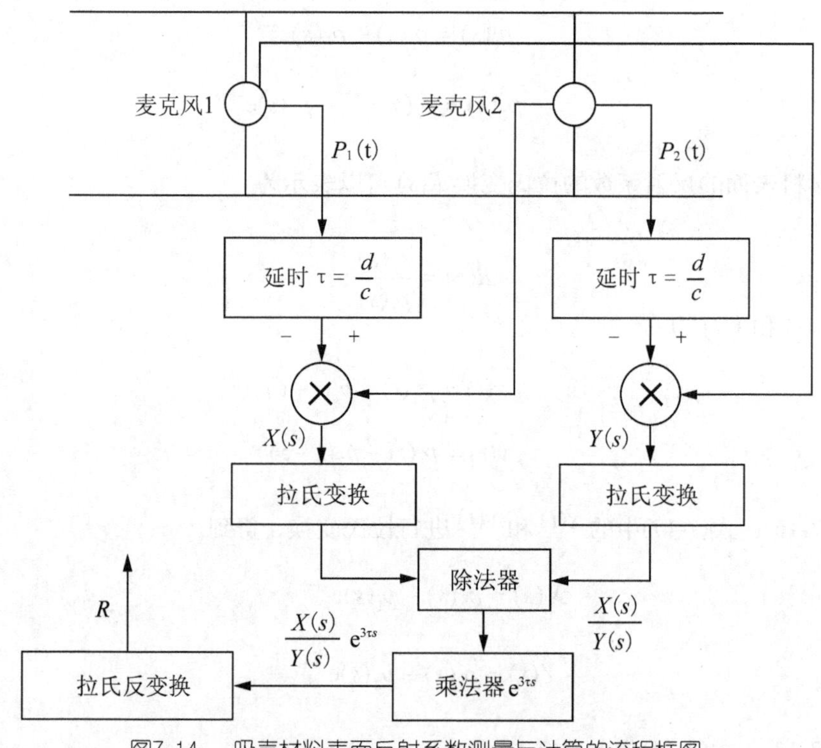


图7.14　吸声材料表面反射系数测量与计算的流程框图

最后对某一驾驶室吸声材料进行了实验，并将实验结果与驻波管法以及混响室法测得的结果进行了对比，实验结果表明，用本方法测得的吸声系数在中低频时与用其他两种方法得到的吸声系数基本相同，在高频时与用其他两种方法得到的吸声系数有一定误差。

2. 基于时间延迟法测量吸声系数的实验

实验装置示意图如图7.15所示。

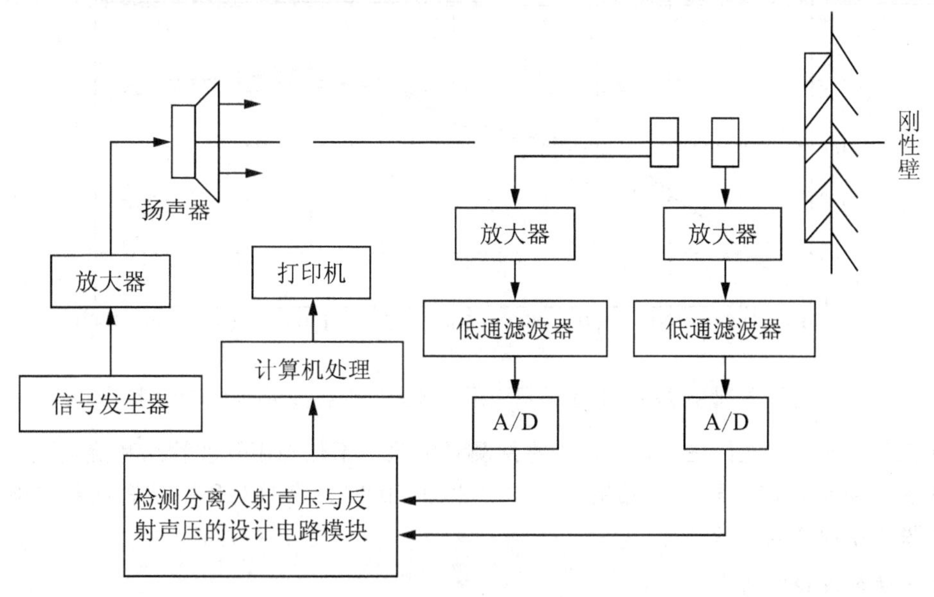


图7.15 实验装置示意图

图7.15中初级源为扬声器，布置在距离吸声材料的正前方3.0m处，两个麦克风之间的距离为5.0cm，麦克风2与吸声材料表面的距离为2.5cm，空气的密度为 $\rho = 1.21\text{kg.m}^{-3}$，声波在空气中传播的速度为 $c = 343\text{m.s}^{-1}$。入射声波的频率范围为100Hz到1000Hz。

对于不同频率的入射声波，用本方法测得的吸声系数与麦克风之间的距离随频率变化的关系如图7.16所示。

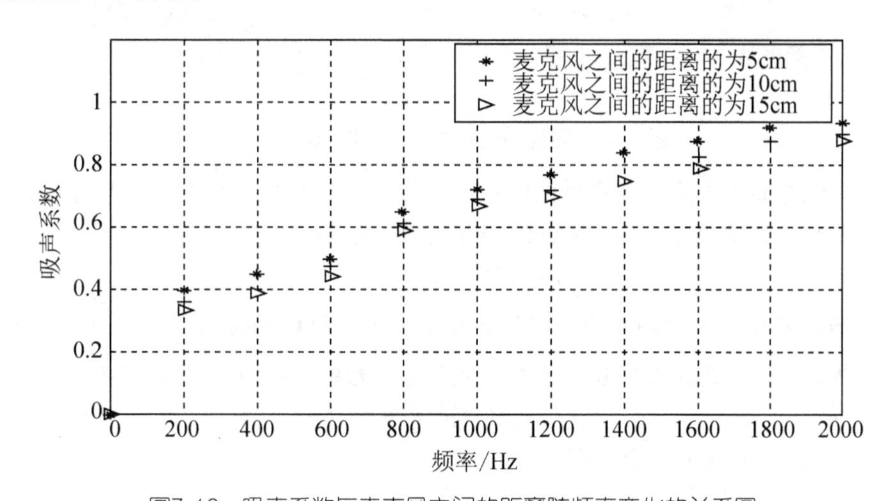


图7.16 吸声系数与麦克风之间的距离随频率变化的关系图

由图7.16可以发现，随着麦克风之间的距离增大，不同频率的吸声系数相应地减小。

对于不同频率的入射声波，用本方法测得的吸声系数与用驻波管法和混响室法测得的吸声系数的对比图如图7.17所示。

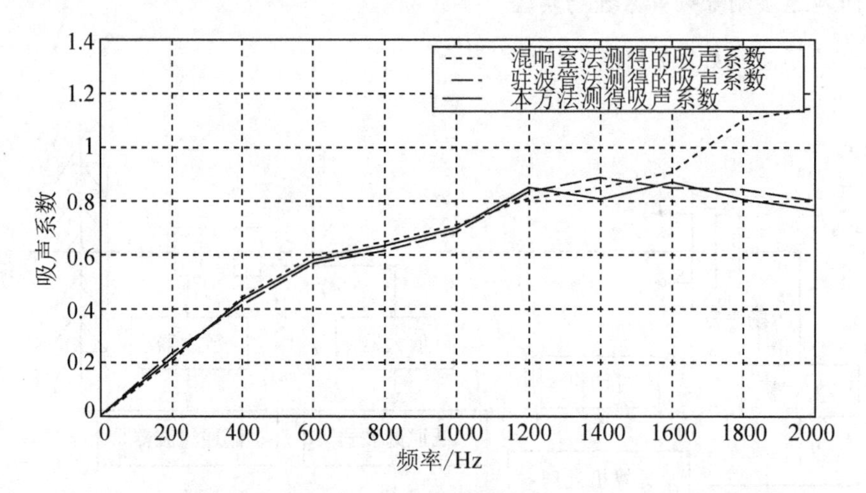


图7.17　吸声系数与用驻波管法和混响室法测得的吸声系数对比图

由图7.17可以发现，在高频时，用本法测量的吸声系数与用驻波管法和混响室法测量得到的吸声系数存在差异；在低频时，本方法测得的吸声系数与用驻波管法和混响室法测得的吸声系数较为一致。

3. 测量方法的理论分析

基于倒频谱分析的吸声系数测量方法的装置如图7.18所示。

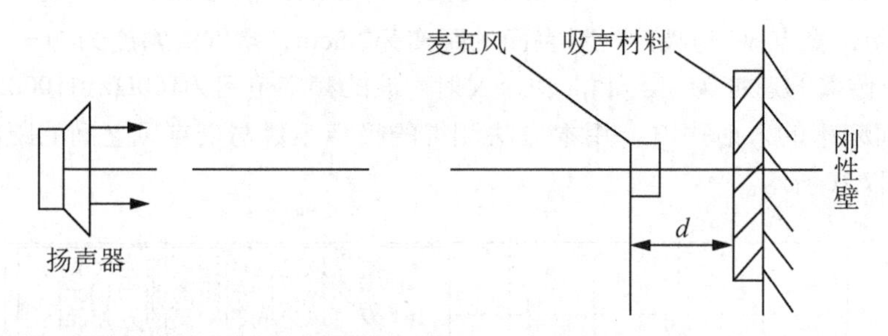


图7.18　麦克风传感器与吸声材料布置图

图7.18中稳态随机声波在麦克风处的声压为 $p(t)$，在麦克风处的入射声压为 $p_i(t)$，麦克风与吸声材料的距离是 $d$。麦克风处的声压可以表示为

$$p(t) = p_i(t) + Rp_i(t-\tau) \tag{7-25}$$

$\tau$ 为声波从麦克风入射到吸声材料后再反射到吸声材料的时间，$\tau = \dfrac{2d}{c}$，$c$ 为声波在空气中的传播速度，$R$ 为声波的反射系数。利用 δ 函数的性质改写式(7-25)得

$$p(t) = p_i(t) * [\delta(t) + R\delta(t-\tau)] \tag{7-26}$$

对式(7-26)两边取傅里叶变换有

$$F\{p(t)\} = F\{p_i(t)\}F\{\delta(t) + R\delta(t-\tau)\} \tag{7-27}$$

$$p(f) = p_i(f)(1 + R\mathrm{e}^{-\mathrm{j}\omega\tau}) \tag{7-28}$$

对式(7-28)取幅值平方，得到功率谱关系式

$$S_{\mathrm{p}}(f) = S_{\mathrm{p}_i}(f)\left|1 + R\mathrm{e}^{-\mathrm{j}\omega\tau}\right|^2 \tag{7-29}$$

对式(7-29)两边取对数得到

$$\ln S_{\mathrm{p}}(f)=\ln S_{\mathrm{p}_i}(f)+\ln(1+R\mathrm{e}^{-\mathrm{j}\omega\tau})+\ln(1+R\mathrm{e}^{\mathrm{j}\omega\tau}) \tag{7-30}$$

因为$\left|R\mathrm{e}^{\pm\mathrm{j}\omega\tau}\right|<1$，所以式(7-30)展开为幂级数

$$\begin{aligned}\ln S_{\mathrm{p}}(f)=&\ln S_{\mathrm{p}_i}(f)+R\mathrm{e}^{-\mathrm{j}\omega\tau}-\frac{R^2}{2}\mathrm{e}^{-2\mathrm{j}\omega\tau}+\frac{R^3}{3}\mathrm{e}^{-3\mathrm{j}\omega\tau}+\cdots\\&+R\mathrm{e}^{\mathrm{j}\omega\tau}-\frac{R^2}{2}\mathrm{e}^{2\mathrm{j}\omega\tau}+\frac{R^3}{3}\mathrm{e}^{3\mathrm{j}\omega\tau}+\cdots\end{aligned} \tag{7-31}$$

$$F^{-1}\{\mathrm{e}^{\pm\mathrm{j}\omega\tau}\}=\delta(t-k\tau) \tag{7-32}$$

由式(7-31)和式(7-32)得功率倒频谱$C_{\mathrm{P}}(\tau)$的表达式为

$$\begin{aligned}C_{\mathrm{p}}(\tau)=&C_{\mathrm{p}_i}(\tau)+R\delta(t-\tau)-\frac{R^2}{2}\delta(t-2\tau)+\frac{R^3}{3}\delta(t-3\tau)+\cdots\\&+R\delta(t-\tau)-\frac{R^2}{2}\delta(t-2\tau)+\frac{R^3}{3}\delta(t-3\tau)+\cdots\end{aligned} \tag{7-33}$$

式中

$$C_{\mathrm{P}}(\tau)=F^{-1}\{\ln S_{\mathrm{p}}(f)\} \tag{7-34}$$

$$C_{\mathrm{P}_i}(\tau)=F^{-1}\{\ln S_{\mathrm{p}_i}(f)\} \tag{7-35}$$

式(7-33)求得的是入射声波经过吸声材料反射后与反射声波叠加以后的倒频谱，如果将吸声材料拿开，发射相同的稳态随机声波，入射声波没有反射，此时麦克风处的声压为

$$p^{'}(t)=p_i(t) \tag{7-36}$$

同理，经过上述相同步骤的变换后得到

$$C_{p^{'}}(\tau)=C_{p_i}(\tau) \tag{7-37}$$

由式(7-33)和式(7-37)比较可知，式(7-33)的倒频谱式由式(7-37)中的倒频谱与一系列脉冲叠加而成。

因此，由式(7-33)可得

$$\begin{cases}R=b_1\\R^2=\sqrt{2b_2}\\R^3=\sqrt[3]{3b_3}\\\vdots\\R^n=\sqrt[n]{nb_n}\end{cases} \tag{7-38}$$

对式(7-38)取平均值得吸声材料的反射系数$R$

$$R=\frac{b_1+\sqrt{2b_2}+\sqrt[3]{3b_3}+\cdots+\sqrt[n]{nb_n}}{n} \tag{7-39}$$

因此，吸声系数α为

$$\alpha=1-|R|^2 \tag{7-40}$$

3. 基于倒频谱方法测量吸声系数的实验

基于倒频谱分析的吸声系数测量方法的实验装置如图7.19所示。

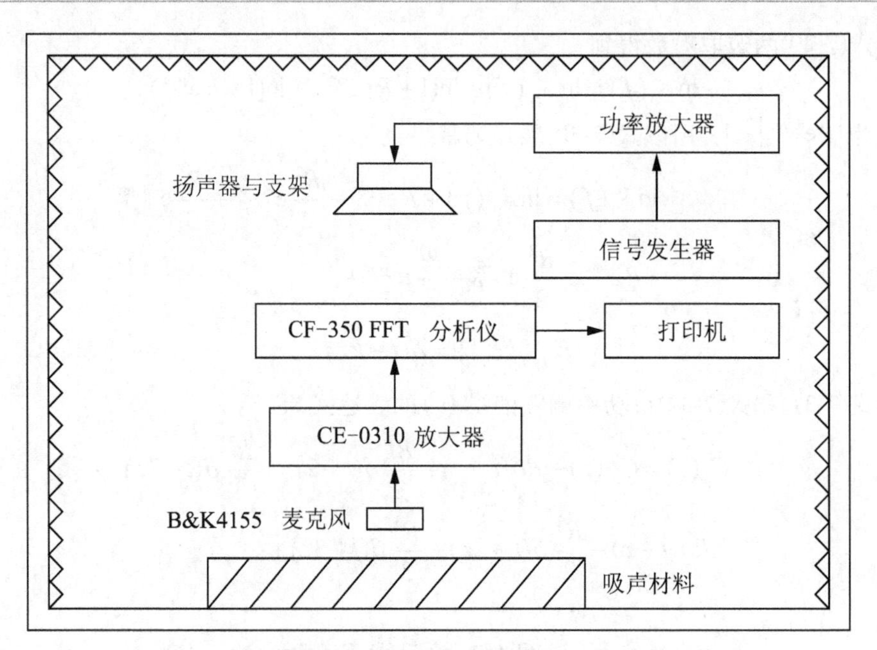


图7.19 基于倒频谱分析的吸声系数测量方法的实验装置图

图7.19中，初级源为扬声器，布置在距离吸声材料的正前方1.5m处，两个麦克风之间中点与吸声材料表面的距离为0.30m，空气的密度为$\rho=1.21\mathrm{kg}\cdot\mathrm{m}^{-3}$，声波在空气中传播的速度为 $c=343m\cdot s^{-1}$。实验内容如下。

(1) 麦克风与吸声材料之间的距离与测量所得吸声系数的关系。

实验所用的吸声材料为泡沫玻璃，半径为250mm，厚度为50mm。麦克风在吸声材料表面上的正投影位于吸声材料的正中央，也就是吸声材料的圆心处。麦克风与吸声材料表面之间不同距离与实验测得的吸声系数的关系如图7.20所示。由图7.20可知，麦克风与吸声材料之间的距离对测得的吸声系数的影响不大。

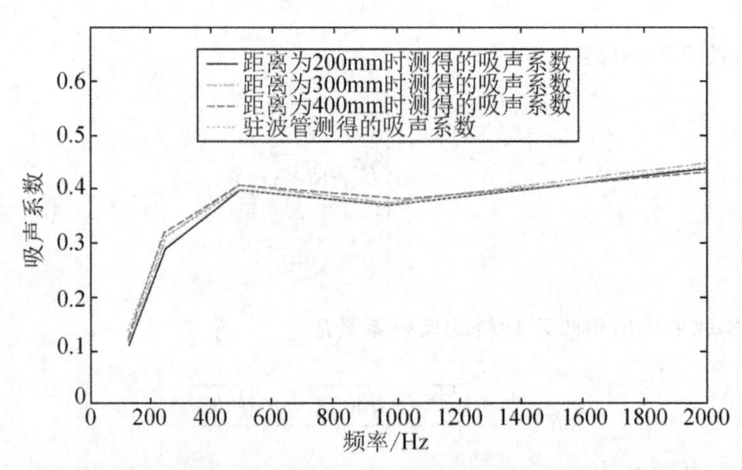


图7.20 麦克风与吸声材料之间的距离与测得的吸声系数关系图

(2) 在麦克风与吸声材料之间的距离一定的情况下，麦克风的位置与测得的吸声系数之间的关系。

实验所用的吸声材料还是泡沫玻璃，半径为250mm，厚度为50mm。选取麦克风与吸声材料之间的距离为300mm，改变麦克风的位置，也就是说，改变麦克风在吸声材料表面的正投影，麦克风位置与测得的吸声系数的关系如图7.21所示。

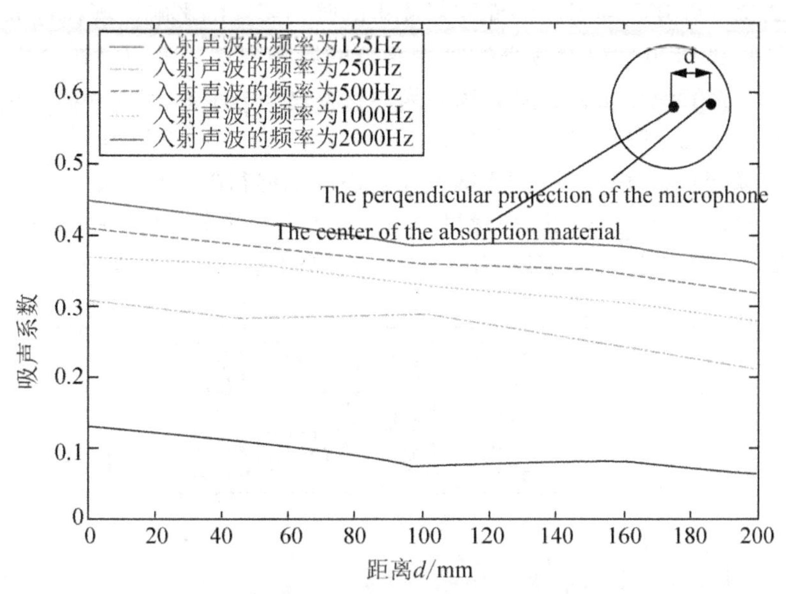

图7.21 麦克风位置与测得的吸声系数关系图

由图7.20和图7.21可知，当麦克风在吸声材料表面的正投影位于吸声材料的圆心处时，测得的吸声系数相对准确，而当麦克风在吸声材料表面的正投影位于吸声材料的其他位置时，测得的吸声系数会产生一定的误差。

(3) 吸声材料的面积与测得的吸声系数之间的关系。

根据图7.20和图7.21可得：麦克风与吸声材料之间的距离为300mm，麦克风在吸声材料表面的正投影位于吸声材料的圆心处，吸声材料的厚度是50mm，泡沫玻璃的半径分别取150mm、250mm、350mm、450mm。吸声材料的面积与测得的吸声系数之间的关系如图7.22所示。由图7.22可知，吸声材料的面积对测得的吸声系数的影响很小。

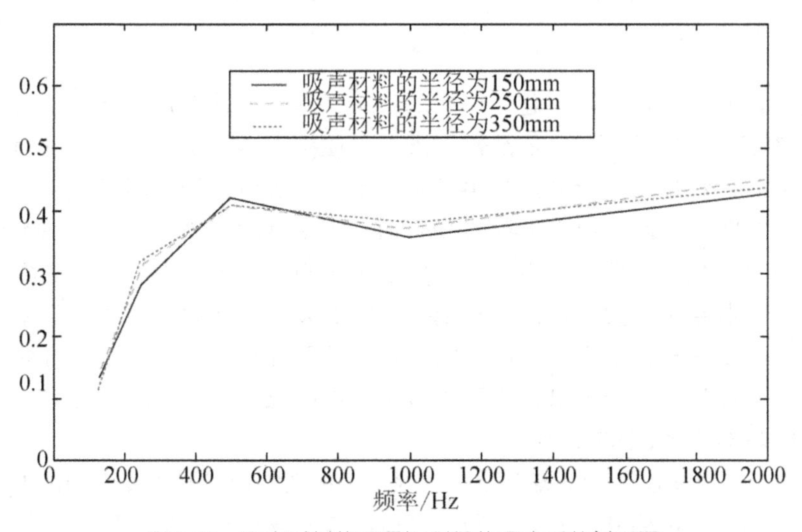

图7.22 吸声材料的面积与测得的吸声系数关系图

(4) 不同的吸声材料与测得的吸声系数之间的关系。

在前面所述中，已经研究了麦克风与吸声材料之间的距离对测得的吸声系数的影响；麦克风的位置以及吸声材料的面积对测得的吸声系数的影响。现在选取不同的吸声材料，研究不同的吸声材料对测得的吸声系数的影响程度。吸声材料分别为：泡沫玻璃、玻璃棉板、聚酯泡沫塑料。麦克风与吸声材料之间的距离为300mm，麦克风在吸声材料表面的正投影位于吸声材料的圆心处，吸声材料的半径为250mm，吸声材料的厚度是5mm。不同吸声材料测得的吸声系数与用驻波管法测得的吸声系数的关系如图7-23所示。由图7.23可知，对于不同的吸声材料，用本章提出的测量方法与用驻波管方法测得的吸声系数在所测量的频率范围内误差不大，从而说明了本方法测量吸声系数的可行性。

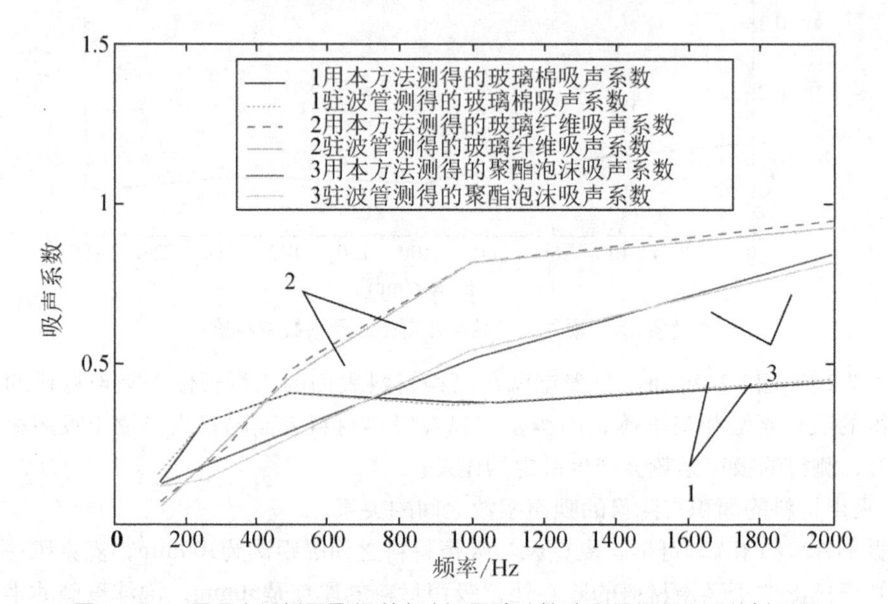


图7.23 不同吸声材料用倒频谱方法与用驻波管法测得的吸声系数关系图

### 7.4.5 基于反射声压平方和最小的主动吸声方法研究

1. 引言

20世纪60年代，主动消声引起了学者的极大兴趣。主动消声是指用次级声源产生的声波对初级声源产生的噪声进行抵消性干涉，以使指定空间实时产生与噪声源在该处噪声幅值相等而相位相反的二次噪声与主噪声叠加，使被研究的空间局域内的噪声声压值达到期望的控制目标。最终达到消减噪声的目的。它是由德国人Paul Lueg提出的，1934年申请专利，1936年撰文阐明其基本原理。但是由于当时电子技术等方面的限制，制造不出所需的电子控制系统，因此该技术长期得不到发展，直到20世纪60年代末，随着电子技术的发展，主动消声的研究才重新兴起。目前的研究热点是用结构声辐射来抵消入射声波的能量，从而提高吸声效果，而且取得了许多研究成果，有的研究成果已经应用于实际中。它的基本原理如图7.24所示。

图7.24中，当声波入射到平板上时，布置于平板上的传感器检测出声波的信号，传感器将检测得到的信号传输到控制滤波器，控制滤波器发出控制信号到作动器。假定板结构为弹性板，当弹性板上没有次级力源作用时，板上方空间中的声场包括3个部分：入射

声波$p_i(\vec{r},t)$；假定该弹性板为刚性板时产生的几何反射声波$p_\mathrm{r}(\vec{r},t)$和有界弹性板的声辐射$p_\mathrm{ps}(\vec{r},t)$，即

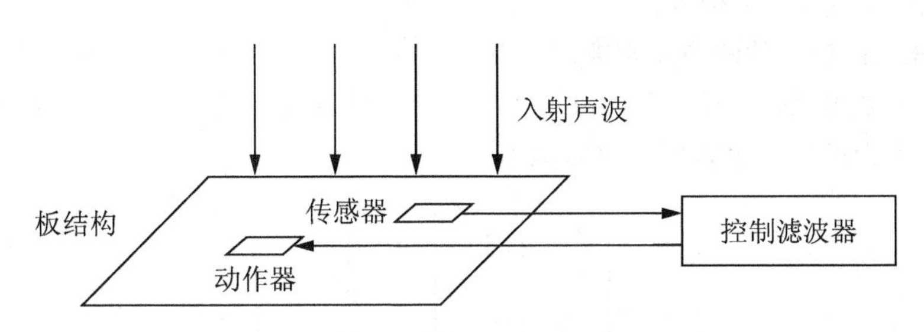


图7.24　利用结构声辐射主动消声示意图

$$p_\mathrm{p}(\vec{r},t)=p_i(\vec{r},t)+p_\mathrm{r}(\vec{r},t)+p_\mathrm{ps}(\vec{r},t) \tag{7-41}$$

当次级力源作用时，弹性板产生的辐射声压为$p_\mathrm{cs}(\vec{r},t)$。这样，总的声压为

$$p(\vec{r},t)=p_\mathrm{p}(\vec{r},t)+p_\mathrm{cs}(\vec{r},t)=p_i(\vec{r},t)+p_\mathrm{r}(\vec{r},t)+p_\mathrm{ps}(\vec{r},t)+p_\mathrm{cs}(\vec{r},t) \tag{7-42}$$

同理，当弹性板上没有次级力源作用时，板上方空间中的声速包括3个部分：入射声波产生的声速$V_i(\vec{r},t)$；假定该弹性板为刚性板时产生的几何反射声速$V_\mathrm{r}(\vec{r},t)$和有界弹性板的声辐射声速$V_\mathrm{ps}(\vec{r},t)$，即

$$V_\mathrm{p}(\vec{r},t)=V_i(\vec{r},t)+V_\mathrm{r}(\vec{r},t)+V_\mathrm{ps}(\vec{r},t) \tag{7-43}$$

当次级力源作用时，弹性板产生的辐射声速为$V_\mathrm{cs}(\vec{r},t)$。这样，总的声速为

$$V(\vec{r},t)=V_\mathrm{p}(\vec{r},t)+V_\mathrm{cs}(\vec{r},t)=V_i(\vec{r},t)+V_\mathrm{r}(\vec{r},t)+V_\mathrm{ps}(\vec{r},t)+V_\mathrm{cs}(\vec{r},t) \tag{7-44}$$

因此，当有次级力源作用时，弹性板的总的声功率$W$为

$$W=p(\vec{r},t)\cdot V(\vec{r},t) \tag{7-45}$$

要达到主动消声的目的，就是要使弹性板总的声功率$W$最小，即控制目标为

$$W\to\min \tag{7-46}$$

在声功率最小的条件下，用一定的算法求得加在简支平板上的次级力源的强度，就可以达到主动消声的目的。通过上面主动消声原理的叙述，得出总的声功率能否用反射声功率来表示，总的声压能否用反射声压来表示，从而在反射声压平方和最小的条件下求得加在简支平板上的次级力源的强度。因为在下面的公式推导过程中，入射声压是一个常量，对求导没有任何的影响。将压电陶瓷晶片粘贴在很薄的简支平板上，通过布置于简支平板正前方的两个麦克风传感器检测出入射声波与反射声波，根据检测出的反射声波，将其与加在压电陶瓷上电压而引起简支平板振动而引起的声压表示为总的反射声压，在反射声压平方和最小的条件下，求得加在压电陶瓷上的电压，从而达到吸声的效果。

### 2. 反射声压平方和的理论计算方法

#### 1) 单片压电陶瓷晶片反射声压平方和的理论计算方法

基于单片压电陶瓷晶片反射声压平方和最小的吸声布置如图7.25所示。

由于压电陶瓷晶片比较薄，外加电压引起的伸长位于与极化方向垂直的方向上，对

于外加电压$V$，应变$\delta$为

$$\delta=\frac{\Delta L}{L}=\frac{d_{31}V}{t_a} \tag{7-47}$$

式中

$t_a$——压电陶瓷晶片的厚度；

$d_{31}$——压电陶瓷晶片的应变常数。

图7.25的压电陶瓷晶片粘贴在简支平板上，产生的双向纵向力将施加在简支平板表面上，在简支平板上产生一个力矩。该力矩为

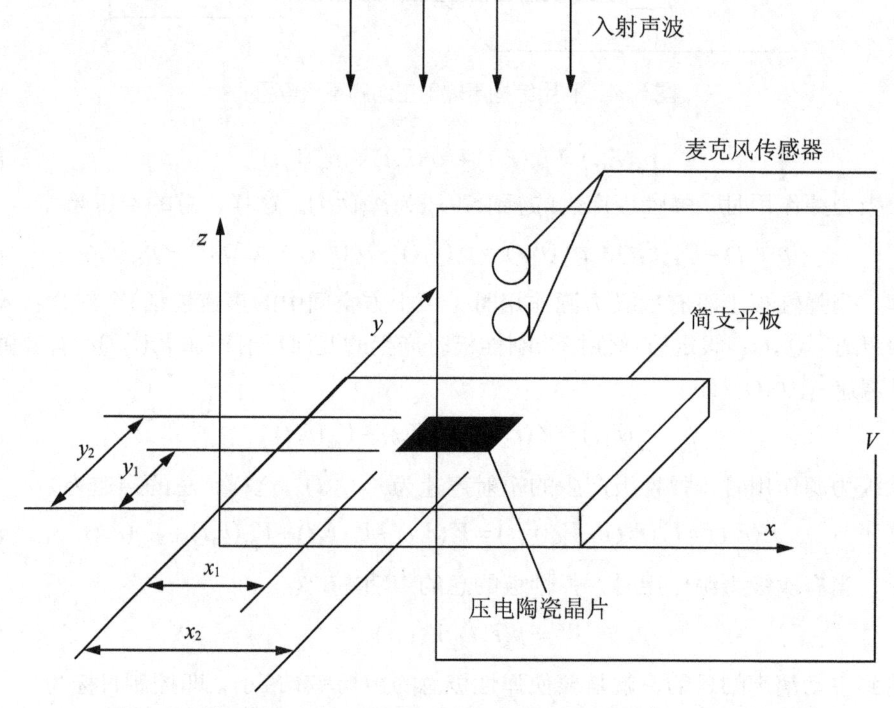


图7.25　基于单片反射声压平方和最小的主动吸声的主动吸声布置图

$$M_x=M_y=\frac{\rho_a(2+\rho_a)}{4(1+\beta\rho_a(3+3\rho_a+\rho_a^2))}h^2\gamma\delta \tag{7-48}$$

$$\beta=\frac{(1-\nu_p)E_a}{(1-\nu_a)E_p} \tag{7-49}$$

$$\gamma=\frac{E_a}{1-\nu_a} \tag{7-50}$$

$$\rho_a=\frac{2t_a}{h} \tag{7-51}$$

式中

$\nu_p$、$\nu_a$——简支平板和压电陶瓷晶片的泊松比；

$E_p$、$E_a$——简支平板和压电陶瓷晶片的弹性模量；

$h$——简支平板的厚度。

根据式(7-48)所得的压电陶瓷晶片加在简支平板表面上的纵向力矩，可得简支平板的运动方程为

$$D\nabla^4 w + \rho h\ddot{w} = M_x[(\frac{\partial\delta(x-x_1)}{\partial x} - \frac{\partial\delta(x-x_2)}{\partial x})(u(y-y_1)-u(y-y_2)) + (\frac{\partial\delta(y-y_1)}{\partial y} - \frac{\partial\delta(y-y_2)}{\partial y})(u(x-x_1)-u(x-x_2))] \tag{7-52}$$

式中

$u(x)$——阶跃函数；

$\delta(x)$——$\delta$函数；

$D$——简支平板的弯曲刚度。

$$D = \frac{E_p h^3}{12(1-\nu_p^{\ 2})} \tag{7-53}$$

对于式(7-52)，用振动模态的形式写出简支平板在任何位置和时间的位移 $w(x,y,t)$

$$w(x,y,t) = e^{j\omega t}\sum_{m=1}^{\infty}\sum_{n=1}^{\infty}A_{mn}\Psi_{mn}(x,y) \tag{7-54}$$

式中

$A_{mn}$——$(m,n)$模态的幅值；

$\psi_{mn}(x,y)$——位置 $(x,y)$ 处的模态振型函数。

$$\psi_{mn}(x,y) = \sin\frac{m\pi x}{L_x}\sin\frac{n\pi y}{L_y} \tag{7-55}$$

将式(7-54)和式(7-55)代入式(7-52)，并将式(7-52)两边同乘以 $\psi_{mn}(x,y)$，沿简支平板的表面进行积分，式(7-52)的左边得到

$$\int_0^{L_x}\int_0^{L_y}\sin\frac{m\pi x}{L_x}\sin\frac{n\pi y}{L_y}\sum_{m=1}^{\infty}\sum_{n=1}^{\infty}A_{mn}(x,y)\sin\frac{m\pi x}{L_x}\sin\frac{n\pi y}{L_y}[D((\frac{m\pi}{L_x})^2+(\frac{n\pi}{L_y})^2)-\rho h\omega^2]\mathrm{d}x\mathrm{d}y \tag{7-56}$$

当模态相互正交时，任何两个不同振型函数的乘积沿简支平板表面的积分为零，这样，式(7-56)为

$$\frac{L_x L_y}{2}A_{mn}[D((\frac{m\pi}{L_x})^2+(\frac{n\pi}{L_y})^2)-\rho h\omega^2] \tag{7-57}$$

板的固有频率 $\omega_{mn}$ 定义为使式(7-57)为零的 $\omega$ 值，则有

$$\omega^2_{\ mn} = \frac{D((\frac{m\pi}{L_x})^2+(\frac{n\pi}{L_y})^2)}{\rho h} \tag{7-58}$$

用 $\psi_{mn}(x,y)$乘以式(7-52)的右边，沿简支平板的表面进行积分，得到

$$M_x\int_0^{L_x}\int_0^{L_y}\sin\frac{m\pi x}{L_x}\sin\frac{n\pi y}{L_y}[(\frac{\partial\delta(x-x_1)}{\partial x} - \frac{\partial\delta(x-x_2)}{\partial x})(u(y-y_1)-u(y-y_2)) + (\frac{\partial\delta(y-y_1)}{\partial y} - \frac{\partial\delta(y-y_2)}{\partial y})(u(x-x_1)-u(x-x_2))]\mathrm{d}x\mathrm{d}y \tag{7-59}$$

将式(7-59)进行整理得到

$$\frac{-2M_xL_xL_y[(\frac{m\pi}{L_x})^2+(\frac{n\pi}{L_y})^2]}{mn\pi^2}(\cos\frac{m\pi x_1}{L_x}-\cos\frac{m\pi x_2}{L_x})(\cos\frac{n\pi y_1}{L_y}-\cos\frac{n\pi y_2}{L_y}) \tag{7-60}$$

令式(5-17)和式(5-20)相等，得到模态幅值 $A_{mn}$ 的表达式为

$$A_{mn}=\frac{4M_x[(\frac{m\pi}{L_x})^2+(\frac{n\pi}{L_y})^2]}{\rho hmn\pi^2(\omega_{mn}^2-\omega^2)}(\cos\frac{m\pi x_2}{L_x}-\cos\frac{m\pi x_1}{L_x})(\cos\frac{n\pi y_1}{L_y}-\cos\frac{n\pi y_2}{L_y}) \tag{7-61}$$

由式(7-54)、式(7-55)和式(7-61)就可以得到简支平板表面的振动位移 $w(x,y,t)$。对简支平板表面的振动位移 $w(x,y,t)$ 进行微分，得到简支平板表面的振动速度 $u(x,y,t)$

$$u(x,y,t)=\mathrm{j}\omega\mathrm{e}^{\mathrm{j}\omega t}\sum_{m=1}^{\infty}\sum_{n=1}^{\infty}A_{mn}\Psi_{mn}(x,y) \tag{7-62}$$

对于简支平板可以用Rayleigh积分直接得到振动表面上任意一点的声压与表面上任意一点的振速之间的关系为

$$p(Q)=\frac{\mathrm{j}\omega\rho_0}{2\pi}\iint_S u(M)\frac{\mathrm{e}^{-\mathrm{j}kr_{(M,Q)}}}{r(M,Q)}\mathrm{d}s \tag{7-63}$$

将简支平板表面分成$a\times b$个单元，如图7.26所示。

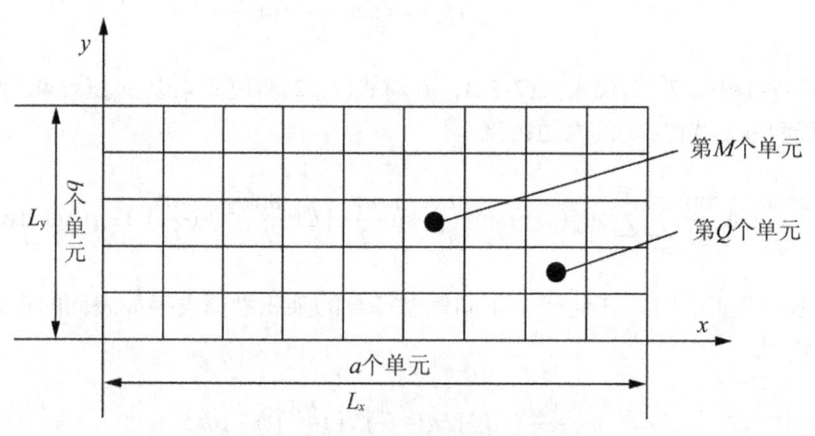


图7.26　简支平板表面单元划分示意图

由图7.26所示的简支平板表面单元划分示意图可得第$M$个矩形单元四边和第$Q$个矩形单元四边在简支平板平面上的坐标为

$$\begin{cases} M\text{单元}x\text{方向坐标：}(\dfrac{(i-1)}{a}L_x,\dfrac{i}{a}L_x) \\ M\text{单元}y\text{方向坐标：}(\dfrac{(j-1)}{b}L_y,\dfrac{j}{b}L_y) \\ Q\text{单元}x\text{方向坐标：}(\dfrac{(k-1)}{a}L_x,\dfrac{k}{a}L_x) \\ M\text{单元}x\text{方向坐标：}(\dfrac{(l-1)}{b}L_y,\dfrac{l}{b}L_y) \end{cases} \tag{7-64}$$

式中

$i$、$j$——第$M$个矩形单元在按图7-43所示的 $x$ 和 $y$ 方向上的顺序；

$k$、$l$——第$Q$个矩形单元在按图7-43所示的 $x$ 和 $y$ 方向上的顺序，由于单元划分时已经考虑到尽可能使单元划分细一点。因此，可以近似认为每个矩形单元都是一个点源，那么，第$M$个矩形单元的坐标近似为$(\frac{i-\frac{1}{2}}{a}L_x, \frac{j-\frac{1}{2}}{b}L_y)$，第$Q$个矩形单元的坐标近似为$c$，第$M$个矩形单元与第$Q$个矩形单元之间的距离$r_{(M,Q)}$为

$$r_{(M,Q)} = \sqrt{(\frac{i-k}{a}L_x)^2 + (\frac{j-l}{b}L_y)^2} \tag{7-65}$$

由于单元划分比较细，可以认为每个小单元表面的振动速度相同，因此，第$M$个矩形单元的振动速度为

$$u_M(x,y,t) = \mathrm{j}\omega \mathrm{e}^{\mathrm{j}\omega t}\sum_{m=1}^{\infty}\sum_{n=1}^{\infty}A_{mn}\psi_{mn}(\frac{i-\frac{1}{2}}{a}L_x, \frac{j-\frac{1}{2}}{b}L_y) \tag{7-66}$$

因此，将式(7-65)与式(7-66)代入式(7-63)中得

$$p(x_Q, y_Q) = \frac{\mathrm{j}\omega\rho_0\Delta S}{2\pi}\sum_{k=1}^{a}\sum_{l=1}^{b}u(x_M, y_M)\frac{\mathrm{e}^{-\mathrm{j}kr}}{r} \tag{7-67}$$

式中

$\rho_0$——空气的密度；

$\Delta S$——每个单元的面积，$\Delta S = \frac{L_x L_y}{ab}$。

将式(7-67)解得的 $p(x_Q, y_Q)$ 按矩阵形式表示成简支平板表面声压为

$$P = [p_{k=1,l=1}, p_{k=1,l=2}, \cdots, p_{k=1,l=a}, p_{k=2,l=1}, p_{k=2,l=2}, \cdots p_{k=2,l=a}, \cdots, p_{k=b,l=1}, p_{k=b,l=2}, \cdots, p_{k=b,l=a}] \tag{7-68}$$

根据前面所述，当简支平板上没有次级力源作用时，板上方空间中的反射声场包括两个部分：假定该弹性板为刚性板时产生的几何反射声波 $p_r(\vec{r},t)$ 和有界弹性板的声辐射 $p_{ps}(\vec{r},t)$，即

$$p(\vec{r},t) = p_{\mathrm{r}}(\vec{r},t) + p_{\mathrm{ps}}(\vec{r},t) \tag{7-69}$$

当简支平板上的压电陶瓷晶片加电压时，弹性板产生的辐射声压为$p$。这样，总的反射声压为

$$p(\vec{r},t) = p_{\mathrm{r}}(\vec{r},t) + p_{\mathrm{ps}}(\vec{r},t) + p \tag{7-70}$$

现假定入射声波的声压对简支平板不起作用，即入射声波对简支平板的声辐射 $p_{ps}(\vec{r},t)$ 为零，那么式(7-70)变为

$$p(\vec{r},t) = p_{\mathrm{r}}(\vec{r},t) + p \tag{7-71}$$

由于入射声波是平面波，可以将两个麦克风检测到的反射声压表示成与简支平板由于压电陶瓷晶片加电压后得到的声压相同阶数的矩阵，即

$$P_1 = [p_1, p_1, \cdots, p_1]_{1\times(a\times b)} \tag{7-72}$$

将式(7-68)和式(7-72)代入式(7-71)得到

$$P(r,t)=[p_{r}+p_{k=1,l=1},p_{r}+p_{k=1,l=2},\cdots,p_{r}+p_{k=b,l=1},p_{r}+p_{k=b,l=2},\cdots,p_{r}+p_{k=b,l=a}] \quad (7\text{-}73)$$

由式(7-73)得到基于声压平方和最小的吸声方法的最小准则，相对应的目标函数为

$$J_{p}=P^{H}(\vec{r},t)P(\vec{r},t) \quad (7\text{-}74)$$

简支平板表面由于压电陶瓷晶片引起的声压是加在压电陶瓷晶片上的电压与频率的函数，也就是说，得到了加在压电陶瓷晶片上的电压与频率，就可以求到简支平板表面上的声压。而入射声波引起的反射声压与加在压电陶瓷晶片上的电压与频率没有任何关系，因此式(7-74)也就是加在压电陶瓷晶片上的电压与频率的函数，要使反射声压平方和最小，就是使式(5-73)取得最小值，因此有：

$$\begin{cases}\dfrac{\partial J_{p}}{\partial V}=\dfrac{\partial P^{H}(\vec{r},t)P(\vec{r},t)}{\partial V}=0\\ \dfrac{\partial J_{p}}{\partial \omega}=\dfrac{\partial P^{H}(\vec{r},t)P(\vec{r},t)}{\partial \omega}=0\end{cases} \quad (7\text{-}75)$$

经过计算所得到的电压与频率就是需要加在压电陶瓷晶片上的电压与频率。

2) 多片压电陶瓷晶片反射声压平方和的理论计算方法

基于多片压电陶瓷晶片反射声压平方和最小的吸声布置图如图7.27所示。

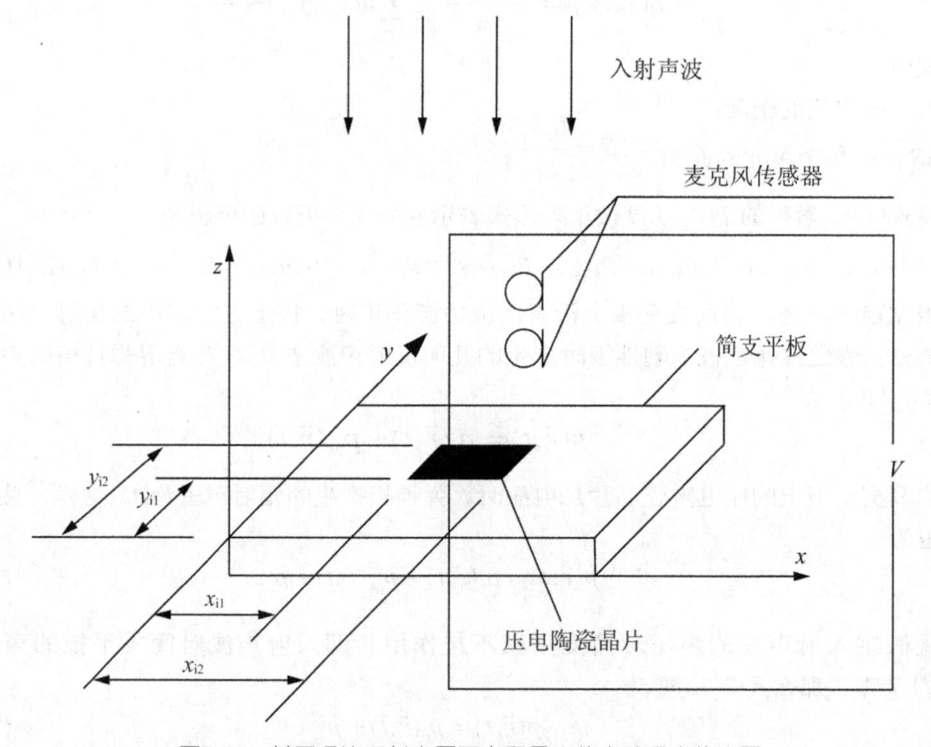


图7.27　基于多片反射声压平方和最小的主动吸声的布置

对于外加电压 $V_i$，第 $i$ 片压电陶瓷晶片应变 $\delta_i$ 为

$$\delta_{i}=\frac{\Delta L_{i}}{L_{i}}=\frac{d_{31}V_{i}}{t_{ia}} \quad (7\text{-}76)$$

式中

$t_{ia}$——第 $i$ 片压电陶瓷晶片的厚度；

$d_{31}$——压电陶瓷晶片的应变常数。

图7.27的压电陶瓷晶片粘贴在简支平板上，产生的双向纵向力将施加在简支平板表面上，在简支平板上产生一个力矩。该力矩为

$$M_{ix}=M_{iy}=\frac{\rho_{ia}(2+\rho_{ia})}{4(1+\beta\rho_{ia}(3+3\rho_{ia}+\rho_{ia}^{2}))}h^{2}\gamma\delta_{i} \tag{7-77}$$

$$\rho_{ia}=\frac{2t_{ia}}{h} \tag{7-78}$$

根据式(7-77)所得的第 $i$ 片压电陶瓷晶片加在简支平板表面上的纵向力矩，可得简支平板的运动方程为

$$\begin{aligned}D\nabla^{4}w_{i}+\rho h\ddot{w}_{i}=M_{ix}[(&\frac{\partial\delta(x-x_{i1})}{\partial x}-\frac{\partial\delta(x-x_{i2})}{\partial x})(u(y-y_{i1})-u(y-y_{i2}))+\\&(\frac{\partial\delta(y-y_{i1})}{\partial y}-\frac{\partial\delta(y-y_{i2})}{\partial y})(u(x-x_{i1})-u(x-x_{i2}))]\end{aligned} \tag{7-79}$$

对于式(7-79)，可以用振动模态的形式写出简支平板在任何位置和时间的位置 $w_i(x,y,t)$

$$w_{i}(x,y,t)=\mathrm{e}^{\mathrm{j}\omega t}\sum_{m=1}^{\infty}\sum_{n=1}^{\infty}A_{imn}\psi_{imn}(x,y) \tag{7-80}$$

式中

$A_{imn}$——第 $i$ 片压电陶瓷晶片引起的 $(m,n)$ 模态幅值；

$\psi_{imn}(x,y)$——位置 $(x,y)$ 处的模态振型函数。

$$\psi_{imn}(x,y)=\sin\frac{m\pi x}{L_{x}}\sin\frac{n\pi y}{L_{y}} \tag{7-81}$$

将式(7-80)和式(7-81)代入式(7-79)，并将式(7-79)两边同乘以 $\psi_{imn}(x,y)$，沿简支平板的表面进行积分，式(7-78)的左边得到

$$\int_{0}^{L_x}\int_{0}^{L_y}\sin\frac{m\pi x}{L_{x}}\sin\frac{n\pi y}{L_{y}}\sum_{m=1}^{\infty}\sum_{n=1}^{\infty}A_{imn}(x,y)\sin\frac{m\pi x}{L_{x}}\sin\frac{n\pi y}{L_{y}}[D((\frac{m\pi}{L_{x}})^{2}+(\frac{n\pi}{L_{y}})^{2})-\rho h\omega^{2}]\mathrm{d}x\mathrm{d}y \tag{7-82}$$

当模态相互正交时，任何两个不同振型函数的乘积沿简支平板表面的积分为零，这样，式(7-82)为

$$\frac{L_{x}L_{y}}{2}A_{imn}[D((\frac{m\pi}{L_{x}})^{2}+(\frac{n\pi}{L_{y}})^{2})-\rho h\omega^{2}] \tag{7-83}$$

板的固有频率 $\omega_{mn}$ 定义为使式(7-83)为零的 $\omega$ 值，则有

$$\omega^{2}_{mn}=\frac{D((\frac{m\pi}{L_{x}})^{2}+(\frac{n\pi}{L_{y}})^{2})}{\rho h} \tag{7-84}$$

用 $\psi_{imn}(x,y)$ 乘以式(7-78)的右边，沿简支平板的表面进行积分，得到

$$M_{ix}\int_0^{L_x}\int_0^{L_y}\sin\frac{m\pi x}{L_x}\sin\frac{n\pi y}{L_y}[(\frac{\partial\delta(x-x_{i1})}{\partial x}-\frac{\partial\delta(x-x_{i2})}{\partial x})(u(y-y_{i1})-u(y-y_{i2}))+$$

$$(\frac{\partial\delta(y-y_{i1})}{\partial y}-\frac{\partial\delta(y-y_{i2})}{\partial y})(u(x-x_{i1})-u(x-x_{i2}))]\mathrm{d}x\mathrm{d}y \tag{7-85}$$

将式(7-85)进行整理得到

$$\frac{-2M_{ix}L_xL_y[(\frac{m\pi}{L_x})^2+(\frac{n\pi}{L_y})^2]}{mn\pi^2}(\cos\frac{m\pi x_{i1}}{L_x}-\cos\frac{m\pi x_{i2}}{L_x})(\cos\frac{n\pi y_{i1}}{L_y}-\cos\frac{n\pi y_{i2}}{L_y}) \tag{7-86}$$

令式(7-83)和式(7-86)相等，得到模态幅值 $A_{imn}$ 的表达式为

$$A_{imn}=\frac{4M_{ix}[(\frac{m\pi}{L_x})^2+(\frac{n\pi}{L_y})^2]}{\rho hmn\pi^2(\omega_{mn}^2-\omega_i^2)}(\cos\frac{m\pi x_{i2}}{L_x}-\cos\frac{m\pi x_{i1}}{L_x})(\cos\frac{n\pi y_{i1}}{L_y}-\cos\frac{n\pi y_{i2}}{L_y}) \tag{7-87}$$

由上面的公式就可以得到简支平板表面的振动位移 $w_i(x,y,t)$ 。对简支平板表面的振动位移 $w_i(x,y,t)$ 进行微分，得到简支平板表面的振动速度 $u(x,y,t)$

$$u(x,y,t)=\sum_{i=1}^{N}\mathrm{j}\omega_i\mathrm{e}^{\mathrm{j}\omega_i t}\sum_{m=1}^{\infty}\sum_{n=1}^{\infty}A_{imn}\psi_{imn}(x,y) \tag{7-88}$$

式中

$N$——粘贴在简支平板上的压电陶瓷晶片的个数。

按前面的分析与计算方法，将第 $i$ 片压电陶瓷晶片的声压 $p_i(x_Q,y_Q)$ 按矩阵形式表示成简支平板表面声压为

$$P^i=[p^i_{k=1,l=1},\cdots,p^i_{k=1,l=a},p^i_{k=2,l=1},\cdots,\ p^i_{k=2,l=a},\cdots,p^i_{k=b,l=1},p^i_{k=b,l=2},\cdots,p^i_{k=b,l=a}] \tag{7-89}$$

$N$ 个压电陶瓷晶片引起的简支平板的辐射声压为：

$$P=\sum_{i=1}^{N}P^i=[\sum_{i=1}^{N}p^i_{k=1,l=1},\cdots,\sum_{i=1}^{N}p^i_{k=1,l=a},\sum_{i=1}^{N}p^i_{k=2,l=1},\cdots,\sum_{i=1}^{N}p^i_{k=2,l=a},\cdots,$$
$$\sum_{i=1}^{N}p^i_{k=b,l=1},\cdots,\sum_{i=1}^{N}p^i_{k=b,l=a}] \tag{7-90}$$

按前面的同样的分析方法，将总的反射声压表示为入射声波引起的反射声压与压电陶瓷引起的辐射声压之和，得到基于多片压电陶瓷的声压平方和最小的吸声方法的最小准则，相对应的目标函数为

$$J_{\mathrm{p}}=P^H(\vec{r},t)P(\vec{r},t) \tag{7-91}$$

简支平板表面由于多片压电陶瓷晶片引起的声压是加在多片压电陶瓷晶片上的电压与频率的函数，也就是说，知道了加在多片压电陶瓷晶片上的电压与频率，就可以得到简支平板表面上的声压。而入射声波引起的反射声压与加在多片压电陶瓷晶片上的电压

与频率没有任何关系，因此式(7-91)也是加在多片压电陶瓷晶片上的电压与频率的函数，要使反射声压平方和最小，就是使式(7-91)取得最小值，因此有

$$\begin{cases}\dfrac{\partial J_{\mathrm{p}}}{\partial V_1}=\dfrac{\partial P^H(\vec{r},t)P(\vec{r},t)}{\partial V_1}=0\\\dfrac{\partial J_{\mathrm{p}}}{\partial \omega_1}=\dfrac{\partial P^H(\vec{r},t)P(\vec{r},t)}{\partial \omega_1}=0\\\vdots\\\dfrac{\partial J_{\mathrm{p}}}{\partial V_i}=\dfrac{\partial P^H(\vec{r},t)P(\vec{r},t)}{\partial V_i}=0\\\dfrac{\partial J_{\mathrm{p}}}{\partial \omega_i}=\dfrac{\partial P^H(\vec{r},t)P(\vec{r},t)}{\partial \omega_i}=0\\\vdots\\\dfrac{\partial J_{\mathrm{p}}}{\partial V_N}=\dfrac{\partial P^H(\vec{r},t)P(\vec{r},t)}{\partial V_N}=0\\\dfrac{\partial J_{\mathrm{p}}}{\partial \omega_N}=\dfrac{\partial P^H(\vec{r},t)P(\vec{r},t)}{\partial \omega_N}=0\end{cases} \tag{7-92}$$

经过计算所得到的电压与频率就是需要加在多片压电陶瓷晶片上的电压与频率。

3) 麦克风检测入射声压与反射声压的原理

当声波入射到PVDF的表面时，PVDF表面会被极化，在表面上形成电压差。声波的声压与PVDF的电压的关系为

$$V=RP \tag{7-93}$$

式中

$V$——PVDF上的电压；

$P$——入射到PVDF表面声波的声压；

$R$——PVDF的电压与声波的声压的比值。

$$R=\frac{V}{P}=\frac{X_{\mathrm{T}}(Z_{\mathrm{O}}+Z_{\mathrm{T}})}{h_{33}\varepsilon_{33}{}^{s}Z_{\mathrm{O}}} \tag{7-94}$$

式中

$X_{\mathrm{T}}$——PVDF的厚度；

$Z_{\mathrm{O}},Z_{\mathrm{T}}$——空气和PVDF的声阻抗率；

$\varepsilon_{33}{}^{S}$——PVDF的介电常数；

$h_{33}$——PVDF的压电常数。

由于前面已经假设入射声波为平面声波，因此入射声波与反射声波可以表示为

$$p_i(x,t)=p_i\exp(\mathrm{j}(\omega t-kx)) \tag{7-95}$$

$$p_{\mathrm{r}}(x,t)=p_{\mathrm{r}}\exp(\mathrm{j}(\omega t+kx)) \tag{7-96}$$

式中

$k$——声波的波数；

ω——声波的圆频率。

当在PVDF传感器上作用一个力$P$时，由式(7-93)可得

$$P=\frac{1}{R}V=\frac{h_{33}\varepsilon_{33}{}^{s}Z_{o}}{X_{T}(Z_{\mathrm{o}}+Z_{\mathrm{T}})}V=SV \tag{7-97}$$

因此在PVDF 1与PVDF 2处得到的电压信号为

$$V_1(t)=V_i(0,t)+V_{\mathrm{r}}(0,t) \tag{7-98}$$

$$V_2(t)=V_i(d,t)+V_{\mathrm{r}}(d,t)=V_i(0,t+\tau)+V_{\mathrm{r}}(0,t-\tau) \tag{7-99}$$

式中

$\tau$——声波在两个PVDF传播的时间，$\tau=d/c$；

$c$——声波在空气中传播的速度。

如果将$V_1(t)$延时τ，那么得到

$$V_{1\tau}(t)=V_1(t-\tau)=V_i(0,t-\tau)+V_{\mathrm{r}}(0,t-\tau) \tag{7-100}$$

定义$V_3(t)$为

$$V_3(t)=V_{1\tau}-V_2=V_i(0,t-\tau)-V_i(0,t+\tau) \tag{7-101}$$

将$V_3(t)$延时τ得$V_5(t)$

$$V_5(t)=V_3(t-\tau)=V_i(0,t-2\tau)-V_i(0,t)=2V_i(0,t)\mathrm{e}^{-\mathrm{j}(\frac{\pi}{2}+\omega\tau)}\sin\omega\tau \tag{7-102}$$

同理，将$V_2(t)$延时τ，得到

$$V_{2\tau}(t)=V_2(t-\tau)=V_i(0,t)+V_r(0,t-2\tau) \tag{7-103}$$

定义$V_4(t)$为

$$V_4(t)=V_{2\tau}-V_1=V_r(0,t-2\tau)-V_r(0,t)=2V_r(0,t)\mathrm{e}^{-\mathrm{j}(\frac{\pi}{2}+\omega\tau)}\sin\omega\tau \tag{7-104}$$

由式(7-99)、式(7-104)得

$$V_4'=-V_4+V_4'\mathrm{e}^{-2\mathrm{j}\omega\tau}=V_r(0,t) \tag{7-105}$$

$$V_5'=-V_5+V_5'e^{-2j\omega\tau}=V_i(0,t) \tag{7-106}$$

由式(7-105)、式(7-106)得入射声压与反射声压为

$$p_r(0,t)=SV_4'=SV_r(0,t) \tag{7-107}$$

$$p_i(0,t)=SV_5'=SV_i(0,t) \tag{7-108}$$

由式(7-107)和式(7-108)就可得到压电材料表面的吸声系数。式(7-107)计算所得的$p_r(0,t)$是反射声波在PVDF1处的反射声压，在压电材料表面的入射声压与反射声压为

$$\begin{cases} p_i=p_i(-2d,t)=\exp(-\mathrm{j}2kd)p_i(0,t) \\ p_r=p_r(2d,t)=\exp(\mathrm{j}2kd)p_r(0,t) \end{cases} \tag{7-109}$$

声压反射系数$R$为

$$R=\frac{p_i}{p_r}=\frac{\exp(-\mathrm{j}2kd)p_i(0,t)}{\exp(\mathrm{j}2kd)p_r(0,t)}=\exp(-\mathrm{j}4kd)\frac{p_i(0,t)}{p_r(0,t)} \tag{7-110}$$

则吸声材料的吸声系数可以表示为

$$\alpha=1-|R|^2 \tag{7-111}$$

两个PVDF传感器检测入射声压与反射声压的原理图如图7.28所示。需要特别说明的是，用本章提出的方法检测入射声波的入射声压和测量吸声系数的关键是两片PVDF与压电材料要等间距布置，如果不能保证两片PVDF等间距布置，将会带来测量误差。

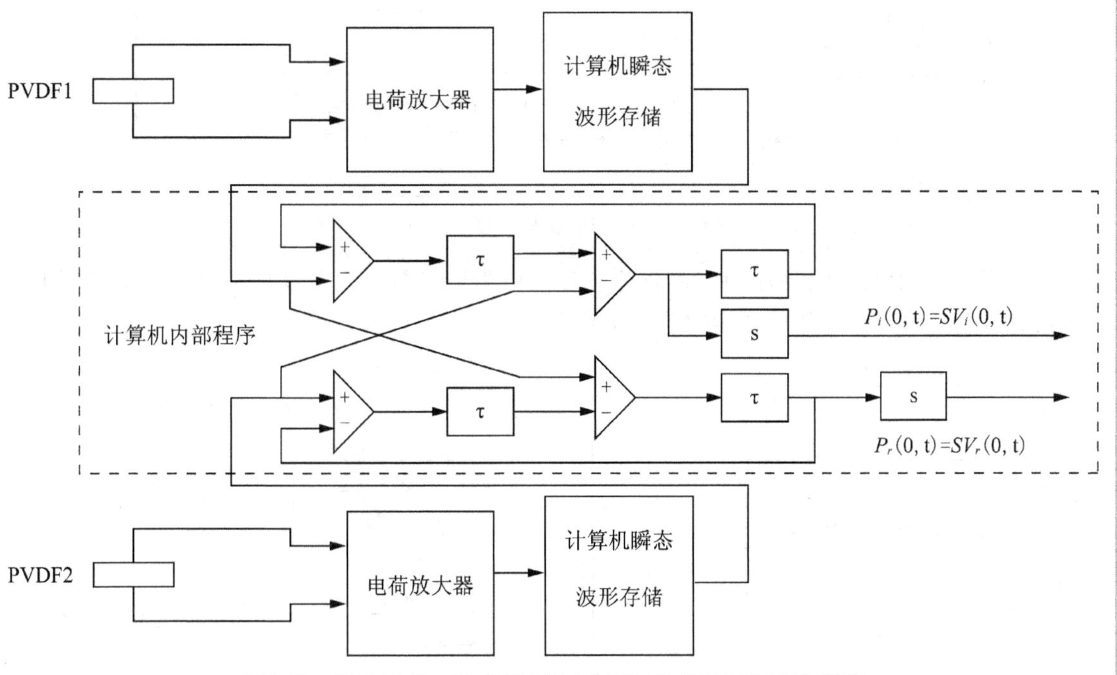


图7.28 两个PVDF传感器检测入射声压与反射声压的原理图

4) 数值计算与实验

实验框图如图7.29所示。

实验所用的管道为矩形管道，规格为 400mm×400mm×3000mm ，初级源为扬声器，布置在圆形管的末端。两个麦克风传感器之间的距离为5cm，麦克风2与简支平板表面的距离

为2.5cm，空气的密度为$\rho = 1.21\text{kg}/\text{m}^3$，声波在空气中传播的速度为$c = 343\text{m}\cdot\text{s}^{-1}$，简支平板的密度为$\rho_p = 7860\text{kg}/\text{m}^3$，简支平板的厚度$h = 0.5\text{mm}$，弹性模量为$E_p = 2\times10^{11}\text{Pa}$，泊松比为$\nu_p = 0.3$。压电陶瓷晶片的厚度$t_a = 0.5mm$，压电复合材料的压电常数为$d_{31} = 1.66\times10^{-10}(\text{m}/\text{V})$，弹性模量为$E_a = 6.3\times10^{10}\text{Pa}$，泊松比为$\nu_p = 0.35$。在图7.29，中当扬声器发出平面声波时，通过设计好的检测入射声压与反射声压的电路模块进行计算机数据处理得到反射声压，计算加在压电陶瓷晶片上的电压与频率，同时，两个麦克风还起到检测控制效果的作用。

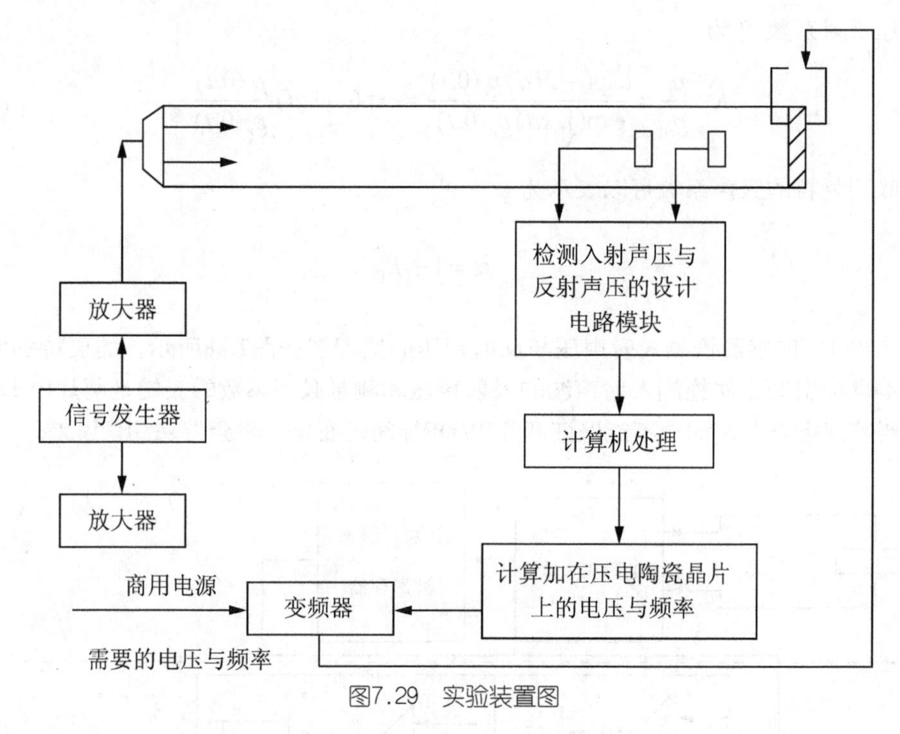


图7.29　实验装置图

实验中，压电陶瓷晶片的布置分为单片压电陶瓷晶片，三片压电陶瓷晶片，五片压电陶瓷晶片，图7.30为各种方案的布置示意图。

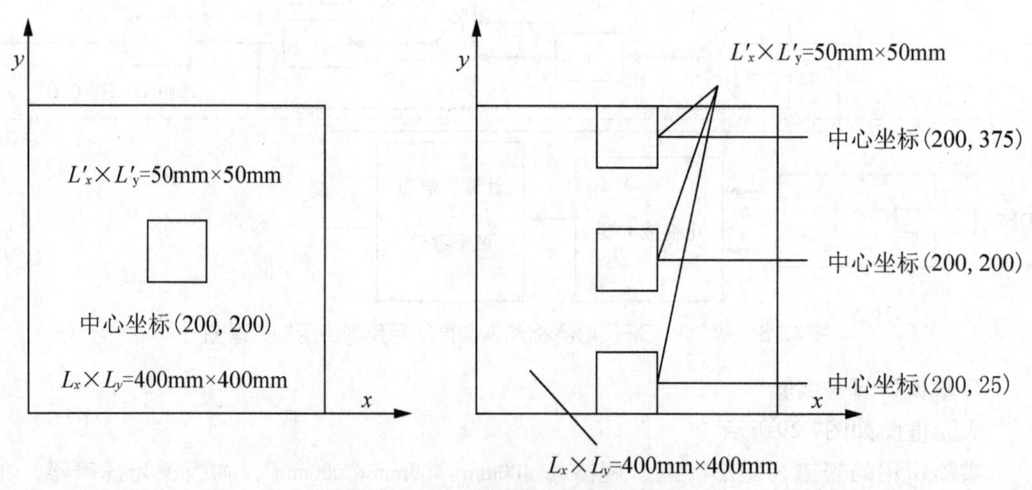


图7.30　压电陶瓷晶片布置方案图

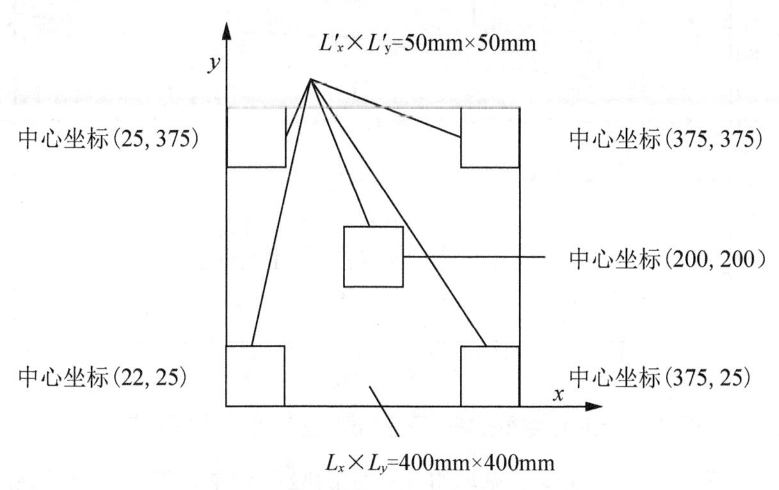


图7.30 压电陶瓷晶片布置方案图(续图)

一片压电陶瓷晶片在控制前和控制后的声压平方和如图7.31所示。

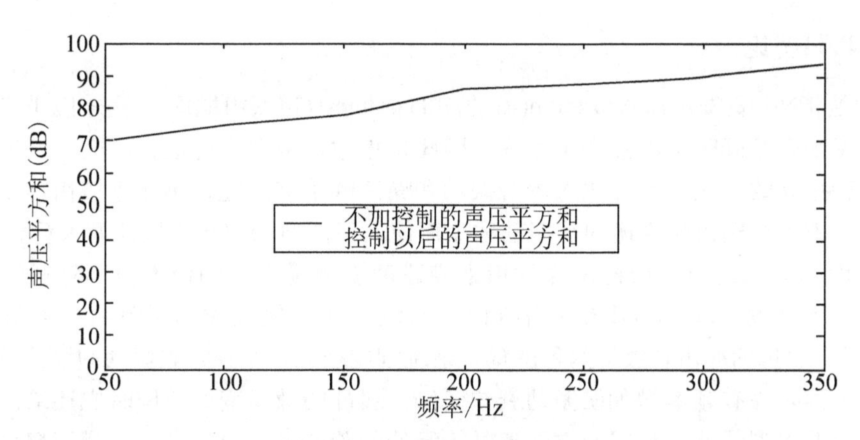


图7.31 一片压电陶瓷晶片在控制前和控制后的声压平方和

三片压电陶瓷晶片在控制前和控制后的声压平方和如图7.32所示。

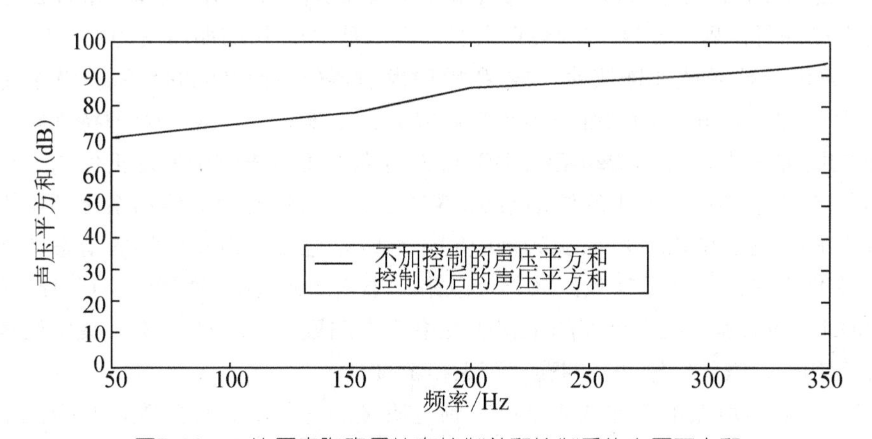


图7.32 三片压电陶瓷晶片在控制前和控制后的声压平方和

五片压电陶瓷晶片在控制前和控制后的声压平方和如图7.33所示。

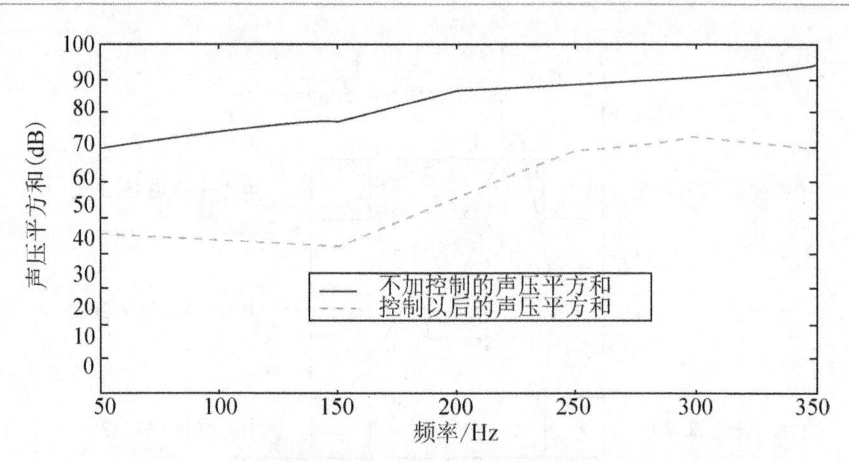


图7.33　五片压电陶瓷晶片在控制前和控制后的声压平方和

由图7.31～图7.33可知，实验结果取得了一定的吸声效果，但是吸声效果随着压电陶瓷晶片的数量的不同而不同，当压电陶瓷晶片的数量达到三片时，吸声效果就很好。随着压电陶瓷晶片数量的增加，吸声效果就没有明显的增加。

### 7.4.6　NVH理论

NVH是指Noise(噪声)，Vibration(振动)和Harshness(声振粗糙度)，由于以上三者在汽车等机械振动中是同时出现且密不可分，因此常把它们放在一起进行研究。声振粗糙度是指噪声和振动的品质，是描述人体对振动和噪声的主观感觉，不能直接用客观测量方法来度量。由于声振粗糙描述的是振动和噪声使人不舒适的感觉，因此有人称Harshness为不平顺性。又因为声振粗糙度经常用来描述冲击激励产生的使人极不舒适的瞬态响应，因此也有人称Harshness为冲击特性。当汽车通过接缝或凸包时将产生瞬态振动(Harshness)，它包括冲击和缓冲两种感觉。系统刚度越大，车身瞬态振动的幅值越大，冲击越严重，同时固有频率增加使振动衰减变快，缓冲的效果变好。同时它还给出了利用多元回归模型得到的冲击和缓冲方面感觉等级的经验公式。总的说来，声振粗糙度描述的是振动和噪声共同产生的使人感到极度疲劳的感觉。简单地讲，乘员在汽车中的一切触觉和听觉感受都属于汽车NVH特性研究的范畴。此外，还包括汽车零部件由于振动引起的强度和寿命等问题。从NVH的观点来看，汽车是一个由激励源(发动机、变速器等)、振动传递器(由悬挂系统和连接件组成)和噪声发射器(车身)组成的系统。汽车传动系统NVH特性研究是以汽车传动系统作为研究对象的，是属于汽车整车NVH特性研究的子系统。目前的研究来看，汽车传动系统NVH特性研究主要是研究由发动机作为一个激励源产生的或汽车处于某种工况下的传动系统NVH特性。国外对动力传动系振动特性的研究起步较早，国外先进的汽车厂家从20世纪80年代以来已经将汽车结构的动态特性纳入产品开发的常规内容。尤其是20世纪90年代以来，丰田(Toyota)、通用(GM)、福特(Ford)、克莱斯勒(Chrysler)等大汽车公司的工程研究中心专门设立了NVH分部，集中处理汽车的噪声、振动和来自路面接触冲击的噪声声振粗糙度。

噪声、振动与声振粗糙度是衡量汽车制造质量的一个综合性问题，它给汽车用户的感受是最直接和最表面的。业界将噪声、振动与舒适性的英文缩写为NVH，统称为车辆的NVH问题，它是国际汽车业各大整车制造企业和零部件企业关注的问题之一。有统计资料显示，整车约有1/3的故障问题是和车辆的NVH问题有关系，而各大公司有近20%的研发费用消耗在解决车辆的NVH问题上。

对于汽车而言，NVH问题是处处存在的，根据问题产生的来源又可分为发动机NVH、车身NVH和底盘NVH三大部分，进一步还可细分为空气动力NVH、空调系统NVH、道路行驶NVH、制动系统NVH等。

NVH问题是系统性的。例如有些轿车行驶时车厢噪声大，查源头在发动机，那么这一个噪声问题可能就涉及3个部分，一个是发动本身的噪声大，一个是发动机悬置部件减振效果差，一个是车厢前围和地板隔音技术不好，是一个互相关联的系统问题。

当遇到车厢噪声大时，人们一般考虑加强车厢隔音技术和材料，而对真正的噪声发生源——发动机则是无能为力，这只能是“亡羊补牢”，无法从根本上解决问题。但如果运用NVH解决方案，就会涉及发动机、悬置及车架等，从根本上减少噪声产生的来源。因此，NVH问题实质是汽车设计中要解决的问题，而不是汽车进入市场后要解决的问题。

汽车的发动机和车身都通过弹性元件支承在车桥和轮胎上，构成一个弹性振动系统，整个系统按照各组成部件又分成多个“弹性振动子系统”。当汽车因路面凸凹不平、发动机及传动系抖动或车轮不平衡而受激振动时，各“弹性振动子系统”发生振动且互相关联。

振动是噪声产生的根源之一，行驶时振动大的车辆往往噪声也大。因此，从汽车NVH问题的角度看，解决噪声不能头痛治头，脚痛治脚，而应该考虑到整车其他方面的问题，例如要考虑到车身、发动机、轮胎、弹性支承等诸方面。

汽车NVH问题也涉及零部件生产企业。近年随着专业化分工，整车制造企业已经逐渐将大部分零部件交给零部件生产企业来做。盛行的“模块化”生产方式把汽车装配生产线上的部分装配劳动转移到装配生产线以外的地方去进行。这样，零部件生产企业必然遇到NVH问题。设计者考虑的问题也不单纯是零部件的本身，而是零部件与零部件之间，零部件与整车之间的关系。

如在解决发动机NVH问题时，Cooper Standard发动机公司为了获得更好的降噪效果，除对发动机做降噪处理外，还对车辆的发动舱、车厢内部设计结构都进行了声学研究，以求最好的解决方案。轮胎也是噪声的主要来源之一，一些厂商除选用低噪声轮胎外，对车轮罩衬垫进行声学特性设计，使其起阻隔噪声的作用。

现在的汽车设计依赖计算机设计软件的辅助，汽车降噪减振设计也是如此。在开发过程中，设计者从电脑调出材料并进行模拟测试，再与样车测试对比，最后决定是否正式生产，节省了时间、人力和财力。目前国外已经有用于研究汽车噪声与振动的软件工具，帮助设计者识别、隔离和排除可能的噪声源。

1. 汽车的NVH特性

乘员在汽车中的一切触觉和听觉感受都属于NVH研究的范畴。此外，还包括汽车零部件由于振动引起的强度和寿命等问题。从NVH的观点来看，汽车是一个由激励源(发动机、变速器等)、振动传递器(由悬挂系统和连接件组成)和噪声发射器(车身)组成的系统。汽车NVH特性的研究应该是以整车作为研究对象的，但由于汽车系统极为复杂，因此经常将它分解成多个子系统进行研究，如底盘子系统(主要包括前、后悬架系统)、车身子系统等，也可以研究某一个激励源产生的或某一种工况下的NVH特性。

根据1996年对欧洲汽车市场的调查，由于汽车的性能、质量等方面均已达到较高的水平，因此顾客对乘坐舒适性的要求明显提高，仅次于汽车款式。对于中小型汽车，由于市场的激烈竞争使得汽车的重量、价格等因素被严格约束，这就使以改善汽车乘坐舒适性为目的的汽车NVH特性的研究变得更加重要。

2. 汽车NVH特性研究的建模和评价方法

研究汽车的NVH特性首先必须利用CAE技术建立汽车动力学模型，已经有几种比较成熟的理论和方法。

多体M系统动力学方法将系统内各部件抽象为刚体或弹性体，研究它们在大范围空间运动时的动力学特性。在汽车NVH特性的研究中，多体系统动力学方法主要应用于底盘悬架系统、转向传动系统低频范围的建模与分析。

有限元方法(FEM)是把连续的弹性体划分成有限个单元，通过在计算机上划分网格建立有限元模型，计算系统的变形和应力以及动力学特性。由于有限元方法的日益完善以及相应分析软件的成熟，使它成为研究汽车NVH特性的重要方法。一方面，它适用于车身结构振动、车室内部空腔噪声的建模分析；另一方面，与多体系统动力学方法相结合来分析汽车底盘系统的动力学特性，其准确度也大大提高。

边界元方法(BEM)与有限元方法相比，降低了求解问题的维数，能方便地处理无界区域问题，并且在计算机上也可以轻松地生成高效率的网格，但计算速度较慢。对于汽车车身结构和车室内部空腔的声固耦合系统也可以采用边界元法进行分析，由于边界元法在处理汽车室内吸声材料建模方面具有独特的优点，因此正在得到广泛的应用。

统计能量分析(SEA)方法以空间声学和统计力学为基础的，将系统分解为多个子系统，研究它们之间能量流动和模态响应的统计特性。它适用于结构、声学等系统的动力学分析。对于中高频(300 Hz)的汽车NVH特性预测，如果采用FEM或BEM建立模型，将大大增加工作量而且其结果准确度并不高，因此这时采用统计能量分析方法是合理的。有人利用SEAM软件对某皮卡车建立了SEA模型，分析了它在250Hz以上的NVH特性并研究了模型参数对它的影响，得到令人满意的结果。

3. NVH特性研究在改进汽车乘坐舒适性中的应用

NVH特性的研究不仅仅适用于整个汽车新产品的开发过程，而且适用于改进现有车型乘坐舒适性的研究。针对汽车的某一个系统或总成进行建模分析，找出对乘坐舒适性影响最大的因素，通过改善激励源振动状况(降幅或移频)或控制激励源振动噪声向车室内的传递来提高乘坐舒适性。

汽车动力总成悬置系统的隔振研究以及发动机进排气噪声的研究是改善整车舒适性的重要内容，动力总成液压悬置系统的发展与完善使这一问题得到较好的解决。悬架系统和转向系统对路面不平度激励的传递和响应对驾驶员及乘客的乘坐舒适性有很大影响，分析悬架系统的动力学特性可以改善它的传递特性，减少振动和噪声；通过对转向操纵机构和仪表板进行有限元分析，可以使转向柱管、方向盘的固有频率移出激励频率范围并保证仪表板的响应振幅最小。汽车制动时产生的噪声严重影响了车室内乘员的舒适性，实验证明制动噪声主要是由于制动器摩擦元件磨损不均匀造成的，通过对制动盘等元件进行有限元分析以及它的磨损特性对产生噪声的影响等问题的研究，可以改善制动工况下的整车NVH特性。另外，随着车速的不断提高，高速流动的空气与车身撞击摩擦产生的振动噪声已经成为汽车驾驶室噪声的重要来源。

汽车在使用一段时间之后，一些元件(如传动系的齿轮、联轴节、悬架中的橡胶衬套、制动器中的制动盘等)的磨损将对整车的NVH特性产生重要影响，对它们的强度、可靠性和灵敏度的分析是研究整车特性的重要工作，这也就是所谓高行驶里程下汽车NVH特性的研究。

### 7.4.7 汽车结构图

图7.34为部分汽车的结构图。

图7.34 汽车结构图

# 习 题

## 一、填空题

1. 按产生机理不同，噪声可分为____、_____和____。按噪声强度随时间变化的情况不同，噪声可分为____、_____和____。

2. 通过声源分析，测定汽车驾驶室各主要噪声源的_____和____，对较强的噪声源重点采取降低噪声的技术措施，这是噪声控制的有效方法。

3. 车辆驾驶室内噪声的来源主要有：发动机噪声、____、_____和____等。这些噪声源所辐射的噪声，在车身周围空间形成一个不均匀声场。

4. 汽车驾驶室吸声设计的目的，在于消除或降低室内的_____。试验表明，把同一声源分别放在室内和室外进行比较，由于坚硬光滑的室内表面的反射声的作用，室内的声压级将比室外高5～10dB(A)。若在室内壁面装设吸声材料和吸声结构或在室内空间吊挂吸声体，则声波碰到_____和____时会被吸收一部分，从而使反射声以及总噪声降低，收到吸声降噪的效果。

5. NVH是指____、_____和____，由于以上三者在汽车等机械振动中是同时出现且密不可分，因此常把它们放在一起进行研究。

6. 汽车NVH特性研究的建模和评价方法有____、_____和____、____共4种方法。

## 二、思考题

1. 简述噪声的基本概念。

2. 论述汽车驾驶室内噪声的发生机理及传播途径。

3. 简述主动吸声国内外的研究现状。

4. 论述测量汽车驾驶室吸声系数的两种新方法。

5. 论述NVH理论。

# 第八章 人机界面设计

## 教学目标

理解人机界面的发展
理解人机界面的研究内容
理解人机界面的基本概念和特性
理解人机界面的用户分析、任务分析
了解人机界面的交互方式
了解人机界面的软件开发过程
了解人机界面设计的方法

## 教学要求

| 知识要点 | 能力要求 | 相关知识 |
|---|---|---|
| 人机界面的发展 | 了解人机界面发展的历程 | 银联柜员机<br>铁路售票机<br>机场出票机 |
| 人机界面的研究内容 | (1)认知心理学(用户心理学)<br>(2)人机工程学/人文因素<br>(3)计算机语言学<br>(4)人机工程学(人机界面软件工程学)<br>(5)人机界面开发工具<br>(6)社会学/人类学<br>(7)智能人机界面 | 文本显示器 |
| 人机界面的基本概念和特性 | (1)交互(对话)和　(2)人机交互(人机对话)<br>(3)人机交互系统　(4)人机交互方式<br>(5)交互介质(交互设备)　(6)用户友好性 | 触摸屏<br>工业人机界面 |
| 人机界面的用户分析 | (1)用户分类<br>(2)影响用户行为特性的因素<br>(3)用户的使用需求分析<br>(4)开发用户友好性系统的设计原理<br>(5)用户模型 | 用户模型 |
| 人机界面的交互方式 | (1)人机交互方式的评价标准<br>(2)人机交互方式的分类 | 交互方式评价 |
| 人机界面的软件开发过程 | 了解软件开发的生命周期 | 设备工作状态显示 |
| 人机界面设计的方法 | (1)用户界面管理系统UIMS<br>(2)人机界面设计的原型方法 | 显示屏尺寸及色彩，分辨率 |

## 推荐阅读资料

[1] 刘伟，庄达民，柳忠起.人机界面设计[M].北京：北京邮电大学出版社，2011.
[2] 马剑鸿.产品人机形态设计研究 [D].四川大学硕士论文，2006.5.
[3] 蒋敏，李强德.工业产品设计中的人机工程学原理[J].上海应用技术学院学报，2003，(4)：45—47.
[4] 崔天剑.工业产品造型设计理论与技法[M].南京：东南大学出版社，2005.
[5] 辛华泉.人类工程设计[M].武汉：湖北美术出版社，2006.

## 基本概念

人机界面：是指人与机之间信息交互和作业交互的连接部分，凡是参与人、机信息交流的领域都属于人机界面。

人机交互：是指人与计算机之间使用某种对话语言，以一定交互方式，为完成确定任务的人机之间的信息交换过程。

用户界面管理系统UIMS(User Interface Management System)：基于人机界面对应用系统的独立性引入了人机界面开发工具UIMS来生成、控制、管理人机界面。借助于UIMS定义生成疗用系统人机界面后，即可把原来的完整应用系统分解为两大子系统，即应用功能子系统BAS和人机交互子系统HCIS(Human—Computer Interaction Subsystem)，并形成两个界面。

人机界面是建立在用户和产品之间的桥梁，用户通过它了解产品的功能，而产品也只有通过它才能够将自己的全面貌展示给用户。如果没有良好的人机界面设计，无论对产品设计者还是用户来说，都会带来巨大的损失。所以对于产品来说，人机界面的质量已成为一个大问题，友好的人机界面设计已经成为产品开发的一个重要组成部分。

人机界面设计是指通过一定的手段对用户界面有目标和计划的一种创作活动。大部分为商业性质、少部分为艺术性质。人机界面(Human Computer Interface，HCI)通常也称为用户界面。人机界面设计主要包括3个方面：设计软件构件之间的接口；设计模块和其他非人的信息生产者和消费者的界面；设计人(如用户)和计算机间的界面。

人机界面是计算机科学和认知心理学两大学科相结合的产物，同时也吸收了语言学、人机工程学和社会学等学科的研究成果。经过40余年的发展，已经成为一门以研究用户及其与计算机的关系为特征的主流学科之一。近年来，人机界面的设计理论已经应用到人—机—环境系统工程等领域，使工程技术设计与使用者的身心行为特点相适应，从而使人能够高效、舒适地工作与生活。

计算机按照机器的特性去行为，人按照自己的方式去思维和行为。要把人的思维和行为转换成机器可以接受的方式，把机器的行为方式转换成人可以接受的方式，这个转换就是人机界面。使计算机在人机界面上适应人的思维特性和行动特性，这就是“以人为本”的人机界面设计思想。

一个友好美观的界面会给人带来舒适的视觉享受，拉近人与电脑的距离，为商家创造卖点。界面设计不是单纯的美术绘画，它需要定位使用者、使用环境、使用方式并且为最终用户而设计，是纯粹的科学性的艺术设计。检验一个界面的标准既不是某个项目开发组领导的意见也不是项目成员投票的结果，而是最终用户的感受。所以界面设计要和用户研究紧密结合，是一个不断为最终用户设计满意视觉效果的过程。

今天人类的生活片刻也离不开机器。与机器的和平共处比任何时候都更显重要。而要做到这一点，人与机器的交流必须通畅无阻。设计最精巧的人机界面装置能够让人根本感觉不到是它赋予了人巨大的力量，此时人与机器的界线彻底消融，人与技术合为一体。以下10种产品被专家们认为是20世纪最伟大的人机界面装置。

1. 扩音器

扩音器的问世使得人们不仅在乘坐地铁或去郊外远足时能够欣赏自己喜爱的音乐和广播节目，而且还能聆听以电子手段保存下来的早已与世长辞的人的声音以及大自然中根本不存在的种种奇妙声音。在电影院里，扩音器所营造的声的世界将观众们带入一个想象的世界。扩音器亦是21世纪所有具有个性魅力的公众人物与大众沟通的重要工具。扩音器是1915年发明的，从那以后一代又一代的技术人员为它的完善做出了不懈的努力。今天，随着录音设备和存储技术的飞速发展，用美国著名扩音设备生产企业Bose公司研究员威廉•R•舒特的话说，扩音器“反而成为家庭音响系统中最薄弱的一环”。他说：每当我在家中欣赏音乐的时候，根本没有办法做到想象自己是坐在音乐厅里。扩音技术还做不到这一点，原因何在，尚不得而知。

2. 按键式电话

按键式电话业务是美国电话电报公司在1963年11月正式开通的。几乎所有初次接触按键式电话的人都认为它远胜于转盘式电话。贝尔实验室的研究人员为使这种新产品为人们所接纳，真可谓绞尽脑汁。他们实验了16种按键排列方式，交叉式的，圆盘式的，不一而足。他们还在电话机的大小、形状、按键的间距、弹性甚至与手指尖接触的部位的外形上作了大量的文章。节省拨号时间只是按键式电话的设计初衷之一，实际上从一开始技术专家就抱着一个把新式电话机设计成一种遥控数据输入设备的目的。正是从这一设计思想出发，研究人员在1968年又在键盘上增加了“*”键和“#”键。虽然研究人员的部分设计思想，如通过电话机来控制家用电器的开关迄今尚未实现，但是按键式电话毕竟开创了语音数据通信的新时代。

3. 方向盘

最初的汽车是用舵来控制驾驶的。舵不能说不好，但是它会把汽车行驶中产生的剧烈振动传导给驾驶者，增加其控制方向的难度。当发动机被改为安装在车头部位之后，由于重量的增加，驾驶员根本没有办法再用车舵来驾驶汽车了。方向盘这种新设计便应运而生，它在驾驶员与车轮之间引入的齿轮系统操作灵活，很好地隔绝了来自道路的剧烈振动。不仅如此，好的方向盘系统还能为驾驶者带来一种与道路亲密无间的感受。但是最初设计方向盘的人没有能够预见到在汽车车速越来越快的今天，一旦发生车祸，方向盘却成了造成驾驶员丧命的罪魁祸首。20世纪50年代，不带方向盘的概念型汽车相继问世，可是消费者对这种汽车一点也不感兴趣。毕竟，没有方向盘的汽车根本就不能称其为汽车。

4. 磁卡

在许多场合都会用到磁卡，如在食堂就餐，在商场购物，乘公共汽车，打电话，进入管制区域等。在西方，人们遗失了钱包之后，往往担心的不是钱包里的现金，而是各种用途的磁卡。20世纪70年代早期，带有磁条的信用卡在美国问世，极大地提高了信用卡购物时的验证效率，一下子便受到零售商的青睐。美国的信用卡行业因此进入一个高速增长期。有人问，目前陆陆续续问世的各种“智能卡”会不会取代磁卡，专家认为暂时是不会的。他们指出，芯片型的智能卡只适用于某些特定的领域，与磁卡并不发生冲突，更何况取代磁卡的终端设备投放代价高昂，谁也不会愿意这么做的。

5. 交通指挥灯

交通指挥灯是非裔美国人加莱特•摩根在1923年发明的。此前，铁路交通已经使用自动转换的灯光信号有一段时间了。但是由于火车是按固定的时刻表以单列方式运行的，而且火车要停下来不是很容易，因此铁路上使用的信号只有一种命令：通行。公路交通的红绿灯则不一样，它的职责在很大程度上是要告诉汽车司机把车辆停下来。开车的人谁也不愿意看到停车信号。美国夏威夷大学心理学家詹姆斯指出，人有一种将刹车和油门与自尊相互联系的倾向。他说：驾车者看到黄灯亮时，心里便暗暗做好加速的准备。如果此时红灯亮了，马上就会产生一种失望的感觉。他把交叉路口称作“心理动力区”。如果他的理论成立的话，这个区域在弗洛伊德心理学理论中应该是属于超我(super go)而非本能(id)的范畴。新式的红绿灯能将闯红灯的人拍照下来。犯事的司机不久就会收到罚款单。有的红绿灯还具备监测车辆行驶速度的功能。

6. 遥控器

据说，遥控器的开发源于人们对于电视商业广告的反感。美国顶峰公司(Zenith)的总裁尤其痛恨电视节目频频被广告打断的现象。在他的领导下，顶峰公司在1950年开发出了世界上第一个遥控器。这个遥控器是有线的。顶峰公司再接再厉，在1955年又研制了世界上第一个使用光学传感器的无线遥控器，后来又发明了超声波遥控器。红外线遥控器则是到了20世纪80年代初才问世。这时遥控器的价格变得非常低廉，谁都能买得起。今天遥控器已经成为家电产品的标准配置，市场上销售的99%的电视机和100%的录像机都配置了遥控器。对于伴着遥控器长大的一代人来说，手持遥控器从一个频道换到另一个频道正是电视给他们带来的欢乐之一。

7. 阴极射线管

阴极射线管(CRT)是德国物理学家布劳恩(Kari Ferdinand Braun)发明的，1897年被用于一台示波器中首次与世人见面。但CRT得到广泛应用则是在电视机出现以后。电视出现于20世纪20年代，到了20世纪50年代在西方得到全面普及，如今电视更是无所不在。据统计，美国人平均每天要观看7个小时的电视。当然，看电视是一种被动接受。但是当CRT显示器上显示出的是一幅计算机的操作界面，情况就大不相同了。用户可以与之互动、交流，此时显示器便成为用户可以加以利用的一种手段。随着互联网的蓬勃兴起，许多人患上了“上网成瘾症”，这种社会现象从一个侧面充分反映出今天越来越多的人宁愿坐在CRT的面前，也不愿意做其他任何事情。

8. 液晶显示器

电视机和计算机屏幕可向人们展示容量庞大的可视信息。然而它们拥有一个共同的缺点：体积太大。因为它们都需要一个阴极射线管作显示器。液晶显示器的发明使得人们可以将显示器携带在身边。虽然液晶早在1888年就已经被奥地利植物学家Frederich

Reinitzer所发现，但是直到1977年人们才将其用作显示用途。当时Hoffmann-La Roche发明了“螺旋向列液晶显示器”并申请了专利。这种显示器现在被普遍用于计算器和电子手表中。20世纪80年代，每个像素都由一个晶体管控制的有源矩阵液晶显示器研制成功，有力地推动了笔记本电脑、微型电视机和便携式DVD播放机的发展。虽然液晶显示器还存在显示速度慢和视角受限等技术缺陷，但是技术专家指出，以薄、平著称的液晶显示器5年内必将淘汰目前普遍使用的又笨又重又占位置的CRT显示器。

9. 鼠标/图形用户界面

道格拉斯•恩格尔巴特在20世纪60年代发明了鼠标和图形用户界面。他曾这样说过：“我当初发明鼠标的时候，几乎谁也不相信人们会愿意坐在计算机显示器跟前进行在线操作。”但是，鼠标和图形用户界面在20世纪70年代在施乐公司的帕罗奥尔托研究中心(PARC)的努力下得到了进一步的完善，20世纪80年代在苹果公司的努力下，它终于完成了走向大众的进程。至此，显示在计算机屏幕上的内容在可视性方面大大改善，人们再也不用像从前一样需要记忆计算机文件的名称和路径。由于图形用户界面减轻了电脑操作者的记忆负担以及提供了一个良好的视觉空间环境，计算机终于发展成为一种工作场所。美国学者史迪文•约翰逊在《界面设计》一书中盛赞恩格尔巴特的发明“为普及数字化革命所做出的巨大贡献是其他任何在软件上所取得的进步所不能比拟的。”

10. 条形码扫描器

1992年2月，美国前总统乔治•布什获赠一个用于超级市场的条形码扫描器。据说，布什当时说了句：“ 这东西真是奇特！ ”但是请注意，令布什感到惊叹不已的并不是这种早在1974年就已经问世的扫描技术。他感叹的是当时他手中拿的那种新式扫描器居然能够扫描被撕成7张碎片的条形码。条码扫描器第一次实际应用是在美国俄亥俄州特洛伊市的马什超级市场，扫描的是10小包一袋的口香糖。此前，条码扫描器经过了一个漫长的开发过程。扫描器对商家最初的吸引力是它的扫描结果非常准确。但是激光能够读取大量信息，包括所售商品的类型、时间和组合。如今，零售商存储的数据量以兆兆位计，对每笔交易都要进行记录，这些信息都将返回给分销商。条形码大大提高了供应链的通信效率，以至于有些商店要在商品销售以后才付款。

人机界面未来的发展趋势：有些机械行业，如机床、纺织机械等行业，在国内已经有几十年的发展历史了，相对来说属于比较成熟的行业，从长远看，这些行业还存在着设备升级换代的需求。在这个升级换代的过程中，确实会有一些小的、一直使用比较低端产品的厂家被淘汰掉，但也有很多企业在设备更新过程中，将需求重新定位，去寻找那些能够符合他们发展计划，帮助他们提高自身生产力的设备供应商。

鉴于这种需求，以后的人机界面将在形状上、观念上、应用场合等方面都有所改变，从而带来工控机核心技术的一次次变革。总体来讲，人机界面的未来发展趋势是6个现代化：平台嵌入化、品牌民族化、设备智能化、界面时尚化、通信网络化和节能环保化。

## 8.1 人机界面的发展

人机界面是指人与机之间信息交互和作业交互的连接部分，凡是参与人、机信息交流的领域都属于人机界面。人机界面中的“人”是指作为工作主体的人，包括操作人员、决策人员等；人机界面中的“机”是指人所控制的对象的总称，包括人操作和使用的一切产品和工程系统。由人的心理能力(知觉、记忆、推理等组成的复杂系统的综合功能叫认知，其本意为认知或知识过程，即与情感、动机、意志等相对的理智和认知过程。从用户的认知特性出发，设计出一个功能完善、符合人的特点的“机”是人机界面设计探讨的核心问题。

人机界面设计以人机系统为研究对象，以实现人机系统的高效率、高可靠性、高质量，并有益于人的安全、健康和舒适为目标。而人机系统是由相互作用、相互联系的人和机器两个子系统构成且能完成特定目标的整体。把用户作为人机系统中的一个环节来研究，则人与外界直接发生联系的主要有两个系统，即认知系统和运动系统。人在操作机器的过程中，通过认知系统接收机器显示系统传递来的信息，进行分析、决策后，指挥运动系统操纵机器的控制系统，改变机器的工作状态，这就完成了一次人机作业过程心理学。图8.1为人机系统模型，在此过程中，人机界面主要包括两个方面，即运动系统与控制系统交界处的“运动—控制”界面和显示系统与认知系统交界处的“显示—认知”界面(简称认知界面)。对输入信息的合理认知是进行产品界面操作的首要条件，认知包括从接收信息到进行任务决策的全过程。用户在对界面的认知过程中，主要通过感觉、知觉和认知3个层次对界面信息进行处理，然后通过运动处理器进行控制操作。对输入信息的处理速度和准确性主要与感知和认知特性及人的记忆特性有关。

计算机系统应该视为是由计算机硬件、软件和人共同构成的人机系统。人与硬件、软件的交叉部分即构成人机界面(又称人机接口或用户界面)。如图8.1所示，人机界面可以由计算机硬件(如键盘、鼠标、显示器等)及计算机软件(如命令解释器、菜单系统或用户界面管理系统UIMS以及用户文档手册等)充当。更准确地说，人机界面是由人、硬件、软件构成，缺一不可。目前多数的计算机系统的工作过程如下。

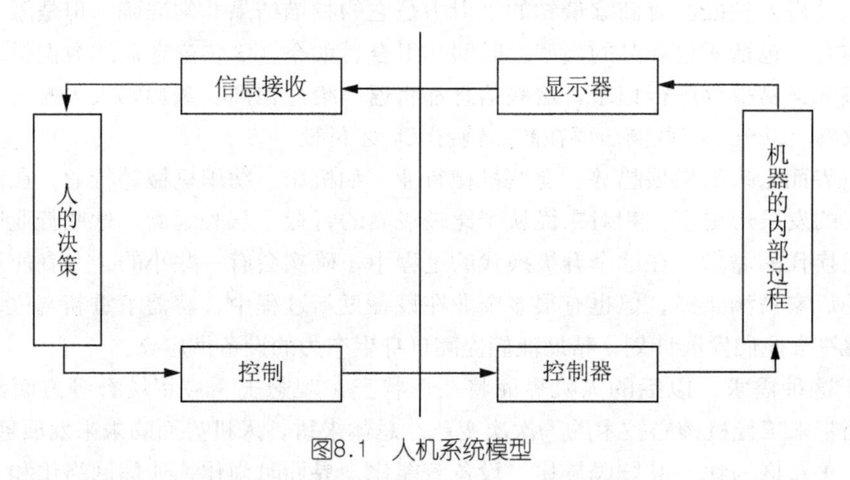


图8.1　人机系统模型

通过系统运行提供软件形式的人机界面，该界面给用户提供观感形象(Look and Feel)，即显示和交互操作机制。

用户应用知识、经验和人所固有的感知、思维、判断来获取人机界面信息并决定所进行的操作。

用户使用某种交互硬件设备完成人机交互，如向系统输入命令、数据等。

计算机处理所接收的用户命令、数据等，并向用户回送响应信息或运行结果。

总之，人机界面是介于用户和计算机系统之间，是人与计算机之间传递、交换信息的媒介，是用户使用计算机系统的综合操作环境。通过人机界面，用户向计算机系统提供命令、数据等输入信息，这些信息经计算机系统处理后，又通过人机界面，把产生的输出信息回送给用户。可见人机界面的核心内容包括显示风格和用户操作方式，它集中体现了计算机系统的输入/输出功能，以及用户对系统的各个部件进行操作的控制功能。

人们对人机界面问题的地位和重要性的认识，以及对人机界面问题的兴趣和重视都经历了一个过程，它主要与以下3个因素相关联。

首先是计算机硬件设备完善和软件技术的进步为构造优良的人机界面提供了物质基础。

在计算机科学技术发展的早期和初期阶段，用户范围狭窄，用户是计算机的设计者，或是了解、熟悉计算机系统工作原理的专家或程序员。在操作使用计算机系统时，这些用户要么不需要专门提供的人机界面，要么能随意地适应厂商所提供的人机界面。计算机系统的设计人员往往注重于系统的性能和功能指标(如运行速度、精度、存储容量、软件配置、功能等)。这时期的人机界面很简单，主要由硬件实现，也可以使用硬件和简单软件相结合的方式实现。如初期的用户通过操作控制台上的按钮开关发送启停或中断信号。

其次，认知心理学、人机工程学等社会学科的发展，为分析用户特性、制定人机交互原则、协调人机工作提供了策略和依据。人们在使用计算机系统完成某项既定领域的工作时，应该注意充分发挥并协调人与计算机各自的能力与特长。总的来说，计算机擅长于进行重复的、可程序化处理的任务，而且有高的计算精度，快的处理速度以及强大可靠的记忆能力。而人则更善于应付环境变化，处理不确定或不完全但有相互联系的知识的任务。另一方面，在使用计算机过程中，要协调好人机关系，把人的心理认知、行为等因素以及可能的变化考虑到人机系统的分析、开发、应用中。理想情况是应该建立人的认知模型，把人的认知、行为因素包含到系统设计中去，使计算机系统能适应于人的习性和特点。

最后，随着计算机系统的普及、图形工作站的广泛使用、计算机用户的大众化，不同类别的用户为运用计算机并充分发挥计算机系统功能而构造出简单、直观、友好、易学易用的人机界面的迫切要求是人机界面研究的动力。

随着计算机系统的普及，更多的非计算机专业人员成为计算机的用户，与计算机硬件成本的急剧下降相对照，各类软件的人工开发费用却在不断增长，这些都要求计算机系统应提供更友好、更灵活、更易学、易用的人机界面，来满足用户的使用要求。系统中人机界面的质量优劣直接关系到系统的使用性能和使用效率，影响到系统功能的发挥和人们对系统的评价。现在，计算机系统的人机界面不仅是计算机系统或应用软件系统的外观和包装，而且又是向用户提供良好开发、操作、使用环境的重要部件。设计人员可能花费约一半的开发工作量及整个系统更多的编程代码来实现与人机界面有关的功能。

为了使计算机系统能为大众化的用户服务，目前在人机协同工作的计算机系统中其发展趋势是，让计算机变得更加聪明、更加勤劳、做更多的工作，而使用它的人即使不具备专业计算机知识也能借助计算机完成工作任务。人工智能、自然语言理解、多媒体技术等的发展都为计算机具有智能及对人更友好的人机界面设计创造了条件。

在用户是上帝的商业原则下，计算机系统的研究机构、厂商及大学等都重视并开展人机界面的研究及产品开发，正在推出更受用户喜爱，更能吸引用户的系统和产品。

然而要开发一个性能完善的人机界面系统不是一件易事。人机界面的开发过程不仅需要计算机科学的理论和知识，而且需要认知心理学及人机工程学、语言学等学科的知识。只有综合考虑人的认知及行为特性等人的因素，合理组织分配计算机系统所完成的工作任务，充分发挥计算机硬件、软件资源的潜力，才能开发出一个功能性和使用性均优的应用系统。

至少有以下几类人员参与了人机界面的分析、设计、使用和评估。

(1) 人文因素工程师。他们研究和提供在计算机系统设计和使用中涉及的人文因素，如人的视听能力、记忆能力、智能、动机、思维、爱好等特性以及人的健忘、出错等弱点，制定出能适应于用户特性的人机交互准则。

(2) 计算机生产厂商。他们是计算机系统硬件和系统支撑软件的提供者，现在越来越多的厂商提供了性能优良的系统。这些产品为用户提供了功能完善、使用方便、能运行多种软件工具和众多实用程序的集成运行环境；而为软件开发者提供了强有力的方便易用的软件开发环境或软件工具。

(3) 应用领域专家。计算机系统总是作为解决某一特定应用领域问题的工具，该应用领域的专家按实际问题决定并提供计算机系统所完成的任务及其分解。

(4) 软件开发工程师。软件开发工程师是计算机专业工作人员，是计算机系统的应用软件开发用户。其任务是充分利用厂商提供的系统硬件、软件资源与人文因素工程师、应用领域专家以及最终用户相结合，进行应用系统的分析、设计、评估，实际构成应用软件系统，所构成的应用软件系统不仅应满足应用领域的功能要求，而且必须满足最终用户的使用性能要求。软件开发工程师同时负责软件系统的维护。

(5) 最终用户。最终用户是应用软件系统的使用者，他们通过人机界面使用系统，完成应用功能。最终用户不太关心计算机系统的工作原理及实现方法，更多的是关心与输入操作和输出显示等有关的信息。最终用户看不到也不需要了解系统内部的运行过程，他能看到和感知的系统功能、外观及使用方法是通过完成输入/输出功能的人机界面实现的。

总之，随着计算机理论和技术的发展，以及计算机应用领域和用户队伍的迅速扩大，人机界面已愈来愈成为计算机系统和软件发展的重要组成部分。人机界面的优劣与系统的成败息息相关。经过多年的发展，人机界面已经成为一门研究用户及其与计算机系统关系的主流学科之一。

## 8.2 人机界面的研究内容

人机界面主要是两大学科——计算机科学和认知心理学相结合的产物，同时还涉及哲学、生物学、医学、语言学、社会学等，是名副其实的跨学科、综合性的学科。它的研究领域很广：从硬件界面、界面所处的环境、界面对人(个人或群体)的影响到软件界面及人机界面开发工具等。人机界面主要由背景、文法、设计经验与工具构成。它包括下列主要研究分支和内容。

1. 认知心理学(用户心理学)

它是从心理学的观点研究用户进行人机交互的原理。包括研究如何通过视觉、听觉等接收和理解来自周围环境的信息感知过程及通过人脑进行记忆、思维、推理、学习和问题解决等人的心理活动的认识过程。其中人脑的认知模型——神经元网络及模拟已经成为计算机、人工智能等领域中最热门的研究课题之一。对人的认知行为的研究、测量、分析和建模也称为认知人机工程学。

2. 人机工程学/人文因素

它是从系统工程和应用心理学的观点出发，如何使机器的设计和制造能适应、补充和延拓人的能力。在人机界面处于初创和奠基阶段的时候，人机工程学/人文因素是最活跃、最主要的分支，曾经对人机界面的发展做出很大的贡献。当时的特点是：一般只涉及硬件和硬件界面，很少涉及软件和软件界面；一般只涉及人的体能行为，很少涉及人的认知行为。因此，往往把经典的人机工程学称为硬件人机工程学，体能人机工程学，以区别于研究软件和软件界面的软件人机工程学，以及研究人的认知行为的认知人机工程学。经典人机工程学/人文因素目前仍然十分活跃。当前的主要研究课题有：视频显示终端、键盘等输出设备的硬件人机工程学及其标准；机房设计、家具、照明、噪声、气候、采光、布局、建筑缺陷等在内的机房、工作场所的环境研究；辐射、重负荷、枯燥劳动等危害人体健康的研究等。

3. 计算机语言学

人机界面的形式定义中使用了多种类型的语言，包括“自然语言”、命令语言、菜单语言、填表语言和图形语言等。计算机语言学就是专门研究这些语言及涉及它们的计算机语言学和形式语言理论等各个方面的内容。后者已成为整个计算机科学形式理论的重要组成部分。

4. 软件人机工程学(人机界面软件工程学)

这里侧重于运用和扩充软件工程的理论和原理，对软件人机界面进行分析、描述、设计和评估等。

(1) 分析。它运用和扩充软件工程中的系统分析设计方法，对人机界面进行用户特性分析、用户工作分析(任务分析)等，并与主系统分析相结合，以确定界面的描述方法和设计类型等。

(2) 描述。它运用软件工程中的现代形式理论，与人机界面相结合，形成人机界面中的形式方法研究。包括对各种主要类型的人机界面进行形式描述的方法，考虑人机界面描述中的不确定性，交互式系统的原型模型化，通信控制的抽象设计等。

(3) 设计。它包括任务和工作设计、系统环境设计、界面类型设计、交互类型和属性设计等。目前常用的界面类型有菜单、命令语言、直接操作、问答形式、填表、自然语言6种形式。交互类型和属性设计有对话设计、屏幕设计、应用界面设计、数据输入界面设计、数据显示和检索界面设计、计算机控制界面设计等。

(4) 评估。评价人机界面的特性及系统对人的影响。

5. 人机界面开发工具

软件工程已经从最初的不成熟的概念、方法和理论发展到今天的由方法、理论、环境、工具组成的完整体系。以CASE为代表的软件集成化开发环境和工具是当前软件工程的研究主流。同时，随着人们对人机界面重要性的理解和高质量的要求，开发具有新型人机交互技术的软件已成为当务之急。人机界面开发工具将人机界面设计者从烦琐枯燥，低水平重复的劳动中解脱出来。当前研制的人机界面开发工具大致分为三类。

工具箱实际上是一个由人机界面的零件组成的子程序库，如菜单、命令、按钮、滚转条等。编程人员通过标准语言调用库过程使用工具箱。OSF Motif和MS-Window分别是目前工作站和微机上的佼佼者。工具箱的缺点是它们的子程序往往有几百个，欲熟练地掌握和使用它并非易事。此外，其人机界面部分的程序，与其他程序紧密交融在一起，不便于人机界面的单独修改和维护。

用户界面管理系统UIMS。与数据库管理系统DBMS中数据和程序分离的原理类似，它将用户界面(即人机界面)与其他程序分离。它既有物理上编程模块的分离，也有逻辑上的功能作用的分离。UIMS一般包含窗口、菜单、图符、命令按钮、滚转条等工具箱所具有的全部人机交互技术，但进入UIMS是通过一种用户界面定义语言UIDL而不是程序库。如果UIDL语言设计合理，容易为用户掌握，则上述的分离特点，会给界面的修改、维护等带来巨大的好处。

交互设计工具。由于一般用户使用工具箱的库程序和UIMS的UIDL语言进行编程存在许多困难，因此交互设计工具应运而生，它帮助用户更为高效率地使用工具箱和UIMS。其特点是用直接操纵代替库程序或UIDL语言来进行界面的设计和实现。

6. 智能人机界面

随着人工智能技术的成熟和介入，智能人机界面的研究已成为各种人机界面会议的主要交流内容之一。其中包括：用户模型、智能人机界面模型、智能UIMS专家系统、智能对话、帮助和学习、智能前端系统、自适应界面、自然语言、多媒体界面等。

7. 社会学/人类学

社会学主要涉及人机系统对社会结构影响的研究，而人类学则涉及人机系统中的群体交互活动的研究。

## 8.3 人机界面的基本概念和特性

### 8.3.1 人机界面的基本概念

1. 交互(对话)

交互(对话)是两个或多个相关的但又是自主的实体间进行的一系列信息交换作用过程。这里强调实体的自主性是为了在行为上保证对话是独立的。

2. 人机交互(人机对话)

人机交互是指人与计算机之间使用某种对话语言，以一定交互方式，为完成确定任务的人机之间的信息交换过程。

由人和计算机双方构成的人机交互的一种最简单情况是：由人(用户)输入信息给计算机发起对话，然后计算机根据存储在计算机内的协议、知识、模型等对输入信息进行处理，最后把处理结果作为对输入信息的响应，反馈给用户。但就目前而言，作为人机系统的计算机一方，在其内部结构上及它的理解、表达能力等方面仍是有限的。所以人机交互还不能像人与人之间对话那样丰富、生动，人机交互方式仍旧受到种种的限制。

3. 人机交互系统

人机交互系统是指实际完成人机交互的系统，可以认为它是由参与交互的各方所组成，如包括人和计算机双方的人机交互系统。

但广义上说，交互系统的组成应包括参与交互的实体和实体间的交互作用及其环境。如人使用计算机来分析从人造气象卫星接收到的气象信息的对话系统应包括人、计算机及卫星三者。在计算机的人机系统中，其组成包括人、硬件、软件及作为环境的有关文档手册。另外，用户界面管理系统UIMS，作为支持生成与管理人机界面的软件工具，也是以支撑环境作为人机交互系统的一个组成部分。

4. 人机交互方式

人机交互方式是指人机之间交换信息的组织形式或语言方式，又称对话方式、交互技术等。人们通过不同的人机交互方式实际完成人向计算机输入信息及计算机向人输出信息。目前常用的人机交互方式有：问答式对话、菜单技术、命令语言、填表技术、查询语言、自然语言、图形方式及直接操纵等。

人机交互技术的发展是与计算机硬件技术、软件技术发展紧密相关的，以上的交互方式很多沿用了人与人之间的对话所使用的技术。随着计算机技术的发展，目前广泛用于人与人之间对话的语音、文字、图形、图像、人的表情、手势等方式，已经为未来的人机交互所采用，这将是人工智能及多媒体技术的研究内容。

5. 交互介质(交互设备)

交互介质是指用户和计算机完成人机交互的媒体。一般可分为以下两种。

输入介质。完成人向计算机传送信息的媒体，常用的输入介质有键盘、鼠标、光笔、跟踪球、操纵杆、图形输入板、声音输入设备等。

输出介质。完成计算机向人传送信息的媒体，常用的输出介质有CRT屏幕显示器、平板显示设备、声音输出设备等。

6. 用户友好性

用户友好性是指用户操作使用系统时的主观操作的复杂性，如主观操作复杂性越低，即系统越容易被使用，则说明系统的用户友好性越好。

### 8.3.2 人机界面的基本特性

1. 交互的启动者

交互启动者是主动发起交互的一方，它是交互的一个最基本的特性。一个交互过程总是由启动者和响应者双方所组成，如果只有启动者一方，另一方没有响应则不会形成交互。作为人机交互参与者的人(用户)和计算机都可以作为交互的启动者和响应者。这里有3种情况。

计算机启动的交互中计算机是发起的一方，如可有计算机给出提示信息，用户对此提示做出响应，完成输入操作，然后系统执行相应功能，完成一次交互。计算机系统给出提示和用户响应主要有以下方式：系统给出提示符，提请用户响应，用户按要求输入信息；系统提出问题请用户做yes/no回答，用户选择yes/no做答复；系统列出菜单选择，用户选中其中一菜单项；系统提供对话盒，让用户在对话盒中输入信息；系统用自然语言提问，用户用自然语言答复等。在上述方式中，最为常用的是问答式对话和菜单驱动对话。

用户启动的交互中，用户是发起交互的一方。由用户输入命令和参数来启动交互，这时系统在多数情况下不提供提示信息，所以要求用户应该了解系统工作原理及所使用的有效命令集、命令语法及可能的语义结构等。用户启动交互系统的典型例子是大多数计算机中的操作系统和文本编辑器中所使用的命令语言及数据库中的查询语言等。

除上述两种简单情况外，还有可变启动者的交互方式。在这样的人机系统中，既支持系统启动交互，也支持用户启动交互或在某范围内是计算机启动交互，另一范围内又是由用户启动交互，这对应用环境更为有用。交互启动的转换可由用户或计算机完成，当然，更理想的情况是计算机具有自动适应用户要求的自适应系统。

人们可以从学习、使用的容易性及交互系统的能力和速度两个方面来评价以上启动方式的优劣。

总之，计算机启动的交互系统一般具有良好的可学习性(learn ability)和可使用性(usability)，而用户启动的交互系统一般具有交互能力强、灵活性高、运行速度快等特点，因此在设计时应根据用户情况及需要来选定。

2. 交互系统的灵活性

它是指系统能用不同的交互方式去完成某一特定目标，也就是说，交互方式不应该是死板的，不可改变的。交互系统灵活性应该包含以下含义。

系统能完全适应各类用户(从偶然型用户、生疏型用户到熟练型用户，直至专家型用户)的使用需要，提供满足各自要求的界面形式，但是不同的界面方式决不会影响系统任务的完成。因为系统完成的任务仅由用户及其目标决定，而不应由交互方式决定。

用户可以根据需要制定或修改交互方式，在需要修改、扩充系统功能的情况下，也可以提供动态的交互方式，如修改命令、设置动态菜单等。

系统能按照用户的需要提供不同详细程度的系统响应信息(包括反馈信息、提示信息、帮助信息、出错信息等)。

为使交互系统灵活，更好的方法是通过动态分析用户状态和模型，把用户模型作为系统设计的一个因素。当然，使系统具有高灵活性是要付出代价的，它将导致系统的复杂化和运行效率的下降。

3. 交互系统的复杂性

交互系统的复杂性是指系统的规模及组织的复杂程度。在完成预定功能的前提下，把交互系统做得比需要更为复杂是没有好处的。为了使系统易于学习和使用，减少记忆量，可以按用户模型把系统按功能及界面进行逻辑划分并组成层次结构，减少记忆，按其相关性质及重要性分层，组成树状层次结构，把相关命令放在同一分枝上。如经验和研究结果表明，人们不愿有一个浅而宽的命令结构(如$64 \times 1$)，因为这里人们不得不记忆大量单一无关的命令或行为，人们更愿意把命令组织成树状层次结构(如$8 \times 8$)，而且每一层次包含短期记忆的最佳数目7±2。

4. 交互系统的能力

交互系统的能力是指交互系统对每一用户命令所能完成的工作量，如果一条命令能完成许多任务，则说它的能力是强的。用户(特别是专家型用户)总是希望系统提供强有力的命令，然而同时应该考虑用户具有的知识和能力。

5. 交互系统的信息提交量

在人机交互过程中，用户要从计算机一方获得反馈信息，反馈信息包括提示信息、帮助信息、出错信息及运行结果信息等。如何正确、适时、适量地提供这些信息，也是交互系统的一个特点。对交互系统信息提交量的总的要求应该和用户水平及要求相适应，使用户获取到有用信息，并能作为决定下一步交互动作的依据。应该指出，过多的信息显示有时反而是有害的，但过少的信息显示会使用户感到困惑，甚至影响用户使用系统的信心。对用户发生困难时的帮助信息应该和用户的特性、知识相匹配。所有显示的帮助信息、出错信息应该较清楚、易理解。另一方面要求系统能提供立即的和可视的反馈信息。

6. 交互系统的透明性

交互系统的透明性是指系统功能和行为对用户是透明、清楚的。这意味着，不管系统本身是多么复杂，但是用户心目中的系统是清晰的、一致性的模型，用户可清楚地了解系统的功能以及随时预测系统的行为。交互系统的透明性包含以下含义。

支持用户开发一致性的系统模型，包括系统提供很好的结构化的功能表；系统能解释它的状态；相似的任务需要相似的用户动作；交互的组织对用户是透明的。

可以预测系统的行为，它包括：不同系统有标准的界面；系统不会产生异常的结果，在相同情况下总会有相同的行为；系统有预定的响应时间等。

可以由用户选择修改交互结构和交互方式。

7. 交互系统的一致性

交互系统的一致性首先是指系统用一致的方式工作，要求系统工作方式或处理问题的步骤尽可能和人的思维方式一致。其次，系统一致性还指系统不同部分乃至不同系统之间有相似的界面显示格式及相似的人机操作方式。相似的控制使用了相似的操作，而相似的操作导致相似的结果。一致性的交互系统可帮助用户把他们当前知识、经验推广使用到新系统、新命令、新操作中去，从而减轻用户重新学习、记忆的负担。

8. 交互系统的易使用性

交互系统的易使用性是最重要的人机交互设计目标。它包括：系统可以容易处理各种基本的交互，如各种输入/输出功能、通信功能以及扩展功能等；交互系统具备帮助功能，如系统可在任意时间，任意位置上提供帮助信息，也可以是与所在位置上下文相关的针对性信息。帮助信息可以起文档手册作用，但内容应精炼，以简短的解释说明指导用户的操作和使用；设计时要考虑到用户的特性、能力、知识及其随时间的可能变化。包括要使交互尽可能满足人的需要和特性，如使人机通信尽可能与人与人之间的通信相一致。系统不应要求用户急忙做出动作，为了避免错误，应该对人的固有弱点(如出错、紧张、遗忘等)要有充分的考虑与合适的反应，要考虑并且适应用户行为可能的改变。系统要考虑到用户随着使用系统的经验增长及交互期间内用户目标可能的改变，还要考虑用户长时间工作后，出错和注意力分散的情况；易学习性是指能通过使用系统来学习系统的容易性。不应对系统的用户有额外的知识、技能要求。用户可以通过两种途径来学习系统，即系统的联机手册、系统功能的操作演示及例子；系统应具有容错能力，如具有错误诊断功能。系统提供错误原因、修改错误的提示或建议等，具有修正错误的能力。如一般计算机系统具备的修正输入错误的能力，具有出错保护功能。系统要能防止用户得到不想要的结果，如系统要避免用户删除重要数据，在删除前加上确认操作，可以避免不可挽回的损失。

9. 交互系统的可靠性

交互系统的可靠性是指系统正常无故障工作的能力。交互系统应让用户能可靠、正确地使用系统，保证有关程序和数据的安全性。

以上介绍了与人机界面有关的基本概念和特性，通过对上述特性的研究和分析，能够引导人们正确合理地制定交互系统的设计目标。但要注意，与人机交互系统的各种特性相关的设计目标并不是同等重要的，另外在实现这些目标的过程中，可能发现它们之间往往是相互矛盾的。如交互的高灵活性、高可靠性、易使用性、透明性等之间都存在着相互矛盾的因素。设计者要对这些目标进行权衡，确定一定的优先次序，当然这一优先次序是与具体应用和用户要求相关的。

## 8.4 人机界面的用户分析

### 8.4.1 用户分类

用户是计算机资源的使用者，由于目前计算机系统应用范围很广，其用户范围也遍及各个领域。因此，必须了解各种用户的习性、技能、知识和经验，以便预测不同类别的用户对人机界面有什么不同的需要与反应，为人机交互系统的分析设计提供依据，使设计出的人机交互系统更加适合各类用户的使用。按照不同的体系标准，不同研究者对用户有不同的分类方法。

(1) 按用户是否为程序员，可分为非程序员用户和程序员用户，程序员用户又可分为应用程序员用户和系统程序员用户。

(2) 按用户是否受过使用计算机系统知识的培训，可分为未受过训练用户和受过训练用户。

(3) 按照使用计算机系统的频度，可分为偶然用户、经常用户(职业用户)及间歇式使用计算机的用户。

(4) 按照使用计算机的熟练程度可分为生疏用户、有经验用户(或熟练用户)和专家用户。

(5) 按照使用计算机系统的目的可分为最终用户、应用开发用户、系统开发维护用户等。

如果按用户对计算机系统的熟练程度、用户对应用领域的专业水平以及使用计算机的频度来描述和区分用户类别，可以构成一个三维坐标系。不同用户占据了坐标系空间中的不同位置，如图8.2所示。

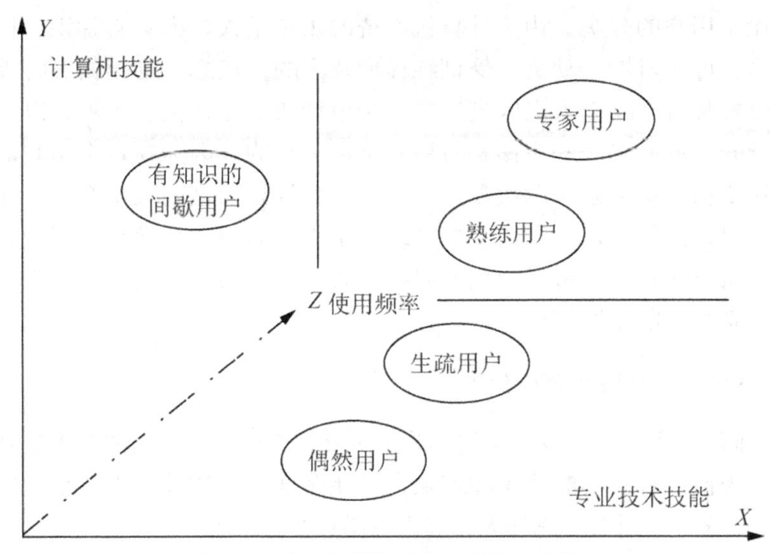


图8.2 人—计算机交互中的用户分类

图8.2中是一个三维直角坐标系。X轴表示任务，增大方向表示用户具有更多的应用领域的专业知识。Y轴表示使用频度，增大方向表示用户更频繁地使用计算机。Z轴表示系统，增大方向表示用户对计算机系统的理解和掌握程度更高。在这个三维坐标系下，给出了几种用户所处的位置。

还可以有其他分类方法。不同分类方法的出发点不同，但各种分类之间可能存在着交错重叠，即一个用户，可以隶属于以上分类中的多于一个的分类名称。用户可分为如下4种类型。

(1) 偶然型用户。这类用户既没有计算机应用领域的专业知识，也缺少基本的计算机系统知识。他们过去没有或很少使用过计算机系统，不了解计算机系统的操作和功能，也没有更多兴趣阅读操作手册，有的还对计算机表现出神秘感和陌生感。随着计算机系统的日益普及，这类用户变得越来越少。

(2) 生疏型用户。这类用户和偶然型用户的差别是他们经常使用计算机系统，因而对计算机的性能及操作使用已经有一定程度的理解和经验。但他们对新使用的计算机系统缺乏了解，因此对新系统而言，他们仍旧是生疏用户。新系统的大多数用户属于这一类型，甚至包括一些在计算机系统应用领域很有经验，但缺乏计算机经验的专家。这类用户一般愿望阅读操作手册或培训教材，原有的计算机方面的知识和经验也将帮助他们较快地熟悉新系统。随着使用和经验的增加，他们可以变成熟练型用户甚至专家型用户。

(3) 熟练型用户。这类用户一般是专业技术人员，他们对需要计算机完成的工作任务有清楚的了解和思路，对计算机系统也有相当多的知识和经验，并且能熟练地操作、使用。这类用户使用计算机系统的积极性、主动性较高，计算机系统已成为他们改善其专业工作的一个辅助手段。

(4) 专家型用户。这类用户对使用计算机系统完成的工作任务从计算机系统都很精通，而且通常具有计算机软件知识和专长，具有操作、使用计算机系统的知识和经验，甚至维护、扩充系统功能的能力。这类用户通常是计算机专业用户，如系统程序员、系统开发人员或应用领域的计算机行家。对这类用户，过多的反馈及支持是不必要的。

以上讨论了用户的分类。由于计算机系统的用户是人，人具有知识、视听能力、智能、记忆能力、可学习性、动机、受训练程度及人的易遗忘、易出错等特性，使得对用户的分类、分析及考虑以上人文因素后的系统设计变得复杂化。另外，以上的分析是对用户群体进行的，更准确一些应该是对用户个体进行的。因为在一个用户群体中，每个人情况都会随使用计算机系统的次数、学习和受训练等因素而发生变化。如生疏型用户经过大量的学习和使用系统可以转变成熟练型用户，而即使是熟练型用户，如长期未使用系统，也会遗忘其知识，可能会倒退回初学者状态。为设计友好的人机界面，必须考虑各类不同类型用户的人文因素。

### 8.4.2 影响用户行为特性的因素

在人机界面分析研究中，人(用户)作为人机交互系统的一方起着重要的作用。只有对人的认知和行为特性有基本的认识和度量，才能保证让人和计算机能很好地协同工作。在人机界面分析设计中所要考虑的人文因素主要包括以下内容。

(1) 人机匹配性。用户是人，计算机系统作为人完成任务的工具，应该使用计算机和人组成的人机系统很好地匹配工作。如果有矛盾，应该让计算机去适应人，而不是人去适应计算机。

(2) 人的固有技能。作为计算机用户的人具有许多固有的技能，如身体和动作的技能、语言和通信的技能、思维能力、学习和求解问题能力等。对这些能力的分析和综合，会对用户能够胜任处理的人机界面复杂程度及用户能从界面获得多少知识和帮助及所花费的时间做出估计或判断。

(3) 人的固有弱点。人具有健忘、易出错、注意力不集中、情绪不稳定等固有弱点。设计良好的人机界面应尽可能减少用户操作使用时的记忆量，应力求避免可能发生的错误，同时，也不应该要求用户注意力长时间地、高度集中地使用系统等。

用户的知识经验和受教育程度。使用计算机用户的受教育程度决定了他对计算机系统的知识经验以及对计算机应用领域的知识水平，这些都将给计算机系统的使用方式及解决问题的方式带来影响。在这方面，既要考虑用户的学历、专业、知识深度，也要考虑用户通过实践，即使用计算机的过程学习计算机，不断获得知识和提高技能的因素。标准化的显示和操作风格一致的人机界面将有助于用户学习和获得经验，而且此经验可具有普遍适用性。

用户对系统的期望和态度。首先，从用户使用系统的原因来看，计算机系统可以作为用户完成其任务的不可缺少的组成部分，也可以作为可选用部分。对于前者，客观因素强制用户必须使用计算机系统，对后者则可凭用户的意愿或兴趣自由选择是否使用计算机。对于供后一类用户使用的系统的人机界面要求应更高，使用应更方便，更具吸收力，否则，该系统可能永远无人问津。

绝大多数用户使用计算机是为了帮助他们更好地解决应用领域的实际问题，但也有个别用户是单纯地学习计算机。甚至有的用户可能盲目试验计算机系统的功能或操作方法。

以上从人的固有习性及人、应用任务、计算机三者之间的各方面关系，系统地分析了影响用户行为的因素。当然还可能有其他因素，如与计算机系统处理任务有关的因素，如系统的响应时间不能过慢。否则会使人感到额外的焦躁情绪。此外，系统处理任务的结构化程度也会对用户使用系统产生影响。

### 8.4.3 用户的使用需求分析

用户需求是用户对所购买、使用的计算机系统提出的各种要求，它集中反映了用户对软件产品的期望。用户需求应该包含功能需求和使用需求两个方面，功能需求是用户要求系统所应具备的性能、功能，而使用需求是用户要求系统所应具备的可使用性、易使用性。

1. 作为用户的人对计算机系统的要求

系统能让用户灵活地使用，用户不必以严格受限的方式使用系统。为了完成人机间的灵活对话，要求系统提供对多种交互介质的支持，提供多种界面方式，用户可以根据任务需要及用户特性，自由选择交互方式。系统能区分不同类型的用户并适应他们，要求依赖于用户类型和任务类型，系统能自行调节以适应于用户。如果系统具备智能，并自适应于用户则是对系统的更高要求。系统的行为及其效果对用户是透明的。用户可以通过界面预测系统的行为。系统随时随地提供帮助功能。当用户发生困难时，系统会给出指导和帮助，绝不会让用户因不知如何操作而陷入窘态，不知所措，进而对系统产生失望。帮助信息的详细程度应适应用户的要求。

人机交互应尽可能和人际通信相类似。要把人际交互常用的使用例子、描述、分类、模拟和比较等用于人机交互中。

系统设计必须考虑到人使用计算机时的身体、心理要求，包括机房环境、条件、布局等，使用户在没有精神压力下使用计算机，同时能让用户舒适地使用计算机完成它们的工作。

2. 用户技能方面的使用需求

应该让系统去适应用户，对用户使用系统不提特殊的身体、动作方面的要求，如用户只要能使用常用的交互设备(如键盘、鼠标器、光笔)等即能工作，而不应有任何特殊要求。用户只需有普通的语言通信技能就能进行简单的人机交互。目前人机交互中使用的语言是准自然语言，对于它人是很容易理解、学习和掌握的。要求有一致性的系统设计。一致性系统的运行过程和工作方式类似于人的思维方式和习惯，能够使用户的操作经验、知识、技能推广到新的应用中。应该让用户能通过使用系统来进行学习，提高技能。传统的计算机系统的使用要通过用户手册或操作手册作指导，但对生疏型用户，阅读完整的手册是困难的。解决的方法是把用户和操作手册做成交互系统的一个组成部分，仅当用户需要时，有选择性地进行指导性的解析。系统提供演示及案例程序，为用户使用系统提供范例。

3. 用户习性方面的使用需求

人除了具有固有技能外，还具有固有的弱点。人的习性至少有以下弱点：一是易遗忘，二是易出错，三是急躁心理。为避免人的习性不完善而引起的人机交互的混乱、失败，应该要求系统能在各种情况下提供及时的响应，容许用户的误操作，并尽量减轻用户的记忆负担等。就用户习性方面对系统的要求有：系统应该让在终端工作的用户有耐心。这一要求是和系统响应时间直接相关联的，要求系统对用户的操作提供及时的响应，当响应时间过长时，应该给出提示信息，出错时应给出错误信息等。用户心理学研究结果表明，使用户操作受挫不仅依赖于系统响应时间的长短，而且也取决于用户的心理因素，对用户操作响应的良好设计有助于提高用户的耐心和使用系统的信心。良好的设计应设法减少用户错误的发生。显然采用图形方式进行目标的选择和点取比起采用文本方式进行操作命令的记忆和输入，能够显著减少用户的记忆量、操作量，当然也就减少了出错的机会。此外，必要的冗余度、可恢复操作(undo)、良好的出错信息和出错处理等也都是良好系统所必须具备的。

4. 对用户经验、知识方面的使用需求

系统应能让未经专门训练的用户使用。系统能对不同经验知识水平的用户做出不同反应的提示信息、出错信息等。提供同一系统甚至不同系统间系统行为的一致性，建立起标准化的人机界面。一致性将大大减轻用户再学习及重新积累经验的负担。系统必须适应用户在应用领域的知识变化，应该提供动态的自适应用户的系统设计。总之，良好的人机界面对用户在计算机领域及应用领域的知识、经验不应该有太高要求，相反，应该对用户在这两个领域的知识、经验变化提供适应性。

5. 用户对系统的期望方面的要求

用户界面应提供形象、生动、美观的布局显示和操作环境，以使整个系统对用户更具吸引力。系统决不应该使用户失望，一次失败可能使用户对系统望而生畏。良好的系统功能和人机界面会使用户乐意把计算机系统当成用户完成其任务的工具。系统处理问题应尽可能简单，并提供系统学习机制，帮助用户集中精力去完成其实际工作，减少用户操作运行计算机系统的盲目性。

以上以影响用户行为特性的人文因素为出发点，分析了与其相关的用户使用需求，它带有一般性，而不局限于某个具体的应用系统。但是对不同的应用系统可能还会有特殊的使用需求，应该在应用系统的分析与设计时予以考虑。

### 8.4.4 开发用户友好性系统的设计原理

人机界面及人机系统的设计人员要把这些人文因素概念结合到系统设计中，并转换成开发用户友好性系统的基本设计原理。不同研究者对人机界面的开发设计原则有不同的论述，下面以目前最为流行的采用图形用户界面Macintosh机的设计原则为例进行介绍。

1. 确定用户

确定用户是进行系统分析和设计的第一步，也就是标识使用应用系统的用户(最终用户)，不同的用户会有不同的经验、能力和要求。用户可分为偶然型用户、生疏型用户、熟练型用户和专家型用户，对于前两类用户，要求系统给出更多的支持和帮助，指导用户完成其工作；而对于熟练型用户，特别是专家型用户，要求系统有更高的运行效率，能更灵活地被使用，不需要系统有较多的提示或帮助。

2. 尽量减少用户的工作

在使用人—计算机组成的人机系统来完成一定的任务时，应该让计算机更积极主动，更勤劳，做更多的工作，而让人尽可能少做工作，因而能更轻松地完成工作。如在实现某种程序功能时，使用的人机界面越完美、形象、易用，用户就能以更少的脑力及体能负担做好工作。脑力工作包括记忆、判决、估算等，体能工作包括用手击键，注视屏幕等。

3. 应用程序和人机界面分离的原则

应用程序和人机界面分离的思想类似于数据库管理中数据和应用程序的分离。数据的存储组织、查询、管理由专用部件即数据库管理系统完成，应用程序不再处理系统中与数据管理相关的工作，而集中地实现应用功能上。在人机交互系统中，也同样可以把人机界面功能，包括人机界面的布局、显示、用户操作等专门由UIMS完成，应用程序不再管理人机交互功能，也不和人机界面编码混杂在一起。应用设计者致力于应用功能开发，界面设计者致力于界面开发。

4. 一致性原则

在程序系统中，应该要求其概念模式、语义、命令语言语法及显示格式等的一致性。而人机界面的一致性主要体现在输入/输出方面的一致性，具体是指在应用程序的不同部分，甚至不同应用程序之间，具有相似的界面外观、布局、相似的人机交互方式以及相似的信息显示格式等。

5. 系统要给用户提供反馈

人机交互系统的反馈是指用户从计算机一方得到信息，表示计算机对用户的动作所做的反应。如果系统没有反馈，用户就无法判断他的操作是否为计算机所接受，是否正确及操作的效果是什么。没有反馈的交互就不称为交互，因此设计人机交互系统的一个重要原则是必须对用户的任何动作做出反应，给出反馈信息。在交互系统中，反馈有三级，它们与语言的三级(词法级、语法级、语义级)相对应，设计者可以在这些层次上设置必要的反馈信息。

6. 尽量减少用户的记忆要求

用户在使用和操作计算机时，总需要一定的知识和经验。这些知识和经验存放在人的大脑中，在需要时，人的信息处理系统可以从长时记忆或短时记忆中提取出有用信息。但是一个设计良好的系统应该尽量减少用户的记忆要求，为此可以使用计算机启动的对话，给出提示，以及给出多窗口多信息的显示，对需要用户短时记忆的场合应该满足最佳短时记忆的7±2项原则。此外也可随时通过帮助系统减少用户的记忆要求。

7. 应有及时的出错处理和帮助功能

健忘、易出错是人的固有弱点，在用户输入，调试运行程序时，难免会出错，除用户出错外，软件或硬件系统也可能出错。系统设计应该能够对可能出现的错误进行检测和处理，出错信息应清楚、易理解。其内容应包含出错位置、出错原因及修改出错建议等方面的内容。而且，良好的系统设计应能预防错误的发生。

8. 使用图形和比喻

图形具有直观、形象、信息量大等优点使用户的操作及其响应直接可视和逼真。使用图形和比喻来表示程序、实体和操作。不同的研究者及研究、生产机构提出了在原理上类似但表达方法不同的人机界面设计原则。用户控制应用程序运行，首先，是用户和应用程序工作以交互方式进行；其次，用户可自行定义、设计界面的外观和操作方式；

最后，界面能正确地控制、协调系统的运行。用户可以借助直观、可视的图形符号、比喻等，直接操纵系统运行。应该保证应用系统界面和现实世界的一致性和不同应用系统之间界面及应用系统内部界面的一致性，使它们有相似的界面外观与操作。使用可分辨的比喻，增加系统的可理解性和易学易用性。人机界面显示和布局的美观性，增强软件系统对人的吸引力。人机界面设计原则：可视性和使用图形；具有信息反馈；灵活性；一致性；和用户模型相匹配；揭示式结构；为用户提供指导和帮助；提供直接操纵；适应人的认知能力和界限。

### 8.4.5 用户模型

按照人机工程学的原理，用户是系统设计的至关重要的问题，系统设计必须考虑并适合人的各方面的因素，以便充分发挥系统的功能和效益。在人—计算机系统中，同样必须首先知道用户是谁，用户的特征以及用户需要系统做些什么等问题。在此同时，进行任务分析，使解决任务的策略、处理方式和用户特性相一致。其次，为了保持用户和计算机之间良好的匹配和工作协调，应该按照用户情况经常调整人机界面的交互方式，也就是保证系统对用户的适应性。使用用户模型概念来描述用户的特性，描述用户对系统的期望与要求等信息。一个完善、合理的用户模型将帮助系统理解用户特性和类别，理解用户动作、行为的含义，以便更好地实现系统功能。

在人—计算机交互系统设计中，设计者首先要了解和描述用户，构造出用户模型，这一用户模型将帮助设计者设计和构造出良好的人机界面。如果说用户只有生疏型用户，问题就会简化，因为这里设计者只需假定用户没有或者只有很少的计算机专业知识，可以根据这一模型来确定系统的设计准则。但是实际上，情况并非这样。用户种类是非常多的，这样对每种用户类型就应该提供不同的设计准则与方案。

把人—计算机系统分隔成设计者(开发、设计人员)，用户(使用系统人员)，任务(系统所完成的应用领域工作)，系统(实际构成的人机系统)4个部分，如图8.3所示。以用户为中心，箭头表示了从何处为出发点及对什么建立的模型。

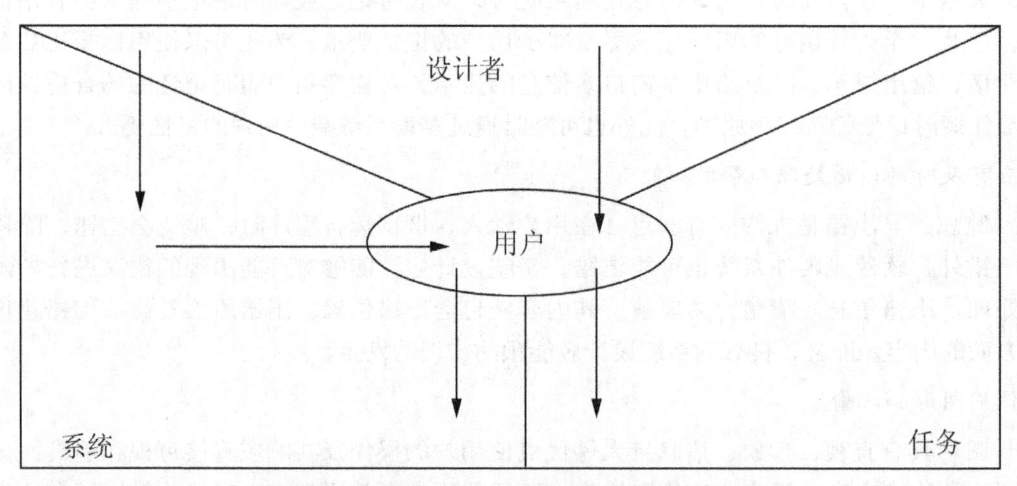


图8.3 设计者、用户、系统和任务的相互关系

更精确地说，可以使用以下格式来表述用户模型。

以下介绍从设计者角度、用户角度、系统角度形成的用户模型。

1. 用户概念模型(user' s conceptual model)

这是用户自身建立的模型，是用户头脑中对计算机系统的表示模型，表示了用户对计算机完成任务的理解相对系统的期望。每一个使用计算机系统的用户根据过去对计算机系统的经验会形成目前的系统应该是什么样的这一思维概念上的模型。这一模型开始时可以不太明确，但随着用户使用系统，经验会不断增加，用户对系统的认识——即用户概念模型也在不断的变化和完善中。界面开发设计人员的任务是，应该使设计出的界面尽可能与用户原来具有的模型相一致。如果用户原先没有一个明确的模型，那么设计者设计的新系统应该提供清晰的结构，并提供与之相联系的用户手册和操作手册，使用户尽快、尽可能容易地适应此系统模型，建立起他自己的用户模型。

2. 设计者模型(designer' s model)

这是设计者为设计系统及其界面目的而建立的表示用户特性的设计者模型，它是设计者认为用户头脑中有什么想法的模型，即设计者所理解的用户对系统的期望。它是设计者对待所构成系统的概念模型。设计者对用户的理解也是基于用户任务、需求，同时必须考虑到用户的背景、经验能力及人脑信息处理机构的特点和限制等。

显然，如果设计者模型和用户概念模型相一致，那么用户就能够充分理解设计者的设计意图，充分使用系统的设计潜力。相反，如果设计者模型和用户概念模型不一致，用户在使用系统时，可能误用、滥用系统或不能充分地使用系统。

3. 系统映像(system' s image)

系统映像又称系统模型，它是实际系统结构中所包含的用户模型。在系统构成、运行时，系统映像通过系统结构的观感形象表示出来。系统映像一般用于运行时对人机交互方式进行剪辑，以帮助实现自适应人机界面。

## 8.5 人机界面的任务分析

任务分析方法是面向最终用户的。这里的任务是指人—计算机系统所完成的工作。任务可以由计算机完成或由人完成，还可由计算机和人双方共同完成。应该对所有的系统任务，包括与人相关的活动进行任务分析，应该充分考虑到有关人的习性、能力、特点等因素，按逻辑层次结构合理地进行任务分解和分配。任务分析为设计决策提供依据，也为系统实现后的评估提供依据。它是一种经验性的方法，利用它能产生一个完整、明确的任务模型，使设计者明确计算机系统应完成的用户任务和目标及系统是怎样支持用户去完成这些任务和目标的。

由于软件工程技术的成熟及人机界面学科尚有待于形成完整的理论和方法，所以人机界面中的任务分析仍旧沿用了软件工程中一些传统的系统分析方法，如结构分析方法(SA)等。这种方法将系统目标按功能从顶向下进行分解，并把任务作为完成基本功能的子目标。如果需要，这些子目标还可以继续分解，一直到最后得到基本单元为止，这些单元可以接收数据输入，对接收的数据进行处理或把处理结果显示给用户或传送给其他功能单元。这样，使用逐步求精方法可以完成系统功能的分解。分解后得到基本单元所完成的子功能可能就是一个具体的任务。一系列的任务就构成系统的总目标。当通过层次分解获得系统功能的概要说明后，必须把系统任务在人机之间进行动态的分配。为了能充分发挥人、计算机双方的能力、特长，这里首先对人和计算机各自的长处、弱点进行分析，以期确定人机系统中任务的分配策略。人和计算机的能力和特长的比较，如图8.4所示。

| 人的特点、擅长 | 计算机的特点、擅长 |
|---|---|
| 估计 | 精确计算 |
| 直觉 | 逻辑推导 |
| 创造性工作 | 重复性工作 |
| 适应性强 | 一致性好 |
| 思维并发性 | 处理多任务 |
| 处理异常、例外情况 | 程序化处理 |
| 相关记忆 | 数据存储检索 |
| 分析决策 | 辅助决策 |
| 模式识别 | 数据处理 |
| 易出错 | 不出错（程序正确时） |

图8.4　人、计算机的能力和特长的比较

为了充分利用人和计算机的特长，可以把需要创造、判断、启发式论证等任务分配给人，而把需要重复性计算、检索、数据处理等任务分配给计算机。另外一些与人和计算机都有关系的任务，如数据录入、命令输入、信息提取、辅助决策支持等分配给人与计算机通过交互来共同完成。人机共同完成的任务正是要通过人机界面来实现，其混合任务还可进一步分解成人与计算机各自的组成部分并确定其交互方式。

## 8.6　人机界面的交互方式

人机界面的交互方式，简称为人机交互方式，它还可以用其他术语表示，如“交互技术”、“接口方式”、“对话技术”、“对话形式”、“界面类型”等。

现在已经流行着多种人机交互方式，每种都有不同的性能、特点和适用范围。在进行人机界面设计时，必须充分了解各种交互方式的优缺点和使用限制。按照不同的用户、任务类型选择设计适合的人机交互方式。

### 8.6.1 人机交互方式的评价标准

人机界面的根本目的是使用户更方便、更容易地操作和使用计算机系统，评价一个计算机系统的人机界面的优劣，可使用以下标准。

(1) 使用的难易程度。对于偶然型或生疏型用户，在设计人机交互方式时应使他们易于使用计算机系统的硬件及软件资源。

(2) 学习的难易程度。衡量一个人机界面学习的难易程度的指标应包括：要花多少时间学习才能初步学会，又要多少时间才能熟练使用；学习时需要什么样的经验知识；能否通过探索或自学掌握系统使用等。易学习才能让用户更快地熟悉与掌握新的计算机系统。

(3) 人机界面复杂程度。如交互方式提供什么范围的功能和操作方式，用户操作是否复杂等。

(4) 操作速度。指用户使用这种交互方式完成交互操作的速度。

(5) 人机界面的控制方式。指由计算机启动、控制的交互还是由用户启动、控制的交互。一般说来，凡计算机启动、控制的人机交互更易学易用；而由人启动、控制的人机交互功能强、灵活性好。

(6) 开发的难易程度。如人机界面是否容易设计？开发工作量有多大？凡是性能完善，对用户友好的人机界面需要更多的开发工作量和系统开销。

### 8.6.2 人机交互方式分类

#### 1. 问答式对话

问答式对话是最简单的人机交互方式，它是由系统启动的对话，系统使用类自然语言的指导性提问，提示用户进行回答，用户的回答一般通过键盘输入字符串做出。最简单的问答式对话是采用是非选择形式，即系统要求用户的回答限制在yes/no上；较复杂一些的是把问答限制在很少范围的答案集内，用户通过字符或数码输入做出回答，这类用户响应也可称为菜单响应。如在执行文本编辑系统的编辑操作时，系统可以询问用户想做什么编辑操作，答案限制在插入、删除、查询、存盘等，用户只能选其中一种操作作为回答。系统再根据用户的回答去执行相应的功能或再提出新的问题，一直继续下去。问答式对话这一种交互方式的优点是：容易使用，容易学习，软件编程实现容易，问答式对话是由计算机发起和控制。其缺点是：效率不高，使用速度慢；用户回答限制在很小的范围内；灵活性差，用户在使用过程中受限制，修改、扩充很不方便。问答式对话的适用对象主要是偶然型或生疏型用户。

#### 2. 菜单界面

菜单交互方式是使用较早，也是使用最广泛的人机交互方式。其特点是让用户在一组多个可能对象中进行选择。各种可能的选择项以菜单项的形式显示在屏幕上。在组织基于菜单的对话时，可以把菜单项按线性系列或圆圈顺序排列。一般这种方式只适用于较少数量的选择项。如果选择项过多，一个屏幕显示不下，而且如果选择项对应功能本身又具有逻辑上的层次结构，那么可以使用分层次来组织菜单系统，菜单的层数称为菜单系统深度，同一层中菜单项的项数称为菜单的宽度。菜单深度、宽度的组织安排将影响到用户对菜单的记忆和操作及搜索、选择菜单项的速度，应该综合地加以考虑。

菜单交互方式的优点是易学易用，它是由系统驱动的，能大大减少用户的记忆量，用户可以借助菜单界面探索系统的功能与操作方法，很快掌握新系统。而且在菜单界面中，用户选择菜单界面的输入量少，不易出错。最后，菜单界面的编程也较容易。缺点是被选对象受限制，即只能完成预定的系统功能。其次，在大系统中使用速度慢。此外，受屏幕显示空间的限制，每幅菜单显示的菜单项数受限制。最后，显示菜单需要占用屏幕空间和显示时间，增加了开销。

3. 功能键

使用功能键来代替输入命令或选取功能菜单，同样可以完成系统功能。键盘上常见的功能键有Insert、Delete、Copy、Print等，它们是由系统设定硬编码功能。另外，还有软编码功能键，它们是对用于应用程序为各功能键分配的命令功能。如F1代表请求帮助，F2代表保存编辑文件等。

使用功能键的好处是不言而喻的。如减少用户的记忆负担，增加容易学习性；减少输入量，使操作加快；减少出错率。缺点：功能键定义带任意性，缺少标准化，不标准或不一致的功能键定义会引起记忆和操作上的麻烦；如果系统过多，则需要过多的功能键，需要增加数量，容易引起混淆，也使寻找和输入速度减慢；使用移位键、控制键和功能键的组合来定义新的功能键量，增加了用户的记忆量和出错率。

4. 图符(icon)界面

如上所述，图符方式实际上是菜单交互方式，只是它使用图符来代表文本菜单的菜单项。使用图符可以形象、逼真地反映菜单的功能，因而使理解、学习和操作变得更加容易。图符交互方式的出现和发展是和高分辨率图形终端及鼠标类定位设备的发展以及计算机图形软件及窗口系统的进步相联系的。图符交互方式的缺点是有时图符不能明确表达语义，必须在图符中附加文字(图形方式的字符)来辅助图符的语义。此外，图符占用较大的屏幕空间，而此类图符除了表示菜单项外别无含义。当然使用图符方式必须具有图形硬软件环境的支持。

5. 填表界面

计算机系统大量地应用于数据处理领域，而数据通常以数据库方式进行存储、处理、显示。由于一般数据库的信息包含许多字段，所以一种很自然的界面形式是填表界面。它是由系统驱动的具有高度结构形式的输入表格，要求用户输入数据。其特点是全部的输入/输出信息同时显示在屏幕上，所以只要表格设计得好，那么操作步骤是不言自明的。在填表操作时，应允许用户在表格内自由移动光标定位到所需的字段并进行输入。

填表方式的优点为：使用容易、方便、直观；需要的记忆少；以简单、明了的方式输入数据；软件编程简单容易。缺点：仅适用于输入数据；占用较多的屏幕空间；需要有支持移动、控制光标的终端；用户需要必要的训练。

6. 命令语言界面

和以上的几种交互方式不同(它们都是由系统驱动的)，命令语言是用户驱动的对话，即由用户发起和控制对话。用户按照命令语言文法，输入命令给系统。然后，系统解释命令语言，完成命令语言规定的功能，并显示运行结果。最简单的命令语言一般是由动词和名词组成的命令对(如delete file)。复杂的命令语言包含完整的命令语言语法，所以必须建立完整的语法分析器来完成检查、解析、执行命令的功能，这使得命令语言复杂化，需要更多的系统支持。最常见的命令语言界面的例子是计算机系统的操作系统命令，其次，大量的实用程序也使用命令语言方式，如文本编辑器等。

对于命令语言的组织结构，可以从最简单的命令列表到复杂的按层次结构组织的命令列表，这类似于菜单层次结构。

命令语言界面的优点是：快速、高效、精确、简明、灵活，且不占用显示时间和屏幕空间，使屏幕显示紧凑、高效。它的功能强，可完成复杂功能的操作，还易于扩展命令集。如果一个系统具有大量的用户要访问的功能，而这些功能又具有不同的组合方式，那么使用命令语言是最理想的。缺点：需要用户学习、掌握及记忆命令语法，同时必须严格按照语法规则使用。这将使命令语言的学习和使用困难，也使出错率增大，而且命令语言的出错处理能力较差。此外，开发命令语言界面的编程复杂困难。

7. 查询语言界面

查询语言是用户与数据库的交互媒介，是用户定义、检索、修改和控制数据的工具。查询语言是非过程化的准自然语言，用户可以使用类自然语言的语句方式来定义、查询或更新数据库。查询语言只需给出要做什么的操作要求，而不必描述应如何做的过程。所以用户使用查询语言界面时一般可以不需要通常的程序设计知识，因而方便了用户的使用。数据库查询语言可以分为数据定义、数据操纵和数据控制3个部分：数据定义完成建立数据及其关系、建立索引、定义视图等工作；数据操纵可以完成如下两类操作：一是查询数据库，其任务是找出直接命名的数据或与之相联系的数据；二是修改数据库，其任务是完成插入新数据或者修改、删除原数据等更新工作。数据控制完成用户权限和数据完整性的控制，它把操作数据及数据间的关系局限于某特定的约束限制上。

在分析、设计数据库的查询语言时，同样需要对数据库用户进行分类，使设计的询语言满足不同的用户要求。和上述对用户分类方法相类似，可以把数据库用户分为程序员用户、技术用户和偶然用户三类。其中程序员用户是计算机专业人员，熟悉程序设计语言和方法，一般负责编制维护数据库程序并开发一些实用软件程序。技术用户是数据处理领域的专业人员，他们对计算机而言是生疏用户，但他们很熟悉计算机应用领域的专业技术，他们需要并希望使用数据库系统完成其本职任务。这类用户一般使用数据库进行检索，获取所需的数据或信息。所检索的数据内容可以包括数据库各方面的信息。偶然用户只是偶尔使用数据库系统，他们使用数据库是固定而且有规则的。设计查询语言界面时，应该对各类用户设计出合适、有针对性的语言形式，对技术用户可以希望语言功能更强，而对偶然用户则希望更易于使用等。综合各种因素，可以制定查询语言的设计原则如下。

提供类自然语言形式的非过程化的查询语言，该查询语言对用户而言是易理解、易使用，对系统而言是可以高效完成用户操作要求和任务的语言；提供灵活的查询结构，能灵活满足各类用户的查询、更新等操作要求；提供更符合用户使用的高级操作符，甚至可以使用图符形式的操作符；语句应单一、简洁，使拼写成分尽量少，以减轻用户的记忆和操作负担，减少出错率；语义设计保持一致性，避免混淆；保证语言具有良好的自解释性，使语法成分尽可能恰当地反映其语义信息，如可使用反映其功能的命令名。

目前的数据库领域最为广泛使用的是关系数据库，它使用二维表格来存放实体本身的信息以及实体间的相互联系。现在已有许多使用于关系数据库系统的查询语言。

SQL(结构化查询语言)，它事实上是标准的关系数据库语言，广泛使用于各类数据库管理系统(DBMS)中；QBE(仿效实例查询语言)，它是基于域演算的图表查询和显示的语言；SQUARE(其改进版本为SEQUEL——结构化英语查询语言)，在早期版本中，SQUARE查询语言使用了较多的数字符号，而在改进版本SEQUEL中则使用英语来表达语言功能；QUEL(查询语言)，这是一个基于元组演算的查询语言。

在SQL语言中，包括对数据库的定义、访问、维护、控制等功能，只要按照构成的SQL语言的语法标准，并把它嵌入到一个宿主语言中，就可以方便地完成对数据的定义和操纵。

8. 自然语言界面

使用各种自然语言(如汉语，英语等)在人之间进行通信、交流是寻常之举。如果在人与计算机之间也能使用自然语言进行通信、交互，应该说是最理想、最方便的人机界面。这样的界面应该能够理解用户用自然语言(包括键盘输入文本、手写文字、语音输入等)表达的请求，并把系统的理解转换成系统语言，进而执行相应的应用功能。自然语言界面具有用户无需学习、训练，就能以自然交流方式使用计算机的优点，但是它具有输入冗长，需要应用领域的知识基础及编程实现困难等缺点。

## 8.7 人机界面的软件开发过程

一般说来，除了人机界面开发工具，如UIMS或UIDE外，人机界面软件不是一个独立的软件系统，它总是要嵌入到待开发的应用系统中去。所以开发具有友好人机界面的应用系统时，除了要致力于分析、设计应用系统功能外，还要分析、设计系统的人机界面。

首先介绍使用软件工程方法开发软件系统的典型的开发生命周期，如图8.5所示。按照软件工程原理，将软件开发生命周期归并分为软件定义、软件开发、软件维护3个阶段，按其作业内容和需要编制的文档又可将它们细分为8个阶段。在总体上，8个阶段是按顺序依次进行的。但其中实现和测试阶段必须反复地迭代进行，当出现较大修改时，则此迭代可能涉及需求分析、概要/详细设计和运行/维护阶段。

在软件定义阶段包括可行性论证和系统分析等步骤。通过对于待建立系统的了解、研究、分析来定义和描述软件系统的需求，即要明确软件的功能、性能、工作环境以及用户情况，论证项目的可行性，规定软件系统必须满足的总目标，完成系统的总体设计，制定实现项目的各个分目标的策略。

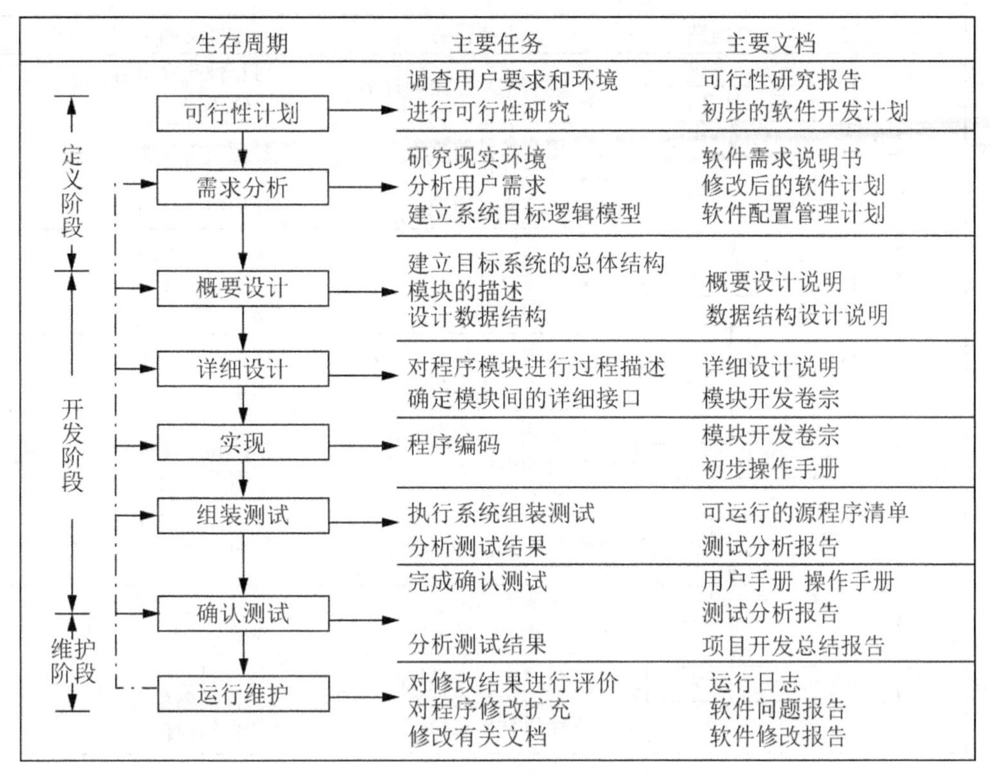


图8.5　典型的软件开发生命周期

在软件开发阶段包括系统概要设计、详细设计、编码及测试等步骤，这一阶段实际建立满足系统需求目标的软件产品。概要设计把系统需求规格转换成可以工作的软件结构，包括总体结构框架和功能划分，模块配置及模块之间的接口等内容。详细设计完成系统各功能模块的设计，包括数据结构、算法、界面等。编码和测试是紧密结合不可分割的阶段，编码实际完成模块的程序设计、编程，把系统设计中的算法流程以相应的某种程序设计语言实现。测试包括模块测试、组装测试和确认测试等步骤。首先，对完成编码的每个模块进行模块测试以测试该模块的功能、性能。在各相关模块经模块测试都能完成预定工作并保证是正确无误的情况下，下一步再进行组装测试，即测试模块组装后的运行情况，组装模块往往就是系统的一个子功能。最后一步测试是确认测试，必须按系统规定的各种功能、性能指标对系统总体进行测试、评价、分析结果。

以上设计、测试阶段通过后便得到一个实际的软件系统产品，可以提交给用户使用。

软件开发生命周期的最后一个阶段是软件运行和维护阶段。软件维护包括软件管理和软件维护。软件管理主要是保证软件系统的正常运行，软件维护包括软件纠错、改进软件功能、软件更新等内容。

传统的软件生命周期方法已广泛使用于软件系统的开发，并取得成功。这一开发方法也可用于人机界面软件部分的开发，这时必须把与用户、界面及系统的使用性能的相关内容结合到系统的分析、设计和评估中。典型的人机界面软件开发生命周期，如图8.6表示。

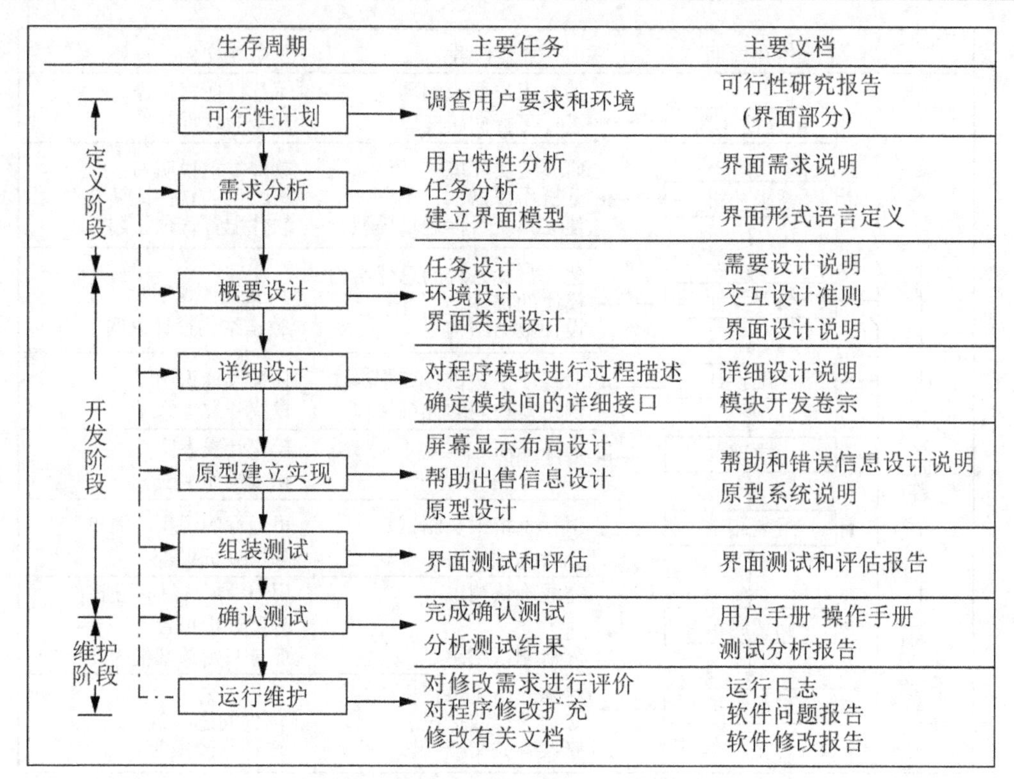


图8.6　典型的人机界面软件开发生命周

在图8.6中给出了开发典型的人机界面的作业内容和主要文档，它与开发一般软件系统的差别在于，增加或强调了与用户特性及人机交互有关的内容。

调查用户的界面要求和环境：由于判断一个系统的优劣，在很大的程度上取决于未来用户的使用评价。因此，在系统开发的最初阶段尤其要重视系统人机界面部分的用户需求。必须尽可能广泛地向系统未来的各类直接或潜在用户进行调查，也要注意调查人机界面涉及的硬、软件环境。

用户特性分析：调查用户类型，定性或定量地测量用户特性，了解用户的技能和经验，预测用户对不同界面设计的反响。

任务分析：从人和计算机两个方面共同入手，进行系统的任务分析，并划分各自承担或共同完成的任务，然后进行功能分解，制定数据流图，并勾画出任务网络。

建立界面模型：描述人机交互的结构层次和动态行为过程，确定描述模型的规格说明语言的形式，并对该形式语言进行具体的定义。

任务设计：根据来自用户特性和任务分析的界面规格需求说明，详细分解任务动作，并分配给用户、计算机或两者共同承担，确定适合于用户的系统工作方式。

环境设计：确定系统的硬、软件支持环境带来的限制，甚至包括了解工作场所，向用户提供的各类文档要求等。

界面类型设计：根据用户特性及系统任务和环境，制定最为适合的界面类型，包括确定人机交互任务的类型，估计能为交互提供的支持级别和复杂程度。

交互设计：根据界面规格需求说明和对话设计准则及所设计的界面类型，进行界面结构模型的具体设计，考虑存取机制，划分界面结构模块，形成界面结构详图；屏幕显示和布局设计：首先制定屏幕显示信息的内容和次序，然后进行屏幕总体布局和显示结构设计，其内容包括：根据主系统分析，确定系统的输入和输出内容、要求等；根据交互设计，进行具体的屏幕、窗口和覆盖等结构设计；根据用户需求和用户特性，确定屏幕上显示信息的适当层次和位置；详细说明在屏幕上显示的数据项和信息的格式；考虑标题、提示、帮助、出错等信息；用户进行测试，发现错误和不合适之处，进行修改或重新设计。

最后在上述屏幕总体布局和显示结构设计完成的基础上，进行屏幕美学方面的细化设计。它包括为吸引用户的注意所进行的增强显示的设计，如采取运动(闪烁或改变位置)，改变形状、大小、颜色、亮度、环境等特征(如加线、加框、前景和背景反转)，增加声音等手段，使用颜色的设计；关于显示信息、使用略语等的细化设计等。

帮助和出错信息设计：决定和安排帮助信息和出错信息的内容，组织查询方法并进行出错信息、帮助信息的显示格式设计。

原型设计：如图8.6所示，包括人机界面的软件开发设计，更多地使用了快速原型工具和技术，所谓快速原型系统是指：在经过初步系统需求分析后，开发人员用较短时间，较低代价开发出一个满足系统基本要求的、简单的、可运行系统。该系统可以向用户演示系统功能或供给用户试用，让用户进行评价提出改进意见，进一步完善系统的需求规格和系统设计。在人机界面设计中，快速原型方法更为适用，这是因为界面质量优劣更多地依赖于用户的评价。使用快速原型方法开发软件的过程是：定义用户需求，进行原型开发，用户进行评估，修改系统需求，再开发设计的反复迭代过程。

界面测试和评估：开发完成的系统界面必须经过严格的测试和评估。评估可以使用分析方法、实验方法、用户反馈及专家分析等方法。可以对界面客观性能进行测试(如功能性、可靠性、效率等)或按照用户的主观评价(用户满意率)及反馈进行评估，以便尽早发现错误，改进和完善系统设计。

## 8.8 人机界面设计的方法

### 8.8.1 用户界面管理系统UIMS

基于人机界面对应用系统的独立性引入了人机界面开发工具——UIMS来生成、控制、管理人机界面。借助于UIMS定义生成疗用系统人机界面后，可把原来的完整应用系统分解为两大子系统，即应用功能子系统BAS和人机交互子系统HCIS，并形成两个界面。工作原理图，如图8.7所示。

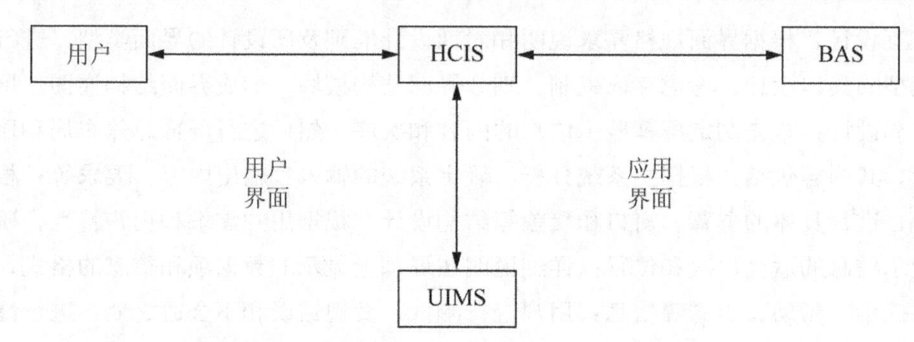


图8.7　人机界面和基本应用系统分离方案示意图

如下所示。

HCIS(人机交互子系统)：集中负责与用户交互(如从用户获得命令和数据，向用户反馈信息等)，控制和协调界面相应的运行。

BAS(应用功能子系统)：实际处理由HCIS获得的用户命令和数据，完成应用功能。两个界面如下所示。

AI(应用界面)是HCIS和BAS的界面，确定需要输入什么信息及需要做什么。

UI(用户界面)是用户和HCIS的界面，确定怎样得到输入信息，它是HCIS提供给用户实际显示的界面(如menu、icon等)。

使用UIMS开发工具生成的应用系统工作原理，如图8.8所示。

在图8.8中，使用UIMS的用户包括应用系统开发者和最终用户。应用系统开发者包括应用软件和人机界面的开发者，最终用户是应用系统软件的使用者。整个人机界面的生成、使用包括界面定义、界面生成、界面运行3个阶段。在界面定义阶段由应用系统开发者使用UIMS系统提供的UIDL语言，定义本应用系统的人机界面信息，建立UIDL描述文件。在界面生成阶段，应用系统开发者使用UIMS提供的翻译程序，翻译界面描述文件，对它进行语法检查，生成包含界面全部信息的数据表格，供运行时由运行库来解释执行，以协调界面和应用程序的运行。应用系统开发者同时编写应用功能程序。为了把界面信息嵌入应用程序，在翻译界面描述文件时，同时生成说明应用功能程序参数和本应用相关的特殊应用插入文件，供应用程序编译时使用。包括界面信息的应用系统源程序经常规编译、连接后，形成完整的可运行应用系统。它在功能上包含了应用功能和人机交互功能两大部分，提供给最终用户使用。在界面运行阶段，由最终用户实际执行包括界面信息的应用目标程序、应用程序像使用通常的子程序一样调用UIMS运行库和应用功能模块，协调一致地完成界面和应用程序的功能。

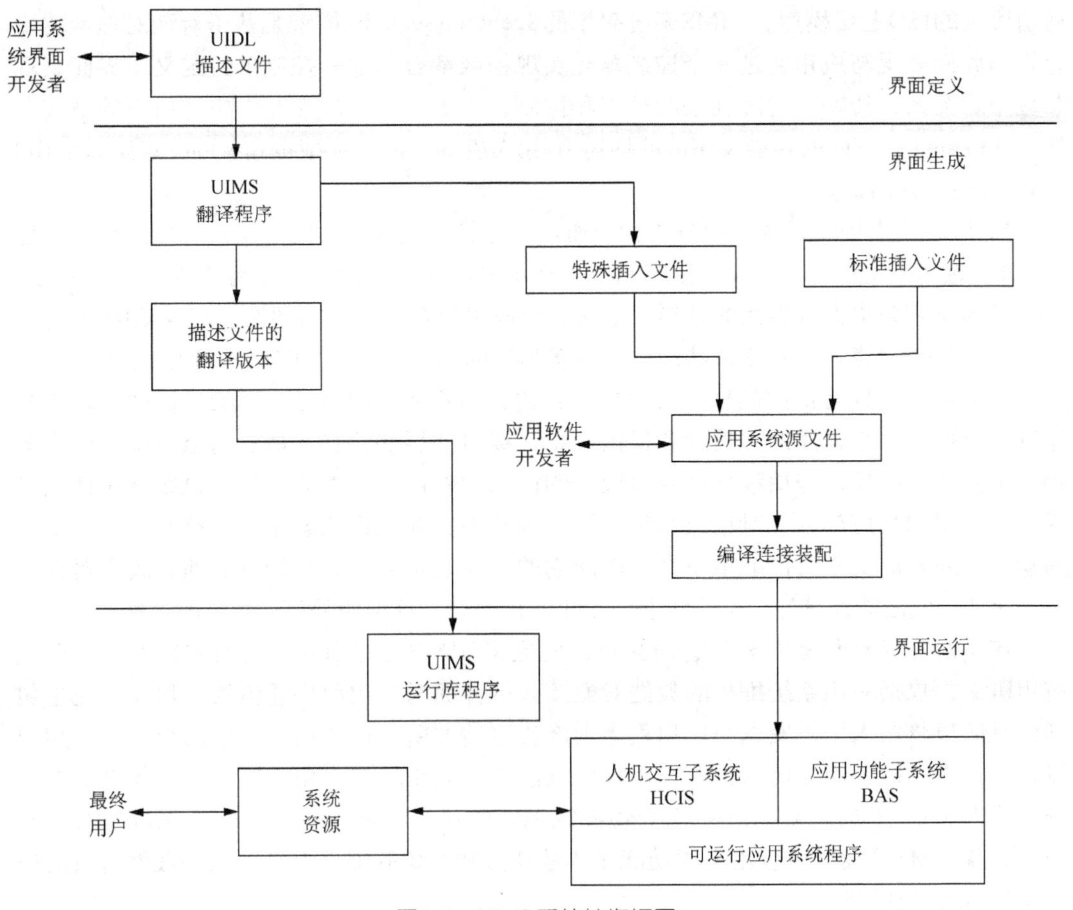


图8.8 UIMS系统结构框图

以上的原理是借助于开发的系统UIGMS而加以阐述的。许多UIMS系统具有相似的过程。如UIMS系统包括开发、代码生成、运行3个阶段，相当于上述的过程(Visual Edge Software)，如图8.9所示。

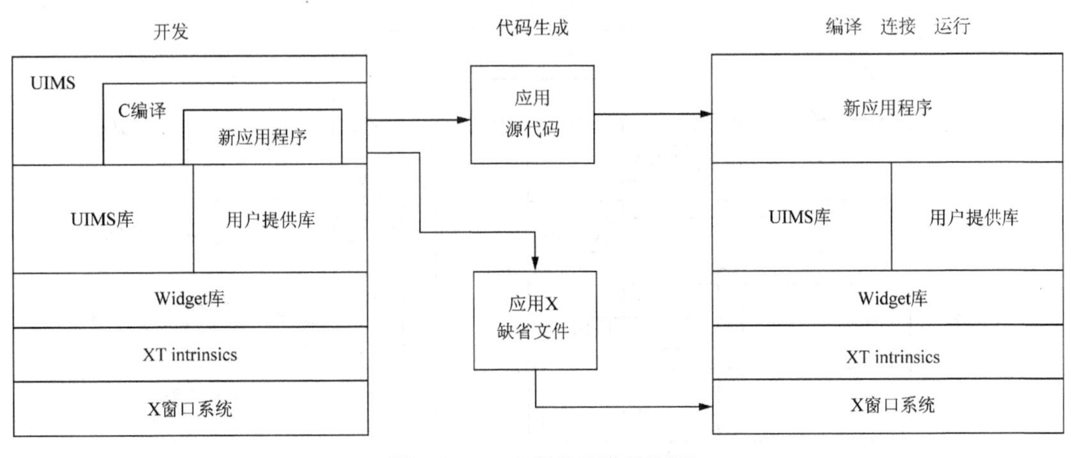


图8.9 UIMS系统开发原理图

UIMS的结构模型：用层次构造软件已经成为一种常规的方法。最典型的代表之一是通信协议的ISO七层模型。UIMS系统采用的Seeheim(seeheim模型是基于对话对理性的概念，即界面表现与应用通过一个控制单元实现松散耦合，这一控制单元定义了界面表现与应用的关系，传输运行时往来的数据和控制。它表明了人际交互中应该出现的逻辑部件，这些部件有不同的功能及不同的描述方法)人机界面逻辑模型也具有同一思路。它由3或4个表达层次组成。

I/O层：负责控制系统和设备的物理通信。包括与设备无关的驱动器、虚拟终端、仿真终端、窗口系统及其库、图形系统等。在Seeheim模型中，往往将它划为外形层的一部分。

外形层：负责人机界面的外形表示。它生成出现在屏幕上的图像，接收或传送I/O设备的输入/输出数据，并转换成其他层次所需要的抽象表示形式，即输入/输出词码。

对话层：又称对话控制层、语法层。它定义用户和应用程序之间的对话结构，用户通过外形层向应用程序做出请求和提供数据，经对话层的检查并被发送至应用程序中的相应子程序。相反，应用程序产生对数据的请求和对用户请求的回答，也经过对话层发送至外形层的相应部分。对话层必须保持一种状态，并在该状态下加以控制。它所执行的动作，通常取决于对话的上下文，因此它的任何表示方法必须能够处理和改变对话状态。此外，它还能控制外形层的状态，因此，也需要一种说明外形层状态的手段。

应用层：又称任务对象层、语义层。它定义UIMS与应用程序之间的界面。它确定应用语义，包括应用系统维护的数据对象及人机界面与应用程序通信的子程序。它也包括由对话层将输入词码发送至应用程序内部相应地方所需要的信息及应用程序的使用限制。即允许人机界面在请求执行应用程序以前，由应用程序对用户输入进行语义检查、查找错误和取消动作等。在一些UIMS系统中，此层没有显示存在，而是隐含在对话层中。随着UIMS的发展，应用层的功能尤其是任务和对象管理、对话对象和数据对象的结合等将不断得到增强。

目前多数UIMS的系统的组成主要包含外形层(包括I/O层)，对话层的一部分及应用层与对话层的界面，对话层与外形层的界面等，并主要适用于生命周期中的实现、测试、维护阶段。UIMS的一个三维表示模型(表达层、生命周期阶段、介质)，如图8.10所示。

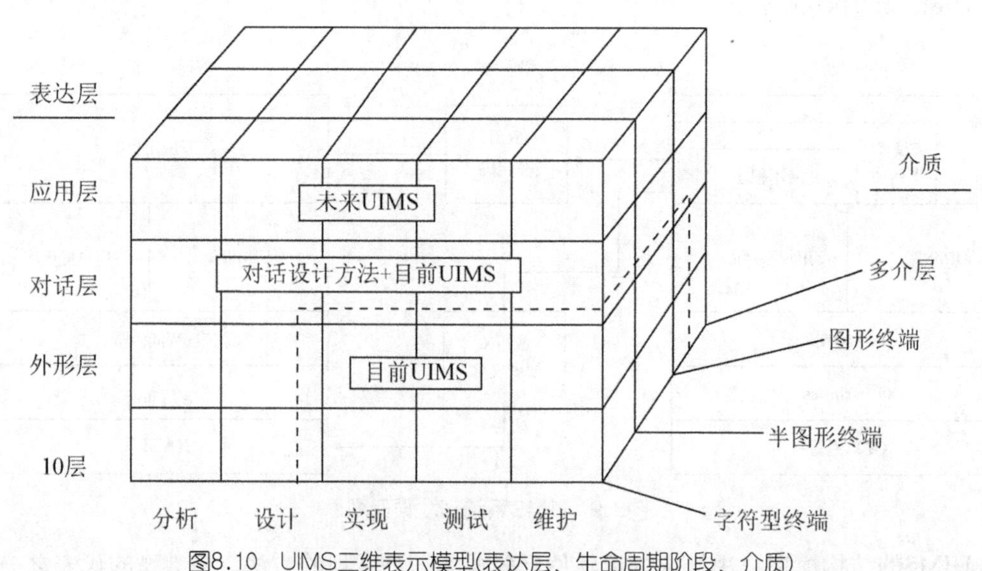


图8.10　UIMS三维表示模型(表达层、生命周期阶段、介质)

众所周知，UIMS的基本出发点是人机界面与应用功能模块的分离，即人机界面的独立性。数据独立的概念曾经使数据库的理论与技术发展成为计算机科学中一个重要的分支学科，同样，人机界面独立的概念正在使人机界面开发的理论与技术成为计算机科学中又一个新的研究领域。“人机界面软件工程学”就是从计算机科学、认知心理学和人机工程学等多学科角度出发，研究人机交互、人机界面开发的理论与技术。从计算机科学的角度出发，则着重研究人机界面开发的过程、方法、工具和环境。

作为软件工程学的组成部分之一，人机界面软件工程学总体上符合和继承了软件工程学的原理。同样，人机界面作为交互式系统的组成部分之一，它的开发过程、方法、工具和环境与一般软件系统是相似的。但经过深入的研究，它们在细节上有很大的差别。如用户难于在一开始就给出全面、精确和相对不变的界面需求；界面的对象和事件与软件系统的其他部分即应用功能模块的对象和动作有着密切的联系；界面要受到最终用户和人文因素专家的评价、批评和更新要求设计的可能性。因此，在人机界面软件工程学中，要重点研究如何权衡和管理界面的设计和实现。

### 8.8.2 人机界面设计的原型方法

按字面解释，原型是产品的最初样式。在工程界，原型往往是指在产品研制阶段所制作的一个具有产品主要功能的样机。原型和模型是既相似又有区别的概念，一般概念下的模型仅是产品的模拟样品，它只具有产品局限的功能。而原型应该更像一个真实的产品，可以实际完成指定的工作，它体现产品系统的总体功能框架。从最简单的原型经过多次迭代改进可以逐渐完善产品系统的功能，最终成为一个实际的系统。

在计算机系统软件开发中，软件原型也包含了相似的含义。它是软件产品系统的可运行的模型，它反映最终系统的总体功能，如基本功能、结构框架、模块接口、人机界面、输入/输出格式等。软件原型方法一般强调的是在开发初期进行初步需求分析以后，即使初期需求分析可能是不够全面、正确的，但可以用它作为开发系统的根据，先短周期、低成本地开发一个原型系统，该系统只须具备最终系统的总体框架及主要功能，而后让用户对此原型系统进行试用、评价，提出改进意见，供设计者完善需求分析、改进设计、不断地更新原型系统。

原型系统的特征：原型系统必须是实际可运行的系统，而不是系统结构模型或系统规格说明；原型系统必须体现与反映最终产品系统的基本特性和功能框架，否则建造出的原型系统对最终系统将没有任何参考和使用价值；一个原型系统可以按其构成目的有所侧重。如侧重于功能方面、侧重于系统运行效率方面或侧重于系统的人机界面。如果原型系统侧重于人机界面功能，只须让原型系统能完成界面的人机交互功能，可以不必实际执行由界面所控制的系统应用功能；原型系统建立和修改必须是短周期、低费用的。如果开发原型系统要投入与开发实际系统相似的工作量和花费，那么也就没有必要去开发原型系统；原型系统直观性要好，要易于被理解，应让用户及设计者可以对它提出评价和改进意见。

以上原型系统5个方面的特点也正是设计、构造原型系统的一般要求及评价原型系统优 劣的准则。

原型开发技术包括了常规使用的软件开发技术，也包含专用于原型开发的技术。下面简要介绍一些用于生成原型的技术，包括可执行的形式规格说明、基于脚本的设计、原型语言、自动程序设计、软件重用、简化假设及面向对象技术等。用于人机界面开发的原型技术还有：模拟方法、形式化方法、状态转移图和屏幕生成器等技术。要开发良好人机界面的完整系统，必须结合使用以上原型技术，以满足系统基本功能，并提供给用户一个友好、清晰的界面，真正达到原型开发的效果。

在各种原型开发技术中使用了一系列原型开发工具，这些工具提供一组程序设计的通用部件，帮助原型开发者建立和运行原型系统。

1. 可执行的形式规格说明

软件的规格说明是基于数学概念，使用符号或记号(notation)来描述软件的需求。可执行的形式规格说明是一种用来使系统需求规格说明过程自动化的技术，它仅描述系统的预期行为(能做什么)，而不描述任何算法(要怎么做)。以下主要说明用于人机界面原型开发的形式规格描述。对于人机界面，它主要描述的基本成分是输入/输出机构。可以使用以下技术描述。

(1) 形式语言。常用的计算机设计语言不适合于描述人机界面，为此应该提供一种新型语言来完成这一工作。这种语言应能体现人机界面的抽象概念。如Eastmon柯达公司开发的FLEX便是原型人机界面的设计语言及支撑环境。这种语言允许设计者在工作站的CRT上确定一个目标的性质和运动并提供计算支持，如它能分析输入的命令或鼠标器状态。形式语言的优点是完备又有高性能，设计得好可以处理设计者需要的任何情况的对话风格，同时它又是构成更高级工具的基础。其缺点是语言不够朴实，并且向用户提供反馈甚少。

(2) 状态表。状态表是定义为一个逻辑开关序列。信息被编码为一系列的开关，状态反映了不同类型的信息。如用户在特定对话中所处位置和信息在屏幕上的显示特征等。通过可执行的程序模块收集用户输入，然后参考状态表便可确定下一个要执行的动作。状态表方法的优点是易于实现，其缺点是它不向设计者提供可视反馈，而且用这一方法编码的状态描述文件对非计算机专业人员来说是很难理解的。

(3) 状态转移网络(STN)。状态转移网络是用户对话的逻辑路径的图形表示。它在某些方面和状态表相似，它们都说明了用户对话中从一个状态到另一个状态的转移，但状态转移网络方法更加灵活，它能使用类似于流程图的形式直观地表达系统工作过程。状态转移网络的主要优点是可以用图视技术表示复杂的界面设计，预先确定所需的对话元件库，以指导开发人员对用户界面的设计。这种方法的主要缺点是为完成界面设计，所有的系统的状态转移必须事先完全地加以描述。对有些问题这一要求是难以达到的。

(4) 性能举例。性能举例技术是通过实例来确定人机对话的逻辑，它与人工智能相结合，构造一个基于规则的设计工具。设计者通过实例来研究所构造的系统是否满足用户要求的界面外观和功能。它避免了对系统所有对话状态做完整全面描述的需要，所以大大加快了直接操纵界面的建立。其缺点是设计者的活动目的不明确，另外这一技术也不适合于描述高级句法结构，如怎样对一个输入字符串进行结构性语法分析。

2. 基于脚本的设计

软件验证是保证软件正确性的主要步骤。一旦软件存在错误，这个错误存在得越久，则纠正它的代价越高，因此在每一开发步骤上对软件的验证是重要的。基于脚本的设计正是企图解决软件验证的问题。所谓脚本(scenario)原指电影剧本或剧情介绍，它可以给出故事情节。在计算机软件开发中，也可以把脚本看做是一个故事，它用例子说明一个系统是怎样满足用户需求的。因此，用户手册以及软件功能的演示都可以看作是软件脚本的例子。一个脚本将模拟系统运行期间用户经历的事件，它提供了输入—处理—输出屏幕和有关对话的一个模型。因此，开发者能通过脚本给用户显示一个系统的逼真视图，仿佛就是用户正在经历的过程。

3. 原型语言

原型语言是专门用于原型开发的语言，它既有规格说明语言的特征，又有程序设计语言的性能。原型语言应该有以下特性：可执行，简单易用，语言成分独立性强，支持层次结构，易于访问重用软件库。

在原型开发中使用原型语言，方便了设计者与用户间在规划系统特性、组织系统框架方面的交流和协调，可用图形法或语言法来描述原型。在开发信息系统中使用数据流程图(DFD)作为分析信息系统需求的描述工具，DFD直观形象地给出了系统的信息流向，而且反映了系统的结构形式，具有直观性，易为用户和设计者理解。但是它不包括控制信息，即信息流动的诱发原因。因而是不可执行的，不具备作为原型语言的要求。经改进的原型系统描述语言可以作为原型语言，其描述能力强。该语言包括操作V，数据流E，控制约束条件C，执行时间T等成分，并把系统分解为简单成分的网络形式，其基元成分构件应与软件构件库的构件建立对应关系。用它描述的原型容易转化为计算机接受的形式。

4. 自动程序设计技术

自动程序设计是快速开发原型软件的一个策略，它是可执行规格说明的替身。自动程序设计系统是一种应用程序生成器，在这种特殊的软件系统中，只要设计者给出应用描述或规格说明，系统可对其进行解释和执行。对于易分析理解的应用领域，可使用这一技术并通过演化式原型方法来完成软件开发。

5. 软件重用技术

软件重用是指利用已有的软件构件来快速构造出系统原型的一种技术，这些可被重用的软件构件放在软件构件库中。可重用构件包括I/O规格说明、控制结构、问题/解决描述等。重要的是，在构成、组织构件库时，不仅要求它能易于查询已有构件，而且具有方便地插入新构件的功能。目前，软件重用技术中广泛使用合成技术和生成技术。

(1) 软件合成(composition)技术：它指可重用构件块在一个合成工具控制下，通过适当处理合成为一个新的更大的软件。合成技术关键是应解决信息的传递和继承问题。

(2) 生成(generation)技术：在生成技术中，可重用构件是程序的模式，通过一个生成工具就可生成新的程序。生成技术的关键是应解决程序模式向可执行程序有效、正确地转换。

目前在软件重用中广泛使用合成、生成技术。合成技术用于可重用软件块的描述、组织和管理，支持从底向上的软件开发方法。而生成技术用于程序的推导方式和推理规则。支持从顶向下的软件开发。实际上，这两种重用软件技术最好结合在一起使用。

6. 简化假设

简化假设是抓住系统最基本和最重要的因素，暂时忽略一些次要细节并对系统做出一些合理的假设，来进行系统的原型开发。简化假设使设计者把注意力集中于重要方面，不因细节问题分散注意力，可以尽快构成原型系统。一旦原型系统构成，再逐步取消原先的假设，追求一些满足细节问题的要求，不断完善系统设计。

7. 面向对象的技术

面向对象技术是当前软件工程发展的一大主流方向。它把用户目标世界和计算机世界相对应，即把现实世界中存在的各事物和问题用程序中的对象来描述。具有共同性质的对象抽象为类。可以在类定义中，定义一类对象的数据、属性及允许的操作，类之间有继承性，对象之间可通过消息传递完成某特定任务。面向对象方法支持数据抽象和隐藏等原则，这对软件重用提供了方便。随着面向对象技术的发展成熟，必将为软件重用技术在原型开发中的应用奠定基础。

在各种原型开发技术中，可以使用许多传统的软件结构，也可以建造原型开发工具。和一般的软件开发工具一样，原型工具也必须与它所要完成的任务相匹配，同时也必须和设计者的能力、水平相适应。这意味着如果开发的原型系统很简单，则可以不需要工具或只要很简单的工具。如果开发的原型系统很复杂，那么所需的原型工具也很复杂，也就是要使用更多、更完善的工具去帮助原型系统的构成。由此也暗示了原型必须要易于修改和扩充，才能更好地满足不同用户和不同任务的需要。现在用于快速原型开发的工具主要有：用于屏幕图符及可视图形构件描述生成的工具；用于描述性能规格说明的工具；用于执行、检测模拟人机界面的运行时间环境的工具等。

大多数的UIMS都提供了原型技术的功能。原型技术和UIMS开发工具有很强的联系，首先UIMS的出发点和目标是将人机界面从应用功能中分离出去，作为一个独立的软件成分。这一界面功能的独立性有助于软件开发者集中精力开发设计标准化的构件式的人机界面部件，而暂时忽略界面对应用系统的控制作用。一旦这些界面部件开发成功，便可以按照需要，连接、安装到不同的应用软件系统中去。其次，UIMS的管理人机界面的功能也为调试、检验界面系统提供了条件和方便。最后，使用UIMS开发的界面原型通过不断演化，一旦原型被用户所接受，这一人机界面往往就是最后的系统的人机界面，因为它所包括的设计、检验等工作都已完成。所以，在UIMS环境之下的原型技术可能是支持人机界面设计、生成、检测的最为有效、快速的方法之一。

## 习　题

### 一、填空题

1. 人机界面设计以______为研究对象，以实现人机系统的高效率、高可靠性、高质量，并有益于人的安全、健康和舒适为目标。

2. 人机界面主要是两大学科：______和_____相结合的产物，同时还涉及哲学、生物学、医学、语言学、社会学等，是名副其实的跨学科、综合性的学科。它的研究领域很广；从硬件界面、界面所处的环境、界面对人(个人或群体)的影响到软件界面及人机界面开发工具等。

3. 基于人机界面对应用系统的独立性引入了人机界面开发工具UIMS来_____、______和_____人机界面。

4. ______(人机交互子系统)：集中负责与用户交互(如从用户获得命令和数据，向用户反馈信息等)，控制和协调界面相应用的运行。

5. ______(应用功能子系统)：实际处理由HCIS获得的用户命令和数据，完成应用功能。

6. ______(应用界面)是HCIS和 BAS的界面，确定需要输入什么信息及需要做什么。

## 二、思考题

1. 简述人机界面的研究内容。
2. 论述人机界面的基本概念和特性。
3. 简述人机界面的软件开发过程。
4. 论述人机界面设计的方法。
5. 画出人机系统模型图。
6. 简述人机交互方式的评价标准。

# 第九章 作业空间设计

## 教学目标

了解人的作业范围的概念
掌握作业面设计的方法
了解作业空间设计的基本原则

## 教学要求

| 知识要点 | 能力要求 | 相关知识 |
| --- | --- | --- |
| 作业空间设计的人机工学原理 | 了解作业空间设计的人机学原理 | 人体功能尺寸<br>操纵/显示装置的优化设计 |
| 作业空间范围 | (1)了解近身作业范围的设计方法<br>(2)掌握四肢作业空间的设计方法 | 站姿/坐姿的作业范围 |
| 作业空间设计 | (1)了解作业空间设计的原则<br>(2)掌握作业空间设计的主要方法 | 作业空间布置原则<br>作业空间设计流程 |
| 工作台设计 | (1)了解各种作业环境下的工作台特点<br>(2)掌握站姿/坐姿工作台设计的典型尺寸参数 | 站姿/坐姿状态人体测量尺寸<br>操纵/显示装置的优化设计 |
| 座椅舒适性设计 | (1)了解舒适坐姿的生理特征<br>(2)掌握座椅舒适性设计的基本方法 | 工作座椅的结构和参数 |

## 推荐阅读资料

[1] 浅居喜代治，等.现代人机工程学概论[M].刘高送，译.北京：科技出版社，1992.
[2] 朱治远.人体系统解剖学[M].上海：上海医科大学出版社，1997.
[3] 阿尔文·R·蒂利.人体工学图解—设计中的人体因素[M].朱涛，译.北京：中国建筑工业出版社，1998.

## 基本概念

作业空间：人在工作状态时，人与机器设备、工作用具等所需的空间的总和叫做作业空间。

作业范围：当人以站姿或坐姿等姿势进行作业时，手和脚在水平面和垂直面内所能触及的最大轨迹所构成的空间范围，即人的空间作业范围。

近身空间：作业者在某一工作位置时，考虑身体的静态和动态尺寸，在坐姿或站姿状态下，其所能完成作业的空间范围。

人操纵机器时所需要的活动空间，加上机器、设备、工具、用具、被加工对象所占有的空间的总和，称为作业空间。作业空间设计，就大范围而言，是把所需用的机器、设备和工具，按照人的操作要求进行合理的空间布置；就由人操纵的机器而言，就是从人的需要出发，对机器的操纵装置，显示装置相对于操作者的位置进行合理的安排，为操作者创造舒适而方便的工作条件；优良的作业空间可以使操作者工作起来安全可靠、舒适方便，有利于提高工作效率。作业空间设计要“以人为本”，在充分考虑操作者需要的基础上，为操作者创造既安全舒适，又经济高效的作业条件。

作业空间设计一般包括空间布置、座椅设计、工作台设计、环境设计等内容。

## 9.1 作业空间设计的原则

### 9.1.1 作业空间设计的人机工程学原则

作业空间设计的基本目标是使人机系统能以最有效、最合理的方式满足作业要求，作业空间合理、经济、安全和舒适。

作业空间设计的人机工程学原则如下。

(1) 作业空间设计必须从人的要求出发，保证人的安全、健康、舒适、方便。

(2) 从客观条件的实际出发，处理好安全、健康、舒适、高效、经济诸方面的关系，从人机工程学的角度来看，一个理想的设计方案只能是考虑各方面因素的折中方案，不可能每个单项都最优，但应最大程度地减少操作者的不便和不适。

(3) 根据人体生物力学、人体解剖学和生理学的特性，合理布置操纵装置和显示装置，做到既能使操作者进行高工效的操作，又能使操作者感到舒适和不易疲劳。

(4) 按照操纵装置和显示装置的重要程度进行恰当布局，将重要的操纵装置布置在最优作业范围内，将重要的显示装置布置在最优视区内。

(5) 按操纵装置的使用频率和操作顺序进行恰当的布置，将使用频率高的操纵装置尽可能布置在最优作业范围内，并依据操作顺序的先后，把功能相互联系的操纵装置安排得相互靠近，形成合理的顺序。布置时对于使用频率不高但功能重要的操纵装置，或使用频率很高但并不非常重要的操纵装置，需要特别注意进行全面的衡量，加以统一安排。

(6) 按操纵装置和显示装置的功能，将功能相同或相互联系的装置布置在一起，以利于操作者进行操纵和观察。

(7) 作业面的布置要考虑人的最适宜的作业姿势、操作动作及动作范围。

(8) 注意安全及人流、物流的合理组织。

应当注意，以上原则往往难以同时得到满足，例如，若按使用功能布置就可能无法符合操作顺序的要求；若按使用频率布置，很可能使某些重要的操纵装置无法布置在最优作业范围内。因此，在实际运用上述原则时，要根据实际人机系统的具体情况，统一考虑，全面权衡，从总体合理性上加以恰当布置。

### 9.1.2 作业空间的人体尺度

人从事各种作业均需要有足够的活动空间。活动空间与工作过程、工作设备、作业姿势以及各种作业姿势下的工作持续时间等因素有关。作业中常用的作业姿势有坐姿、立姿、坐—立姿等。在设计作业空间时，必须考虑人体尺寸的约束条件，以我国成年男性第95百分位为基准，女性约为男性的0.9346倍。

设计作业空间时，人体测量的静态数据(结构尺寸)与动态数据(功能尺寸)都有用处。对大多数设计而言，因为要考虑身体各部位的关联与影响，所以必须基于功能尺寸进行设计。在利用人体测量数据时，还应注意，数据必须充分反映设计对象使用者群体的特征。

作为设计参考，下面列出运用人体测量数据的步骤要点。

(1) 确定对于设计至为重要的人体尺度，如座椅设计中，人的坐高、大腿长等。

(2) 确定设计对象的使用者群体，以决定必须考虑的尺度范围。

(3) 确定数据运用准则。运用人体测量数据时，可以按照3种方式进行设计：第一是“个体设计准则”，即按群体某特征的最大值或最小值进行设计。如安全门的尺寸、支撑件的强度要按最大值设计；重要操纵器与操作者之间的距离、常用操纵器的操纵力要按最小值设计。第二是“可调设计准则”，对于重要的设计给出范围，使操作者群体的大多数能舒适地操作或使用，运用的数据通常为第5百分位至第95百分位之间的范围。如汽车驾驶员座椅前后位置的设计。第三是“平均设计原则”，尽管“平均人”的概念是错误的，但某些设计要素按群体特征的平均值进行考虑还是可行的。

(4) 数据运用准则确定后，如有必要，还应选择合适的设计定位群体的百分位(例如，按第5百分位或按第95百分位设计)。

(5) 查找与定位群体特征相符合的人体测量数据表，选择有关的数据值。

(6) 如有必要，对数据作适当的修正。群体的尺寸是随时间而变化的，如中国青少年的身材普遍比以前更高大。有时，数据的测量与公布时间相隔好几年，差异会比较明显。设计时，应尽可能使用近期测得的数据。

(7) 考虑测量的衣着情况。标准的人体测量数据是在裸体或着装很少的情况下测得的，设计时，为了确定实际使用的作业空间或设备的尺度，必须充分考虑着装的容限。

(8) 考虑人体测量数据的静态和动态性质：手操纵的作业域一般取决于操作者的臂长，但实际作业范围可以超出臂长所及区，因为其中包含肩部和身躯的运动。手抓握式操作比手指触摸式操作的作业域要小，因为需要减去手指长度所及的部分。图9.1所示为汽车驾驶员手所能伸及界面的空间曲面形状，表示驾驶员以正常驾驶姿态坐在汽车座椅中，身系安全带，一手握住方向盘时，另一手所能伸及的最大空间范围。实验结果表明，汽车驾驶员的手伸及界面是一个形如椭球的封闭曲面，因此也称为手伸及椭球。不同身材的男、女驾驶员的手伸尺度不同，对应有不同百分位的手伸及界面，可见，对不同的方位和高度，作业范围是不一样的。特别需要指出的是，人体的功能尺寸是针对特定的作业而言的，有时即使作业性质的差异很小，不同的作业也可能要求不同的作业姿势和所需空间；有些功能尺寸可以很舒适、很容易达到，而有的功能尺寸却需费很大力气才能实现。因此，运用人体尺寸数据时，必须对实际的作业情况进行具体的分析。

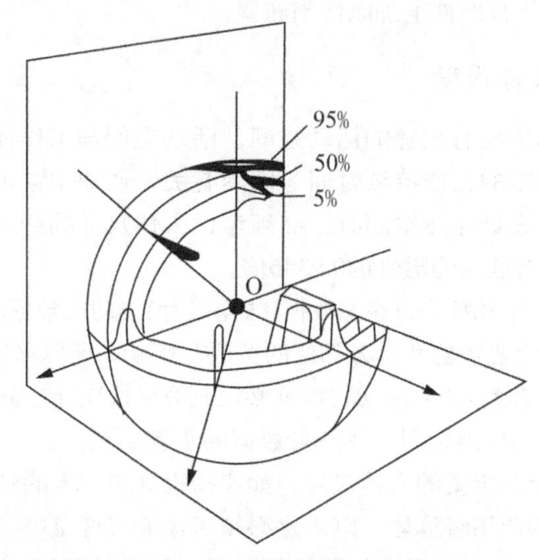


图9.1　驾驶员手所能伸及界面的空间曲面

## 9.2　作业空间范围

图9.2　站姿作业空间

### 9.2.1　近身作业范围

操作者以坐姿或立姿进行作业时，手和脚在水平面和垂直面内所能触及的运动轨迹范围，称为作业范围。作业范围是构成作业空间的主要部分，它有平面作业范围和空间作业范围之分。站姿作业空间如图9.2所示。

站姿作业时，作业区域较大，作业的对象相对较多，同时人体各部位运动的幅度也比较大，身体也可以自由移动。站姿活动空间如图9.3所示，其中粗实线为手操作的最大范围；左边虚线为手操作的最适宜范围，中间虚线为最有利的抓握范围。

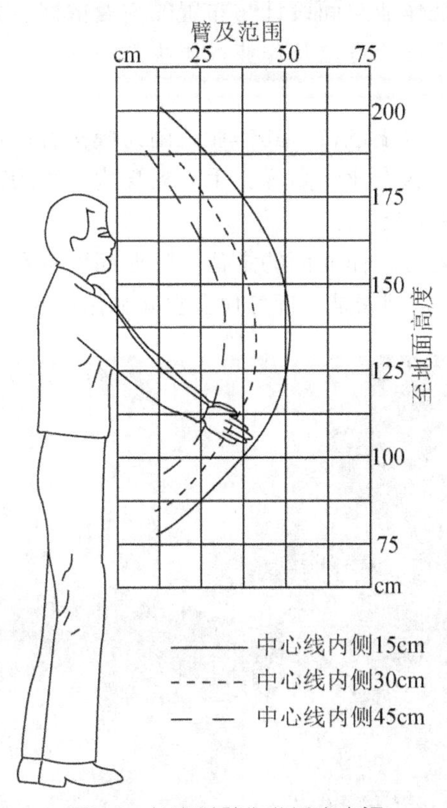


图9.3 站姿单臂作业近身空间

当需要连续和较长时间操作、需要精确而细致操作、需要手足并用操作时，宜采用坐姿。如车辆、飞机驾驶员的操作，如图9.4所示。

图9.4 车辆内的坐姿操作空间

坐姿近身作业范围是指作业者在坐姿操作时，其四肢所及范围的静态尺寸和动态尺寸。近身作业范围的尺寸是作业空间设计与布置的主要依据。它主要受功能性臂长的约束，而臂长的功能尺寸又由作业方位及作业性质决定。此外，近身作业范围还受衣着的影响。

坐姿作业通常在作业面以上进行，其作业范围为操作者在正常坐姿下，手和脚可伸及的一定范围的三维空间。随作业面高度、手偏离身体中线的距离及手举高度的不同，其舒适的作业范围也随之发生变化。

作业面设计的主要内容有：作业面的定位、作业面设备布置、作业内容、近身工作空间。作业面设计的主要决定因素是：近身作业空间和作业的内容，如图9.5所示。

图9.5　作业面的设计与选择

作业面高度是决定作业场所舒适性的重要因素，作业面既不能太低，又不能太高。如作业面太低，则背部过分前屈；如果太高，则必须抬高肩部，超过其松弛位置，引起肩部和颈部不适。

作业面高度的确定应遵循以下原则。

(1) 如果作业面高度可调节，则必须将高度调节至适合操作者身体、尺度及个人喜好的位置。

(2) 作业面的高度应能使人的上臂自然下垂，处于舒适放松状态，小臂一般应接近水平状态或略下斜，在任何情况下都不能让小臂上举过久。

(3) 坐姿作业时，桌面高度约为740mm。若桌面偏高，桌面前沿会压迫前臂引起不适，并使书写出作业时手臂微颤，桌面过低，会使背椎弯曲，使人驼背，这时可改用50°～24°倾角的桌面，可使书写方便而且可减少背部肌肉紧张。

(4) 若在同一作业面内完成不同性质的作业则作业面高度应可调节，调节范围在人体尺度的5%～95%之间。

(5) 桌面下空隙高度(桌面下沿至椅面距离)应高于两腿交叉时的膝高，使膝部可上下活动，通常要求桌面下沿高于坐面距离应大于178mm。桌下空间的宽度和深度应保证双腿可以自由活动与伸展，以便变换姿势，而椅面下应缩进脚部的空间以便人自由起坐。

若以手处于身体中线处考虑，直臂作业区域由两个因素决定：肩关节转轴高度及该转轴到手心(抓握)的距离(若为接触式操作，则到指尖)。图9.6所示为第5百分位的人体坐姿抓握尺度范围。以肩关节为圆心的直臂抓握空间半径为：男性650mm，女性580mm。

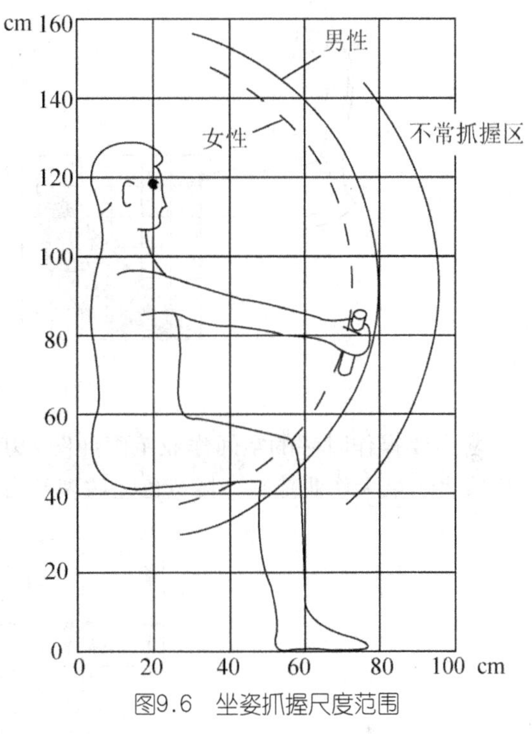


图9.6 坐姿抓握尺度范围

坐姿操作时，操作者的手臂在水平面上运动所形成的运动轨迹范围，称为水平平面作业范围，如图9.7所示。手向外伸直、以肩关节为轴心在水平面上所划成的圆弧范围，称为最大平面作业范围(图9.7中虚线所示)，手臂自如弯曲(一般弯曲成臂长的3/5)、以肘关节为轴心在水平面上所划成的圆弧范围，称为正常平面作业范围(图9.7中细实线所示)。由于操作者在作业时肘部也是移动的，所以实际上的水平平面作业范围是图9.7中粗实线所围成的区域。

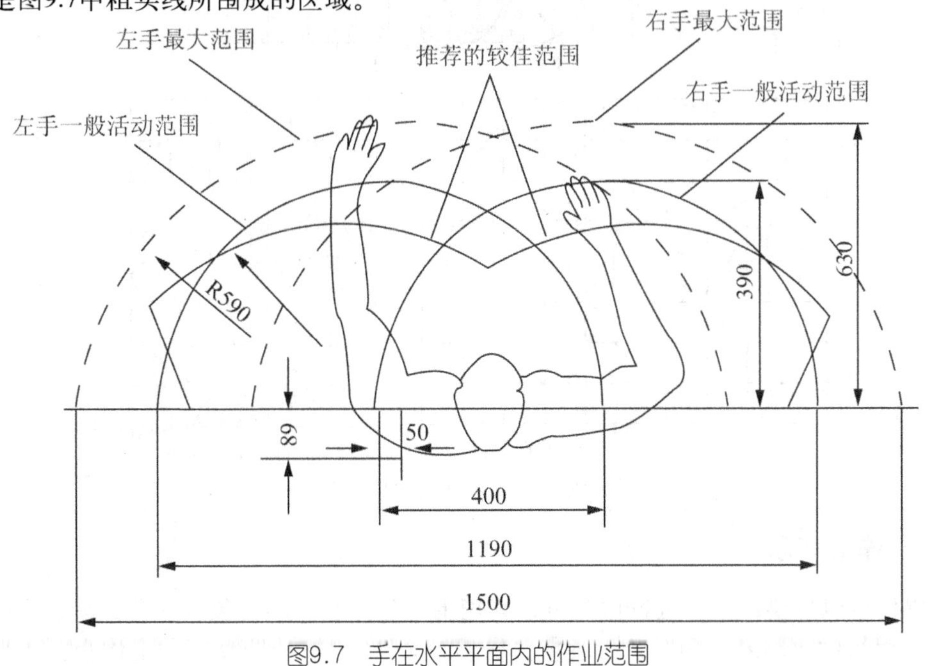


图9.7 手在水平平面内的作业范围

脚的作业范围以脚可能移动的距离来确定。与手操作相比，脚的操作力大，但精确度差，且活动范围较小，一般脚操作限于踏板类操纵装置。正常的脚作业空间范围位于身体前侧、座高以下的区域，其舒适的作业范围取决于身体尺寸与动作的性质。

男子坐姿操作时脚在垂直平面内的最优作业范围如图9.8所示。

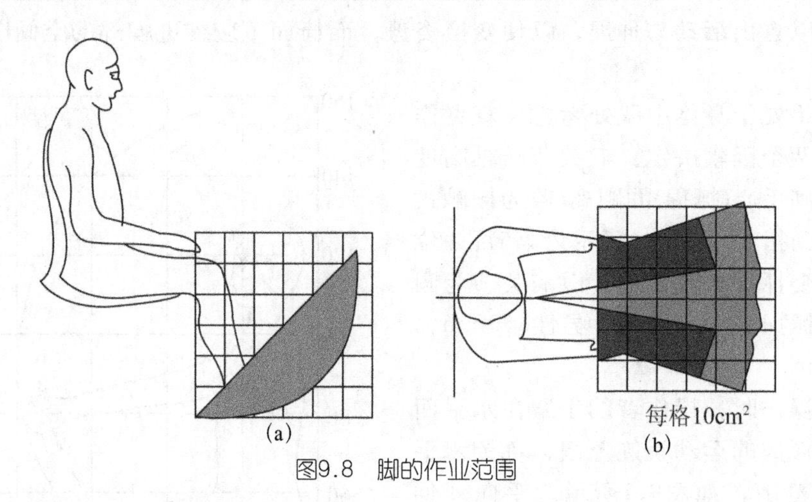


图9.8　脚的作业范围

坐姿操作时手的空间作业范围如图9.9所示，其中圆弧实线表示正常作业范围，圆弧虚线表示最大作业范围，橘黄色区域表示右手的最优作业范围。

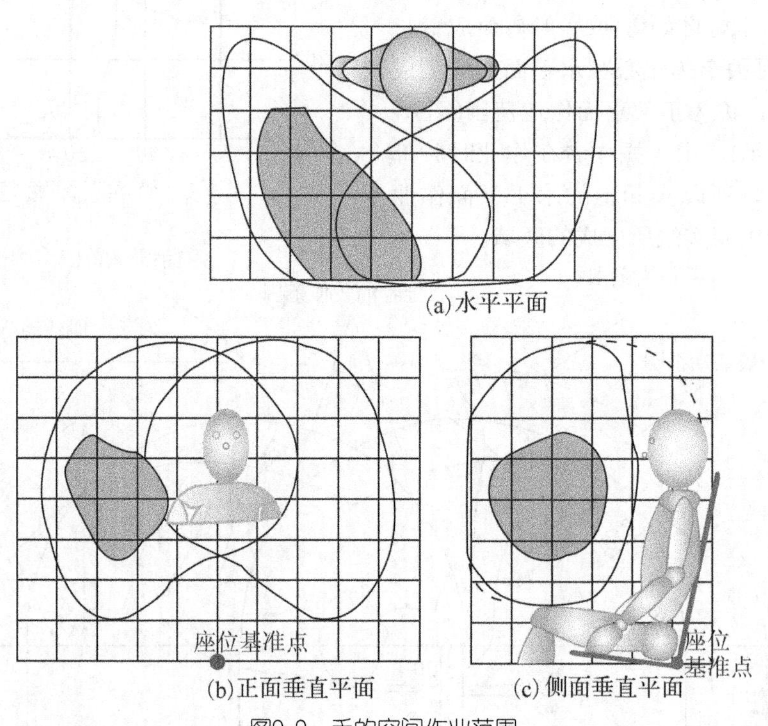


图9.9　手的空间作业范围

## 9.2.2　作业场所

操作者以坐姿或立姿进行作业时，其周围与作业有关的、包含设备因素在内的作业区域，称为作业场所，如车辆驾驶室，计算机操作台(包括计算机、工作台、工作座椅等)。常见的工作台形式如图9.10所示。

例如，火车驾驶室的作业场所如图9.11所示。

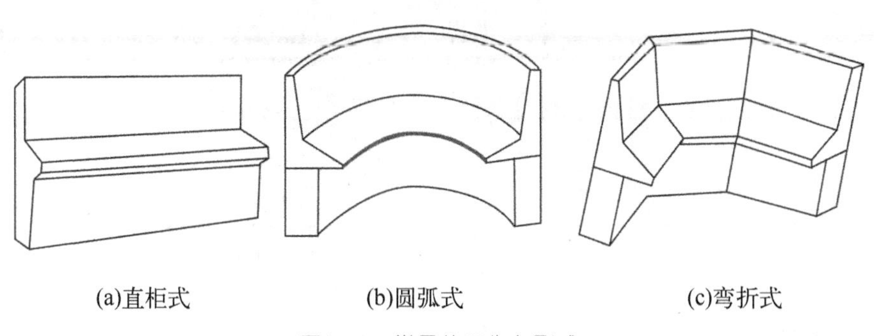

(a)直柜式　　(b)圆弧式　　(c)弯折式

图9.10　常见的工作台形式

图9.11　火车驾驶室作业场所

当一个操作者操纵一台机器或设备时，其作业空间与作业场所是一致的。当多个操作者操纵多台机器或设备而共处于一个车间或工作室之内，其总体作业空间就不是直接的作业场所，而是由各个作业场所的总和加上必要的辅助空间所构成的。人在站姿状态下的立体工作区域空间如图9.12所示。

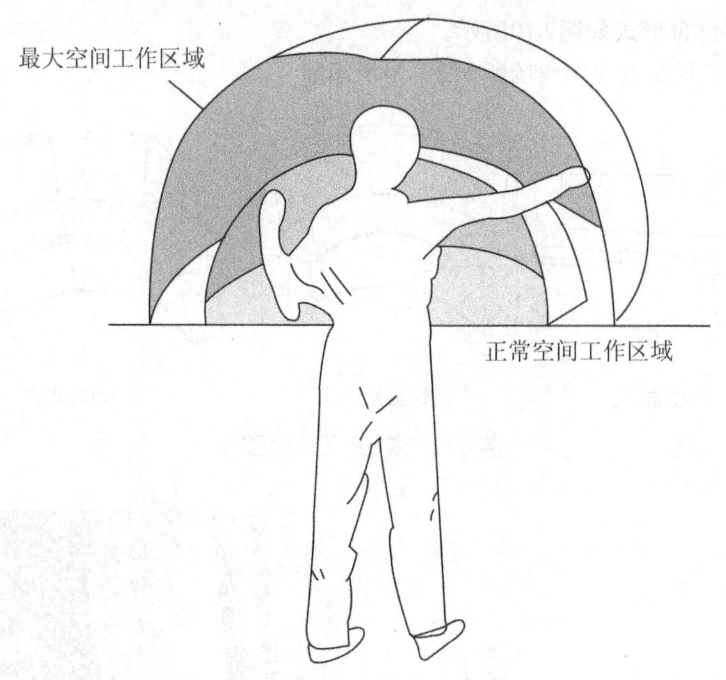


图9.12 站姿工作区域示意图

## 9.3 作业空间的设计

### 9.3.1 作业空间的布置

作业空间的布置是指在作业空间限定之后，限定合适的作业面及显示装置、操纵装置的位置。人机系统中，作业空间的布置不仅要考虑人与机之间的关系，还要考虑机与机、人与人之间的关系。大多数人都在人造环境里工作和生活，可能是在小环境中，如办公室、汽车、实验室等，也可能是在大环境中，如城市、社区、航空港等。这些空间或设施的设计，对人的行为，舒适感及心理满足感会产生相当大的影响。本节只讨论在个体作业场所中的作业空间布置问题。

1. 作业空间布置的总则

(1) 重要性原则：优先考虑对于实现系统目标最为重要的元件，即使其使用频率不高，也要将其中最重要的元件布置在离操作者最近或最方便的位置。这样可以防止或减少因误操作引起的意外事故或伤害。一个元件是否重要，应当根据它的作用来确定。有的元件可能并不频繁使用，但却是至关重要的，如紧急制动器， 一旦使用， 就必须保证迅速而准确地实施制动。

(2) 使用频率原则：显示装置与操纵装置应按使用频率的大小划分优先级。经常使用的元件应置于作业者易见、易及的部位。

(3) 功能原则：在系统作业中，应按功能的相关关系对显示器、操纵器以至于机器进行适当的分区排列。例如，配电指示与电源开关应处于同一布置区域。

(4) 使用顺序原则：在机器或设备的操作中，为完成某动作或达到某一目标，常按顺序使用显示器与操纵器。这时，元件应按使用顺序排列布置，以使作业方便、高效。例如，按开启电源、启动机床、看变速标牌、变换转速的顺序依次布置机床上的相关元件。

对系统中各元件进行布置时，不可能只遵循一个原则。通常，重要性原则和使用频率原则主要用于作业场所内元件的区域定位，而使用顺序原则和功能原则侧重于某一区域内各元件的布置。选择何种原则布置，往往是根据理性判断来确定，没有很多经验可供借鉴。在上述4种原则都可以使用的情况下，按使用顺序原则布置元件，执行时间最短，如图9.13所示。

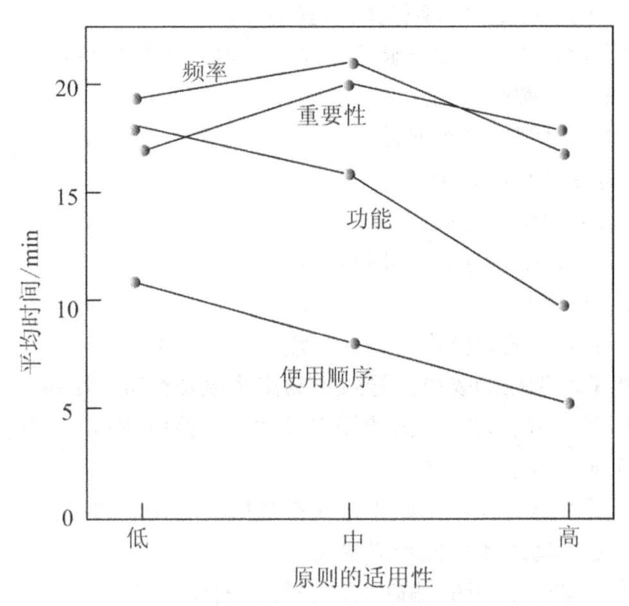


图9.13 面板布置原则与作业执行时间之间的关系

2. 作业空间布置的顺序

上述布置总则从空间位置上讨论了作业空间的布置问题，对于包含显示器与操纵器的个体作业空间，还可以按一定的先后顺序考虑布置问题，以便于做出合适的折中方案。

通常，对不同类别的元件，推荐按以下顺序进行布置。

主显示器→与主显示器相关的主操纵器→有协调性要求的操纵器与显示器→按顺序使用的元件→将使用频繁的元件置于方便观察、操纵的部位→按布局一致的原则协调本系统内及其他相关系统的布置方案之间的关系。

### 9.3.2 作业空间的设计

1. 作业空间设计的步骤

一个设计合理的作业空间，应使操作者在任何时刻观察、操作都很方便，并且在较长时间维持某种作业姿势时，不会产生或尽可能少地产生不适和疲劳。对较为简单的、显示和操纵元件较少的作业空间，人机系统设计往往较易解决，各个元件可以置于相对较优的位置。但对作业内容复杂、元件数量很多的有限作业空间，则很难将各元件都布置在最优的视及范围。在这种情况下，设计者不得不采取折中的办法，从系统的角度考虑整个作业，保证所做出的设计整体上最优。然而，只凭一些设计规则并不能使设计结果完美，必须经过一系列必要的设计步骤，通过作业调查、初步设计、模型测试与分析，论证、修改、再一次模型测试与分析、再论证、再修改……才能获得合理的作业空间设计。

作业调查分析。确定设计要求、进行作业调整是人机系统设计的出发点。在此环节，必须对作业的目标、作业动作内容、所涉及的设备条件等情况作详细的研究、分析。为了对作业空间的总体布局有良好的把握，需进行必要的调查与咨询。下列问题可供调查时使用。

(1) 作业目的是什么。

(2) 为达到这些目的，操作者必须完成哪些动作。

(3) 执行哪些动作时必须一直观察显示器与操纵器，哪些只需要偶尔察看。

(4) 哪些动作最重要，哪些次之。

(5) 哪些动作要求同时观察多个元件。

(6) 每个动作的持续时间是多少。

(7) 每个动作执行的频繁程度如何。

(8) 对每个动作而言，哪些身体尺寸最重要。

(9) 哪些动作易引起疲劳。

(10) 哪些动作需要肌肉施力操作，哪些只需少量的力度。

(11) 哪些动作要采取别扭的姿势，导致不易出力或减少可及范围。

(12) 身体动作幅度可达多大时，仍然能完成作业，保持效率，又不使身体不适。

(13) 操作者对作业内容是否熟悉。

(14) 操作者以前是否具有操作类似设备或在类似场所作业的经验。

(15) 操作者对作业不适或不便能否忍受。

设计准备。在作业调查分析的基础上，进行下列设计准备工作：确定设计要求；确定设计定位群体和设计极限(在考虑设计定位群体、作业空间总体规划时，必须顾及作业场所的其他人员，如受训者、参观人员、管理人员的容身空间，并且考虑到操作者相互交流的需要)；绘制基本人体尺寸图；制作人体模型与样板。

初步设计。在对作业系统各方面的要求有了明确的认识以后，即可着手进行作业空间的总体设计和作业场所各元件的布置。

模型测试与分析。对于比较复杂的设计，模型是一种重要的辅助手段，它既可以表现设计结果，也可用来调整设计，以确定最终设计尺寸。用于作业空间设计的模型测试与分析手段主要有下列3种。

(1) 缩尺比例模型：缩尺比例模型的测试、评价方法简单、迅速、经济，但不能对有关动作、姿势、作业舒适性等方面做出评价。作为最基本的手段，缩尺比例模型可用来检验总体作业空间与场所布置的合理性。

(2) 物理仿真模型：制作全尺寸的三维作业空间的物理仿真模型，比制作缩尺比例模型更费时、成本更高，但更接近实际情况，操作者可以在其中直接感受到未来设备或场所的使用性能和操作舒适性：可以记录作业时，各种空间尺度的测试结果，为合理设计提供定量数据。

(3) 计算机辅助设计与仿真分析：运用计算机辅助设计技术，建造虚拟的三维作业空间模型，可以对比、分析、评价作业空间的多种设计方案。只要有合适的软件系统，设计师就可以省去绘制效果图、制作缩尺比例模型或物理仿真模型的麻烦。根据作业空间的关键尺寸和UI设计要求，可以在屏幕上产生各种设计构思。计算机可以将方案表述成二维的或三维的，可以扩大、缩小、变换、旋转，从不同的角度和位置评价作业空间或场所设计的合理性。屏幕上产生的图形可以使设计师据以评价操作者、机器和作业空间的相互关系。通过多个设计方案的对比、分析、评价，最终将能优选出最合理的作业空间设计。

论证和修改。根据模型测试与分析的结果，对初步设计方案进行论证，研究提出改进意见，进行修改设计。

2. 坐姿作业空间设计

人体上肢的最舒适作业区间是一个梯形区，如图9.14所示。作业面的高度直接影响人体上臂的工作姿势。作业面太低，使得背部过分前屈；作业面太高，则须抬高肩部，超过其自然松弛位置，引起肩部、颈部疲劳。

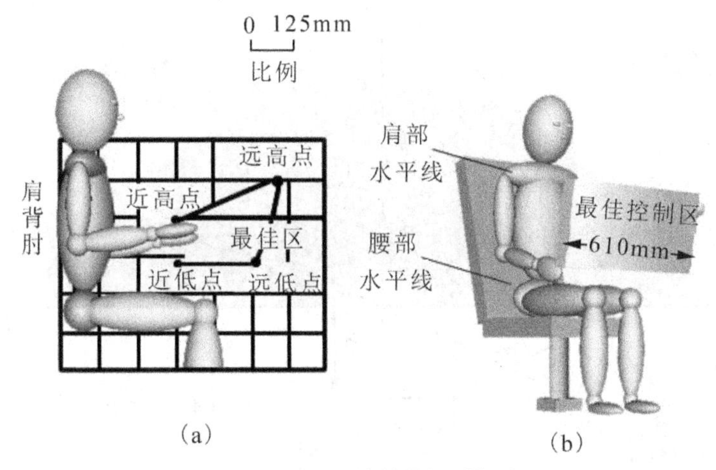


图9.14 坐姿上肢的最舒适作业区

坐姿作业面高度如果能设计成可调的，操作者就可根据自身的条件调节至合适的位置。作业面的高度在肘部以下50～100mm，可使肩部自然下垂，小臂接近水平。坐姿作业面的推荐高度见表9-1。通常的做法是将作业面高度设计成固定的，而将座椅设计成可调的，以调节人与作业面的相对高度。

**表9-1 坐姿作业面的推荐高度**

(单位：mm)

| 作业类型 | 男性 | 女性 | 作业类型 | 男性 | 女性 |
|---|---|---|---|---|---|
| 精细作业(如钟表装配) | 990～1050 | 890～950 | 写字或轻型装配 | 740～780 | 700～750 |
| 较精密作业(如机械装配 | 890～940 | 820～870 | 重负荷作业 | 690～720 | 660～700 |

坐姿作业时，操作者的腿部和脚部也应有足够的自由活动空间，腿的最小活动空间应为人的第95百分位的臀部宽度值，最小深度应为人的第95百分位的膝臀间距值。

## 9.4 工作台设计

工作台是包含操纵装置和显示装置的作业单元，主要用于以监控为目的的作业场所。工作台设计的关键任务是将操纵装置与显示装置布置在操作者的正常作业空间范围内，保证操作者方便而舒适地观察和操作，为长时间作业提供舒适稳定的坐姿。有的情况下，在操作者的前侧上方也有作业区，那种工作台同样必须保证所有的区域都在操作者可视、可及范围之内。

工作台的整体尺寸按面板上的操纵装置、显示装置的布置以及人体测量数据确定。一种推荐的工作台作业面布置区域如图9.15所示，这是依据第2.5百分位的女性操作者的人体测量数据得出的。按照图9.15中的阴影区的形状设计工作台，可使操作者具有良好的手—眼协调性能。按操作者作业姿势的不同，工作台的形状有柜式、桌式和弧形等。操作者采用的体位不同，工作台的尺寸范围也不同。推荐的一种标准工作台尺寸如图9.16所示及见表9-2。

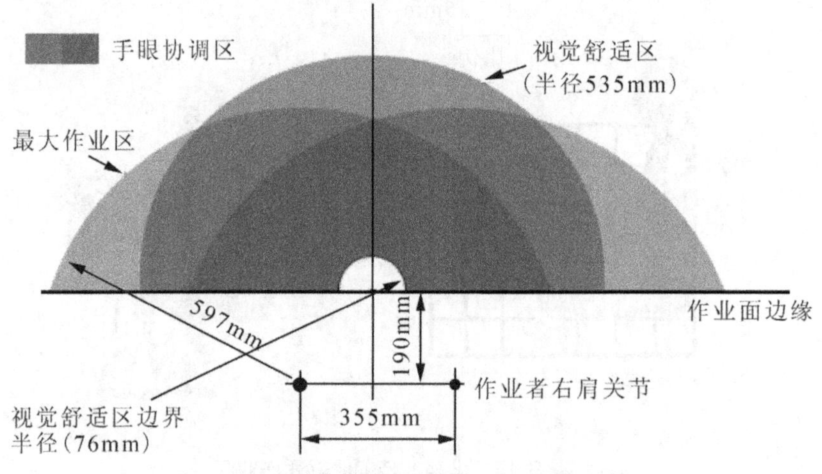


图9.15　一种推荐的工作台作业面布置区域

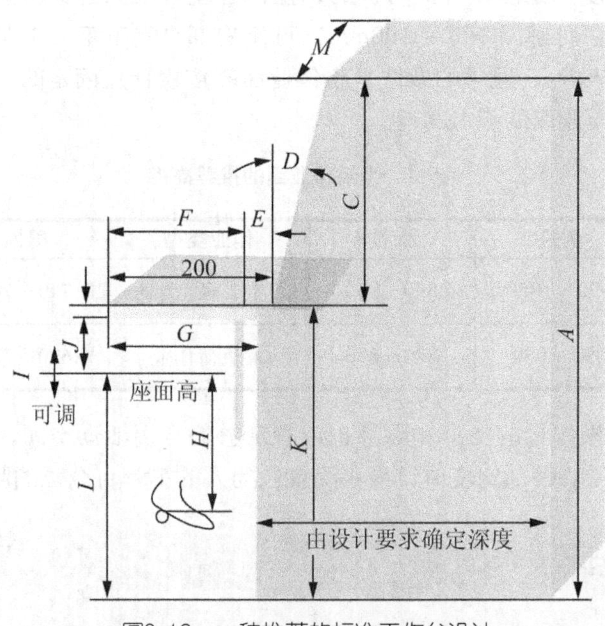


图9.16　一种推荐的标准工作台设计

表9-2 标准工作台尺寸 (单位：mm)

| 代号 | 尺寸名称 | 坐姿 | 立姿 | 坐—立姿 | 代号 | 尺寸名称 | 坐姿 | 立姿 | 坐—立姿 |
|---|---|---|---|---|---|---|---|---|---|
| A | 工作台最大高度 | 1 300～1 580 | 1 830 | 1 580 | H | 座面至搁脚高度 | 450 | 450 | 450 |
| C | 台面至顶部高度 | 660 | 910 | 660 | I | 座高调整范围 | 100 | 100 | 100 |
| D | 面板倾角 | 380 | 380 | 380 | J | 最小大腿空间 | 165 | 165 | 165 |
| E | 笔架最小深度 | 100 | 100 | 100 | K | 书写表面高度 | 650～910 | 910 | 910 |
| F | 书写表面最小深度 | 400 | 400 | 400 | L | 座高 | 450～720 | | 720 |
| G | 最小容膝空间 | 450 | 450 | 450 | M | 面板最大宽度 | 910 | 910 | 910 |

工作台面的大小与台面上布置的显示器、控制器的数量以及它们的尺寸有关，如果这些装置元件多且尺寸大的话，台面尺寸就相应大一些，反之要小些。以折弯式为例来说明工作台面的布置：人在折弯式工作台上工作时，在侧面离人体中心为0～600mm的范围内，工作台面仍在视力范围内，身体姿势较好，可以方便地作业；采用折弯式工作台，以操作者为中心进行布置，在正面和近侧面安排主要显示器和控制器，将次要显示器与控制器放在远侧面的两端，如图9.17所示。

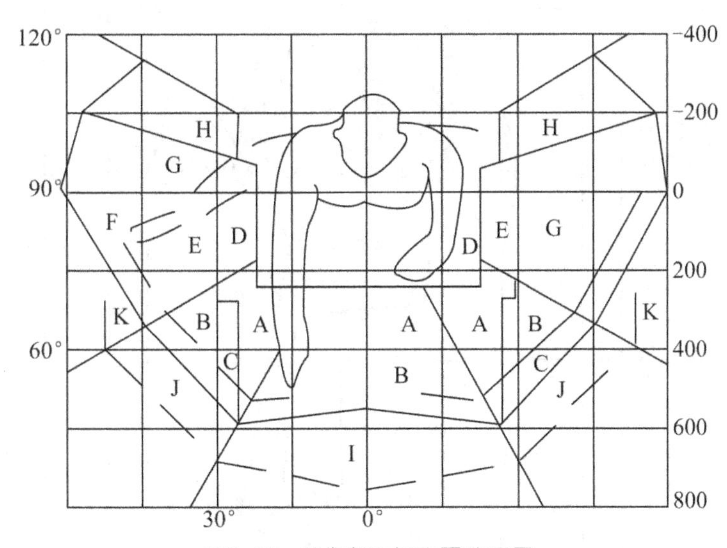


图9.17 工作台面板布置分区图

工作台的尺寸同作业姿势有关，在站姿作业时，身体向前或向后倾斜以不超过10°～15°为宜，工作台高度一般为操作者身高的60%左右。当台面高度为900～1100mm时，台面处于最佳作业区内，如图9.18所示。采用坐姿站姿交替式作业时的工作台须配用高坐面椅和踏脚板。同时也应考虑作业的性质和交替作业的变换频率，如图9.19所示。坐姿作业时，工作台高度须与坐椅尺寸相配合，如图9.20所示。

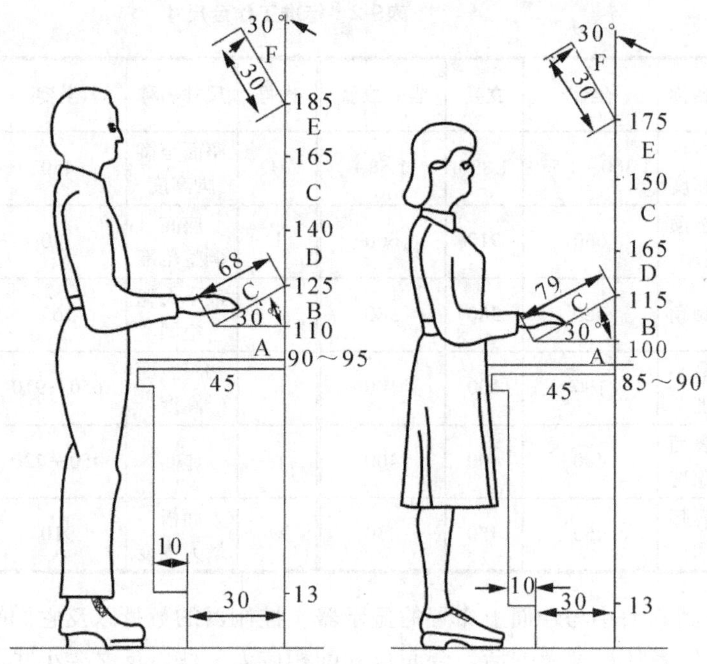


图9.18　站姿作业时的工作台设计尺寸

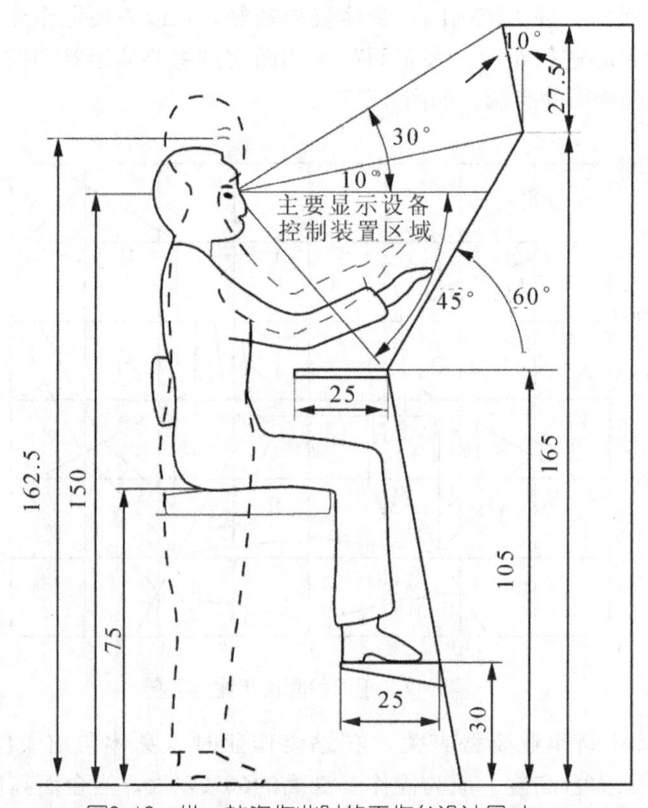


图9.19　坐—站姿作业时的工作台设计尺寸

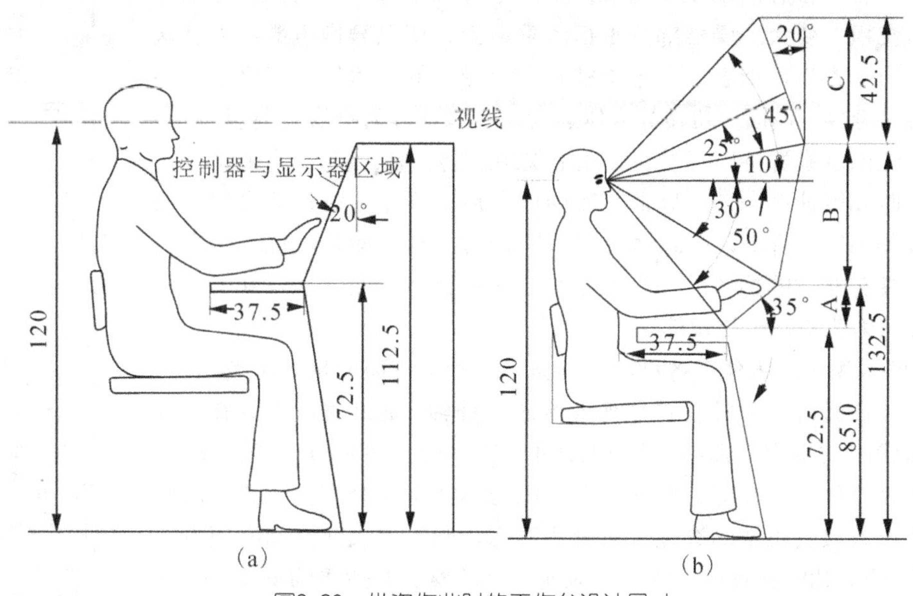


图9.20 坐姿作业时的工作台设计尺寸

## 9.5 工作座椅的静态舒适型设计原理

随着自动化程度的提高，越来越多的作业采用坐姿操作。可以预计，坐姿将是操作人员未来作业的主要工作姿态。

坐姿是人体较自然的姿势，有很多优点。坐姿比立姿更有利于血液循环。人站立时，血液和体液在地心引力作用下向腿部集中；而坐姿时的肌肉松弛，腿部血管内血流静压稳定，有利于减轻疲劳。坐姿还有利于保持身体的稳定，这对精细作业更为适合。

坐姿将以脚支撑全身的状况转变为以臀部支撑全身，有利于发挥脚的作用。特别是能够利用靠背来增大腿脚的蹬力，控制操纵力较大的操纵装置。

坐姿也存在一些缺点，主要是限制了人体的活动范围，尤其是需要上肢出力的场合，往往需要站立作业，而频繁的起—坐交替也会导致疲劳。长期维持坐姿还会影响人的健康，引起腹肌松弛，下肢肿胀，静脉压力增大，大腿局部受到压力，增加血液回流阻力，脊柱非正常弯曲，以及对某些内脏器官造成损害。

如果坐姿不正确，座椅设计不合理，会给身体带来严重损害。

理想的座椅应当使人坐着时，体重合理分布，大腿平放，双足着地上臂不负担身体的重量，肌肉放松，血液循环通畅，姿态舒适。

### 9.5.1 舒适坐姿的生理特征

坐姿状态下，支撑身体的是脊柱、骨盆、腿和脚。脊柱是人体的主要支柱，由24节椎骨、5块骶骨(已连成一体)和4块尾骨(已连成一体)联接组成，如图9.21所示，其中椎骨自上而下又分为颈椎(共7节)、胸椎(共12节)、腰椎(共5节)3个部分，相邻两节椎骨之间由软骨组织和韧带相联系，使人体得以进行屈伸、侧曲、扭转动作等有限度的活动。颈椎支撑头部，胸椎与肋骨构成胸腔，腰椎、骶骨和椎间盘承担人体坐姿的主要负荷。

由于各节椎骨所承受的重量自上而下逐节增加，因而椎骨由上往下逐渐变粗、变大。腰椎部分承担体重最大，所以腰椎也最粗大。这是脊柱的基本生理形态。由于腰椎几乎承受人的上体的全部重量，并且要实现弯腰、侧曲、扭转等人体运动，所以最容易损伤或变形。

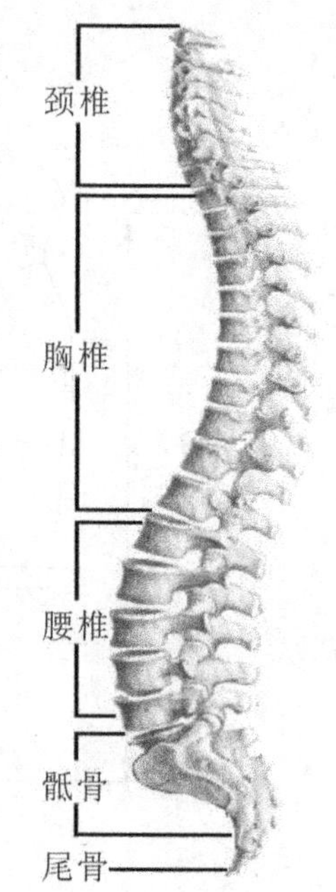

图9.21　脊柱的构造

从侧面观察脊柱，可看到脊柱呈现颈、胸、腰、骶4个弯曲部位，其中颈曲和腰曲凸向前，胸曲和骶曲凸向后。成年人脊柱的自然弯曲弧形应如图9.22所示，在此情况下，椎骨的支承表面相互位置正常，椎间盘没有错位的趋势。一旦人体改变这种自然弯曲状态，就会引起椎间盘压力改变，致使腰部疼痛。

图9.22所示为人体在各种不同姿势下的腰椎弯曲形状。曲线B表示人体松弛侧卧时，脊柱呈自然弯曲状态；曲线C是最接近人体脊柱自然弯曲状态的坐姿；曲线F是当人体的躯干与大腿的夹角呈90°时情形，此时脊柱严重变形，椎间盘上的压力不能正常分布。因此，欲使坐姿能形成接近正常的脊柱自然弯曲形态，躯干与大腿之间必须有大约135°的夹角，并且座椅的设计应使坐者的腰部有适当的支撑，以使腰曲弧形自然弯曲，腰背肌肉处于放松状态。

人坐着时，大腿和上身的重量必须由座椅来支承。人体结构在骨盆下面有两块圆骨，称为坐骨结节，如图9.23所示。

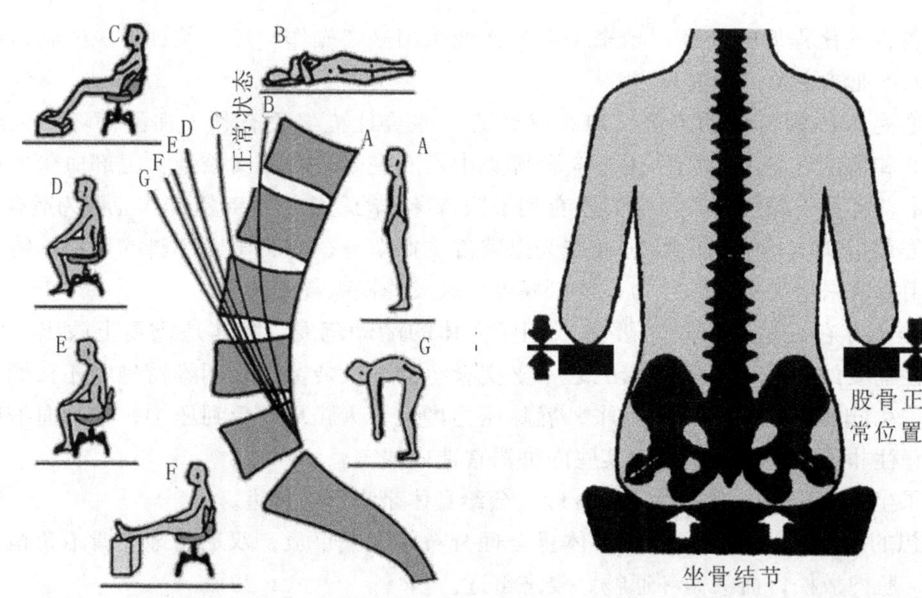

图9.22　人体在各种不同姿势下的腰椎弯曲形状　图9.23　使股骨处于正常位置的平坦座面

这两块小面积能够支持大部分上身的重量，覆盖在它们外面的皮肤能获得丰富的动脉血液供应，就像脚底一样；而在臀部的边缘部分，血液循环则大不一样，在这部分静脉较多(包含较少的氧)：当人坐着的时候，覆盖着坐骨结节的皮肤能够更好地经受住持久的压力。因此，座面上的臀部压力分布应当是：在坐骨结节处最大，由此向外，压力逐渐减小，直至与座面前缘接触的大腿下部，压力为最小。座垫的柔软程度要适当：坐骨部分的座垫应当是支承性的，它要承受加在座位上的大约60%的重量，而其余部分则应当比它更柔软些，以便能够把重量分布在更大的面积上。座椅靠背上的压力分布，应当是肩胛骨和腰椎骨两个部位最高，此即靠背设计中所谓 “两点支承”准则。靠背的两点支承中，上支承点为肩胛骨提供凭靠，称为肩靠，其位置相当于第5～6节胸椎之间的高度；下支承点为腰曲部分提供凭靠，称为腰靠，其位置相当于第4～5节腰椎之间的高度。对不同用途的座椅，两点支承的作用是不一样的。休息用的座椅，体、腿夹角较大(舒适角度约为115°)，坐着时身体向后倾斜，只要肩胛部分支承稳靠，没有腰靠也能得到舒适的坐姿，因此，是以肩靠起主要作用；而一般操作用座椅，由于操作的要求，身体需要略向前倾，肩胛骨部分几乎接触不到靠背，因此，只有腰靠起支撑作用，一般无需设置肩靠。腰靠支承是使背疼和疲劳减到最轻的主要措施，否则，将只靠肌肉来维持腰曲弧形，势必引起腰部肌肉的疲劳和损伤。考虑到人的身材高矮不同，腰部的位置差别较大，对某些重要的操作座椅，应当具有能调节腰靠位置的装置，有条件的话，最好还要有能调节腰靠凸起形状的装置。

腿的主动脉紧靠着大腿下表面和膝盖的后面，在这个部位上，任何持续的压力都会给人造成极端的不舒适和肿胀感觉，需要借助于适当减短座深、把座垫前缘修圆和采用较软的泡沫塑料坐垫等措施来防止发生这种情况。同时，还要使座面离地板的高度足够低，以便使脚能踩着地板，让人的这个重要部位感觉不到有任何压力。

由骨盆支持的背部结构是由背部肌肉控制的一根柔性脊柱，脊背的问题常常是因为椎间盘错位，压迫坐骨神经而使人感到非常疼痛，图9.24表示脊柱的自然弯曲弧形，此时椎骨支承表面的相互位置是正常的，因而椎间盘没有滑出其正常位置的趋势。正确的坐姿应当是支持脊柱使之逼近于这一自然弯曲弧形。使用过分柔软的腰靠，经过一段时间之后，会使脊背弯进成一条曲线，那时仅靠背部肌肉给予有效的支持。

坐骨下面的座面应当近似是水平的。图9.25表示带有股骨的骨盆部位的前视图，股骨在股节中从连接骨盆的球孔向外伸出。用平坦的座面，股骨的这一部分在坐骨平面之上，因此不承受过分的压迫。但是，如果座面是斗形的(图9.25)，则弯曲的座面会使股骨

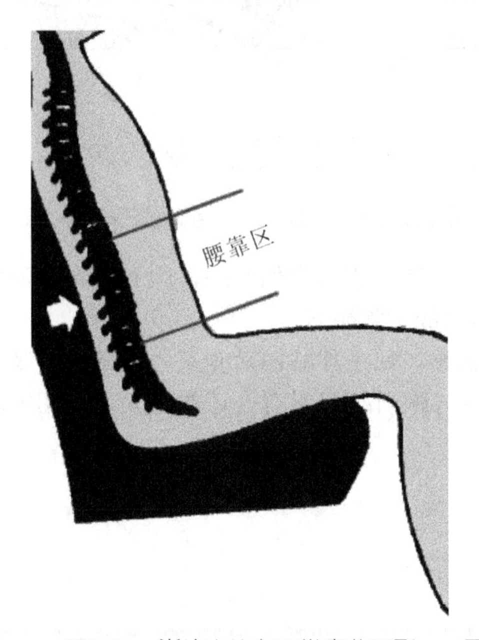


图9.24　脊柱支持在正常弯曲弧形

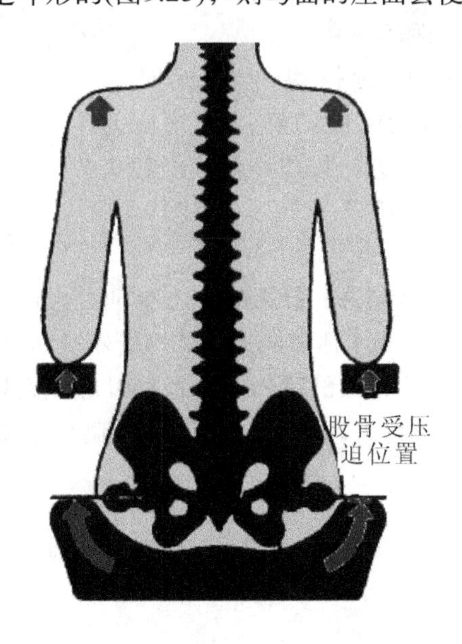


图9.25　斗形座面将股骨推向上方，使股骨处于受载状态

趋于向上转动(箭头所示)而受载，造成髋部肌肉承受反常的压迫，从而引起不舒适感。故需注意避免采用斗形座面。应当注意，斗形的座面无论从什么观点看，都是不适用的，因为它不能适应人体大小的整个系列，它还把身体重量平均地分配在整个臀部，而不是让较多的重量集中在坐骨结节部位。

当人长时间坐在一个位置不动而出现肌肉紧张时，稍稍转换身体位置可以促进生物电的活动，使肌肉放松而重新得到休息。座椅的设计必须有可能让人经常地改变自己的姿势和位置，以便减轻压力和活动伸展各部分肌肉。

为了使操作者能够坐稳并且有充分的安全感，应设置两个扶手，使胸部支持在一个舒适的位置(图9.25)，并使操作者在进行操作时，前臂和肘部能自由活动。扶手高度应当可以调整，以适应各种不同身材的操作者使用。扶手的内侧表面应当有衬垫，以承受大腿的侧压力。除了臀部下面的中间平面部位以外，座垫表面的各个边缘应当稍稍向上倾斜，以便阻止臀部向边缘滑动而使操作者能够坐稳。

为了使操作者的脚踩着地板，同时上身靠在靠背上舒适地进行操作，地板搁脚的部位应当朝前上方倾斜，与水平面的夹角约为20°。对于某些运输车辆，特别是地板搁脚部位倾斜度不够的车辆，建议将座面设计成稍稍倾斜，沿座深方向前高后低，相差25～40mm。

靠背与座垫之间的夹角应当为95°左右，至少是90°，以避免因骨盆向前歪斜而弯腰，造成肌肉紧张和受束缚。

操作者操纵脚踏板时，小腿与大腿间的舒适夹角应为110°～120°，脚与小腿的舒适夹角则应为85°～90°，如图9.26所示。

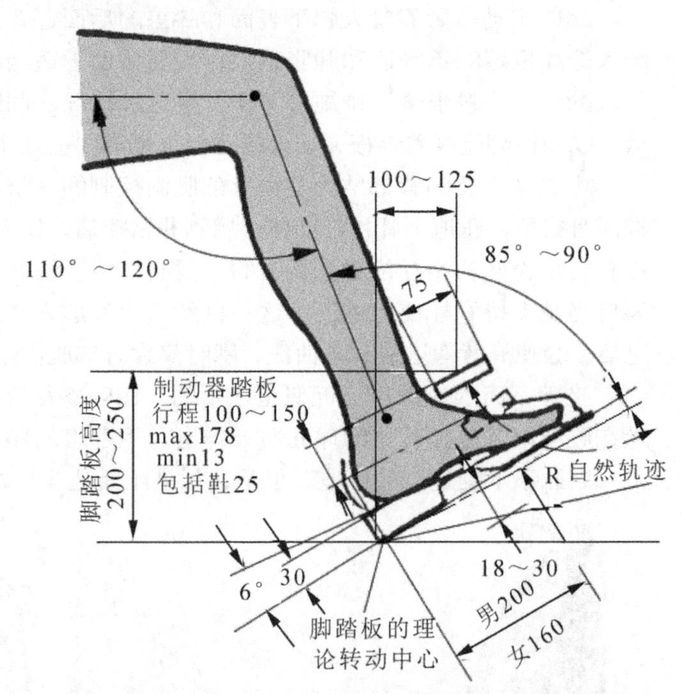


图9.26 操纵脚踏板时大腿、小腿与脚面之间的夹角

概括起来，舒适的坐态生理，应保证腰曲弧形处于正常自然状态，腰背肌肉处于松弛状态，从上体通向大腿的血管不受压迫，保持血液正常循环。

因此，最舒适的坐姿是，臀部稍离靠背向前移，使上体略向后倾斜，体腿夹角保持在90°～115°，小腿向前伸，大腿与小腿、小腿与脚面之间也有合适的夹角，如图9.27所示。

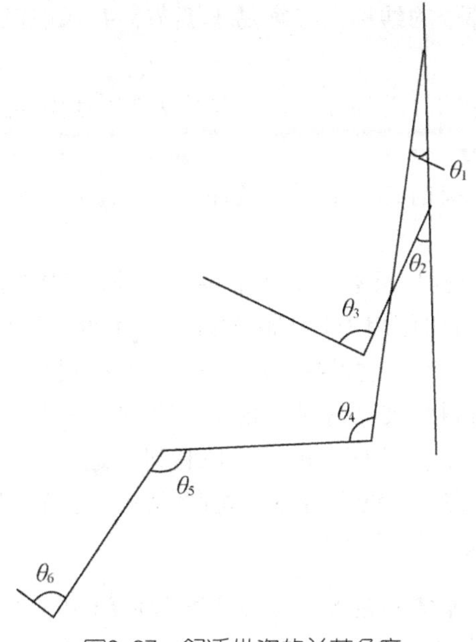


图9.27 舒适坐姿的关节角度

## 9.5.2 工作座椅的设计

工作座椅是供坐姿工作人员使用的一种由支架、腰靠、座面等构件组成的坐具。操作者以坐姿或坐—立姿操作时，座位空间尺寸直接影响舒适性，进而影响工作效率。

座位空间及座椅的尺寸设计应保证适应人体舒适坐姿的生理特征，提供实现舒适坐态的支撑条件。

1. 工作座椅设计的主要准则

(1) 人体躯干的重量应由坐骨、臀部及脊椎按适当比例分别支承，其主要部分应由坐骨结节承担。

(2) 人体上身应保持稳定。

(3) 人体腰椎下部(第4～5节腰椎之间)应有适当的腰靠支承。

(4) 座面的高度应确保人腿的肌肉和血管不受压迫。

(5) 坐者应能方便、自如地变换姿势而不致滑脱。

(6) 座椅的位置和尺寸应与工作台，显示装置、操纵装置相配合，以提高操作者的操作舒适性和方便性。

2. 对工作座椅设计的基本要求

(1) 工作座椅的结构形式应尽可能与坐姿工作的各种操作活动的要求相适应，应使操作者在工作过程中能保持身体稳定、舒适，并能进行准确地控制和操作。

(2) 工作座椅的座面高和腰靠高度必须是可调节的。座面高度的调节范围取GB 10000-88中：女性(18～55岁)第5百分位到男性(18～60岁)第95百分位之间，“小腿加足高”的数值，即360～480 mm之间。工作座椅座面高度的调节方式可以是无级的或间隔20mm为一档的有级调节。工作座椅的腰靠高度的调节方式为165～210mm间的无级调节。

(3) 工作座椅可调节部分的结构，必须易于调节，并保证已调节好的位置在座椅使用过程中不会改变或松动。

(4) 工作座椅各零部件的外露部分不得有易伤人的尖角锐边，各部结构不得存在可能造成挤压、剪钳伤人的部分。

(5) 操作者无论坐在座椅前部、中部还是往后靠，工作座椅的座面和腰靠结构均应使坐者感到安全、舒适。

(6) 工作座椅的腰靠结构应具有一定的弹性和足够的刚性。在座椅固定不动的情况下，腰靠承受250N的水平方向作用力时，腰靠倾角β不得超过115°。

(7) 工作座椅一般不设扶手，需设扶手的座椅必须保证操作人员作业活动的安全性。

(8) 工作座椅的结构材料和装饰材料应耐用、阻燃、无毒。座垫、腰靠、扶手的覆盖层应使用柔软、防滑、透气性好、吸汗的不导电材料制造。

(9) 工作座椅的座面，在水平面内可以是能回转的，也可以是不能回转的。

3. 工作座椅的结构和主要参数

GB/T 14774-93《工作座椅一般人类工效学要求》给出了工作座椅的基本结构和主要参数，是工作座椅设计的基本依据。工作座椅主要参数的取值范围见表9-3，其中座高、腰靠厚、腰靠高、座面倾角、腰靠倾角等参数为操作者坐在座椅上之后形成的尺寸、角度，测量时应使用规定参数的重物代替坐姿状态的人。表9-3中所列参数，已经考虑了操作者穿鞋(女性：鞋跟高20mm；男性：鞋跟高15～30mm)和着冬装的因素。

**表9-3　工作座椅的主要参数**

| 参数 | 数值 | 测量要点 |
| --- | --- | --- |
| 座高/mm | 360～480 | 在座面上压以60kg，直径350mm的半球状重物时测量 |
| 座宽/mm | 370～420推荐值400 | 在座椅转动轴与座面的交点处或座面深度方向1/2处测量 |
| 座深/mm | 360～390推荐值380 | 在腰靠高$g$=210mm处测量，测量时为非受力状态 |
| 腰靠长/mm | 320～340推荐值330 | |
| 腰靠宽/mm | 200～300推荐值250 | |
| 腰靠厚/mm | 30～50推荐值40 | 腰靠上通过直径400mm的半球状物施以250N的力时测量 |
| 腰靠高/mm | 160～210 | |
| 腰靠圆弧半径/mm | 400～700推荐值550 | |
| 座面倾角/(°) | 0～5推荐值3～4 | |
| 腰靠倾角/(°) | 95～115推荐值110 | |

# 习　题

1．各种作业岗位的特征、应用范围、设计要求和原则是什么？
2．视觉信息作业岗位的设计要点是什么？
3．作业空间包含哪3种不同的空间范围？
4．在进行作业空间设计时，一般应遵守哪些基本原则？
5．作业空间设计的社会心理因素是什么？
6．应该如何进行作业空间设计？
7．作业场所布置的总则和顺序如何？

# 第十章 人机系统设计与评价

**教学目标**

了解人机系统设计的概念和要求

掌握人机系统的分析方法

掌握人机系统的评价方法

了解影响人机系统安全的因素

**教学要求**

| 知识要点 | 能力要求 | 相关知识 |
| --- | --- | --- |
| 人机系统设计 | (1)了解人机系统设计的思想<br>(2)掌握人机系统设计的要求及方法 | 人机系统设计 |
| 人体系统评价 | 掌握人机系统的评价方法 | 系统评价 |
| 安全人机系统 | (1)掌握影响人机系统安全的因素<br>(2)了解人机系统中人的失误情况 | 人的失误分析 |

## 推荐阅读资料

[1] 刘景良、杨立权、朱虹.安全人机工程[M].北京：化学工业出版社，2009.
[2] 刘伟、袁修干 .人机交互设计与评价[M].北京：科学出版社， 2008.
[3] 董建明、傅利民、饶培伦，等.人机交互：以用户为中心的设计和评估[M].3版.北京：清华大学出版社，2010.

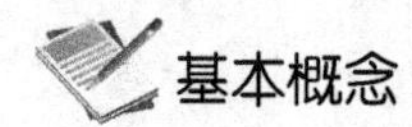

## 基本概念

人机系统：由人和机器构成并依赖于人机之间相互作用而完成一定功能的系统。

系统设计思想：将系统的性能、可靠性、费用、时间和适应性作为设计所追求的目标，从功能分析入手，合理地将系统各项功能分配给人和机器，从而达到系统的最佳匹配。

人机界面：人与机器发生作用的交界面称为人机界面。

人机系统设计是一个广义的概念，可以说，凡是包括人和机相结合的设计，小至一个按钮、开关，一件手工工具，大至一个大型复杂的生产过程、一个现代化系统(如宇宙飞船)的设计，均为人机系统设计。它不仅包括某个系统的具体设计，而且也包括作业及作业辅助设计、人员培训和维修等。人机系统的设计思想在不断改变。原始的设计思想是首先确定机器，然后根据机器的操作要求选拔人员、训练操作者。随着机器运行速度的提高，也要求操作者的反应速度必须提高，而人的能力与机器对操作者的要求相差越来越大，因此产生了人机界面设计问题。

例如：2011年9月27日14：10，上海地铁10号线新天地站设备故障，交通大学至南京东路上下行采用电话闭塞方式，列车限速运行。期间14：51列车豫园至老西门下行区间两列车不慎发生追尾，14：51，虹桥路站至天潼路站9站路段实施临时封站措施，其余两端采取小交路方式保持运营，启动公交配套应急预案，公安、武警等赶赴现场协助疏散。截至2011年9月27日20：38，两列事故列车内500多名乘客已经全部撤离车站，经初步统计，约有伤员40余名，大部分为轻微伤乘客，未发现重伤。

事故原因已于10月6日公布调查结果：“行车调度员在未准确定位故障区间内全部列车位置的情况下，违规发布电话闭塞命令；接车站值班员在未严格确认区间线路是否空闲的情况下，违规同意发车站的电话闭塞要求，导致１０号线两列车追尾碰撞。”其实，行车调度员并不需要准确定位故障区间内全部列车位置，只要知道该区间是否占用就可以了。而这一点，恰恰是轨道电路的任务。自动闭塞靠机器，电话闭塞靠人。什么时候自动闭塞转电话闭塞，什么时候电话闭塞转自动闭塞，这是人决定的。但是，人不一定是最可靠的。一个行为端正的人，他不会有犯罪的故意，而长时间专注一件工作，盯着显示屏，也难免有疲劳、忽视的可能。这时候，人机应该互相制约。譬如，列车停在区间，轨道电路被占用，信号就不可能开放，任何人、任何命令都应该不管用。没有自动闭塞的年代，还有所谓路签路牌呢。如果是人工引导，出站应该出不去，接站的信号机更不可能开通。这些机器的制约是对人的一种提醒。

## 10.1 人机系统设计

随着工程技术的不断改进，设备的自动化程度和智能化程度不断提高。人机关系的重点也由人与工具的关系转变为人—机—环境组合最优化——人机系统最优化问题。在现代设计中，人机学设计是各种产品设计中必不可少的一个部分，而且在设计的最初阶段就应考虑。从机械设计而言，过去较多地考虑原理、力学和效能，很少考虑人的因素，使制造出来的设备，并不适合人的应用，因而屡次出现人身和设备事故。这使设计师们开始意识到，要设计好一台现代化设备，只从工程技术方面去考虑是远远不够的，还应把心理学、生理学、生物力学、人体测量等有关学科的知识结合起来，使人、机和环境三者组成的系统性能最优。

### 10.1.1 人机系统设计的概念

1. 设计是人们对特定问题的主动求解活动

从广度上说，设计领域几乎涉及人类一切有目的的行为。问题求解是人的现有观念重新组合、形成新观念的过程。人们在思考问题时，总要采用这样或那样的策略，在给定问题所确定的范围内，寻找满意的解答。设计所进行的对特定问题的主动求解活动，通常包含3个方面的内容，即所谓的三维解空间。

(1) 问题的“真实性”考查。设计者必须确定所要求解的问题是否真实存在，其存在的条件如何，问题的范围大小。需求调查、访谈法调查等都是考查问题真实性的有效方法。

(2) 问题的“定义”。这是问题求解过程最困难、最关键的一步。怎样定义问题往往直接影响求解的过程，因此，问题定义本身就是对求解的一种规划和期望。例如，设计者如果定义“怎样设计一种更好的公共汽车”，他的这种定义本身就把问题限制在城市交通的一种具体车辆类型里，从而在很大程度上限制了设计者的设计思路。倘若他对问题作另外一种定义，如定义“怎样设计一种将城市人从某地运至某地的运送系统”，则这种抽象的定义方法不仅提供了创造性设计思维的可能性，而且更贴近问题的本质。可见，问题定义对问题求解的导向作用是设计者必须明白和自觉注意的要点。

(3) 问题的“求解策略”求解过程 可以是系统的、有组织的求解活动，也可以是试探或试凑求解活动。系统化的求解过程要求设计者按照一定步骤，进行设计思维。人机系统设计已总结出多种设计程序，以保证设计思维的系统化、有序化。试探求解则是指求解过程并无一定步骤可循，而是一种多次尝试、多次错误以后的成功。设计者应当有意识地掌握和运用不同的求解策略，进行创造性的设计工作。

2. 人机系统设计的概念

人机系统设计的特定问题是谋求整个人机系统的综合优化。人机系统是一个完整的概念，表达了人机系统设计的对象和范围。人机工程学的主要研究对象是“人机系统中的人”，人是属于特定系统的一个组成部分，但人机工程学并非单纯地研究人，它同时要研究系统的其他组成部分，以便根据人的特性和能力来设计和优化系统。因此，人机系统的概念对设计者正确把握设计活动的内容和目标，认识设计活动的实质和意义，都是十分重要的。准确地理解人机系统的概念，需要着重掌握以下几点要领。

(1) 系统的概念。“系统”是由相互作用和相互依赖的若干组成部分结合成的、具有特定功能的有机整体。对一个系统的定义，至少必须明确这个系统的目标，规定为实现该目标所需要具备的功能，以及这些功能之间的相互联系。例如，欲要定义一个城市的交通系统，设计者必须根据一定的目标使各种运输活动协调起来。因此，系统的观念认为，在一个系统中，部分的意义是通过总体解释的。有了总体的概念，才能处理好各个部分的设计，这是一条符合系统思想的设计哲理。

(2) 人机系统的性质。人机系统包括“人”和“机”两个基本组成部分，这两个部分缺一不可。人机系统的性质在于“人”、“机”之间存在着信息、能量、物质的传递和交换。这个系统能否正常工作，取决于信息、能量、物质的传递和交换过程能否持续有效地进行。“环境”可以作为人机系统的干扰因素来理解，当环境不对人产生干扰时，则人对环境无异常感觉，表明环境是宜人的。排除环境的不利影响，是设计工作的主要任务之一，首先要保证环境不干扰人的正常作业。

(3) 人的主导作用。肯定人机系统中人的主导地位和作用，是人机工程学的一个基本思想。以人的特性和限度为根据，为人的使用而设计，将人的因素贯穿于设计的全过程，是人机系统设计的重要原则。在人机系统中，人的主导作用主要反映在人的决策功能上，人的决策错误乃是造成事故的主要原因之一。

(4) 人机功能的合理分配。人机系统设计的首要环节是将系统应当实现的各项功能正确而合理地分配给“人”和“机”，使“人”和“机”各自充分发挥自身的机能特点与优势，互相协调，共同实现人机系统综合性能的优化。

(5) 人机界面的优化匹配。人机界面是“人”与“机”的交叉、结合部，是“人”与“机”之间相互作用的作用“面”，几乎所有的“人”、“机”间的信息、能量、物质的传递和交换都发生在这个作用面上。人机界面的设计，必须符合“人”、“机”间的信息、能量、物质的传递和交换的规律和特性。可以认为，人机界面的优化匹配是人机系统设计的最基本的任务。

人机系统设计必须在产品或工程设计的初期就介入进去，以利于充分考虑人的因素，反映人的需要。

3. 人机系统设计的目标

概括地说，人机系统设计的目标是在总体上、系统级的最高层次上正确解决好人机功能分配、人机关系协调、人机界面匹配3个基本问题，以求得令人满意的人机系统方案，获得安全、健康、舒适、高效的综合效益。

### 10.1.2 人机系统的设计要求

对人机系统的设计要求如下。

(1) 能达到预定目标，完成预定的任务。

(2) 在人机系统中，人与机械都能充分发挥各自的作用和协调地工作。

(3) 人机系统接受输入/输出的功能，都必须符合设计的能力。

(4) 人机系统要考虑环境因素的影响。这些因素包括厂房建筑结构、照明、噪声、温湿度等。人机系统设计不仅要处理好人和机器的关系，而且需要把和机器运行过程相对应的周围环境一并考虑。因为环境始终是影响人机系统的一个重要因素。

(5) 人机系统应有一个完善的反馈闭环回路。输入的比率可进行调整，以补偿输出的变化，或用增减设备的办法，以调整输出来适应输入的变化。人机系统设计的总目标是，根据人的特性，设计出最符合人操作的机械，最适合手动的工具，最方便使用的控制器，最醒目的显示器，最舒适的座椅，最舒适的工作姿势和操作程序，最有效、经济的作业方法和预定标准时间，最舒适的工作环境等，使整个人机系统保持安全可靠、效益最佳。

人机系统的设计步骤见表10-1。首先设定一系统，然后分析研究该系统的目的和功能，必要的和制约的条件，进行系统的分析和规划。这里主要是指系统的功能分析、人的时间和动作分析、工序分析、职务分析等。其中也包括提供人进行作业的必要条件和必须的信息，分析人的判断和操纵动作。

**表10-1　人机系统的设计步骤**

| 系统开发的各阶段 | 各阶段的主要内容 | 人机系统设计中应注意的事项 | 人机工程学专家的设计事例 |
|---|---|---|---|
| 明确系统的重要事项 | 确定目标 | 主要人员的要求和制约条件 | 对主要人员的特性、训练有关问题的调查和预测 |
| | 确定使命 | 系统使用上的制约条件和环境上的制约条件<br>组成系统中人员的数量和质量 | 对安全性和舒适性有关的条件的检验 |
| | 明确适用条件 | 能够确保的主要人员的数量和质量，能够得到的训练设备 | 预测对精神、动机的影响 |
| 系统分析和系统规划 | 详细划分系统的主要事项 | 详细划分系统的主要事项 | 设想系统的性能 |
| | 分析系统的功能 | 对各项设想进行比较 | 实施系统的轮廓及其分布图 |
| | 系统构思的发展<br>(对可能的构思进行分析评价)<br>选择最佳设想和必要设计条件 | 系统的功能分配<br>与设计有关的必要条件，与人员有关的必要条件<br>功能分析<br>主要人员的配备与训练方案的制订<br>人机系统的试验评价设想与其他专家组进行权衡 | 对人机功能分配和系统功能的各种方案进行比较研究<br>对各种性能的作业进行分析<br>调查决定必要的信息显示与控制的种类<br>根据功能分配预测所需人员的数量和质量以及训练计划和设备<br>提出试验评价方法设想与其他子系统的关系和准备采取的对策 |

续表

| 系统开发的各阶段 | 各阶段的主要内容 | 人机系统设计中应注意的事项 | 人机工程学专家的设计事例 |
| --- | --- | --- | --- |
| 系统设计 | 预备设计(大纲的设计) | 设计时应考虑与人有关的因素 | 准备适用的人机工程数据 |
| | 设计细则 | 设计细则与人的作业的关系 | 提出人机工程设计标准<br>关于信息与控制必要性的研究与实现方法的选择与开发<br>研究作业性能<br>居住性的研究 |
| | 具体设计 | 在系统的最终构成阶段，协调人机系统<br>操作和保养的详细分析研究(提高可靠性和维修性)<br>设计适应性高的机器<br>人所处空间的安排 | 参与系统设计最终方案的确定<br>最后决定人机之间的功能分配<br>使人在作业过程中信息、联络行动能够迅速、准确地进行<br>对安全性的考虑<br>防止热情下降的措施<br>显示装置、控制装置的选择和设计<br>控制面板的配置<br>提高维修性对策<br>空间设计、人员和机器的配置<br>决定照明、温度、噪声等环境条件和保护措施 |
| | 人员的培养计划 | 人员的指导训练和配备计划与其他专家小组的折中方案 | 决定使用说明书的内容和式样<br>决定系统的运行和保养所需人员的数量和质量，训练计划和器材的开展 |
| 系统的试验和评价 | 规划阶段的评价<br>模型制作阶段原型<br>最终模型缺陷诊断<br>修改的建议 | 人机工程学试验评价<br>根据试验数据的分析，修改设计 | 设计图纸阶段的评价<br>模型操纵训练用模拟装置的人际关系评价<br>确定评价标准(试验方法、数据种类、分析法等)<br>对安全性、舒适性、工作热情的影响评价<br>机械设计的变动、使用程序的变动、人的作业内容的变动、人员素质的提高、训练方法的改善、对系统规划的反馈 |
| 生产 | 生产 | 以上几项为准 | 以上几项为准 |
| 使用 | 使用、保养 | 以上几项为准 | 以上几项为准 |

为了发挥系统的功能，在进行人机功能分配时，必须对人和机械的特性进行分析比较，使其达到良好的整体配合。在系统设计阶段，功能分配要充分考虑和研究人的因素。当考虑信息处理的可靠性时，既要提高机械、设备、电子计算机等的可靠性，又要提高操纵机械、设备的人的可靠性，以保证整体人机系统的可靠性得到提高。

其次是对机械、工具、器具等进行人机工程设计，必须保证人使用时得心应手。它包括人机界面的设计，如控制器和显示器的选择与设计、作业空间设计、作业辅助设计等，并要为提高人机系统的安全性及可靠性采取具体对策。必要时，还要制定对操作人员的选择和训练计划。

最后一个阶段是对人机系统的试验和评价，试验该系统是否具有完成既定目标的功能，并进行安全性、可靠性等分析和评价。

### 10.1.3 人机系统分析方法

人机工程学研究的对象是人—机—环境系统的整体状态和过程。它与系统工程以系统为对象，着眼于整体的状态和过程的观点是一致的。以下用系统工程的观点来分析人机系统。

1. 人的因素的系统观点

人作为人机系统的主导，自然成为系统中有固定目标的部分，人既是人机系统的操纵者，又受该系统的制约。当用系统的观点来考虑操作者时，设计该系统就要考虑到人的动作的各个方面，以及人的动作的各个细节，并考虑人与整个系统以及组成系统的各子系统和系统元器件的关系。任何的人机系统，只有当其所有组成部分相匹配，并且相互作用和谐时，才能很好地发挥作用。因此设计一个系统，一台机器，如果没有对操作者进行深入考虑，这一设计将是失败的。人机系统设计与工程设计不同之处，在于前者强调人是系统的一个组成部分。

系统可以认为是“相互关联要素的集合”。在人机系统中则可认为是“人相对于机械控制所处的地位”。手工系统包括手工具及其他一些工具和用自己体力控制的操作者。操作者从工具上传递和接收信息，这种工作速度是自控的。机械化系统，如机动工具，是由操作者只需用很小的力就可引起变化的物理元器件组成，动力常常由机器提供，操作者只起控制作用。单一的机械系统可以连接起来形成较大的生产线。在这些系统中，操作者通过显示器得到系统运行的信息，操作者此时的任务是信息处理、决策及通过控制元器件执行这些决策。

在一个完全自动化的系统中，所有操作功能及运行都是由机器来完成的。该系统需要周密的系统化。从理论上讲，完全自动化的系统是不需要人操作的，但实际上在这种系统中人仍然具有监视、规划和维修的作用。

辨明操作者在一个系统中的作用的方法，是由著名人机工程学专家辛理顿(Singleton)提出的。他认为人机工程设计应从系统定义的角度以最抽象的方式描述设计问题，以充分发挥设计人员的创造力。

无论是在手工系统、机械化系统还是自动化系统，人都是该系统的重要组成部分。人的状态受着许多其他不可预测因素的支配，在设计中很难用现代数学方法使其模型化。因此，应当用系统工程学的方法进行人机系统的分析设计。

在系统工程学中，系统是指由两个以上相互区别相互作用的单元间有机地结合起来完成某一功能的综合体，每一单元也可以称为一个子系统，而且该系统又是另一个更大系统的组成部分。系统接收输入，由输入产生输出，并以输入和输出组成功能最大为目标，用系统分析的方法，可将人机系统设计分析过程表示，如图10.1所示。

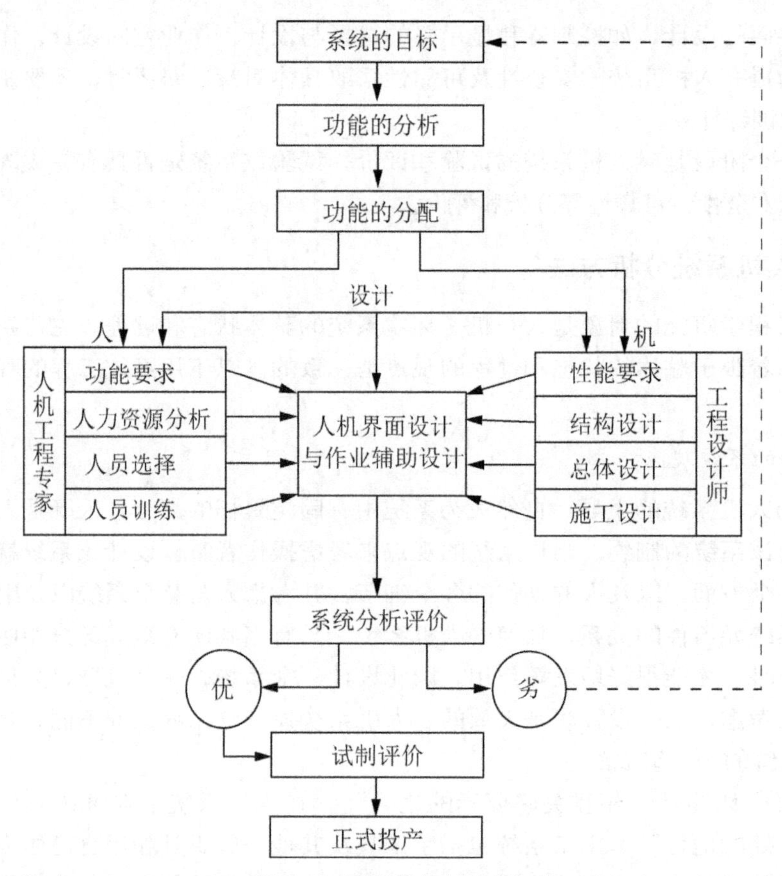


图10.1 系统设计分析过程

分析人机系统，首先从系统的总目标开始，明确系统总的目标性能，进一步分析系统应具备的功能以及实现这些功能的途径，即哪些功能由人实现，哪些功能由机械实现，哪些功能要由人和机械共同实现。人机系统的功能分析往往是属于多层次的，必须逐层分析到各个子系统的每个组成部分的零部件及每个操作人员的有关生理、心理特点。这些分析需要由工程设计师与人机工程专家共同分析、分头完成。在分析人机界面与作业辅助设计和环境条件时，工程设计师应向人机工程专家提供实现设计要求所必须具备的技术资料，以满足人机工程专家进行作业辅助设计和人机界面设计之用；人机工程专家则应向工程设计师提供所需要的有关人员的生理、心理特性资料，以及人机工程设计准则。在分头完成各部分设计任务后，再进行系统综合分析评价。一般按上述设计分析过程进行，即可得到较为满意的效果。如设计效果不满意，可仍按上述过程重复进行，直到满意为止。

2. 人作为系统中信息处理机的模型

人在人机系统中，无论是起重机的操作员，还是火车司机或轮船的操纵员，都可以看成是一个封闭控制系统的元件，都是这一封闭系统的有机组成部分，如图10.2所示。将这一概念进一步加深，可以画出图10.3所示的简单方框图，该图示出了操作者的工作过程。这个系统中的3个主要子系统，即感知子系统、信息处理子系统和人的反应子系统，是人机系统分析设计的主要内容。

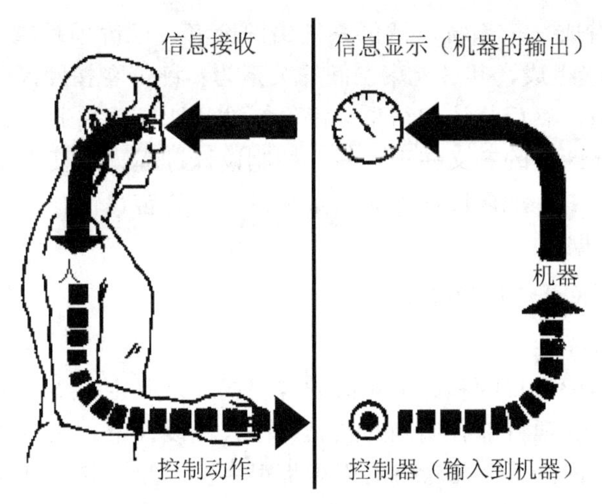


图10.2　人在封闭人机系统中的信息处理模型

| 外界环境 | 信息输入 | 信息处理 | 行为输出 | 外界变化 |
|---|---|---|---|---|
| 刺激信息来源 | 感知子系统 | 信息处理子系统 | 人的行为子系统 | 行动结果 |
| 外界刺激：<br>物体<br>事件<br>显示器<br>工作过程<br>机器<br>环境<br>…… | 看<br>听<br>摸<br>尝<br>闻<br>其他感觉 | 作出判断<br>作出评价<br>数据加工<br>作出决策<br>…… | 体力活动：<br>操纵控制器<br>使用工具<br>处理材料<br>组装<br>语言指令<br>…… | 物理变化：<br>材料被加工<br>机器已被加工<br>服务工作已完成<br>程序已发出 |

图10.3　人在操作过程中的信息处理系统

## 10.2　人机系统评价

人机系统是一个极其复杂的系统，系统的性能是否达到了人—机—环境三要素的最优(或较优)的组合，是评价、分析人机系统所要解决的问题。人机系统设计的目标是把系统的安全性、有效性、可靠性、经济性综合起来加以考虑，并以人的因素作为主导因素，使人能在系统中安全、舒适、高效地工作。

### 10.2.1　评价的概念和特点

1. 人机系统评价的概念

在任何性质的设计中都必然存在着评价问题，所谓评价，就是对客观事物价值的确定。人机系统设计中的设计评价主要包含两个方面内容：一是指在设计过程中，对解决设计问题的方案进行比较、评定，由此确定各方案的优劣，以便筛选出最佳设计方案；二是指对产品按照全产品的观念(实质产品、形式产品、延伸产品)，遵循一定的评价项目和评价标准评判其优劣。

评价过程可以看成一个系统。评价系统由评价者、评价项目(或评价目标)、评价标准、评价方法4个元素组成，其各元素之间的关系为：评价者按照评价项目对产品或设计方案进行分析和认识，然后将认识结果与评价标准相比较，并通过相应的评价方法将其变成评价结果。设计评价的意义在于：一，控制设计过程，以便在不同的设计阶段上都能筛选出最佳方案；二，把握设计方向，减少设计中的盲目性；三，为设计师和企业提供判断设计质量的依据。

2. 人机系统设计中的设计评价的特点

1) 评价项目的多样性

评价项目应根据评价目的和评价对象的客观属性来确定，要尽可能全面反映评价对象的特征。每一个评价项目都有明确的意义。在人机设计中，无论是对人机系统进行评价，还是对方案进行评价，需要考虑的因素都很多。因此，其评价项目必然要涵盖多方面的内容。有学者提出人机系统评价包括整体性、技术性、宜人性、安全性、经济性和环境特性等方面的评价项目(图10.4)。宜人性又包括美观、舒适。美观特性可以分为大方、形象化、醒目、色调4个方面。而这4个项目又可分为若干个小项目，如色调应包括色彩的形式美。而色彩的形式美又包括色彩的整体性、色彩的时代性、色彩与环境协调性3个项目。

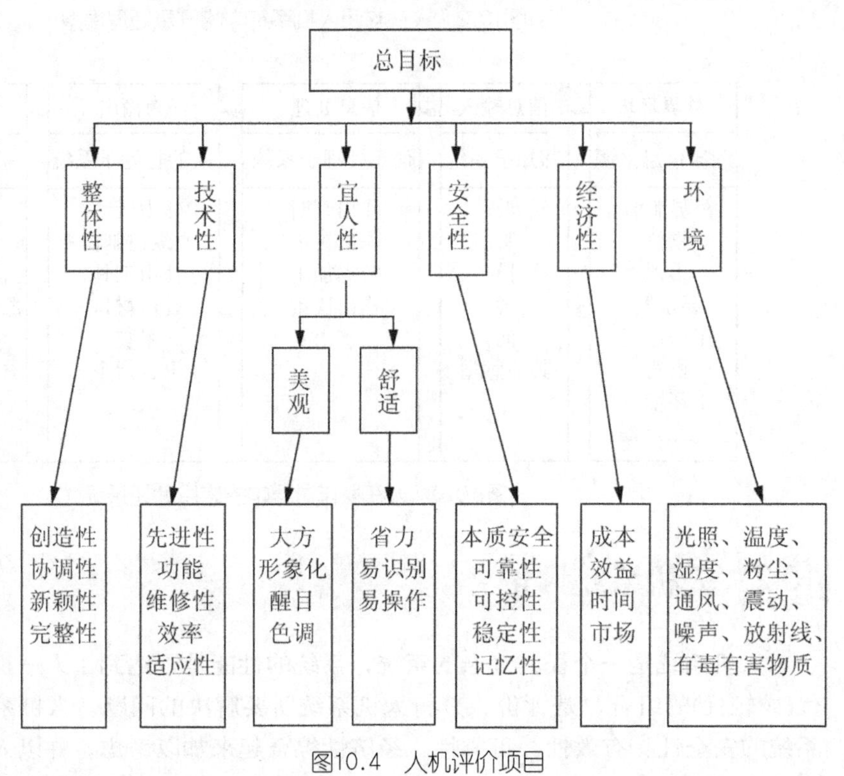


图10.4　人机评价项目

2) 评价标准的客观性与直觉性的统一

评价标准应根据评价目的和评价项目来确定，每一个评价项目都应该有相应的评价标准。因为评价标准直接影响着评价结果，所以评价标准应定义得准确、清晰和定量化，减少主观因素的影响，以便于评价者理解和正确运用。因为人机系统设计的评价项目具有多样性的特点，评价中的主观因素起着一定的作用，所以建立科学、客观的评价标准，体现人机设计的特性是十分必要的。但由于在人机设计的评价项目中包括美学特性等感性的内容(如美学特性中造型、色彩、质感等项目)不能完全依靠理性思维，在评价过程中很大程度上依靠直觉判断，而且，人机系统最终总要由人来控制、使用，因此，人机设计的评价中，主观判断也是非常重要的。总之，设计评价的标准是理性与感性、客观性与直觉性的统一。

3) 评价结果的相对性

由于评价项目的多样性、评价标准的直觉性，因此使得评价中感性和经验的成分较多因而评价结果具有相对性。所以在评价过程中选择适当的评价者和评价方法十分重要、要选取具有一定学术水平、丰富经验、一定权威性的从事人机设计的专业人员作为评价者。同时，有条件的还应该邀请人机系统的使用者参加评价。选择适当的评价方法，也可以减少评价结果的相对性，提高评价准确度。

### 10.2.2 人机系统设计的评价标准

对人机系统设计的评价标准包含两个方面的内容：一是系统作业标准；二是人的效果标准。系统作业标准依不同的人机系统有不同的项目和内容，如工业生产系统中，有产品质量、生产率、设备利用率等标准；人的效果标准主要指人的生理/心理反应、工作效率、适应程度等。针对具体的人机系统，应当拟订具体的评价标准。

从人机工程学的综合效果考虑，对人机系统设计的评价可提出下列几项标准。

1. 安全标准

人机系统必须安全可靠。系统运转过程中具有安全防护措施，系统操作人员和可能接触系统的其他人员的人身安全有可靠的保障，而且系统经长时间运转使用后，也不致对人的健康产生有害影响(如引起职业病)。安全标准应以法律形式规定下来，并应有一定的规章制度和监督机构进行检查、鉴定。

2. 经济效益标准

人机系统既要使机器发挥最高的效能，又要使操作者付出尽量少的劳动。系统运行高效、低耗，使用成本低，而总体效益高。

3. 宜人化标准

人机系统应当使操作者/使用者在操作/使用时感到舒适和方便。各种操纵装置及显示装置，均须适应人的生理和心理特性，高度满足宜人化的要求。

4. 社会效益标准

人机系统的设计必须充分考虑其社会效益。整个系统的运转过程不允许产生危害或污染社会环境的因素。对系统运转不可避免产生的各种有害排放物质及污染环境的因素，应当有适当的处理措施。

### 10.2.3 人机系统设计的评价方法

人机系统设计的评价方法分为定性评价方法和定量评价方法两大类。究竟采用哪种方法要视不同的评价对象而定。有些可以定量评价，如力和扭矩；有些则无法定量评价，如美学特性。人们常用很美、美、一般、丑、很丑来评价美与丑，很难给出美的具体数值。这时只能采用定性评价方法，人机工程的评价问题中主观评价的成分较多，往往不适合直接采用定量评价方法。

1. 定性评价的量化处理方法

为了便于在同类或相似系统之间、同一系统的不同设计方案之间进行相对比较，可以规定一个评分的尺度，按五级评分制或十级评分制，将定性评价的结果转化为1~5或1~10之间的分值。只要选取足够数量的评价人员，将他们的评分进行统计处理，就可以求得定性评价的当量分值，作为量化的尺度。以对车辆驾驶座椅的静态乘坐舒适性这一单项要素的评价为例，可以按五级评分制规定评分的尺度，见表10-2。选取人体身高尺寸符合第5、第50、第95百分位的成年男性、女性汽车驾驶员各5名，共30名作为评价人员，要求驾龄在10~15年之间，从未出现过交通事故。将新座椅安装在相应型号的汽车上，让每个评价人员坐上去亲身感觉一下乘坐的舒适程度，然后请他按照表10-2规定的评分尺度给该座椅评分。所有评价人员都评分完毕，再按式(10-1)计算对该驾驶座椅的静态乘坐舒适性定性评价的当量分值

$$E=(\sum_{k=1}^{n}P_k)/n \tag{10-1}$$

式中

$E$——评价的当量分值；

$P_k$——第 $k$ 位评价人员给出的评分；

$n$——参与评价的评价人员的人数。

表10-2　车辆驾驶座椅静态乘坐舒适性评价的评分尺度

| 分值 | 定性评价的基本描述 |
|---|---|
| 5 | 很舒适，很好，很满意，优 |
| 4 | 舒适，良好，满意，良 |
| 3 | 基本可用，中等，一般 |
| 2 | 不舒适，差，不满意，不及格 |
| 1 | 很不舒适，很差，很不满意，不能用 |

对于包含 $m$ 项评价要素的人机系统，其总分值 $Q$ 的计算方法，可根据具体评价对象的情况和评价要求，选取下列5种方法之一。

1) 分值相加法

$$Q=\sum_{j=1}^{m}E_j \tag{10-2}$$

2) 分值相乘法

$$Q=\prod_{j=1}^{m}E_j \tag{10-3}$$

3) 均值法

$$Q=(\sum_{j=1}^{m}E_j)/m \tag{10-4}$$

4) 加权均值法

$$Q=(\sum_{j=1}^{m}W_j\cdot E_j)/m \tag{10-5}$$

5) 相对均值法

$$Q=\sum_{j=1}^{m}E_j/(m\cdot Q_0) \tag{10-6}$$

以上诸式中，$Q$ 为系统的评价总分值；$E_j$ 为第 $j$ 项评价要素的定性评价当量分值；$m$ 为系统中所包含的评价要素的项数；$Q_0$ 为系统设计理想方案的评价总分值；$W_j$ 为第 $j$ 项评价要素的权重系数：

$$\sum_{j=1}^{m} W_j = 1 \tag{10-7}$$

2. 定性评价的提问式列表检查法

这是人机系统评价中使用较为普遍的一种定性评价方法，此方法既可用于系统评价，也可用于单元评价。评价检查表的编制应针对评价对象和评价要求，根据系统的构成情况，划分为若干评价单元，再将各个评价单元中需要评价的内容具体、详细地分解为许多个提问式的问题，然后按单元顺序清晰地列成要求评价人员逐条回答的表格。要求评价人员回答提问的方式，可以选择“是”或“否”，用文字简要描述，按优、良、中、差、劣5个等级分等级评价，按五级评分制或十级评分制打分等方式之一。为了使评价检查表的内容设计得科学、准确、完整、简明清楚、易于回答，应当由人机工程设计人员、产品或工程项目的专业技术人员、生产技术人员和有经验的使用操作人员共同合作进行编制。以对车辆驾驶室人机系统的设计评价为例，列出其中的操纵控制单元的评价提问条目，见表10-3。

**表10-3 车辆驾驶室人机系统的评价检查表(节选部分内容)**

| 单元名称 | 评价项目提问内容 | 评价意见 | | | | | 备注说明 |
|---|---|---|---|---|---|---|---|
| | | 优 | 良 | 中 | 劣 | 差 | |
| 操纵控制装置 | 操纵装置与显示装置是否满足空间位置协调性的要求 | | | | | | |
| | 操纵装置与显示装置是否满足运动方向协调性的要求 | | | | | | |
| | 操纵装置与显示装置是否满足概念协调性的要求 | | | | | | |
| | 操纵装置的布置是否能保证驾驶员以舒适坐姿体位进行操作 | | | | | | |
| | 紧急停车装置设置位置是否合适 | | | | | | |
| | 变速杆的结构设计是否适合采用触觉识别模式进行操作 | | | | | | |
| | 变速杆的位置设计是否适合采用触觉识别模式进行操作 | | | | | | |
| | 加速踏板与制动踏板的位置是否合理，是否容易引起误操作 | | | | | | |
| | 方向盘的操纵力是否合适 | | | | | | |
| | 方向盘的操纵是否有“路感”反馈信息 | | | | | | |
| | 离合器踏板的操纵力是否合适 | | | | | | |
| | 制动踏板的操纵是否有“制动转矩大小”反馈信息 | | | | | | |
| | 加速踏板的控制是否稳定 | | | | | | |
| | 小型手控操纵器的形状、尺寸、材料是否与其操纵力相适应 | | | | | | |
| | 小型手控操纵器的形状、位置、颜色编码是否合适 | | | | | | |

3. 人机系统联系链分析评价法

1) 联系链的概念

对人机系统进行分析评价时，将人体器官与机器之间的关联关系称为联系链(简称：

链)。人眼与显示器的关联称为视觉链；人耳与音响装置的关联称为听觉链；人的手或脚与操纵器的关联称为操作链；人在作业过程中因操作或巡视需要的走动联系称为行走链；等等。这些联系链又可根据人的基本动作，分为下列三类。

(1) 相应联系链：从发出指令(或信号)到人接到指令之后进行思维、判断直至开始动作的一个完整过程，称为相应联系链。如汽车司机看到红灯后开始制动的过程，就形成一条相应联系链。

(2) 对应联系链：人接到指令后进行响应动作的一个循环过程，称为对应联系链。如操作人员按接收到的信号，将操纵杆转过一定角度后，手松开回到原来的位置，这样的循环顺序动作就是一条对应联系链。

(3) 逐次联系链：由人的多个逐次的连续动作来完成某一作业而形成的联系链，称为逐次联系链。一条逐次联系链可能包括许多条相应联系链和对应联系链。如汽车司机在交叉路口停车后重新起步的操作过程：确认允许通行信号(信号灯的绿灯显示或交通民警的指挥信号)→左脚把离合器踏板踩到底→右手操纵变速杆，迅速挂上起步挡→缓缓抬起左脚，使离合器平稳接合，同时右脚平稳踩下加速踏板，使汽车平稳起步→汽车加速到一定车速时，左脚迅速把离合器踏板踩到底，同时右脚迅速抬起，把加速踏板迅速松开→右手操纵变速杆，迅速换入高一级挡位→缓缓抬起左脚，使离合器平稳接合，同时右脚平稳踩下加速踏板，使汽车进一步加速→汽车加速到更高车速时，左脚迅速把离合器踏板踩到底，同时右脚迅速抬起，把加速踏板迅速松开→右手操纵变速杆，迅速换入更高一级挡位(直接挡或最高挡)→缓缓抬起左脚，使离合器平稳接合，同时右脚平稳踩下加速踏板，使汽车加速到稳定车速后，保持稳速行驶。这一复杂的操作过程就构成一条典型的逐次联系链。

2) 联系链值计算分析评价法

这个方法主要适用于只有一个操作者的人机系统的评价。其具体实施步骤如下。

(1) 绘制人机系统联系链分析图：将人机系统中的操作者和机器设备的分布位置绘成平面布置简图，并用约定的符号描述各类联系链的关联关系，如图10.5所示。

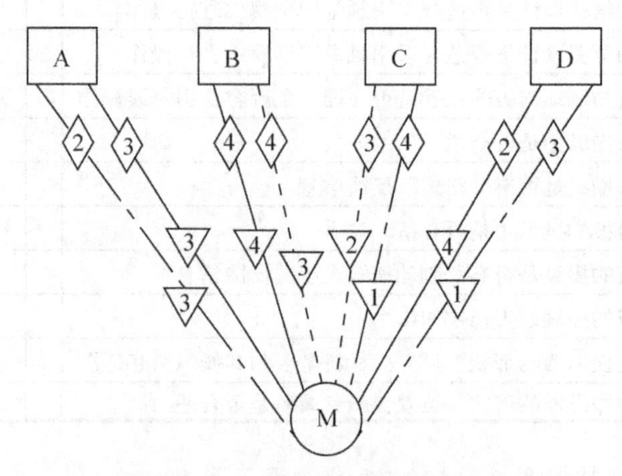


图10.5　人机系统联系链分析图

图10.5中，圆形符号表示操作者M；矩形符号表示机器设备A、B、C、D；三角形符号表示联系链的使用频率，其中的数字1~5是描述使用频率的分值，“使用频率很低”者

为1分，“使用频率低”者为2分，“使用频率中等，一般”者为3分，“使用频率高”者为4分，“使用频率很高”者为5分；棱形符号表示联系链的重要性，其中的数字1~5是描述重要性的分值，“很不重要”者为1分，“不重要”者为2分，“重要性一般”者为3分，“重要”者为4分，“很重要”者为5分。用不同的线型表示不同类型的联系链：细实线表示操作链；虚线表示视觉链；点划线表示行走链；双点划线表示听觉链。

(2)确定各联系链的重要性与使用频率的分值：根据对现有同类系统或相似系统的调查研究和统计分析，取得有价值的参考资料，再结合对设计中的人机系统作业性能的研究分析，按五级评分制确定各联系链的重要性与使用频率的分值。

(3)计算各联系链的链值：各联系链的重要性分值与使用频率分值的乘积称为联系链的链值，可据此来判定人机系统中各联系链之间的相对权重，从而为人机系统的合理布置提供量化的依据。例如，对于链值高的操作链，应优先布置在人的手或脚的最优作业范围；对于链值高的视觉链，应优先布置在人眼的最优视区；对于链值高的行走链，应使其行走距离最短；等等。在图10.5中，一名操作人员看管四台机器设备，人、机间各联系链的链值计算结果见表10-4。

**表10-4　人机系统联系链值分析评价表**

| 人 | 机器 | 联系链类型 | 重要性分值 | 使用频率分值 | 链值 | 链值大小的顺序 |
|---|---|---|---|---|---|---|
| M | A | 行走链 | 2 | 3 | 6 | 5 |
| | | 操作链 | 3 | 3 | 9 | 3 |
| | B | 视觉链 | 4 | 3 | 12 | 2 |
| | | 操作链 | 4 | 4 | 16 | 1 |
| | C | 视觉链 | 3 | 2 | 6 | 5 |
| | | 行走链 | 4 | 1 | 4 | 6 |
| | D | 听觉链 | 3 | 1 | 3 | 7 |
| | | 操作链 | 2 | 4 | 8 | 4 |

表10-4中人与机器B之间的视觉链和操作链的链值最高，可按链值大小顺序检验和评价该人机系统设计的合理性，从而提出对该系统的改进设计方案。

3)联系链作用分析评价法

这个方法主要适用于多个操作者协同作业、多台机器设备组成的人机系统的评价。

人机系统中，要使操作者高效而可靠地操纵机器，必须使“人”、“机”间的配置合理，达到操作简便准确、视线无障碍、走动距离最短、动作最经济、尽量减轻人的体力和精神负荷的效果。

以某控制室的人机系统为例进行“人”、“机”间对应联系链的作图分析评价。

图10.6(a)为该控制室原设计方案的对应联系链分析图，此控制室由1、2、3、4号4名作业人员协同作业，分别与A、B、C、D、E、F、G共7个显示器或控制器进行联系，构成11条对应联系链。从图10.6(a)可明显看出，这个设计方案是不合理的，作业人员进行作业时，行走路线有交叉，十分不便，并且有的行走路线过长，例如，2号作业者负责看管B、D、F这3个显示器或控制器，在工作中必须往返走动很长的距离，而且还可能与1号

作业者交叉相碰。经过改进后的设计方案，作业人员和各人负责看管的显示器或控制器仍同原设计方案一样，只是相互间的平面布置情况作了重新调整，使其对应联系链分析图改成如图10.6(b)所示，结果各位作业者进行作业时的行走路线间消除了交叉干扰，而且需要走动的距离都达到了最短。

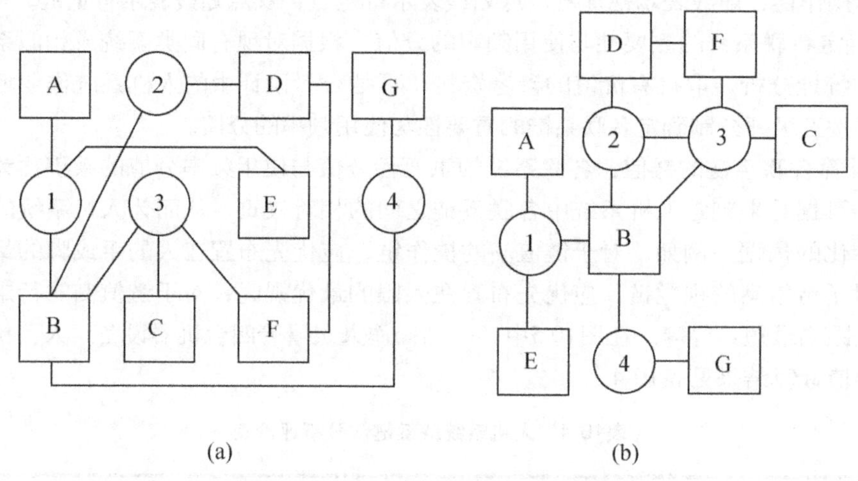


图10.6 人机系统联系链作图分析法

### 10.2.4 人机系统中人的失误分析

1. 人的失误的定义及分类

人的失误可定义为：人没有完成人机系统分配给他的功能。从这个定义出发，可将人的失误分为以下4种情况。

(1) 没有执行分配给他的功能。

(2) 错误地执行了分配给他的功能。

(3) 按错误的程序或错误的时间执行了分配给他的功能。

(4) 执行了没有分配给他的功能。

从生产的角度，按人机系统的性质不同，可将人的失误的场合分为以下5种情况。

(1) 设计失误。例如，载荷估计不当，计算用的数学模型错误，选用材料不当，机构或结构形式不妥，计算差错，设计者缺乏经验而选择了过大或过小的经验参数等。

(2) 组装失误。例如，错装零件、装错位置、接错电线等。

(3) 检查失误。例如，接受了不符合要求的材料、配件及工艺方法，或允许有违反安全工程要求的情况存在。

(4) 操作失误。操作失误除程序差错、错用材料、使用工具不当、记忆或注意失误之外，主要是信息的确认、解释、判断和操作动作的失误。

(5) 设备维修失误 在规定时间内完成设备检修任务的概率称为设备维修能力。维修失误将会影响维修能力而降低设备完好率，增加事故率。

D.Meister对系统研制、开发过程可能发生的人的失误进行了归纳、分类，见表10-5。

表10-5　人的失误的分类

| 系统的开发阶段 | 失误类型 | 引起失误的原因 |
| --- | --- | --- |
| 设　　计 | 设计失误 | 人机功能分配不恰当<br>没有满足必要的条件<br>没有完成人机工程设计 |
| 制　　造 | 制作失误<br>检查失误 | 不正确的说明书<br>不正确的指示<br>不合适的工具<br>不合适的环境<br>不适当的训练或技术<br>没有完成人机工程设计<br>作业场所或车间配置不当 |
| 检　　查 | 操作失误<br>设置失误<br>保养失误 | 不适当或不完全的技术数据<br>不适当的设备和保养<br>没有完成人机工程设计<br>作业场所或车间配置不当 |
| 操　　作 | 操作失误<br>设置失误<br>保养失误 | 不适当或不完全的技术数据<br>不适当的设备和保养<br>不适当的训练或技术<br>没有完成人机工程设计<br>作业场所或车间配置不当<br>不合适的环境<br>过负荷的条件<br>任务的复杂程度太高<br>不适当的人员配备 |

2. 人的失误所产生的后果

人的失误所产生的后果，取决于人的失误的程度及机器安全系统的功能。大体上可归纳为以下5种情况。

(1) 人的失误对系统未产生实际影响。例如，人发生失误时作了及时纠正，或者机器具有较完善的安全设施。

(2) 人的失误对系统有潜在的影响。例如，由于人的失误而削弱了系统的过载能力。

(3) 为了纠正失误，须修正工作程序，因而推迟了作业进程。

(4) 因人的失误造成事故，引起了机器损伤或人员受伤，但系统尚可修复。

(5) 的失误导致机器破损及人员伤亡，使系统完全失效。

3. 人产生失误的原因

人产生失误的原因有很多，从人机工程的角度可将人产生失误的原因归纳为以下两个方面。

(1)“机宜人”的程度过低，机器设计时，对人机界面的设计没有很好地进行人机工程的研究，致使机器系统本身潜伏着操纵失误的可能性。

(2)“人适机”的条件太差，由于操作人员本身的因素，不能适应机器系统的要求而导致失误。

分析表10-5可以得出，人的失误有4个方面的原因：错觉失误、一般失误、技术失误及管理因素造成的失误，其结构模型如图10.7所示。

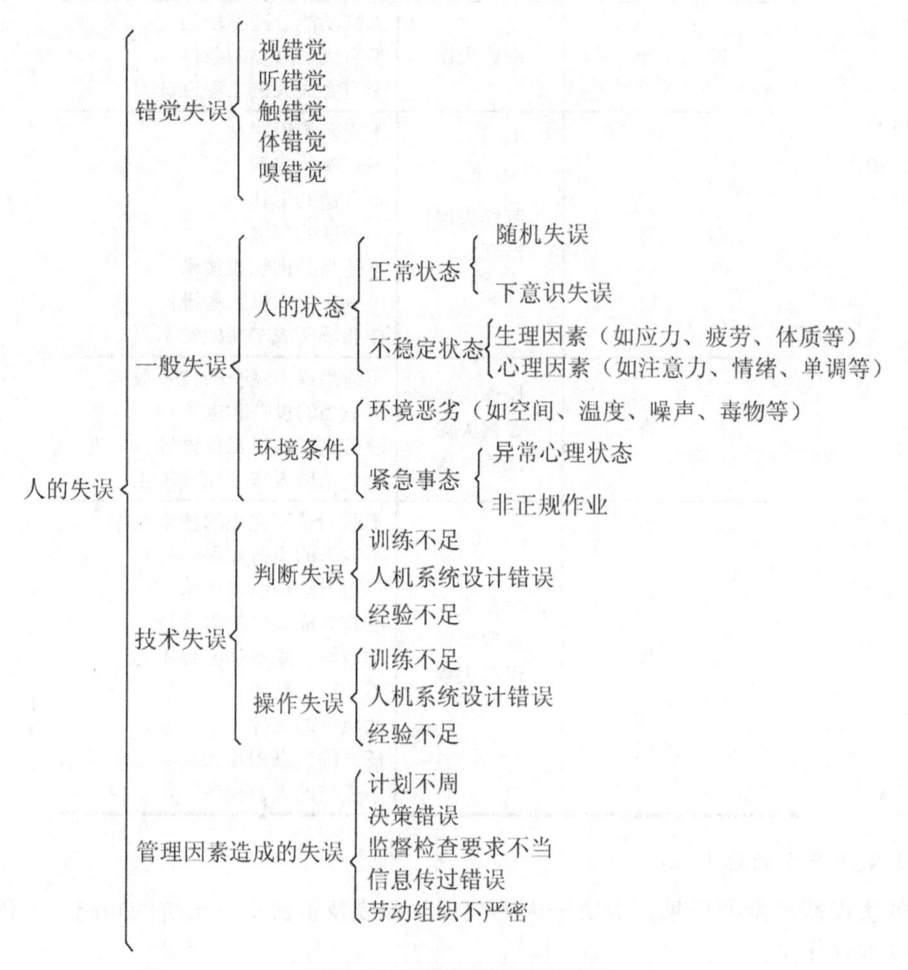


图10.7 人的失误的结构模型

可以看出，造成人的失误的原因十分复杂，各种原因之间还可能有相互交叉影响的情况，而在作业者身上反映出来的失误原因特征，都是多种原因综合的结果。通常，在作业者的技术水平及管理水平都正常的情况下，作业者失误原因的综合特征主要表现为人的大脑觉醒水平下降。

作为产生失误的个人原因，人的大脑觉醒水平是最重要的指标之一，许多事故都是由于作业者的大脑觉醒水平降低、反应迟钝的原因造成的。

日本桥本邦卫将人的大脑觉醒水平划分为5个等级，见表10-6。比较表10-6中I与Ⅲ两个觉醒等级的作业可靠度，可以看出，状态Ⅲ的可靠度较状态I高10万倍之多。而在超常状态Ⅳ下，由于过度紧张，失误率也明显增高。

表10-6　人的大脑觉醒水平分级

| 等级 | 觉醒状态 | 注意能力 | 生理状态 | 工作能力 | 可靠度 |
| --- | --- | --- | --- | --- | --- |
| 0 | 无意识<br>失 神 | 无 | 真睡、似睡<br>发 呆 | 无 | 0 |
| I | 常态以下<br>意识模糊 | 不注意 | 真睡、似睡<br>发 呆 | 易失误<br>易出事故 | 0.9以下 |
| II | 常态但松懈 | 消极注意 | 真睡、似睡<br>发 呆 | 可作熟练动作<br>可作常规动作 | 0.9~0.99999 |
| III | 常态而清醒 | 积极注意 | 精力充沛 | 有随机处理能力<br>有准确决策能力 | 0.999999以上 |
| IV | 超常态<br>过度紧张 | 注意过分集中一点 | 惊慌失措<br>思考分裂 | 易失误<br>易出事故 | 0.9以下 |

4. 克服人的失误的方法

克服人的失误的方法有很多，在有关章节将具体论述。这里仅提出两点总的原则作法，以说明改善人机系统可靠性的途径。

1) 改善人的状况

改善人的状况的有效的方法如下。

(1) 使人的工作负荷保持在最适宜的程度，从而使其操纵意识处于最优觉醒水平。

为了调动人的创造性，应使操作者的眼、手和脚保持一定的工作量，既不要由于工作负荷过大而过早疲劳，也不要由于工作负荷过低而使大脑处于过低的觉醒水平，最适宜负荷可通过对具体操作进行人机工程实验来确定。

(2) 消除单调的工作状态。

(3) 重视人在一天内的生理节律变化，防止过度疲劳。

(4) 预先对紧急状态拟定简单明了的处置方法和必要的预防措施，避免临时紧张出错。

(5) 加强技术学习和培训。

(6) 提高人的责任心和心理素质。

2) 改善机的状况

改善机的状况的有效的方法如下。

(1) 优化人机界面设计。

(2) 改善易于诱发误操作的环境条件。

(3) 提供操作、维护、调整时的方便和舒适条件。

(4) 研制、配备各种安全报警装置，避免操作人员的觉醒水平过度下降。

这可根据机器的不同特点采取各种不同的措施，例如，为了防止司机在长途行车中大脑觉醒水平下降，可以根据司机工作的具体情况，研制切实有效的汽车、火车司机瞌睡提醒装置，有一种戴在司机头上的电子清醒带，将插头插进12~14V的电源插座(例如香烟点火器的插座)，清醒带中的半导体温差电偶就会使前额部位的铝片变凉，使人的大脑清醒；还有一种戴在司机头上监视司机头部倾斜角度的警报器，当司机打瞌睡时，头部必倒向一方，这种歪斜达到一定角度时就能发出2000Hz的警报声；又有一种监视眼皮闭合的装置，戴在司机的太阳镜上，司机眼皮闭合超过一定时间，警报器就会鸣叫，并作一次记录。

(5) 合理安排生产流水线的工位，保证协同作业的有效性。

## 习　题

### 一、填空题

1. 安全人机系统主要包括____、____、____3个部分。

2. 人机系统设计是在环境因素适应的条件下，重点解决系统中人的效能、安全、身心健康及____的问题。

3. 人机系统作为一个完整的概念，表达了人机系统设计的对象和范围，从而建立解决____之间矛盾的理论和方法。

4. 在人机系统中，____起着主导作用。

5. 人与机之间存在一个互相作用的“面”，所有人机交流的信息都发生在这个作用面上，通常称为____。

6. 在功能分配时，首先考虑机器所能承担的系统功能，然后将剩余部分功能分配给____。

### 二、思考题

1. 简述人机系统的设计程序。

2. 结合实例论述系统功能分配的一般原则。

3. 简述人产生不安全动作的原因。

4. 论述提高机器可靠性的目的以及提高机器可靠性的方法。

5. 如何提高人—机系统的可靠性?

6. 论述进行人机系统评价的各个方面。

# 参考文献


[1] 刘刚田．产品造型设计方法[M]．北京：电子工业出版社，2010.

[2] 封根泉．人体工程学[M]．兰州：甘肃人民出版社，1980.

[3] 丁玉兰．人机工程学[M]．北京：北京理工大学出版社，2006.

[4] 赵江洪．人机工程学[M]．北京：高等教育出版社，2006.

[5] 杨向东．工业设计程序与方法[M]．北京：高等教育出版社，2008.

[6] 赖维铁．人机工程学[M]．武汉：华中工学院出版社，1983.

[7] 阮宝湘，邵祥华．人机工程[M]．南宁：广西科学技术出版社，1999.

[8] 郭青山，汪元辉．人机工程设计[M]．天津：天津大学出版社，1994.

[9] 王方良．设计的意蕴——产品的意义诠释及语义构建[M]．北京：清华大学出版社，2006.

[10] 中国汽车技术研究中心．GB/T 15089—94机动车辆分类[M]．北京：中国标准出版社，1994.

[11] 长春汽车研究所．GB/T11562—94汽车驾驶员前方视野要求及测量方法[M]．北京：中国标准出版社，1994.

[12] 庞志成，孙景武，何家铭．汽车造型设计[M]．南京：江苏科学技术出版社，1993.

[13] 辛华泉．人类工程设计[M]．武汉：湖北美术出版社，2006.

[14] 长春汽车研究所．GB/T 11559—89汽车室内尺寸测量用三维H点装置[M]．北京：中国标准出版社，1990.

[15] 长春汽车研究所．GB/T 11563—89汽车H点确定程序 [M]．北京：中国标准出版社，1990.

[16] 中国标准化与信息分类编码研究所．GB/T14779—93坐姿人体模板功能设计要求[M]．北京：中国标准出版社，1994.

[17] 崔天剑．工业产品造型设计理论与技法[M]．南京：东南大学出版社，2005.

[18] 马剑鸿．产品人机形态设计研究 [D]．成都：四川大学，2006.5.

[19] 蒋敏，李强德．工业产品设计中的人机工程学原理[J]．上海应用技术学院学报，2003.

[20] 黄天泽，黄金陵．汽车车身结构与设计[M]．北京：机械工业出版社，1992.

[21] 蒋岚宏．手握式工具的人机工程学研究设计[C]．2007年国际工业设计研讨会，2007.

[22] 长春汽车研究所．GB 4970—8汽车平顺性随机输入行驶试验方法[M]．北京：中国标准出版社，1985.

[23] 宫镇．拖拉机噪声[M]．北京：机械工业出版社，1988.

[24] 郭之璜．机械工程中的噪声测试与控制[M]．北京：机械工业出版社，1993.

[25] 何渝生．汽车噪声控制[M]．北京：机械工业出版社，1995.

[26] 北京市劳动保护科学研究所，清华大学．GB 1495—79机动车辆允许噪声[M]．北京：中国标准出版社，1979.

[27] 黄其柏．工程噪声控制学[M]．武汉：华中科技大学出版社，1999.

[28] 韩秀苓．有源噪声控制技术分析[J]．应用声学，1994(7)：7-13.

[29] 徐永成．有源消声技术与应用评述[J]．国防科技大学学报，2001，23(2)：119-124.
[30] 李径定．汽车车内结构噪声新型控制方法试验研究[J]．汽车工程，2001，23(4).
[31] 赵杨，虞和济．评述主动噪声控制技术[J]．噪声与主动控制，1997，(4)：23-26.
[32] 陈端石．噪声主动控制研究的发展与动向[J]．应用声学，2001，20(4):1-5.
[33] 陈克安，马远良．自适应有源消声与滤波－XLMS算法及实现[J]．应用声学，1992，12(4):23—26.
[34] 韩秀苓．舱室的有源噪声控制[J]．电声技术，1999，2:12-14.